从算法到电路

数字芯片算法的电路实现

白栎旸 ◎著

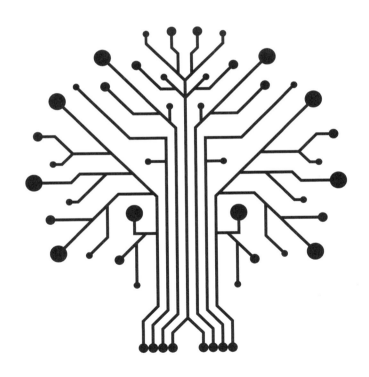

机械工业出版社
CHINA MACHINE PRESS

图书在版编目（CIP）数据

从算法到电路：数字芯片算法的电路实现 / 白栎旸
著 . -- 北京：机械工业出版社，2024. 7（2024.11 重印）. -- ISBN 978-
7-111-76078-8

I. TN79

中国国家版本馆 CIP 数据核字第 2024FB5209 号

机械工业出版社（北京市百万庄大街 22 号　邮政编码 100037）
策划编辑：孙海亮　　　　　　　责任编辑：孙海亮　周海越
责任校对：龚思文　梁　静　　责任印制：郜　敏
三河市宏达印刷有限公司印刷
2024 年 11 月第 1 版第 2 次印刷
186mm×240mm・22.25 印张・1 插页・483 千字
标准书号：ISBN 978-7-111-76078-8
定价：119.00 元

电话服务　　　　　　　　　网络服务
客服电话：010-88361066　　机 工 官 网：www.cmpbook.com
　　　　　010-88379833　　机 工 官 博：weibo.com/cmp1952
　　　　　010-68326294　　金 书 网：www.golden-book.com
封底无防伪标均为盗版　　机工教育服务网：www.cmpedu.com

在翻阅《从算法到电路：数字芯片算法的电路实现》一书的定稿之际，我不禁回想起多年前我与 Peter（本书作者）在创业初期的一次深夜长谈。当时，Peter 向我倾诉了两个令他深感困惑的问题：

- 尽管付出了巨大的努力，但为什么他设计的芯片却总会因种种非技术因素而未能大规模量产？
- 在职场上，他既涉足算法领域，又进行 RTL 电路实现，那么，长期的职业竞争力究竟体现在何处？

当时我的观点是：那些能够将算法与数字芯片实现融会贯通的工程师是非常罕见的宝贵人才。6 年转瞬即逝，如今，我们的团队已经成功实现了数千万颗芯片的量产出货，而 Peter 也自豪地使用着自己设计的芯片产品。今天，当我手捧这本书时，我相信 Peter 对当年的问题已经有了清晰的答案。

作为一个在大学时代接触过数字芯片设计，且多年来一直专注于模拟射频设计及产品运营管理的技术管理人员，我对于为这本专业图书写序感到既荣幸又忐忑。我担心自己无法提供充分合理的推荐理由，但在仔细阅读了几章之后，我确信可以向广大读者负责任地推荐这本书。

首先，书中的内容让我看到了与 Peter 共事 8 年期间我们共同面对的许多课题的缩影，例如小数分频、滤波器设计等，这些内容都经过了实际项目的检验，具有很高的实操价值，对相关领域的工程技术人员极具参考意义。

其次，即便是对数字芯片设计相对陌生的我，也能迅速理解书中的内容。Peter 的叙述清晰易懂，实践性很强，我认为这本书无论是对于有志于从事算法及数字芯片设计的大学生，还是希望在算法和电路设计交叉领域深造的学习者而言，都是一本难得的好书。

最后，值得一提的是，Peter 本人就是一位集算法设计、RTL 编写、数字 FPGA 验证于一身的核心工程师，他习惯于从多个角度审视和分析问题。在这本书中，他介绍了模拟芯片设计与数字芯片设计、数字芯片设计与软件设计等不同工种间思考问题的差异以及沟通交流的要点，这对构建一个强大的 SoC 设计团队至关重要。

Peter 在算法与数字芯片设计领域走过了一条鲜有人涉足的道路。作为他的领导和同事，我为他的努力和成就感到高兴。在此，我想借用罗伯特·弗罗斯特的诗句与诸君共勉。

尚未走过的路

树林里有两条路，朝着两个方向。

我走上那条人迹罕至的路，

于是，看到了一番不同的景象。

缪瑜

灿瑞科技 SoC BU 负责人

芯片国产化是必然趋势

近年来，随着国际形势日益严峻，贸易和技术壁垒逐步加高，特别是在芯片设计制造、人工智能、生物医药等关键技术领域，人为的政策性壁垒正在有计划地建立，如美国于 2022 年颁布涉及总金额高达 2800 亿美元的《2022 年芯片与科学法案》，欧盟于同年表决通过 450 亿欧元半导体振兴方案，美国、日本、荷兰三国于 2023 年初达成包括光刻机在内的先进技术和设备封锁协议等。可以想象，若这一趋势持续下去，在不久的将来，我国将不得不以更为独立的方式开展科研探索和技术创新工作。

在过去，国内芯片研发的主流方式是从国外购买较为成熟的高性能设计，将这些设计作为芯片的主要模块，另外一些难度较低的模块则自行研发，最后将购买的模块与自研模块进行集成，从而形成一个完整的芯片设计。所购买的模块包括中央处理器、总线、调制解调器、高速数据接口及其协议解析器等，几乎涵盖了芯片设计中所需要的全部子系统。这些大大小小的子系统来自不同的供应商，而国内芯片研发的主要工作就是连接它们，并解决不同供应商之间的适配问题。

从国际分工来看，处于上游的是芯片先进国家的模块和整体方案供应商，它们对模块的使用收取许可费，并对每一颗国产芯片加收提成；处于下游的是我国的芯片研发企业，它们缺乏核心技术，只能赚取芯片的组装费。

为了获得更多的研发自主权，同时也为了降低外购成本、增加经营净利润，国内很多芯片厂商和设备厂商对芯片中的核心模块开展了自主研发工作。自主研发的特点是周期长、资金投入大，很多公司都是从头开始组建团队，而团队带头人是否有足够的经验，是否能够使研发过程绕过许多技术陷阱，平滑顺利地进行下去，是自主研发成败的关键，因而研发最后是否能成功，有着极大的不确定性。即使自主研发完成，还要接受市场的考验，因为要用一款新的芯片取代已经成熟应用的老芯片，首先需要找到具有高度意向的产品端客户，该客户需要投入人力配合修改产品的软硬件设计，经过漫长的芯片导入后，才可能真正实现量产。

在导入过程中，产品端客户需要投入大量的人力和时间，还要承担因更换芯片可能带来的风险，因而芯片的更新替代是非常漫长且艰辛的工作，除非遭遇缺货断供或大幅提价等外部压力，产品端客户一般不会轻易更换原来的芯片方案。在这条自主研发与国产替代的漫漫长路上，许多公司失败了。正因如此，购买模块进行集成，长期以来一直是国内研发的主要方式。可以说，国产芯片既受益于全球化，又受制于全球化。

随着逆全球化趋势的出现，过去的研发方式面临着巨大的挑战。一方面，国内芯片厂商可能面临无模块可买、无高端技术可用的窘境；另一方面，产品生产厂商也面临着进口芯片断供和提价的压力。于是形成了一个前所未有的窗口期，芯片厂商有更大的热情对较为复杂的核心设计进行攻关，产品生产厂商也对国产自主研发芯片有更大的包容度和替代意愿。在此形势下，国内芯片设计水平必将迎来一次大的升级，同时对从业者的要求也将大大提高。

算法是芯片自研的基石

按照购买模块进行组装的方式，芯片开发工程师需要掌握的基本技能是组装，即了解组成系统的各种总线协议、接口协议等，而对模块内部的了解很多时候都流于表面。因此，国内的芯片教学与培训多为介绍单片系统（System on Chip，SoC）集成、总线和接口协议。而自主研发复杂模块所面临的问题，通常不是结构性的，而是算法性和原理性的，如 WiFi 和 5G 芯片，里面充斥着各种复杂的矩阵运算、复数运算等，因为它们要解决的是多天线在无线信道下的输入、输出问题。AI 芯片、图像 / 语音 / 视频等多媒体处理芯片，也需要解决很多数学问题。因此，深入理解芯片所基于的算法是国产自主研发的关键。任何算法都是由加减乘除四则运算、滤波器、特殊信号发生器等基本数学方法构成的，熟练掌握这些方法是实现复杂算法的基础。如果说复杂算法是大厦，那么基本算法就是组成大厦的砖石。忽视基本算法及其电路设计而谈论复杂算法电路，无异于伐根以求木茂，塞源而欲流长，特别是对于从事非架构工作的一线设计师来说，这种想法更是有害无益。

打通算法到电路实现是基本素养

读者可能会问："算法不应该是算法工程师的事吗？算法工程师解决算法问题，然后告诉芯片开发工程师怎么做就可以了。"按照标准研发流程，确实应该如此。而且，还应该配套一个文档工程师，专为设计补充文档。但在实际工作中，研发并不会有非常清晰、明确的边界。算法工程师一般解决高级算法问题，如梳理算法处理的全流程，通过理论推导和仿真确定流程中每一处算法的选型，给出算法模型供 RTL（寄存器传输级）参考，提供参考模型支持，以辅助验证，还要在后续的芯片测试过程中负责解释发现的错误和性能不佳的情况，并给出补救方案。由此可见，算法的工作既有高级的算法架构和算法选型，又有底层的算法建模和细节处理。包括大型公司在内的许多公司都没有足够的算法岗位来解决上述全部问题，很多基本算法的实施，如截位、溢出处理、符号位处理、乘除法等，都需要数字芯片开发工程师自行完成，至少需要在验证发现问题时，能够不需要算法工程师的协助，独立思考并定位问题。因此，进行普通算法的电路设计与写设计文档一样，是数字芯片开发工程师的必备素质之一。我们不能一面抱怨现代分工的琐碎使得工程师越来越像一枚无足轻重的螺钉，一面又拒绝拓展其他相关领域的知识。事实上，在理解并能熟练设计基本算法电路之后，一个工程师的设计能力和对各种业务的适应能力将会大大增强。

本书可以给你带来什么

以作者多年的经验来看，工程师对于基本算法电路的处理方式主要分为两种：一种是凭经验，例如遵循"凡是加法就保留一个溢出位"这样的规则；另一种是在开始设计前，查阅大量的文献资料。一般资历较深的工程师会选择第一种，资历较浅的工程师会选择第二种。开发工程师通常不具备算法仿真和评估能力，因此即使是最基本的乘除法，在纷繁复杂的各种方法中选出最合适的方法也是十分困难的。一些类似口诀、规则的经验之谈，需要分情况讨论，过于简化的规则在实施中通常会增加不必要的面积开销。由于缺乏方法论的总结，同一个工程师在处理不同芯片项目中的相同问题时，经常会使用不同的方法，并且经常进行重复研究，这样不仅会导致设计质量不稳定，还会延长开发时间。

本书的写作目的是为广大的数字芯片开发工程师提供一种实用的指导方法论。书中梳理了常见的基本算法在数字电路实现过程中的落地步骤和注意事项，并在计算时间和面积等方面对一些常见方法进行比较，最终使得读者遇到基本算法问题时，能够有的放矢、胸有成竹、按部就班地进行电路设计、参数确定和问题分析。**在掌握了本书介绍的技巧和方法论之后，数字芯片开发工程师就有能力承担算法和数字设计的综合性任务，从事更为复杂的算法电路设计工作。**

本书支持

你在阅读本书的过程中有任何疑问，均可通过以下平台与作者联系，作者将尽可能提供满意的答复。

（1）微信公众号：皮特派讲芯片。

（2）B 站：皮特派。

（3）知乎：皮特派。

你也可在公众号"皮特派讲芯片"中回复"算法"获取本书的配套参考代码。

Contents 目　　录

芯片算法与数字电路设计

芯片中的算法和电路设计是密切相关的，算法的好坏直接影响电路的性能、功耗和面积。厘清芯片研发的流程，明白算法与电路的关系，对于工程师向更深层次发展十分重要。

1.1　芯片研发的流程

芯片的生产分为设计和制造两个环节。设计环节负责企划芯片产品，最终形成具体设计版图。而制造环节就是根据版图，使用光刻机等制造设备对硅片进行刻蚀，从而在硅片上形成电路，这种电路还不是芯片，只能称为 Die。一片晶圆上可以刻蚀出成千上万个 Die，因此光刻之后还需要被分割。芯片的制造过程称为流片。广义的制造还包括封装测试环节。将一个或多个功能不同的 Die 放在一个外壳中，称为封装；将 Die 的金属引线延伸到封装之外，以便将芯片焊接到电路板上，称为打线。带有封装的 Die 才能称为芯片。封装后的芯片不能直接出售，为保证其质量，还需要经过功能和性能测试，称为量产测试。在检测芯片功能正常后，才能包装发货。

1.1.1　芯片公司的分类

芯片的研发过程需要大量的资金投入，无论是设计环节还是制造环节，都需要花费大量资金。从关键性和技术垄断性来看，制造环节无疑是更为重要的，其对基础科学和加工精度的要求很高，研发投入和资金消耗也更大，目前我国无法研发的关键技术中最被重视的也是这一领域。

鉴于芯片生产的这一特征，芯片公司一般分为两类，一类是自身拥有制造能力的企业，即将设计与制造合为一体（Integrated Design and Manufacture，IDM）的企业，另一类是只有设计能力而没有制造能力的纯设计企业（Fabless）。

由于制造环节有着较高的门槛，多数企业属于 Fabless，它们需要依托专门的制造工厂才能生产出完整的芯片。专门的制造工厂即没有设计环节，专业从事制造环节工作的工厂（Foundry）。由于其需要通过代替芯片设计公司制造芯片来获利，因此也被称为代工厂。

著名的 IDM 公司有英特尔、三星、德州仪器等，而很多著名的芯片厂商，如英伟达、高通、联发科、华为海思、苹果等，均为 Fabless。一些著名的 Foundry 有台积电、中芯国际、海力士、格罗方德等。

目前，由于美国的技术封锁，一些国内的 Fabless（如华为海思）有望转型为 IDM 企业，以应对这一局面。从数量和公司规模上看，IDM 企业和 Foundry 都是资金实力雄厚的大型企业，其数量较少。Fabless 由于门槛相对较低，因而既有大型公司，又有为数众多的中小型公司，它们在无数的芯片细分领域开展研发活动，依靠创意和技术积累争夺市场，彼此竞争，共同促进芯片设计水平的不断提升。这些大大小小的 Fabless 是芯片研发领域中最为活跃的一股力量。

1.1.2 芯片设计流程

芯片设计的基本流程如图 1-1 所示。

设计芯片时首先需要有芯片企划，通过企划可以回答为什么要研发这款芯片、打算让这款芯片具备什么样的特点、目前市场上的竞争对手有哪些、市场是否容易开拓等问题。

正式启动研发过程后，需要架构师确定芯片架构和知识产权核（Intellectual Property Core，IP Core）(以下简称 IP) 的选型，规划软硬件的分工，采购必要的 IP。对于原理性较强的芯片，首先要开启预研，即研究哪些方案或算法对于最终的实现效果更好。待各工种的任务都明确之后，开始启动实际研发流程。

研发的主力是数字芯片开发工程师和数字芯片验证工程师。开发工程师会被分配设计电路模块或者修改 IP 的任务。验证工程师的任务是验证数字电路中的所有模块，包括自主研发的和外购的，还要验证这些模块在实际工作中的相互关系是否正确。数字电路还有与之相配合的模拟电路，这种数模协同工作的场景也是验证工程师的工作内容之一。

当开发工程师完成了全部的电路设计，并且验证工程师也基本完成了对这些电路的验证工作后，设计就会进入综合（Synthesis）和后端布局布线（Place and Route，PR）阶段。

综合的任务是将抽象的以 Verilog 或 VHDL 为载体的描述性电路表达翻译为实际的门电路，门电路也称标准元器件（Standard Cell），但是这种翻译往往缺少元器件的位

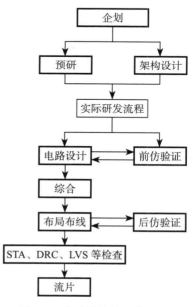

图 1-1　芯片设计的基本流程

置信息，即某个元器件在版图上处于哪个位置，而且 Verilog 或 VHDL 缺少连接各元器件的金属线走向、层次、宽度等信息。这些信息将在布局布线阶段最终补充完成。布局就是补充元器件的位置信息，布线就是补充元器件连线的信息。

布局布线后的版图需要经过一系列步骤才可作为设计阶段的成品提交到制造环节，这些步骤有：后仿验证、静态时序分析（Static Timing Analysis，STA）、电路设计规则检查（Design Rule Check，DRC）、版图与原理图（Layout Versus Schematics，LVS）一致性检查。

上述流程是数字电路设计的一般流程，对于占据市场主流的 SoC 芯片设计来说，软件工程师也是与芯片开发工程师和芯片验证工程师同等重要的角色。在进行整体仿真时，需要软件工程师提供驱动软件，使 CPU 运行实际业务。在芯片的测试和应用中，软件无处不在，甚至芯片中有设计缺陷时也需要软件工程师想办法在不重新流片的情况下尽量补救，因而软件工程师的工作量很大。芯片开发工程师和芯片验证工程师的工作主要集中于流片前，而软件工程师的工作贯穿芯片研发及应用的整个生命周期，因而很多公司的软件人员需求量远超芯片硬件人员需求量。软件在芯片完整生命周期中的职能如图 1-2 所示。

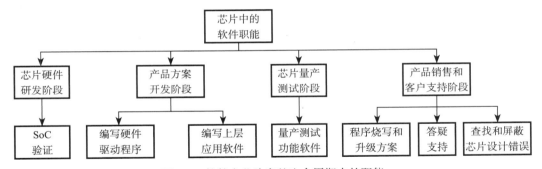

图 1-2　软件在芯片完整生命周期中的职能

许多芯片在上述流程之外，加入了可测性设计（Design For Test，DFT），它可以帮助人们更快、更全面地检查出芯片在制造环节引入的错误，通过快速挑选出残次芯片保证出货质量。DFT 的插入需要在两个工序上做设计：一个是在设计电路时加入 DFT 相关的特殊设计，另一个是在综合阶段进行 DFT 相关的综合。

模拟电路的设计流程比数字电路的设计流程要短一些。首先是由模拟开发工程师设计电路原理图（Schematics），然后进行原理图仿真，即前仿，接下来由版图工程师按照原理图绘制版图，再提交给模拟开发工程师进行版图仿真，即后仿。

数字的开发工程师和验证工程师，对应模拟的开发工程师，模拟一般没有专职的验证工程师。数字的后端工程师对应模拟的版图工程师。两者对比见表 1-1。

由于模拟的设计方式是手工设计，而数

表 1-1　数字与模拟的岗位和流程对比

流程	岗位	
	数字	模拟
电路设计	数字开发工程师	模拟开发工程师
电路验证	数字验证工程师	模拟开发工程师
版图绘制	数字后端工程师	版图工程师

字使用的是自动布局布线，因此限制了模拟电路的设计规模。多数芯片中，数字电路中元器件的数量远远多于模拟电路中元器件的数量，但数字电路总面积并不一定会大于模拟电路总面积，因为某些模拟元器件面积很大，比如大功率 MOS 管、巴伦等。

数字和模拟是相依共生的，模拟的重要领域有电源、数 / 模转换、时钟发生、功率控制等，这些是数字电路无法替代的，而计算和数据处理领域，数字电路具有绝对的优势。

1.2 芯片数字电路设计与算法的关系

算法对电路设计的指导作用体现在 3 个阶段，分别是预研阶段、系统架构确定阶段和实际电路设计阶段。

1.2.1 预研阶段

复杂芯片在研发的起始阶段就有算法参与，甚至在项目规划立项之前的一两年，算法的工作就已经开展了，这就是预研。

预研的主要目的是厘清目标芯片的处理流程、性能指标、评价标准，再进一步细化到流程中每个步骤的处理细节和算法选择。比如，要研发一款 WiFi 通信芯片，首先要能画出发射机和接收机的基本架构，然后需要对其内部的算法细节逐一进行讨论、分析和仿真。其中，涉及的问题可分为 5 类：

1）**数字电路问题**：如正交频分复用（Orthogonal Frequency Division Multiplexing，OFDM）通信机制、不同点数的快速傅里叶变换（Fast Fourier Transform，FFT）使用何种结构的电路处理、帧同步如何进行、多天线环境下信道估计应选择何种算法、信道均衡应选择何种算法、载波频偏和采样频偏如何估计与跟踪、信噪比如何估计、星座图如何映射和解映射、卷积码和低密度奇偶校验（Low Density Parity Check，LDPC）码等信道编码如何进行编解码、如何适应不同的码率对信道编码进行打孔等。

2）**模拟电路问题**：包括模拟中频滤波器的建模、混频过程、天线功率放大电路的建模，在模拟建模时还要引入模拟电路的不良影响，比如 IQ（同相分量和正交分量）失配、增益的非线性失真、载波泄露等。

3）**数字模拟混合问题**：自动增益控制如何实施、IQ 失配如何估计和消除、增益的非线性失真如何消除、载波泄露如何估计和消除等。

4）**协议及软硬件配合问题**：一些算法和功能同时牵连到物理层和介质访问控制（Medium Access Control，MAC）层调度，例如波束成形的实施方案、上下行多用户数据流分配方案等。

5）**芯片工作环境的建模**：瑞利、莱斯、特定的办公室和城市、高速运动和静止状态等信道特征，虽然在实际芯片设计之外，但芯片工作时以这些环境作为背景，因而它们也是算法需要考虑和建模的对象。

可见，不像芯片研发那样将工作明确地分为模拟电路、数字电路和软件，算法的工作是对目标芯片的应用场景进行统一建模，这体现了算法的系统性特征。

一个好的算法建模，不仅能解决芯片设计方案的选择问题，还能解释和解决芯片在实际应用中遇到的各种问题，比如使用 WiFi 上网过程中可能遇到视频卡顿或平均通信速率不高等问题，通过测试和算法分析，可以给出一个原理性的解释，并且可以给出建议，配置某些寄存器，打开或关闭某些功能、改变某些功能的参数，使得连接质量得到提升。这种总览全局的决策力和解释力，是只做单独领域的模拟工程师、数字工程师或软件工程师所无法获得的。因此，算法在芯片设计中担任非常重要的角色。

1.2.2　系统架构确定阶段

在预研完成后，已经厘清目标芯片架构和基本算法细节的前提下，就可以启动正式芯片项目，并开始实际的芯片研发工作。此时，需要从架构方面考虑如下问题：

1）芯片选择 SoC 方式还是非 SoC 的纯专用集成电路（Application Specific Integrated Circuit，ASIC）方式？

2）芯片是以软件处理为主还是以硬件处理为主？

3）哪些功能需要由硬件处理？

4）哪些功能需要由软件处理？

5）CPU 运行在什么频率下？

6）CPU 的每秒百万条指令（Million Instructions Per Second，MIPS）需要多高？

7）总线上的各种设备运行在什么频率下？

8）当芯片工作异常时，应当用何种手段来帮助定位和排查问题？

上述问题，就是芯片的架构问题。在架构的确定上，芯片的主要负责人——项目经理或架构师具有决策权，而算法人员的意见是架构决策的重要依据。比如，复杂信道编码的处理需要较高的时钟频率，MAC 层的一部分格式是固定的，不需要由软件组包，由硬件实现即可，而另一部分是需要灵活计算的，变数很大，硬件无法代劳，只能由软件处理，软件处理时必须保证有一定的速度，因此对于 CPU 的 MIPS 指标有明确的要求。项目经理也需要决策芯片中哪些 IP 是可以自主研发的，哪些 IP 需要购买。对于需要购买的 IP，如果是普通的非算法电路，算法人员无须参与，对于算法相关电路，就需要算法人员参与讨论，评估不同供应商的 IP 性能。

1.2.3　实际电路设计阶段

在芯片设计时，算法人员需要向数字开发工程师提供算法细节建模。在这一阶段，算法不是停留在理论上和纸面上，而是要变成具有实际功能的电路。为了使算法具体化，使得带有正负号的浮点复数也可以在电路中传输，需要对用于进行性能评估的浮点算法代码进行定点化。这一定点化的代码，一般使用 MATLAB、Python 或 C 语言表述。数字开发工程师负责将这些算法代码转化为寄存器传输级（Register Transfer Level，RTL）描述。

1.3　芯片验证与算法的关系

算法不仅参与到设计活动中，还有必要参与到验证活动中。

1.3.1　普通验证

芯片验证的本质是将设计出来的电路与参考模型进行对比，对比的对象是两者的输出，只有当输出一致时才说明设计正确。

验证人员从开发人员处获得设计电路，而参考模型从何而来呢？

一般来说，参考模型由验证人员自己根据理解编写。对于结构和计算都较为简单的电路，参考模型的编写是验证人员能够胜任的。验证时，使用 System Verilog 语言，对于数据操作的自由度和灵活度比开发人员编写 RTL 时要高很多。比如，验证人员编写一个模型，不需要过多关注该模型是否省电、时序是否能通过、面积是否足够优化，只要保证功能正确即可，并且模型的计算精度可以超过 RTL 的计算精度。因为模型并不是设计，并不会拿去流片，因此相对来说顾虑少一些。同时，System Verilog 的语法也比用于电路设计的可综合的 Verilog 语法灵活得多。因此，若开发人员和验证人员同时开始编写同一个模块的电路和模型，验证人员会更快完成，而且计算更准确。只有保证验证人员的速度优势，才能使得验证人员在完成设计上每个模块对应的参考模型的同时，有精力和时间构建验证平台，并且编写各种激励对设计进行充分验证。

1.3.2　算法验证

如果芯片内部的原理比较复杂，则需要许多数学知识和相关背景，比如做通信芯片，需要熟悉 OFDM 通信机制、信道编码的原理和编解码方法等，做图像视频等多媒体处理芯片，需要有媒体处理的经验，掌握信源压缩算法和小波变换，会进行二维和三维的谱分析。

可见，对于简单芯片来说，开发和验证是纯粹的电路工种，而对于原理复杂的芯片来说，开发和验证都属于跨学科工种。由于立项的芯片项目往往会使用最新的技术成果，仅了解原理和皮毛完全无法胜任开发和验证的工作。

那么，这是否意味着开发和验证都必须是相关领域的专家呢？

对于集成电路科班出身的开发和验证工程师来说，在短时间内成为其他领域的专家是不现实的，正因如此，才有算法岗位存在的必要。针对验证工程师无法给出参考模型的问题，算法人员需要提供算法支持。这种支持可以是文档描述、现场支持，但更多的情况是直接提供参考模型。算法人员提供的参考模型可以是用 C 语言或 System Verilog 语言编写的算法代码，也可以是 MATLAB、Python 等常用算法开发环境下生成的动态链接库和静态链接库文件。

VCS 的仿真工具可以进行不同语言的混合编译，也可以调用链接库文件，用 System Verilog 调用库中的算法函数。在以算法为主导的验证过程中，验证工程师的工作主要是搭建验证平台、构建设计和验证的对比机制等。

算法人员在为验证提供支持以及出具参考模型时，其代码的表述方式需要进行一系列调整。以基于 MATLAB 出具的参考模型为例，需要注意以下两点：

1）在建模时，需要尽量避免使用 MATLAB 内建的算法函数，因为内建算法函数在生成的库文件中可能无法使用，比如信道编解码、星座图的映射与解映射，在 MATLAB 中都有现成的函数可以调用，但在写参考模型时，需要算法人员自己用代码实现，不能调用现成函数。

2）对于复数的处理，在算法上一个复数就被当作一个数，而在 VCS 等平台中，如果调用的函数输出的是一个复数，则其虚部会被忽略。因此，在算法人员编写的算法函数中，封装的输入、输出口都使用实部与虚部分开传输的方式。

总之，用于仿真和性能评估的算法，与用于指导 RTL 设计的算法，以及用于验证的算法参考模型，虽然本源都是同一套，但根据应用场景和应用对象的不同，会有不同的变体，这些都是做芯片算法需要注意的。

1.4 算法工具和数字开发工具

进行算法研究的主要工具有 MATLAB、Python，以及普通的 C/C++ 开发环境。

数字电路设计分为前端和后端。前端开发工程师负责编写 RTL，即对数字电路的抽象描述。后端开发工程师负责将该抽象描述转变为具有具体型号名称的电路元器件，并且将其放置在特定的位置，用线路将它们连接在一起。因此，前端是抽象型电路，后端是具象型电路。

为什么不直接描述为具象型电路，而需要先描述为抽象型电路呢？

在早期的数字设计中，确实是直接描述为具象型电路的，设计中的每个逻辑在设计伊始都带有具体的元器件编号和类型，开发工程师需要查阅元器件手册，了解特定元器件的输入、输出要求，根据要求来构造信号。开发工程师需要熟悉元器件手册上每一种元器件的功能和输入、输出特性，对于目前动辄上亿门的芯片来说，这样的设计显然太慢了。

抽象型设计就是工程师可以不用特别熟悉元器件手册，只凭借抽象的元器件进行设计，这些抽象元器件都可以用可综合的 Verilog 语法进行简单表述。例如，一个与门在元器件库中会有多种类型，有两输入的，有三输入的，各个元器件还有不同的驱动能力，而用抽象方式表述它们时，只用一个"&"即可。

数字电路最重要的指标——时序，以及时序依赖的物理实体——路径，就定义在两个寄存器之间，因而抽象描述的电路一般称为 RTL，说明它是以寄存器为基础的。

数字前端开发的工具主要是 Gvim、VCS 和 Verdi。Gvim 是文本编辑器，工程师常用它来编辑 RTL 代码。VCS 是仿真工具，输入 RTL 和验证平台文件 TestBench，就可以进行仿真验证。仿真后生成的波形常用 Verdi 进行查看。

将抽象型描述变为具象型描述的翻译过程，称为综合（Synthesis），一般由综合工具来完成，最常用的综合工具是 Design Compiler（DC）。

具象型描述一般以网表（Netlist）的形式输出，后端工程师需要将其输入到布局布线工具中，寻找合适的元器件位置并进行连线。常用的布局布线工具有 ICC2 和 Innovus。对各阶段生成的电路进行时序检查的工具常用 Prime Time（PT）。

在数字流程上还有很多保证设计质量的工具，如进行一致性对照的 Formality，检查设计语法和缺陷的 Spyglass 等，这里不再赘述。

1.5　数字开发工程师掌握算法知识的必要性

在数字电路开发流程中，与算法关系最为密切的是数字前端开发工程师，因为电路设计的好坏主要取决于 RTL 设计，而较复杂的 RTL 设计又离不开算法原理的支持。一个算法设计要转变为 RTL 设计，一方面要解决算法具象化的问题，另一方面要解决算法定点化的问题。

1.5.1　算法的具象化

算法具象化问题，是指一个大的算法架构里面包含有多个算法层次。例如一款 WiFi 芯片的算法，由表及里可分为以下层次：

1）顶层的架构上包含发射机（TX）、接收机（RX）和信道。

2）进入发射机这一层次，里面包含扰码模块、卷积码编码器、LDPC 编码器、空时编码器、空间流分配器、波束成形器、快速傅里叶反变换（Inverse Fast Fourier Transform，IFFT）等。

3）进入 LDPC 编码器中，其内部包含了生成矩阵存储器、编码器、码率打孔器等。

如果每个层次的每一处细节都需要由算法工程师告知数字开发工程师，那么对于算法工程师的数量和质量的要求就都比较高，实际操作中无法执行。

在实际中，算法工程师会选择一个层级作为底层，自该层往上，均为算法工程师需要具体化的内容，算法工程师会提供给数字开发工程师详细的代码，而该层再往下的内容需要由数字开发工程师自行完成，算法工程师只规定接口的格式、精度，以及运算时间要求。

比如，某个算法工程师做算法的具象化，除了加减乘除四则运算外，都已经具象化完毕，也规定了这些四则运算最终的输出宽度和精度，对于四则运算内部如何处理，则要求数字开发工程师自行解决，那么，此时开发工程师就必须会搭建四则运算的电路。

1.5.2　算法的定点化

算法的定点化问题，即在算法中处理的数据，其属性通常是复数、带符号、浮点，其形式通常是向量或矩阵，甚至是三维或更多维的矩阵，而开发工程师习惯处理的数据通常是实数、无符号、整型的标量，那么将复数转变为实数，带符号的计算转变为无符号的计算，浮点数计算转变为整数计算，矩阵运算转变为多个标量的单独运算，就是广义的定点化。

可以将具象化问题与定点化问题结合起来。假设算法已经细化到两个有符号的浮点数的除法，其内部运算过程并未给出，需要开发人员根据设计经验编写，此时，开发人员就必须熟悉常见的除法电路，其优缺点是什么，其运算器内部的参数如何定，还必须熟悉定点化如何做。

这些基本知识看似简单，像是研究生在做小学数学题，但很多工程师对此只有几分粗浅的认识，缺乏方法梳理和原理理解，凭习惯和普通设计经验进行设计，导致开发速度慢、设计缺陷多、验证时间长，在这种基本电路上牵扯了大量开发和验证时间，甚至还会多次重复开发。很多项目付出巨大的代价才最终证明，无论上层架构和算法做得多么出色，只要底层运算设计有问题，芯片项目就会失败。千里之堤，毁于蚁穴，开发工程师掌握基本的算法常识，了解算法的工作思路和流程，熟悉常见运算单元的电路实现和仿真验证方法，是十分必要的。

Chapter 2 第2章

数字电路设计的算法基础

在运算电路的实现中，不可避免地会遇到计算溢出、数位截取、浮点数和有符号数的处理等问题。本章介绍 RTL 中的这些基本问题的处理方法，同时也会给出 MATLAB 进行数学建模的表达式。

2.1 电路中有符号数的表示

电路中的信号线都是金属连线，实际上是没有符号的。那么，数学运算中的数值，在电路中如何表示？

在 RTL 中，信号分为无符号的和有符号的。无符号的信号指不带符号，只以零和正值形式存在的信号；有符号的信号指带有符号，其值可能是负数、零或正数的信号。

2.1.1 无符号的信号对应的实体电路

无符号的信号可以直接翻译为金属连线，比如，某个信号在某一时刻的值为 6，则可以用 3 根信号线表示它，这 3 根线分别传输高、高、低电平。数字线路只传输高和低两种电平，根据元器件的工艺和供电电压来决定高低电平，例如以 1.8V 供电的元器件，一般以 1.3V 为高电平门限，0.5V 为低电平门限。高于 1.3V 的电平都认为是高电平，低于 0.5V 的电平都认为是低电平。如果更换为以 0.9V 或 1.1V 供电的元器件，则高低电平的标准需要做相应调整。在数字上，常将高电平用 1 表示，低电平用 0 表示。因此，以 3 根信号线传输数据 6，以 RTL 语言表述为 3'b110，其中 b 表示二进制，3 表示 3 根信号线，即 3 位，具体数值为 110，表示高、高、低。

该信号在运算过程中数值会经常发生变化，定义它的位宽时，要估计它可能出现的最大值，比如它可能出现的最大值为 100，则需要 7 位表示。用 7 位传输一个值为 6 的信号，则 7 根金属线上传输的电平为 7'b0000110。

2.1.2　有符号的信号对应的实体电路

有符号的信号在实体电路中传输时，需要转化为无符号的形式。转换方法多种多样，但在计算机和数字芯片中广泛采用的方法是对有符号数采用补码表示。

在"计算机原理"课程中，已介绍过数值的原码、反码和补码形式。对于最为常用的原码和补码，需要在这里明确它们的含义。

原码就是直接用二进制表示一个值，比如 10 可以表示为 'b1010。如果带符号，就可以给它在高位上扩展一个符号位，+10 可表示为 'b01010，−10 可表示为 'b11010，其最高位的 0 和 1 分别代表正和负。

补码就是一个数的正负形式能够形成互补关系的编码。当原码为正数或零时，补码就是原码本身。而当原码为负数时，补码须与原码形成互补关系，具体如式（2-1）所示，其中，x 和 y 分别表示一个值的正数和负数形式，n 为该数值的位宽。

$$x + y = 2^n \qquad (2\text{-}1)$$

例如，如果要将 −19 以 6 位二进制补码形式表示，则计算方法如式（2-2）所示，将得到的结果 45 以二进制表示为 6'b101101，即为 −19 的 6 位补码形式。

$$2^6 - 19 = 45 \qquad (2\text{-}2)$$

式（2-1）的方法体现的是补码的本来含义，而"计算机原理"课程中介绍的方法，即对正数的二进制原码取反加 1，则是一种与式（2-1）表述不同，但实际含义相同的方法。仍以 −19 这个数值为例，其正数的二进制为 6'b010011，取反后为 6'b101100，再加 1 得到 6'b101101，与前面的计算一致。

一些对补码的描述称：在计算机内部，正数和零使用原码表示，负数用补码表示。这种说法是不准确的，因为正数和零的补码本来就等于原码，所以正确的说法是计算机和数字芯片内部，任何数都是用补码表示的。

值得注意的是，原码和补码等概念一般用于表示一个有符号数，而这里所说的是有符号的信号，两者是有区别的。若以表示数值为目的，则一般会将位宽定为能够表示该数的最小宽度，比如 −19，6 位是能够表示它的最小位宽，若再减小将无法准确表示该值。若以表示信号为目的，则位宽定为该信号上需要表示的全部数值所要求的最大位宽，因而数值 −19 若在一个 20 位的信号上出现，则它将被表示为 20'b11111111111111101101，即在它的高位处继续补充符号位，将位宽填满。

注意　在物理上，信号线指的是一根金属线，但在算法和 RTL 中，对信号的理解是广义的，即将表示同一个数值的若干根信号线组成的集合称为一个信号。

2.1.3 补码罗盘

按照上述补码的原理，可以绘制出一个补码罗盘，如图 2-1 所示。该图表示一个位宽为 3 的信号，其中最高位是符号位，低两位为数据位。罗盘内部为 3 根信号线上实际的电平，罗盘外部为该电平表示的数值。可见，3 位能够表示的数值范围是 $-4 \sim 3$，共 8 个数，负数范围比正数范围多一个。而且，数值的变化在 3 和 -4 之间会产生拐点，即 3 加 1 会变为 -4，这是不符合预期的，因而对于有符号的数值计算，必须进行溢出保护，以防止此类事件的发生，具体处理详见 2.3 节。

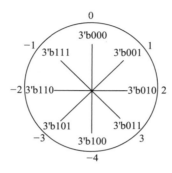

图 2-1 补码罗盘

由图 2-1 可知，一个位宽为 n 的有符号信号，它所能表示的数值范围如式（2-3）所示，其负数范围比正数范围多一个。

$$-2^{n-1} \sim 2^{n-1}-1 \qquad (2\text{-}3)$$

2.1.4 补码的优势

补码之所以被广泛应用，是因为它可以在电路中始终以补码的形式进行加、减、移位等运算，不需要如图 2-2 所示的转换过程。而对于乘除法来说，是需要转换的。

图 2-2 错误的补码观念

下面举几个使用补码进行运算的实例：

1）加减法：在电路中，加减法都是以加法的形式进行处理，减法只是将被减数进行取反，然后进行加法处理。假设电路内部运算为 17-39。可知，17 的原码和补码一致，均为 6'b010001，其中最高位为符号位。-39 的补码为 7'b1011001，最高位也是符号位。两者相加，先将位宽补成一致，其结果如式（2-4）所示，它是 -22 的补码。

$$7'b0010001+7'b1011001=7'b1101010 \qquad (2\text{-}4)$$

2）右移：将 -39 向右移动 1 位，结果是 6'b101100，它是 -20 的补码。右移 n 位相当

于原数除以 2^n，并且将小数位截取。当 2 不能除尽时，对于正数，绝对值将减小，对于负数，绝对值将增大。

3）**左移**：将 -39 向左移动 1 位，结果是 8'b10110010，它是 -78 的补码。左移 n 位相当于原数乘以 2^n。

2.2　信号位宽

2.2.1　无符号整数信号的位宽

在 RTL 中每根信号线都有自己的位宽，位宽由该信号的数值范围决定。例如，一个普通的整数信号，其表示范围是 0 ~ 100，则它的位宽使用对数方法确定，计算如式（2-5）所示，最后结果 6.6 向上取整得到 7，因此该信号需要 7 位。注意，位宽的确定是向上取整，不是四舍五入，因此如果计算结果为 6.1，仍然需要 7 位。比如，一个信号的范围是 0 ~ 68，它的位宽也应该是 7 位，因为 6 位最大只能表示 63。

$$\log_2 100 \approx 6.6 \tag{2-5}$$

若使用对数法后得到的是整数，则实际位宽是该整数加 1。比如某信号表示范围为 0 ~ 32，对数法计算得到整数 5，那么实际需要 6 位，因为 5 位最大只能表示 31。

2.2.2　无符号浮点信号的位宽

浮点信号是信号中既有整数部分，又有小数部分，它所传输的数据是一个浮点数。实际电路中不存在真正意义上的浮点信号，所有信号均以整数形式传导，只是在概念和思想上，设计者认为它是浮点数，并且通过一定的转换方法将浮点数和实际表示的整数之间来回转换。转换方法将在 2.5 节进行说明，这里主要关注位宽。

假设一个浮点信号，其整数部分变化范围是 0 ~ 100，且要求小数精度为 0.001。遂可将位宽分为整数和小数两部分。整数位宽由式（2-5）介绍的方法来确定，小数部分同样使用对数方法，如式（2-6）所示，其结果为 -9.97，说明要满足精度需要 10 位小数。

$$\log_2 0.001 \approx -9.97 \tag{2-6}$$

设计者可以进行验算，若使用 9 位小数，则精度为 $2^{-9} \approx 0.00195$，而 10 位小数的精度为 $2^{-10} = 0.0009765625$，也证明了需要 10 位小数才能满足要求。

综上，该浮点信号的整数部分和小数部分合计需要 17 位。

在算法研究中，研究者往往从习惯出发，以十进制来定义指标，这样一方面便于理解，另一方面也便于向用户展示和说明算法的效果。但在电路中，这些数据均以二进制形式表示。这就使得电路实现上无法恰好满足性能指标，实现时只能比提出的性能指标精度再略高一点，比如上例中提出的指标是小数点精度为 0.001，但实现后的精度是 0.0009765625。

软硬件设计都必须认识到，所谓二进制、八进制、十进制、十六进制，乃至任何进制，都是表示整数的方法。一个整数无论表示为何种进制，它们均是同一个数。

2.2.3 有符号信号的位宽

算法逻辑中包含许多有符号的数据，虽然它们在电路中表现为无符号，但在概念和思想上，它们是有符号的。这种电路表示和概念表示的区别，就是补码与原码的区别。整数信号和浮点信号都有可能带符号，其位宽就是在无符号位宽的基础上加 1 即可，多出来的符号位放在高位。

例如一个有符号信号，其变化范围是 $-32 \sim 21$。欲确定其位宽，必先看其绝对值。绝对值最大为 32，需要 6 位。那么是否需要再加 1 位符号，用 7 位表示该信号呢？实际上是不需要的，因为补码的负数表示范围比正数多 1，用 6 位可以表示 -32，若开辟 7 位则会浪费电路面积。

2.2.4 特殊取值范围的位宽处理

在电路设计中最常见的无符号信号均以 0 为最小值，但也有例外。例如，某信号 abc 的变化范围是 $70 \sim 100$，若仍以 7 位表示 abc 是允许的，但也造成了位宽浪费，其最高位一直为 1。

此时，需要考虑应用场景。若后级模块需要 abc 提供范围在 $70 \sim 100$ 的确切数据，则 abc 就使用 7 位表示。若后级模块只关心 abc 的变化，不需要它的具体数值，则可以删除最高位，保留 6 位，或者直接将 70 映射为 0，100 映射为 30，用 5 位表示。

再比如一个信号表示一个圆周弧度，其表示范围是 $0 \sim 2\pi$，用上文介绍的方法，假设小数精度要求是 0.125，则小数部分需要 3 位，整数部分需要 3 位，共 6 位。实际中往往不使用上述线性位宽确定方法，因为线性表示无法准确表达对圆周进行若干位等分。对于弧度的精度，一般不设定为小数精度，而是将圆周设定为几等分。比如，将圆周分为 64 等分，则该信号的位宽就是 6 位，数值单位是 $2\pi/64 \approx 0.098$ rad。对比圆周等分表示和线性表示，可以发现同样的位宽下，圆周等分表示的精度更高，因而该表示方法在 CORDIC 和 FFT 等算法的运用中很常见。

总之，信号的数值单位没有一定之规，设计者需要根据数值的物理意义和数值范围，自行定义其单位，以达到表意清晰、位宽紧凑的目的。数值单位确定后，位宽也随之确定。

2.2.5 MSB 和 LSB

一个信号的最高位称为最高有效位（Most Significant Bit，MSB），最低位称为最低有效位（Least Significant Bit，LSB）。可见，同样是信号线，其重要性是有所区别的。LSB 的单位代表着该信号的精度。

从电路角度看，LSB 的单位总是 1，但实际上根据物理意义的不同，LSB 的单位也是不同的。在 2.2.2 节的例子中，小数位是 10 位，因此该信号的 LSB 单位就是 0.0009765625，即该信号的值变化 1，实际代表变化了 0.0009765625。再比如 2.2.4 节所举的圆周等分的例子，其 LSB 的单位是 0.098 rad，即该信号的值变化 1，代表实际变化了 0.098 rad。

在实际输出的结果中，常常允许 LSB 存在一个单位的差错。比如假设 LSB 的单位是 1，输出的信号值有时为 11，有时为 10，从算法角度看，这两个值没有区别。如果不允许混淆 11 和 10，说明系统对精度有着更高的要求，则应该以 0.5 作为 LSB 的单位，将位宽向低位扩展 1 位。总之，在设计计算电路时，输出的信号应该比要求的位宽多保留 1 位，以便能容纳 LSB 的一个单位差异。如果不希望多保留位宽，但精度上还要实现多保留 1 位的精度，则对结果进行四舍五入处理是唯一的办法。

在数模混合电路中，LSB 以及更高的若干位，可能都淹没在噪声中。比如模 – 数转换器（Analog-to-Digital Converter，ADC）电路，高位的若干信号反映真实的采样值，低位的信号是真实采样值与噪声的混合，其真实值难以分辨。

2.2.6 信号的范围和精度

总结上文的论述，可以看出，决定浮点信号位宽的两个因素分别是范围和精度。如果位宽是一定的，则范围和精度就会争夺这块有限的位宽资源。若分配给范围的位宽多，则计算精度就变低，反之，则精度虽然保证，但表示的范围缩小。

范围和精度在电路设计中都有限定条件。为了保证在有限的位宽内能够表示较宽范围的数据，需要将精度的要求降低。反之，为了在有限的位宽内能够保证数据精度，需要对信号进行溢出保护。如果既给予了高精度，又没有进行溢出保护，则一旦数据发生溢出，运算结果将完全错误。因此，相对而言，保护范围，使信号不溢出，比保证计算精度要重要得多。前者是对与错的问题，后者是精确度问题。

在进行电路设计时，需要理解数据的取值范围、精度和位宽三者的矛盾关系。按照一定方法来确定位宽资源的分配。

对于整数信号而言，单位固定为 1，不包含精度的概念，因而确认其取值范围和确认位宽是同一个问题。

对于浮点信号而言，由于它们在电路中也是以整数形式存在，对于简单的加减问题，由于计算前后单位不变，常将其作为整数处理，而不讨论精度。但对于乘法，计算结果的单位会发生改变，就必须考虑精度。对于除法，问题更为复杂，具体方法详见第 5 章。

2.2.7 信号变化范围的确定

上述确定信号位宽的方法，是在已经获悉信号变化范围的前提下进行的。根据信号的不同，获取变化范围的途径也不同。

对于输入到电路端口的信号，只能通过仿真、查阅协议规定或者是听从架构师和算法工程师的意见来获悉其范围。比如，若 ADC 的输出位宽是确定的，则后续模块从 ADC 获得的数据位宽也就被动地确定了。有些输入信号的范围需要算法仿真确认，需要搭建整体的算法应用环境，加入特定的干扰，比如无线通信中的高斯白噪声、多普勒、瑞利信道、莱斯信道、小尺度模型、大尺度模型、色散和阴影衰落等因素，从而排除不切实际的数值范围，使得后续电路中的运算可以聚焦在一个较小的范围内。

对于输出端口信号，一方面要看前级的输出位宽，另一方面要看后级的电路需要。如图 2-3 所示的结构，本级运算产生的数据要输出到数-模转换器（Digital-to-Analog Converter, DAC）中。DAC 的位宽要求可由后级的模拟电路以及整套应用环境而定。既然 DAC 的输入位宽是确定的，则本级运算的输出数据的位宽可等于 DAC 的输入位宽，或比 DAC 的输入位宽大 1。继而可推知，前级运算输出的位宽也不宜过大，否则就会增加本级运算的面积，而且输出的位宽会被截取，造成无效运算。

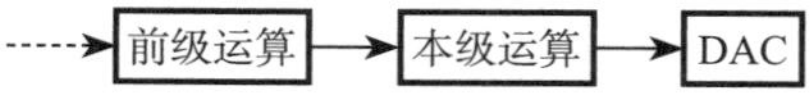

$$\cdots\cdots\rightarrow \boxed{前级运算}\rightarrow\boxed{本级运算}\rightarrow\boxed{DAC}$$

图 2-3　一个输出位宽确定的例子

除端口外，内部各运算单元，如果是简单运算，可使用极限分析法来确定其范围，如果是复杂运算，就需要将该单元单独建模仿真，获得满足要求的性能后，逐一确定内部每个信号的范围。

总之，对于一个大的系统，端口位宽和取值范围的推测首先来自 ADC、DAC 等数模接口的选型以及整体的应用仿真。然后，从端口向内逐级确定每个模块的输入、输出位宽。对于模块内部信号的取值范围，使用极限分析或仿真等方法来确定。不同的模块、不同的需求有着不同的确定方法，不能一概而论。较为复杂的模块，一般包含加、减、乘、除、移位、截位、寄存器打拍等多种内部元器件，其背后还有算法原理的支撑，要设计此类模块，需要进行算法仿真和定点化。而对于加、减、乘、移位等简单运算，可通过更为简单的方式对取值范围和位宽进行确定，下面将介绍一些简单运算的位宽确定方法。

2.2.8　运算结果的位宽

对于简单的整数加、减、乘运算而言，常用极限分析法来确定其取值范围。该方法的要领是先确认参与运算的各输入信号的取值范围，然后通过计算器等工具确定计算结果的范围，最后编写 RTL。

1. 无符号二元加法的位宽

习惯上，两个无符号信号相加，结果的位宽是参与运算的最大位宽加 1。例如两个信号，一个是 7 位，另一个是 3 位，相加后位宽为 8 位。

使用极限分析法分析，位宽为 7 位、最大值为 127，位宽为 3 位、最大值为 7，两者相加，最大值为 134，使用对数方法可知该数需要 8 位方能表示。该结论与习惯方法一致。

需要注意的是，这里假设参与运算的信号，其变化范围分别是 0 ~ 127 和 0 ~ 7。在设计中也经常有虽然位宽相同，但取值范围并没有占满的情况，比如，某个信号的取值范围是 0 ~ 70，也占 7 位。但将该信号与一个 3 位信号相加，结果最大值为 77，仍可以用 7 位表示。在电路设计中，如果要做到性能不下降但面积最优，就必须做到其中每个信号的取值范围都了然于胸。

2. 无符号多元加法运算的位宽

假设需要进行的运算以 Verilog 方式表达如下，参与运算的信号均为 3 位无符号数，需要确定输出信号 d 的位宽。

```
assign d = a + b + c + x + y + z;
```

使用极限分析法分析，6 个参与运算的信号的最大值均为 7，则 d 的最大值为 42，使用对数方法可知 d 需要 6 位。

在电路设计中是允许连续的加、减、乘运算出现的，综合器对此类表达的支持也越来越好。但在一些设计中，遇到此类问题就将其拆解为二元运算，反而会浪费面积。

3. 无符号多元加减混合运算的位宽

假设需要进行的运算以 Verilog 方式表达如下，参与运算的信号均为 3 位无符号数，需要确定输出信号 f 的位宽。

```
assign f = a + b - c - d - e;
```

使用极限分析法分析，5 个参与运算的信号的最大值均为 7。它们结合后，最小值为 -21，最大值为 14，因此 f 可能出现负数，需要扩展 1 位符号位。根据 2.2.3 节所介绍的方法，可知 f 的位宽为 6 位。

4. 有符号多元加减混合运算的位宽

为方便对比，仍然使用无符号的例子，但参与运算的信号改为 3 位有符号数。仍然使用极限分析法，则每个输入信号的变化范围都是 -4 ~ 3。结合后，f 的取值范围是 -17 ~ 18。根据 2.2.3 节所介绍的方法，可知 f 的位宽为 6 位。

5. 无符号二元乘法的位宽

习惯上，无符号二元乘法后的位宽为两个因数信号位宽之和。例如两个因数，一个位宽为 4，另一个位宽为 3，则相乘后位宽为 7。

使用极限分析法分析，位宽 4，则取值范围为 0 ~ 15；位宽 3，则取值范围为 0 ~ 7。相乘后结果的范围为 0 ~ 105。使用对数方法，可知结果需要 7 位，与习惯方法一致。

6. 有符号二元乘法的位宽

作为对比，仍采用上面的例子，位宽为 4 的有符号信号，其取值范围是 -8 ~ 7，位宽为 3 的有符号信号，其取值范围是 -4 ~ 3。相乘后结果的取值范围是 -28 ~ 32。使用 2.2.3 节所述方法得位宽为 7。因此在习惯上，凡是两个信号相乘，无论它们是否有符号，结果的位宽都是参与信号位宽之和。

这样确立的位宽比较浪费资源，因为 32 是唯一需要用到 7 位的有符号数，剩下的 −28 ～ 31 都只需要 6 位。若以 6 位表示 32，即 6'b100000，按照补码原则，它其实表示的是 −32，因此，要想表示 32 必须用 7 位。为了多表示一个数而增加 1 位是比较浪费资源的，特别是这一结果还要被后续电路所使用，进一步增加了后续电路的面积。因此，很多设计中虽然在做乘法时开辟了 7 位，但不直接输出，而是先做一个溢出保护，将位宽缩减为 6 位后再输出。

7. 无符号多元乘法的位宽

假设需要进行的运算以 Verilog 方式表达如下，参与运算的信号均为 3 位无符号数，需要确定输出信号 f 的位宽。

```
assign f = a * b * c * d * e;
```

使用极限分析法分析，5 个参与运算的信号的最大值均为 7。它们结合后，结果的取值范围是 0 ～ 16807，使用对数方法可知 f 需要 15 位，即这些因数的位宽之和。

8. 有符号多元乘法的位宽

作为对比，仍采用上面的例子，但参与运算的信号均为 3 位有符号数。输出信号 f 的取值范围是 −1024 ～ 768，根据 2.2.3 节所述方法，需要 11 位。在因数具有相同位宽的情况下，有符号的情况需要的位宽更小。可以总结出一条规律，有符号多元乘法的结果位宽 y 符合式（2-7），其中，x 为无符号多元乘法结果位宽，n 为参与运算的因数数量。

$$y = x - n + 1 \qquad\qquad (2\text{-}7)$$

9. 除法的位宽

除法不同于加、减、乘运算，即便是两个整数信号相除，商也是浮点信号。比如一个 3 位无符号信号，除以一个 2 位无符号信号，只能确定商的取值范围是 0 ～ 7（已忽略除数为 0 导致结果为 ∞ 的情况），最终保留多少位精度，是由系统整体规划决定的。

10. 浮点数运算的位宽

本节讨论的运算规律均为整数运算的规律。

浮点信号的加减法在计算前后单位不变，可将其作为整数处理。

浮点信号的乘法一般会经历两个过程，先忽略浮点单位，以整数形式相乘，然后根据参与乘法的因子的单位，决定乘法输出的单位，为了获得合适的输出单位，常常发生截位。

例如，将电流和电压相乘得到功率的运算，输入电流为 7'b1101001，单位是 2^{-3}A，输入的电压为 4'b0110，单位是 2^{-1}V，两者相乘结果为 11'b01001110110，单位是 2^{-4}W。这是第一步运算。第二步运算是调整输出单位。假设系统要求输出单位是 W，则当前计算结果多了 4 位精度，截位后得到 7'b0100111。

浮点信号除法的输出，其单位仍然受限于系统设定，内部运算的过程详见第 5 章。

2.3 溢出保护

2.3.1 什么是溢出

如果一个信号的位宽设定为 n 位，但却用它来表示超过 n 位所能表示的数，导致该数在表示时发生意想不到的变化，称为溢出。例如，a 和 b 都是 3 位，运算如下。

```
wire    [2:0]   a;
wire    [2:0]   b;
wire    [2:0]   c;
assign c = a + b;
```

根据极限分析法 c 应该为 4 位，但实际上 c 只开辟了 3 位，会产生什么结果呢？原本要求 c 的取值范围是 0 ~ 15，当计算值为 0 ~ 7 时，3 位的 c 也可以正确表示。但当计算值为 8 ~ 15 时，需要 4 位表示，c 的位宽只有 3 位，最高位溢出到了 c 的外面，无法被传输和保存，于是 8 ~ 15 在 c 中就显示为 0 ~ 7。结果显然是错误的，因此在计算时须完全杜绝溢出的发生。

2.3.2 是否需要溢出保护

溢出保护就是在电路设计上加入防止溢出的措施。该措施的目的，不是为了扩大信号的取值范围，而是在保持信号取值范围的前提下，对于超出该范围的数值进行限制。如果是正数超出范围，就将超出的部分限制在能够表示的最大正数上。如果是负数超出范围，就将超出的部分限制在能够表示的最小负数上。

是否需要加入溢出保护措施，须根据位宽是否受限而定。

若位宽不受限，开辟的位宽足够，则不需要溢出保护，因为不会发生溢出。位宽的确定原则已在 2.2 节进行了说明。

若位宽受限，则需要溢出保护措施。位宽受限是指信号的位宽无法由设计者根据模块设计的需要自行决定，而是要受限于外部的规定。规定的位宽比实际需要的位宽要小，如果不保护，则溢出必然发生。

位宽受限是在电路设计中经常发生的。在 2.2.7 节已说明了芯片内各模块端口位宽定义的方法和根据，因此，芯片设计本身就是先已知端口位宽，再设计内部结构的过程。在此过程中，位宽受限不可避免。

从信息论的角度，也可以论证位宽受限是不可避免的。位宽越宽，表示的数据范围越大，说明信息量越丰富。为了保证最终结果的精度，中间过程应该使用比结果更高的精度。一个精度递减的例子如图 2-4 所示，图中 A、B、C 表示一个模块内经历的 3 个运算步骤。A 的运算结果位宽为 $n+2$，B 的结果位宽为 $n+1$，C 的结果位宽为 n（即为最终的输出位宽）。位宽依次减小的过程，代表信息量在逐级损失。为了保证最终输出的信息量，需要在内部运算时产生更多的信息量，然后使其减小到规定值。

图 2-4 运算过程中精度的递减

2.3.3 无符号信号的溢出保护

无符号信号的溢出保护如下例所示，其中，输入 a 和 b 均为 3 位，可知输出应为 4 位，但实际输出 c 只有 3 位。因此，声明了信号线 ovf，用来容纳 1 位溢出。ovf 是 overflow（溢出）的简写。计算结果不直接输出给 c，而是以 c2 作为过渡信号。若 ovf 为 0，即计算结果在 0 ~ 7 范围内，说明运算没有溢出，c2 的值就直接赋给 c；若 ovf 为 1，即计算结果在 8 ~ 15 范围内，说明有溢出发生，c2 的值是错误的，应将 c 的值限定为它所能表示的最大值 7。

```verilog
input          [2:0] a;
input          [2:0] b;
output    reg  [2:0] c;
wire           [2:0] c2;
wire                 ovf;

assign {ovf, c2} = a + b;

always @(*)
begin
    if (~ovf)      // 无溢出的情况
        c = c2;
    else           // 溢出保护
        c = 3'd7;
end
```

根据位宽受限的位数来决定 ovf 的位宽，如下例中，输入 a 和 b 均为 4 位，其相加结果应为 5 位，但实际只允许输出 3 位，则需要开辟 2 位 ovf，用以容纳溢出的位宽。只有 ovf 的 2 位均为 0 时，才说明不溢出。出现多个溢出位是不合理的，加法的面积被无意义地浪费了，说明输入信号的位宽过大，已超出了最终的需求，因而 a 和 b 在输入到一个设计之前就应该自行进行位宽限制和溢出保护。

```verilog
input          [3:0] a;
input          [3:0] b;
output    reg  [2:0] c;
wire           [2:0] c2;
wire           [1:0] ovf;

assign {ovf, c2} = a + b;

always @(*)
begin
    if (ovf == 2'd0)   // 无溢出的情况
```

```
        c = c2;
    else                    // 溢出保护
        c = 3'd7;
end
```

有时，电路的表达实际上是带溢出位的，只是没有单独命名为 ovf，如下例实际上是上例的改写，只是将 c2 的位宽扩展为 5 位，使得 c2 涵盖了上例中 ovf 和 c2 的意义。

```
input           [3:0] a;
input           [3:0] b;
output    reg   [2:0] c;
wire            [4:0] c2;

assign c2 = a + b;

always @(*)
begin
    if (c2[4:3] == 2'd0)   // 无溢出的情况
        c = c2[2:0];
    else                    // 溢出保护
        c = 3'd7;
end
```

用 MATLAB 将 c2 进行溢出保护，得到 c 的过程如下，其中，2^3 表示 2^3，因为在 RTL 中，c 的位宽为 3，最大表示 7。

```
if c2 >= 2^3      % 溢出
    c = 2^3 - 1;  % 保护
else              % 未溢出
    c = c2;       % 原值
end
```

用 MATLAB 仿真出无溢出保护的情况下可能发生的溢出结果如下例所示。其中，mod 表示求模操作，它会将 c2 的数值模 8，使得结果控制在 0 ~ 7 之间，这正是发生溢出时的效果。

```
if c2 >= 2^3         % 溢出
    c = mod(c2,2^3); % 不保护，发生翻转
else                 % 未溢出
    c = c2;          % 原值
end
```

若 c2 只可能溢出 1 位，则可以将上述 MATLAB 代码简化为如下语句，更能直观体现溢出后的效果。

```
if c2 >= 2^3      % 溢出
    c = c2 - 2^3; % 不保护，发生翻转
else              % 未溢出
    c = c2;       % 原值
end
```

2.3.4　有符号信号的溢出保护

对于有符号数的溢出保护，其目的是为了防止图 2-1 中数值 3 加 1 变为 −4，或 −4 减 1 变为 3。在加入溢出保护后，数值 3 加 1 将继续保持 3，因为 3 位宽的信号能表示的最大正数就是 3，同理，−4 减 1 将继续保持 −4。

一个可能的误区是，认为溢出保护是将较大的数值变为较小的数值。这一观点对于正数是成立的，但对于负数来说，溢出保护恰恰是将较小的数值变为较大的数值。例如，将 −7 变为 −4，而 −4 > −7。

在 RTL 中，常会在运算中保留较多的位宽，而在结果输出时对位宽进行截取。比如运算得到的结果是一个 4 位信号，但最后只需要保留 3 位。4 位信号的表示范围是 −8 ～ 7，而 3 位信号的表示范围缩小为 −4 ～ 3，因此，正数中所有超过 3 的数值都变为 3，而负数中所有小于 −4 的值都变为 −4。溢出保护的本质是将数值的绝对值控制在更小的范围内。

有符号信号的溢出保护如下例所示。输入信号 a 和 b 都是 3 位有符号信号，根据极限分析法，相加结果应为 4 位，范围是 −8 ～ 6，但输出位宽只允许为 3 位，因此必须进行溢出保护。计算过程中，先对参与运算的信号进行位宽补齐，使位宽与输出结果的位宽一致。补位宽用的是符号位。计算得到过渡信号 c2 后，以 c2 的最高位（即符号位）来决定溢出保护的策略。对于正数结果，限定其最大值，而对于负数结果，限定其最小值。c2 的次高位用于判断溢出与否。正数溢出的标志是 c2 的次高位为 1，负数溢出的标志是 c2 的次高位为 0。从图 2-1 所展示的补码罗盘可知，负数情况下，次高位为 0，则绝对值较大，说明发生了溢出。

```
input          [2:0] a;
input          [2:0] b;
output  reg    [2:0] c;
wire           [3:0] c2;
wire           [3:0] a2;
wire           [3:0] b2;

// 对参与运算的数，先补全位宽，即保持输入和输出的位宽一致
// 使用符号进行位宽的补全
assign a2 = {a[2],a};
assign b2 = {b[2],b};

// 核心运算
assign c2 = a2 + b2;

always @(*)
begin
    if (~c2[3])      // 说明结果为 0 或正数
    begin
        if (~c2[2])  // 说明未溢出
            c = {1'b0, c2[1:0]}; // 将正号补充到最高位
        else         // 说明已溢出
```

```
          c = 3'b011;                // 溢出后赋值为 3
    end
    else               // 说明结果为负
    begin
        if (c2[2])     // 说明未溢出
            c = {1'b1, c2[1:0]}; // 将负号补充到最高位
        else           // 说明已溢出
            c = 3'b100;            // 溢出后赋值为 -4
    end
end
```

可以总结出，对于无符号信号的溢出保护，假设限制位宽比实际需要少 1 位，则需要补充 1 个溢出位来辅助判断是否溢出。对于有符号信号的溢出保护，同样假设限制位宽比实际需要少 1 位，虽然只需要补充 1 位，但判断溢出时却根据高 2 位来判断。补充的最高位用来判断结果的符号，次高位用来判断是否溢出。

注意　上例中的 -4，除了使用二进制表示法 3'b100 外，还可以用 -3'd4 这种比较直观的十
　　　　进制表示法，综合器会将其转换为 3'b100。

在 MATLAB 中，假设已经得到 c2，对它建立同样的溢出保护机制，从而得到位宽受限的信号 c，其代码如下。在正数的溢出判断上，当 c2 为 4 时，也当作溢出，它会被强行赋值为 3，而当 c2 为 -4 时，却不算溢出，必须是小于 -4 的情况下才被赋值为 -4。

```
if c2 >= 2^2      % 正数溢出
    c = 2^2 - 1;
elseif c2 < -2^2  % 负数溢出
    c = -2^2;
else              % 未溢出的正常情况
    c = c2;
end
```

在电路中，设计者为了节省面积，很多时候也不做溢出保护。此时，要保证位宽保留得足够大，使之能够满足系统运转时对位宽的全部需求，同时又不发生溢出，就必须要在算法上进行验证。验证思路是：构造溢出后出现错误的场景，若仿真结束时未出现该场景，说明没有发生溢出。下例给出了使用 MATLAB 构造的溢出场景，实际电路如果发生真正的溢出，则溢出后的数值与下例中计算得到的一致。通过 MATLAB 模拟电路溢出场景，可以快速暴露出电路的溢出风险。

```
if (c2 >= 2^2) || (c2 < -2^2)      % 双向溢出
    c = c2-(floor((c2-2^2)/2^3)+1)*2^3;
else          % 未溢出的正常情况
    c = c2; % 原值
end
```

若 c2 只可能溢出 1 位，则可以将上述 MATLAB 代码简化为如下语句，更能直观体现

溢出后的效果。

```
if c2 >= 2^2        % 正数溢出
    c = c2 - 2^3;   % 负向翻转
elseif c2 < -2^2    % 负数溢出
    c = c2 + 2^3;   % 正向翻转
else                % 未溢出的正常情况
    c = c2;         % 原值
end
```

对比无符号溢出和有符号溢出的两种 MATLAB 建模，可以发现，在原数都只溢出 1 位的情况下，同样是输出信号位宽为 n，无符号时溢出的边界是 2^n，而有符号时溢出的边界是 -2^{n-1} 和 2^{n-1}。再看溢出的后果，无符号时是原数减去 2^n，使得结果从一个很大的数变成了较小的数，而有符号时若原数是正数，则溢出后的数是原数减去 2^n，这将使该数变成负数，若原数是负数，则溢出后的数是原数加上 2^n，这将使该数变为正数。

因此，计算结果超出位宽范围的情况可以早在 MATLAB 算法建模阶段就被发现，从而提醒算法人员及时调整位宽，防止不正确的位宽决策进入 RTL 设计流程。

2.4 截位与四舍五入

2.4.1 截位的数学本质

如果运算的结果中只有其中若干位是后续处理需要的，则需要进行截位或四舍五入处理。如果对精度要求高，就使用四舍五入，否则使用截位。在实际电路设计中，相对于四舍五入，截位更为常见。设计算法电路需要了解各项处理在数学上的本质，对于截位和四舍五入也是如此。

截位的数学本质是向下取整，比如下面的 RTL 中，信号 a 的低 2 位被舍弃，并将结果赋给了信号 b。

```
wire    [4:0] a;
wire    [2:0] b;

assign b = a[4:2];
```

上例中，a 和 b 的数学关系如式（2-8）所示，其中，$\lfloor x \rfloor$ 为对 x 向下取整。例如，a 的值为 15，则 b 的值为 3。

$$b = \left\lfloor \frac{a}{4} \right\rfloor \qquad (2\text{-}8)$$

如果被截位的信号是负数信号，则向下取整的结果是绝对值变大。

比如上例中，信号 a 是有符号信号，可以计算出 a 取值为 $-15 \sim -12$ 时信号 b 的值为

$$\left\lfloor \frac{-15}{4} \right\rfloor = \lfloor -3.75 \rfloor = 5'\text{b}100\,\overline{01} = -4$$

$$\left\lfloor\frac{-14}{4}\right\rfloor=\lfloor-3.5\rfloor=5'\text{b100}\cancel{10}=-4$$

$$\left\lfloor\frac{-13}{4}\right\rfloor=\lfloor-3.25\rfloor=5'\text{b100}\cancel{11}=-4$$

$$\left\lfloor\frac{-12}{4}\right\rfloor=\lfloor-3\rfloor=5'\text{b101}\cancel{00}=-3$$

所以，无论被截位的信号有无符号，截位后的结果一定小于或等于直接使用除法计算得到的浮点值。

在 MATLAB 使用如下语句表示上例的截取过程，可以得到相同的结果。

```
b = floor(a/4);
```

2.4.2　四舍五入的设计方法

在电路中对信号进行四舍五入处理的步骤如下：

第一步：假设要舍弃信号的低 n 位，则只舍弃低 $n-1$ 位，保留 1 位精度。

第二步：将截取的信号加 1。

第三步：舍弃第一步保留的小数位。

例如，让 6 位有符号信号舍弃其低 2 位，其结果应为 4 位，且是四舍五入后的结果。实际 RTL 代码如下例所示。在第二步中，为防止加 1 可能造成的正数溢出（负数加 1 不会发生溢出），对信号进行了扩位，但它会导致输出结果比预想的多 1 位，因而输出前要进行溢出保护，限制输出的位宽。

```verilog
input          [5:0] a;
output    reg  [3:0] b;

wire           [4:0] a2;
wire           [5:0] a3;
wire           [4:0] a4;

assign a2 = a[5:1];                // 第一步：舍弃1位，保留1位精度
assign a3 = {a2[4],a2} + 6'd1;     // 第二步：信号加1，运算前将位宽补齐
assign a4 = a3[5:1];               // 第三步：截取第一步保留的1位精度

// 溢出保护
always @(*)
begin
    if (~a4[4])       // 非负数
    begin
        if (~a4[3]) // 未溢出
            b = {1'b0, a4[2:0]};
        else          // 溢出
            b = 4'b0111;
    end
```

```
    else            // 负数
    begin
        if (a4[3])  // 未溢出
            b = {1'b1, a4[2:0]};
        else        // 溢出
            b = 4'b1000;
    end
end
```

用上例所示的 RTL 进行计算，可以得到如下结果。其中，$\{x\}$ 表示对 x 进行四舍五入，$\lfloor x \rfloor$ 为对 x 向下取整。

$$\left\{\frac{15}{4}\right\} = \{3.75\} = \left\lfloor \frac{5'b00111 + 5'd1}{2} \right\rfloor = 4'b0100 = 4$$

$$\left\{\frac{14}{4}\right\} = \{3.5\} = \left\lfloor \frac{5'b00111 + 5'd1}{2} \right\rfloor = 4'b0100 = 4$$

$$\left\{\frac{13}{4}\right\} = \{3.25\} = \left\lfloor \frac{5'b00110 + 5'd1}{2} \right\rfloor = 4'b0011 = 3$$

$$\left\{\frac{-15}{4}\right\} = \{-3.75\} = \left\lfloor \frac{5'b11000 + 5'd1}{2} \right\rfloor = 4'b1100 = -4$$

$$\left\{\frac{-14}{4}\right\} = \{-3.5\} = \left\lfloor \frac{5'b11001 + 5'd1}{2} \right\rfloor = 4'b1101 = -3$$

$$\left\{\frac{-13}{4}\right\} = \{-3.25\} = \left\lfloor \frac{5'b11010 + 5'd1}{2} \right\rfloor = 4'b1101 = -3$$

可见，按照上述三步运算，无论信号的值为正或负，均能够得到四舍五入的结果。

用 MATLAB 计算上例的四舍五入，表达式如下：

```
b = round(a/4);
```

上述 MATLAB 表达式与 RTL 计算结果有细微差别，区别在 a 为 -14 时，MATLAB 计算得到的 b 为 -4，而 RTL 得到的 b 为 -3。从原理上说，-3.5 四舍五入后值为 -4 或 -3，误差均为 0.5，因此两个答案都正确。但是，正如 1.3.2 节所介绍的算法验证过程，一般要求算法建模的结果应该与 RTL 计算结果完全一致。在复杂的系统中不要因为某些细微的不一致，导致整个系统的验证无法通过。为此，这里推荐调整 MATLAB 算法，并保持 RTL 算法不变，因为 RTL 的三步实现比较简单，不适合调整为更复杂、面积更大但效果相同的结构。调整后的 MATLAB 代码如下：

```
a2 = floor((floor(a/2)+1)/2);

% 溢出保护（这里负数不会溢出，所以只保护正的边界）
if a2 == 8
    b = 7;
else
```

```
        b = a2;
    end
```

传统的四舍五入是一种取整的方法，此法可以去除小数位，只保留整数。本节所讲的四舍五入需要对原始的概念进行一定的扩展。如果一个信号包含 8 位小数精度，但结果只要求它保留 2 位精度，那么四舍五入的意义就是使得保留的 2 位小数精度能够体现出 3 位小数精度的效果，所得数值与原数的差异小于 2^{-3}。读者须认识到，即使是四舍五入之后，信号也没有变为整数，它仍然保留了 2 位小数。

2.5　浮点数在电路中的定点化

在 2.2.2 节中已经介绍了如何确定一个浮点信号的位宽，那么一个浮点数在电路中实际传输的数值是多少呢？对于这个问题，有多种解决方法，例如在第 12 章讲到的 IEEE754 方法。不同的表示方法都有其各自的优点，比如 IEEE754 方法的优点是用较少的位宽表示较大范围的数据，其所表示的数，小数点可以浮动，当表示的数值较大时，精度降低，当数值较小时，精度可以提高。但使用这种表示法有一定难度，处理时需要更多技巧。对于不需要传输宽范围数值的信号，一般不使用这种较为复杂的表示，而是使用更为简单且直接的表示法。

常用的浮点数定点化表示方法如式（2-9）所示。其中，a 为定点化前的浮点数，n 为 a 的二进制小数精度，$\lfloor x \rfloor$ 表示对 x 向下取整，b 为定点化后的浮点数，它是一个整数。

$$b = \lfloor a \times 2^n \rfloor \tag{2-9}$$

用式（2-9）的方式进行的定点化，其特征是小数精度 n 在转换后就固定了，不像 IEEE754 那样能够灵活调整。小数点不再浮动，而是停留在固定的位置，因而称为定点化。在电路实现前，应先用算法仿真确定一个合适的 n，既不能因太大而浪费面积，又不能取太小而无法满足性能要求。

假设一个数值为 19.1384，要求保留 7 位精度，则实际电路中传输的值为十进制的 2449。这里只规定了精度，并未指定该信号的取值范围，因此，尚不能确定 2449 的位宽。在数值转化后，可以知道本次转化的误差为 0.0056，其计算方法如下：

$$\left| 19.1384 - \frac{2449}{2^7} \right| = 0.0056$$

有时，为了既能减少位宽，又能多保留 1 位精度，将式（2-9）的向下取整改为四舍五入也是可行的。若如此，则上例定点化后的数值为 2450，转化误差为 0.0022。

如果给浮点数的表示再增加一层复杂度，加入符号因素，该如何表示这个数呢？最容易理解的方式是按照 2.4 节介绍的方法将浮点数转换为整数，再按照其符号将其用补码表示即可。

注意 在本书中，对于一个未经定点化的浮点值，电路将其作为一个理论上进行参考和对照的概念，称为**浮点值**。而对浮点数进行定点化后的值，即实际在电路中传输的值，称为**定点值**。

2.6 signed 声明和注意事项

在 RTL 中，可以使用 signed 关键字来声明一个有符号信号，以此来向仿真器和综合器说明该信号是有符号的。相比于不声明 signed 的表达方式，声明 signed 的好处主要体现为两点：

1）自动补足符号位。

2）可忽略补码规则，直接进行正负数的比较。

这两个优点能够明显简化数字工程师的设计表达，使得他们可以将精力更多地投入到主要算法的实现上。

如果仿真器和综合器不能自动补充符号，则会给加减运算和右移带来不便。

体现在加减运算上，就像 2.3.4 节和 2.4.2 节所举例子一样，在进行加减法前，设计者必须将参与运算的信号位宽补充到与结果位宽一致。

体现在信号数据右移上，设计者必须在右移信号时，对高位空出来的位宽补充其符号。

在两个数值的比较方面，如果直接比较两者的补码，在两数同号时可以比较，但在两数异号时无法直接比较。比如，两个 3 位的有符号信号 3'b100 和 3'b011，虽然前者表示 −4，后者表示 +3，但直接比较会认为前者大。为了避免此类错误，也需要设计者增加一些额外的语法表达。

通过 signed 声明可以解决上述两个问题，被声明的信号基本可以像 MATLAB 算法程序那样操作，这为设计带来了许多方便。例如，同样是 2.4.2 节中四舍五入的 RTL 示例，使用 signed 声明后代码如下。在本例中，加法之前对 a2 的补位没有了，溢出保护中信号的比较以直观的方式呈现。signed 声明的位置在 wire 或 reg 之后。

```
input           signed      [5:0] a;
output    reg   signed      [3:0] b;

wire      signed    [4:0] a2;
wire      signed    [5:0] a3;
wire      signed    [4:0] a4;

assign a2 = a>>>1;              // 第一步：舍弃 1 位，使用右移 >>>
assign a3 = a2 + signed(6'd1);  // 第二步：信号加 1，a2 不需要补齐位宽
assign a4 = a3>>>1;             // 第三步：截取第一步保留的 1 位精度，使用右移

// 溢出保护
always @(*)
```

```
begin
    if (~a4[4])                     // 非负数
    begin
        if (a4 <= signed(5'd7))    // 未溢出
            b = a4;
        else                        // 溢出
            b = 4'd7;
    end
    else                            // 负数
    begin
        if (a4 >= signed(-5'd8))   // 未溢出
            b = a4;
        else                        // 溢出
            b = -4'd8;
    end
end
```

使用 signed 声明时，需要注意以下 4 点：

1）如果一句 RTL 表达，既包含加、减、乘、移位等运算，又包含逻辑选择、逻辑判断、位操作等，需要将运算和逻辑分成两句表达。既包含运算又包含逻辑的语句，如下例所示，在运算中，综合器会将参与运算的信号 a 和 b 作为无符号信号来处理。

```
wire    signed  [3:0]   a;
wire    signed  [3:0]   b;
wire    signed  [4:0]   c;
wire                    flag;

assign c = flag ? (a + b) : 5'd0;
```

将逻辑判断语句与运算语句分开后，表达式如下：

```
wire    signed  c_tmp;
assign c_tmp = a + b;
assign c     = flag ? c_tmp : 5'd0;
```

2）在进行加、减、乘及移位运算或者对两个信号进行比较时，要保持参与运算或比较的信号是相同类型的，即要求它们统一为未声明 signed 的形式或 signed 的形式，不能将未声明的信号与已声明的信号混合运算，否则已声明为 signed 的信号会被当作未声明为 signed 的信号来处理。下例中，信号 a 声明了 signed，信号 b 未声明，两者进行比较可能会发生意外。仿真器和综合器会将 a 转化为未声明的状态。因此，如果 a 是一个负数，那么它的补码将比正数大，从而发生判断错误。

```
wire    signed  [3:0]   a;
wire            [3:0]   b;
reg             [1:0]   c;

always @(*)
begin
```

```
            if (a > b)   // 混用了有 signed 声明的信号与未声明的信号，是错误的
                c = 2'd3;
            else
                c = 2'd0;
        end
```

在实际电路设计中，确实存在一个有 signed 声明的信号和一个无 signed 声明的信号之间进行比较的需求，同样的情况也发生在数值运算中，此时，需要将无 signed 声明的信号强制转换为有 signed 声明的信号。这里将上例中的 b 强制转换，就会得到如下的符合设计意图的 RTL 表达。无 signed 声明的信号在被强制转换时，需要在高位补 0，像本例中的 signed'({1'b0,b})。补零的作用是使综合器认为该信号的符号为正，假设 b 的值为 4'b1001，若高位不补零，会被识别为负数。

```
wire    signed    [3:0]    a;
wire              [3:0]    b;
reg               [1:0]    c;

always @(*)
begin
    if (a > signed'({1'b0,b}))   // 将 b 强制转换为 signed 类型
        c = 2'd3;
    else
        c = 2'd0;
end
```

当然，有时也会遇到已知一个有符号信号 a 和一个无符号信号 b，但 a 比较的对象是 −b 的情况，如下例所示，也需要强制转换，但转换前要带负号。转换式不可写为 −signed'({1'b0,b})。

```
wire    signed    [3:0]    a;
wire              [3:0]    b;
reg               [1:0]    c;

always @(*)
begin
    if (a > signed'(-{1'b0,b}))   //a 比较的对象是 −b
        c = 2'd3;
    else
        c = 2'd0;
end
```

综合器对数值是否包含符号有自己的判断，凡是包含位宽的数值，如 6'd18，均被视为无符号数，即无论设计者是否认为该数带符号，综合器均将其当作无符号数进行运算和比较。但是，如果数值不包含位宽，比如直接写 18，综合器会认为它是一个 32 位的有符号数。因此，下面两句 RTL 表达式的效果是相同的。当然，推荐使用前一种表达式，因为语法检查工具对比较器两边或运算式两边数值位宽不相同的情况会进行警告。

```
wire    signed    [5:0]    a;
```

```
reg                [1:0]    c;

//----------- 表达式 1 ----------------------
always @(*)
begin
    if (a > signed'(6'd18))
        c = 2'd3;
    else
        c = 2'd0;
end

//----------- 表达式 2 ----------------------
always @(*)
begin
    if (a > 18)
        c = 2'd3;
    else
        c = 2'd0;
end
```

3）对于有 signed 声明的信号，拥有专门的移位运算符 >>> 和 <<<。>>> 不同于常用的移位符 >>，>> 是无符号信号移位时使用的。若一个由 signed 声明的信号使用了 >> 移位，则综合器也同样会将其作为无 signed 声明的信号。如下例中，a 向右移动 1 位，虽然它已声明了 signed，但移位得到的 b 却总是正值。比如，a 为 4'b1001（即 −7），向右移动后，预期 b 的值为 4'b1100（即 −4），但实际上却得到了 4'b0100（即 4）。

```
wire    signed    [3:0]    a;
wire    signed    [3:0]    b;
assign b = a>>1;
```

移位也是一种计算，也有位宽的要求。上例中，b 的位宽为 4，若位宽为 3，则即便用 >>，得到的结果也是正确的。上例仅是为了说明使用 >> 后，高位多余的比特会被填充为 0，而使用 >>>，高位多余的比特会被填充为数值的符号。

对于 << 和 <<<，目前主流的综合器如 DC 和 Genus 均做等效处理。但对于有 signed 声明的信号，还是推荐使用 <<< 进行左移操作。

移位除使用移位符号外，右移可以用类似 a[3:1] 的数位索引表达，而左移也可以使用类似 {a,1'b0} 的数位组合表达。此操作属于无符号逻辑操作，对于有 signed 声明的信号，移位时不使用这种方法。

4）signed 声明未包含在典型的 Verilog 语法中，它属于 System Verilog 的语法。因此，无论是仿真还是综合，要使用它都必须开启支持 System Verilog 的选项。

在使用 VCS 编译时，需要加入 −sverilog 选项，如下：

```
vcs -sverilog ......
```

在使用 DC 综合时，需要加入 −format sverilog 选项，如下：

```
analyze -format sverilog ......
```

正是由于 signed 声明可提高电路设计时数值表达的直观性，使得算法移植到电路中更加容易，本书在下面的设计中将主要采用这种声明方式来编写 RTL。

2.7　从算法到 RTL 实现的转化流程

本书在将算法转化为 RTL 的过程中，会遵循从算法到 RTL 的开发流程。具体步骤如下：

1）先用 MATLAB 开发算法的浮点版本，使得算法在浮点上能够实现。

2）将浮点算法改为定点算法，为了尝试不同定点化造成的性能差别，需要将定点化的精度设置为参数。通过尝试不同定点化参数，得到符合性能要求的设计。

3）上一步只确定了精度，本步骤中将尝试不同位宽。从 2.2.6 节可知，信号的取值范围和精度决定了最终的位宽，在已知精度的情况下尝试不同位宽对算法效果的影响，实际是在确定算法内部各种信号的取值范围。通过人为加入溢出，使仿真效果产生明显的恶化，从而可以比较容易地确认信号的正确取值范围。

4）将算法参数改为常数，这样可方便算法代码转化为 RTL 代码。

5）将已确定了内部精度和取值范围的算法代码改写为 RTL 代码。在改写过程中，须引入算法中没有的控制逻辑和时钟复位。

6）编写 TestBench 对算法 RTL 进行仿真，以算法定点化后的输出结果作为参考。

第 3 章 *Chapter 3*

加法电路设计

加法是最基本的算法，掌握将加法转化为电路的能力有助于加深在电路层面对更复杂算法的认识。本章将着重介绍几种常见的加法器及其电路实现，并举例说明无符号浮点信号以及有符号浮点信号这类复杂信号的加法运算问题，为后续介绍复杂算法奠定基础。

3.1 实现加法器的方法

加法的本质是异或逻辑，即若有两个位相加，如果不考虑进位，只要将这两个位进行异或即可得到 1 加 1 等于 0 的效果。一些运算如二进制 LDPC 的编码和解码运算过程，使用的就是这种不带进位的异或方式。这种方式也被称为半加器，即加法只进行了一半，未考虑进位。

但是，实际的加法大多数是需要进位的。所以，在两个有一定位宽的数相加的过程中，总的原则是每一位各自相加，再加上来自低位的进位，即 3 个因素联合相加。这种加法器也被称为全加器。

在算法上，可以选择分步相加。先进行第 0 位的加法，算出第 0 位的结果和向第 1 位的进位，然后进行第 1 位的加法，将原本第 1 位的两个数与来自第 0 位的进位三者相加，得到第 1 位的结果以及向第 2 位的进位。以此类推，直到所有的位都被算出。

分步运算是需要等待的，算第 n 位时需要等待第 $n-1$ 位的进位结果。在数字 RTL 设计中，无论时序逻辑还是组合逻辑，都可以实现分步骤的运算。

使用时序逻辑进行分步骤运算的电路如图 3-1 所示。通过在步骤之间插入 D 触发器（也称为寄存器），可以达到以时钟为节拍，每一拍完成一个步骤的效果。其时序如图 3-2 所示。

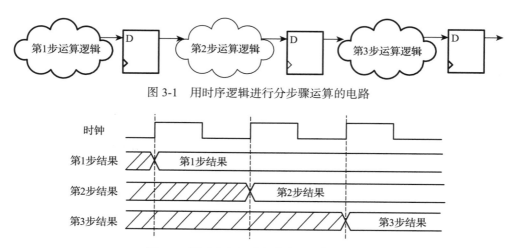

图 3-1 用时序逻辑进行分步骤运算的电路

图 3-2 用时序逻辑进行分步骤运算的时序

使用组合逻辑进行分步骤运算，就是将图 3-1 中的寄存器去掉，其时序如图 3-3 所示。对比图 3-2 和图 3-3 可以发现，组合逻辑完成全部计算的速度快，在 1 个时钟周期之内 3 个步骤就全部完成了，而时序逻辑用了 3 个时钟周期。而且，组合逻辑还节省了 3 个寄存器。所以多数情况下，实现运算电路首先考虑使用组合逻辑的方式。只有当组合逻辑运算时间过长，无法在规定时刻得到结果时，才考虑改为时序逻辑。例如图 3-3 中第 3 步结果要推迟到采样沿之后才得到，是不允许的，此时需要在这 3 个步骤中插入寄存器。即便考虑插入寄存器，也不是像图 3-1 那样一次插入 3 个，而是先在合适的位置插入 1 个，如果这样运算能赶上时间要求，就不用再插。

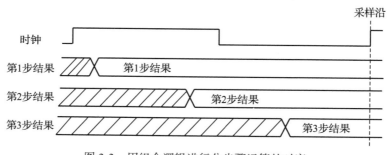

图 3-3 用组合逻辑进行分步骤运算的时序

加法器是电路设计中常用的模块，其结构相对简单，内部逻辑单元少、延迟低，因此，绝大多数加法器都是用组合逻辑实现的。本章以下所介绍的加法器，均使用组合逻辑。

3.2 全加器的实现

实现全加器，需要算出本位的加法结果以及向上进位的结果。

向上进位的结果计算式如下（该式使用了 Verilog 的符号来表示运算逻辑）。

$$w_{i+1} = (a_i \,\&\, b_i) \,|\, [w_i \,\&\, (a_i \,\wedge\, b_i)]$$

式中，w_{i+1} 为从 i 位向第 $i+1$ 位的进位；a_i 和 b_i 分别为被加数和加数在第 i 位的值。

本位的加法结果由 3 个部分取异或得到，这 3 个部分分别是：被加数、加数和来自低位的进位。该运算可表示为

$$c_i = a_i \,\wedge\, b_i \,\wedge\, w_i$$

以下给出一个使用 Verilog 实现 7 位全加器的 RTL 实例（配套参考代码 full_adder.v），其原理基于上述两个公式。

```verilog
module full_adder
(
    input       [6:0]   a   ,
    input       [6:0]   b   ,
    output      [7:0]   c
);
//-------------------------------------------
wire        [6:0]   k;
wire        [6:0]   r;
wire        [7:0]   w;
wire        [7:0]   k2;
//-------------------------------------------
//k是半加器结果
assign k = a ^ b;

//r是计算进位的中间步骤
assign r = a & b;

//w是每一位的进位，其中，第0位上没有进位，因此是0
assign w[0] = 1'b0;
assign w[1] = r[0];
assign w[2] = r[1] | (w[1] & k[1]);
assign w[3] = r[2] | (w[2] & k[2]);
assign w[4] = r[3] | (w[3] & k[3]);
assign w[5] = r[4] | (w[4] & k[4]);
assign w[6] = r[5] | (w[5] & k[5]);
assign w[7] = r[6] | (w[6] & k[6]);

// 最终结果会向高位扩展1位，因此事先扩展k为k2
assign k2 = {1'b0, k};

// 把半加器的结果补充为全加器
assign c  = k2 ^ w;


endmodule
```

该全加器对应的仿真验证环境（TestBench，TB）如下（配套参考代码 full_adder_tb.v）。

由于数据的位宽小，仿真全部情况的数据量并不大，因此这里采用遍历法仿真了该加法器所能涉及的全部情况。注意，在 TB 中 a 和 b 的位宽都不是 RTL 中的 7 位，而是 8 位，因为在 TB 中，a 和 b 都会在遍历到 RTL 的最大值 127 后出现 128 的情况，TB 用该数来标示循环遍历的结束。只有 a 和 b 的位宽为 8，才能够令其表示出 128。

```verilog
`timescale 1ns/1ps

module full_adder_tb;
//--------------------------------
int                     seed    ;

logic           [7:0]   a       ;
logic           [7:0]   b       ;
wire            [7:0]   c       ;

wire            [7:0]   c2      ;
wire    signed  [8:0]   err     ;
logic           [8:0]   err2    ;
//--------------------------------
// 下载波形，并代入随机种子，本仿真中并未用到随机
initial
begin
    if (!$value$plusargs("seed=%d",seed))
        seed = 100;

    $srandom(seed);

    $fsdbDumpfile("tb.fsdb");
    $fsdbDumpvars(0);
end

// 使用遍历法，a 从 0 遍历到 127，b 也从 0 遍历到 127，双循环嵌套
// 由于没有时钟，是纯组合逻辑，这里每 10ns 改变一次激励
initial
begin
    a = 0;

    while (a <= 127)
    begin
        b   = 0;
        while (b <= 127)
        begin
            #10;
            b++;
        end
        a++;
    end

    #100;
```

```
        $finish;
end

//c2 参考信号
assign c2  = a + b;

// 计算电路输出与参考信号的差别，声明为 signed
assign err = c2 - c;

// 取 err 的绝对值
always @(*)
begin
    if (err >= 0)
        err2 = err;
    else
        err2 = -err;
end

// 例化全加器
full_adder     u_full_adder
(
    .a      (a        ),//i[6:0]
    .b      (b        ),//i[6:0]
    .c      (c        ) //o[7:0]
);

endmodule
```

仿真结果如图 3-4 所示，RTL 运算结果与参考结果保持一致，err2 一直保持 0。

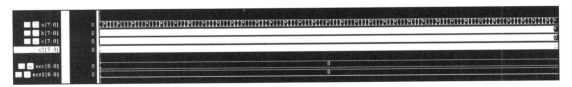

图 3-4　全加器仿真结果

3.3　超前进位加法器的实现

从全加器的 RTL 代码可以看出，k 和 r 是先被运算出来的，而 w 是基于 k 和 r 才能够算出结果，并且高位 w_i 依赖低位 w_{i-1}，因此数据位宽越宽，w 作为一个整体被完全算出的速度就越慢，整个加法运算的延迟就越大。这种高位运算依赖并等待低位运算的求和方式，除了被称为全加器，也被称为行波进位加法器。

为了提高计算多位加法的速度，需要进一步破除这种依赖关系，这里主要指破除 w 中高位对低位的顺序依赖，使得计算时间不会因位宽的增加而不断变慢。这就需要将硬件全部展开，使得 w 的高位和低位一起算出，而不是先后算出，这种做法被称为超前进位加法器，即原本出现较慢的高位进位和出现较快的低位进位在本方法中是同时出现的，相当于高位进位超前，代价是展开后的硬件逻辑门数多、面积大、成本高。

以下给出一个使用 Verilog 实现超前进位加法器的 RTL 实例（配套参考代码 cla.v）。为了方便读者与行波进位全加器进行对照，被加数和加数的位宽仍然被定为 7 位。

```verilog
module cla
(
    input       [6:0]   a   ,
    input       [6:0]   b   ,
    output      [7:0]   c
);
//-----------------------------------------------
wire        [6:0]   k;
wire        [6:0]   r;
wire        [7:0]   w;
wire        [7:0]   k2;
//-----------------------------------------------
assign k = a ^ b;
assign r = a & b;

// 高位 w 不再依赖低位 w，而是直接产生
assign w[0] = 1'b0;
assign w[1] = r[0];
assign w[2] = r[1]
            | (r[0] & k[1]);
assign w[3] = r[2]
            | (r[1] & k[2])
            | (r[0] & k[1] & k[2]);
assign w[4] = r[3]
            | (r[2] & k[3])
            | (r[1] & k[2] & k[3])
            | (r[0] & k[1] & k[2] & k[3]);
assign w[5] = r[4]
            | (r[3] & k[4])
            | (r[2] & k[3] & k[4])
            | (r[1] & k[2] & k[3] & k[4])
            | (r[0] & k[1] & k[2] & k[3] & k[4]);
assign w[6] = r[5]
            | (r[4] & k[5])
            | (r[3] & k[4] & k[5])
            | (r[2] & k[3] & k[4] & k[5])
            | (r[1] & k[2] & k[3] & k[4] & k[5])
            | (r[0] & k[1] & k[2] & k[3] & k[4] & k[5]);
assign w[7] = r[6]
            | (r[5] & k[6])
            | (r[4] & k[5] & k[6])
            | (r[3] & k[4] & k[5] & k[6])
            | (r[2] & k[3] & k[4] & k[5] & k[6])
```

```
            | (r[1] & k[2] & k[3] & k[4] & k[5] & k[6])
            | (r[0] & k[1] & k[2] & k[3] & k[4] & k[5] & k[6]);

assign k2 = {1'b0, k};
assign c  = k2 ^ w;

endmodule
```

细心的读者会发现，上述 RTL 与全加器的 RTL 相比，原理上基本相同，而且越是高位宽的 w，逻辑越复杂。比如，w[7] 的逻辑就比 w[6] 更复杂，以此类推，更高位的加法运算，其进位 w 会更加复杂。而且仔细观察该算法，会发现要想实现快速计算，需要多次复制一些近乎相同的逻辑。比如，r[0] & k[1] 参与 w[2] 的运算，而 r[0] & k[1] & k[2] 又参与了 w[3] 的运算。原本，节省资源的做法是先计算 r[0] & k[1]，然后将其结果再和 k[2] 联合计算，这就是全加器的做法。现在，为了让 w[2] 和 w[3] 同时得到结果，必须让 r[0] & k[1] 和 r[0] & k[1] & k[2] 同时计算，一个用两输入与门，另一个用三输入与门。发展到 w[7] 处，与 r[0] 相关的逻辑已经包含 6 次与操作。可见，超前进位的资源代价是较高的。

3.4 逻辑优化和面积对比

如果将全加器的 RTL 与超前进位加法器的 RTL 都进行综合，是否会如前文所说，超前进位加法器的面积大于全加器呢？实际上并没有，两者最终综合出来的电路是一模一样的。使用最简单的 RTL 表达方式，如下例所示（配套参考代码 syn_adder.v），3 种代码综合出的电路都是相同的，其最终的电路面积约为 37 门。

```
module syn_adder
(
    input       [6:0]   a   ,
    input       [6:0]   b   ,
    output      [7:0]   c
);
//------------------------------------------------
assign c = a + b;

endmodule
```

为什么不同的表达方式最终结果均相同呢？是因为综合工具不会生搬硬套 RTL 表达，而是会对 RTL 进行结构优化。而且，对于加法器这类常见运算，工具对它的优化已经非常成熟，因此无论 RTL 如何表达，最佳的效果都与直接写 a+b 相同。如果设计得不合理，使得工具无法识别加法逻辑，还会综合出面积更大的电路。因此在算法设计中，一般不会纠结全加器、超前进位加法器等概念，而是直接写加号表示进行加法运算，这样的电路实现将是最优的。在一个较复杂的算法电路中，往往会包含成千上万处加法，直接写加号也大大方便了工程师，使他们能够将设计精力集中于更为复杂的部分，不会纠结于这类小型运算单元的实现上。

注意 评估电路的面积往往使用平方微米和门数两种计量方法。平方微米是绝对面积计量，而门数是相对面积计量，它是将电路面积和最低驱动能力的与非门进行比较，计算出电路面积相当于多少个与非门的面积。门数计量法的优点是可以屏蔽工艺对电路面积评估的影响。先进工艺的门电路面积小，同样的电路用先进工艺的绝对面积小。而使用门数评估，由于与非门也用先进工艺，使得分子和分母都变小，其结果在新老工艺上变化不大。因此，用门数评估面积可以排除工艺的影响，直接比较相同功能的两种不同的实现方式其面积代价的不同，就可以挑选出面积最优的实现方式。上面强调最低驱动能力的与非门，是因为工艺提供的门电路往往有多种驱动能力可选，具有大驱动能力的门电路，其面积也较大，因此为了统一标准，都使用最低驱动能力的与非门进行门数评估。

3.5 浮点数加法的电路实现

如果参与运算的不是整数，而是浮点数，那电路应如何处理呢？按照2.5节描述的方法，将浮点数进行定点化，变为整数再进行运算。

这里举一个例子：被加数a位宽为7位，包括3位整数和4位小数，无符号。加数b位宽为5位，包括2位整数和3位小数。最终的结果c要求位宽为4，包括3位整数和1位小数，要求输出是四舍五入后的结果。

先对上述要求进行算法建模，建模分为两部分，按照芯片研发方式，先写RTL对应的算法核心模型，再围绕核心搭建TB模型。

RTL对应的MATLAB算法代码如下（配套参考代码plus_float.m）。为了方便表述，习惯上用"总位宽=符号位宽+整数位宽+小数位宽"来表示一个信号的位宽分布。比如，"a: 7=0+3+4"表示信号a的位宽为7，其中有3位整数和4位小数，且没有符号位。

```
% a: 7=0+3+4
% b: 5=0+2+3
% c: 4=0+3+1 (round)

function c = plus_float(a,b)
%b2: 6=0+2+4
b2 = b * 2;

%c2: 8=0+4+4
c2 = a + b2;

%c3: 7=0+5+2
c3 = floor(c2/2^2) + 1;
```

```
%c4: 6=0+5+1
c4 = floor(c3/2);

% 溢出保护
if c4 > 2^4 - 1
    c = 2^4 - 1;
else
    c = c4;
end
```

代码的处理思路：首先统一两个加数的小数精度，然后相加，接着按照结果的精度要求进行四舍五入处理，最后进行溢出保护。

参与运算的 a 和 b 精度不同，而对于加法来说，精度必须统一，因此 b 被扩展为与 a 一样的精度，变为 b2。

a 与 b2 相加得到初步的结果 c2，但是它的精度太高，需要将精度削减到题目要求的精度。c2 的小数精度是 4 位，而要求的是 1 位，应削减 3 位，不能直接截位，要求四舍五入。按照 2.4.2 节介绍的四舍五入方法，舍入前应先保留比要求精度多 1 位的精度（即 2 位），那么多余的 2 位就可以直接截掉。截取后加 1，得到 c3。再将 c3 截取多余的 1 位，得到符合精度要求的 c4。c4 并不能直接作为结果输出，它的精度虽然符合输出要求，但整数位宽高于输出要求，需要进行位宽限制，限制的方法是有限位宽下的溢出保护，最终得到符合要求的输出信号 c。

为了验证上述逻辑的正确性，需要编写一个 TB 来测试。以下是一个基于 MATLAB 的测试代码（配套参考代码 plus_float_tb.m）。本 TB 采用遍历法，即讨论了本设计中可能遇到的所有情况。激励 a 和 b 的产生使用了嵌套的两个 for 循环，并且在产生它们时都保留了浮点数的原貌，比如，a 是 4 位小数，b 是 3 位小数，因而 a 的变化步长为 2^{-4}，而 b 的变化步长是 2^{-3}。a 和 b 以浮点数的形式生成，体现了设计者的初衷，但是并不能将其直接输入 plus_float 函数，因为该函数只接受整数，就像 RTL 的 input 接口只接受整数一样。所以在 TB 中，将 a 和 b 定点化为 a2 和 b2，再输入到函数中。输出的 c 为 RTL 的 output，也是一个整数，在 TB 上将其除以 2，还原为原本的浮点数形式，作为 RTL 实际的输出结果。写 TB 的原则是有输出，也有对照组（即参考信号），用参考模型来判定输出是否正确。c_real 就是 c 的参考信号，它被认为是绝对正确的。由于 c 有位宽限制，c_real 也同样有位宽限制。最后将 c_real 与 c 进行对照，得到 err。后面的 a_group、b_group 等都是为了记录遍历过程中的数据，以便在发现 plus_float 设计错误时，可以从这些向量中找到出错时所给的激励，还原出错场景。MATLAB 不是 Verdi，默认情况下只能保留最后一次运算的结果，而前面经过的运算过程都无法还原，如果要还原，就要像本例一样，申请专门的向量，将中间过程保存进去。

```
clear;
close all;
```

```
clc;

cntwhole = 1;
for a = 0:2^-4:8-2^-4
    for b = 0:2^-3:4-2^-3
        a2 = floor(a * 2^4);
        b2 = floor(b * 2^3);

        c = plus_float(a2,b2);
        c = c/2;
        c_real = a + b;
        if c_real > 8 - 2^-1
            c_real = 8 - 2^-1;
        end

        err = abs(c_real - c);
        a_group(cntwhole) = a;
        b_group(cntwhole) = b;
        c_group(cntwhole) = c;
        c_real_group(cntwhole) = c_real;
        err_group(cntwhole) = err;
        cntwhole = cntwhole + 1;
    end
end

figure;plot(err_group);grid on;
```

最终，仿真出的模型计算误差（err）如图 3-5 所示，可见最大的误差为 0.25，比系统要求的 1 位小数精度的误差要小，因为 1 位精度的误差应该是 0.5。之所以误差更小，是因为结果经过了四舍五入的处理，相当于使用截取法保留了 2 位精度。

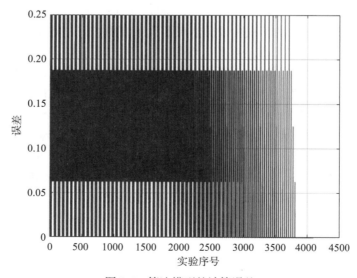

图 3-5　算法模型的计算误差

将 MATLAB 的 plus_float 函数改写为 RTL，其代码如下（配套参考代码 plus_float.v）。其中的每一个信号均与算法中的同名变量对应。

```verilog
module plus_float
(
    input       [6:0]   a        ,
    input       [4:0]   b        ,
    output  reg [3:0]   c
);
//------------------------------------------------
wire    [7:0]   c2;
wire    [6:0]   c3;
wire    [5:0]   c4;
wire    [5:0]   b2;
//------------------------------------------------
assign b2 = {b,1'b0};          // 将 b 的精度与 a 的精度对齐
assign c2 = a + b2;            // 进行相加操作，不需要使用复杂逻辑，直接写加号
assign c3 = c2[7:2] + 6'd1;   // 截取 2 位并进行四舍五入
assign c4 = c3[5:1];          // 截取 1 位

// 溢出保护
always @(*)
begin
    if (c4 > 4'hf)
        c = 4'hf;
    else
        c = c4[3:0];
end

endmodule
```

使用 System Verilog（SV）编写的 TB 如下（配套参考代码 plus_float_tb.v），其写法与 MATLAB 的 TB 基本一致，只是用两个 while 循环代替了两个 for 循环。这里，cnt1 表示 a 的浮点形式，被声明为 real 型，a 被转化为整数激励。从 cnt1 转化为 a 的过程中，2**3 表示 2^3（即 8），最后强制转换为 int 型取整。强制转换为 int 还有一个附带的效果是四舍五入，因而在 SV 内建函数中，有向下取整 $floor，也有向上取整 $ceil，就是没有四舍五入，因为强制取整本身就是四舍五入。cnt2 表示 b 的浮点形式。c_real 作为浮点参考信号，c2 是 RTL 的输出 c 的浮点形式，通过对比 c_real 和 c2，可以判断计算误差是否满足要求，或者是否与 MATLAB 仿真一致。

```verilog
`timescale 1ns/1ps

module plus_float_tb;
//--------------------------------
int             seed    ;

logic   [6:0]   a       ;
```

```verilog
logic    [4:0]    b        ;
wire     [3:0]    c        ;
real              c_real   ;
real              c2       ;
real              err      ;

real              cnt1     ;
real              cnt2     ;
//--------------------------------
// 波形下载和随机种子生成（并未用到）
initial
begin
    if (!$value$plusargs("seed=%d",seed))
        seed = 100;

    $srandom(seed);

    $fsdbDumpfile("tb.fsdb");
    $fsdbDumpvars(0);
end

initial
begin
    a = 0;
    b = 0;

    cnt1 = 0;
    cnt2 = 0;
    while (cnt1<8-0.0625)
    begin
        cnt1 = cnt1 + 0.0625;
        a = int'(cnt1*(2**4));

        cnt2 = 0;
        while (cnt2<4-0.125)
        begin
            cnt2 = cnt2 + 0.125;
            b = int'(cnt2*(2**3));

            // 参考信号
            c_real = cnt1 + cnt2;

            // 参考信号的溢出保护
            if (c_real > 7.5)
                c_real = 7.5;

            // 每隔 10ns 改变一次激励
            #10;
        end
    end
```

```
        #100;
        $finish;
    end

    //DUT 的输出，处理为浮点数
    assign c2 = real'(c)/2.0;

    //DUT 与参考组对照
    assign err = $abs(c_real - c2);

    // 例化 DUT
    plus_float        u_plus_float
    (
        .a        (a        ),//i[6:0]
        .b        (b        ),//i[4:0]
        .c        (c        ) //o[3:0]
    );

    endmodule
```

被测试的 RTL 在 TB 中也被称为被测设计（Design Under Test，DUT）。

上述 TB 仿真出的 RTL 计算误差如图 3-6 所示，可以看出其最大值也是 0.25，与算法模型效果一致，说明 RTL 实现正确。

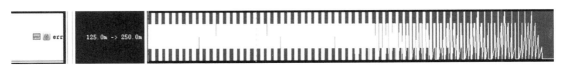

图 3-6　浮点数加法 RTL 的计算误差

注意　浮点数的 RTL 设计，其输入信号均为整数，仅在设计思想中包含浮点含义。在 TB 中构造这类整型激励时，要在输入前将产生的浮点数变为整数。至于变为整数时是使用四舍五入还是截位、是否进行过溢出保护，这些问题均不是本算法模块需要讨论的问题，而是 TB 或者说本模块的前一级模块需要讨论的问题。

3.6　有符号数加法的电路实现

再来看有符号数相加的情况。由于无论有无符号，在芯片内部均使用补码表示并进行计算，因此对于普通的加法来说，符号本身并不会改变算法。有符号的情况下，需要注意的是加法以外的事宜，比如对加法结果的溢出保护等，这些内容已在 2.3 节进行了说明。

减法与加法的原理一致。在统一用补码表示后，减法和加法都是加法，因而不存在单独的减法算法。

一个有符号数相加的算法模型案例如下。为了方便读者对比有符号和无符号处理的不同，本例使用了与 3.5 节类似的输入和输出要求，唯一的区别在于本例中的输入和输出均带有符号。

参与运算的输入 a 为 8 位，其中包含 1 位符号、3 位整数和 4 位小数。b 为 6 位，包含 1 位符号、2 位整数和 3 位小数。结果 c 要求是 5 位，包含 1 位符号、3 位整数和 1 位小数。计算步骤中，b2 是为了与 a 进行精度对齐，c2 为原始相加结果，c4 为四舍五入后的结果，经过位宽限制下的溢出保护，最终得到 c。计算原理已在 3.5 节进行了阐述，这里不再赘述。

该命题的算法实现如下（配套参考代码 plus_signed.m）：

```
% a: 8=1+3+4
% b: 6=1+2+3
% c: 5=1+3+1(round)

function c = plus_signed(a,b)
% 精度对齐
b2 = b * 2;

%c2: 9=1+4+4
c2 = a + b2;

%c3: 8=1+5+2
c3 = floor(c2/2^2) + 1;

%c4: 7=1+5+1
c4 = floor(c3/2);

%c 溢出保护
if c4 > 2^4 - 1
    c = 2^4 - 1;
elseif c4 < -2^4
    c = -2^4;
else
    c = c4;
end
```

以下是算法模型对应的 RTL 代码（配套参考代码 plus_signed.v）。有符号运算存在一些需要特别注意的地方，由于在进行四舍五入过程中需要进行高位补符号，在溢出保护过程中对正数和负数需要使用不同的标准进行溢出保护。在有符号信号前面加入 signed 声明，可以更方便地处理上述问题，因此在本例的 RTL 中，使用了这种方式。

```
module plus_signed
(
    input       signed [7:0]  a  ,
    input       signed [5:0]  b  ,
    output  reg signed [4:0]  c
);
```

```
//------------------------------------------------
wire signed [8:0]   c2;
wire signed [7:0]   c3;
wire signed [6:0]   c4;
wire signed [7:0]   a2;
wire signed [6:0]   b2;

//------------------------------------------------
assign a2 = a;
assign b2 = {b,1'b0};
assign c2 = a2 + b2;
assign c3 = (c2>>>2) + signed'(7'd1);
assign c4 = (c3>>>1);

always @(*)
begin
    if (~c4[6]) // c4>=0
    begin
        if (c4 > signed'(7'd15))
            c = 5'd15;
        else
            c = c4;
    end
    else //c4<0
    begin
        if (c4 < signed'(-7'd16))
            c = -16;
        else
            c = {1'b1,c4[3:0]};
    end
end

endmodule
```

Chapter 4 第 4 章

乘法电路设计

本章介绍乘法器的 RTL 设计，共引入了 3 种乘法器的设计方法，分别是直接用综合器设计、基于加法迭代的设计和基于 CORDIC 的设计。本章不仅介绍设计方法，还将不同方法进行了性能与面积的比较，以方便读者选择适合自己的算法。在充分理解整数乘法电路机理的基础上，本章还将讨论有符号浮点数的乘法电路实现问题。

4.1　用综合器实现乘法电路

为了便于比较不同方法之间的区别，本书对即将介绍的 3 种乘法提出一个统一的命题。3 种乘法均围绕该命题进行设计。命题如下：**两个无符号的整数乘性因子，其位宽均为 10 位，得到的结果 c，其位宽为 20 位。**

结果的位宽符合 2.2.8 节对于二元无符号乘法位宽的要求，因此对于该结果不需要进行溢出保护。

在 3.4 节已介绍了使用综合法得到的加法电路属于最优化的电路，与手动编写的加法电路在组成和性能上完全一致。同样，对于像乘法这类常用算法电路，综合器也有着成熟的优化方案。

常用的综合器是 Synopsys 公司的 DC，其内部包含一套名为 DesignWare（DW）的 IP。综合器会将 RTL 描述与 DW 中功能相同的 IP 进行关联，建立关联的 RTL 逻辑将会被这些 IP 所取代，而这些 IP 都是经过厂商优化的，在性能与面积上往往优于普通设计者编写的同类 IP。因此，如果 RTL 中出现了乘法符号 *，DW 会自动寻找相应的乘法 IP 与之对应，并且自动将 IP 例化到综合网表中。

这种使用综合器得到乘法电路的方法本书称为综合法。

一个使用综合法编写的 RTL 例子如下（配套参考代码 syn_multi.v）。该模块的核心部分仅为一句简单的乘法算式，而乘法的真正实现由综合器来完成。

```
module syn_multi
(
    input       [9:0]   a,
    input       [9:0]   b,
    output      [19:0]  c
);


assign c = a * b;


endmodule
```

这种实现方式综合出来的是一个纯粹的组合逻辑，从输入到输出必须在 1 个时钟周期内完成。这一要求在参与运算的乘性因子位宽不多时是容易满足的，但对于位宽较多的运算，可能会超出 1 个周期的时间，那么在设计上就需要产生 1 个输出有效信号，伴随结果 c 的输出而输出，用来标示输出信号何时有效。

下面的 RTL 代码（配套参考代码 syn_multi2.v）就是假设乘法的组合逻辑太长，需要两个时钟周期才能输出结果。此时，在模块的输出端会增加 1 个 c_vld 信号，用来标示输出结果 c 的有效性。为了构造 c_vld，模型需要引入 3 个信号，分别是时钟、复位、触发信号。在本例中，clk 为时钟信号，rst_n 为复位信号，trig 为触发信号。当该乘法的输入数据准备好后，trig 就应该为 1，用来通知本模块可以开始进行数据运算。一般在设计中，trig 是脉冲信号，即保持高电平的时间仅为 1 个时钟周期。事实上，数据运算本身不需要 trig 触发，当输入 a 和 b 时，运算就已经开始，只不过 c_vld 的产生需要 trig 作为启动信号。

```
module syn_multi2
(
    input               clk     ,
    input               rst_n   ,
    input               trig    ,
    input       [9:0]   a       ,
    input       [9:0]   b       ,
    output      [19:0]  c       ,
    output  reg         c_vld
);
//---------------------------------
assign c = a * b;

always @(posedge clk or negedge rst_n)
begin
    if (!rst_n)
        c_vld   <= 1'b0;
    else
```

```
            c_vld    <= trig;
    end

endmodule
```

上例电路实现的时序如图 4-1 所示。从图中可以看到，信号 a 和 b 输入模块的同时，trig 脉冲信号也拉高了一拍（即一个时钟周期）。乘法逻辑较长，在第 1 周期内未能计算完成，在第 2 周期进行到一半时才输出了有效的计算结果。c_vld 在第 2 周期变为高电平。该乘法器的后级模块可以在第 3 周期的时钟上升沿处采样到 c_vld 的高电平，从而确认此时 c 是有效的。

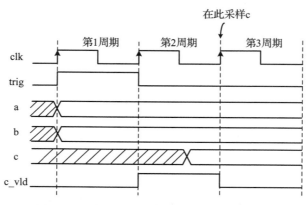

图 4-1　组合逻辑过长需要多周期计算的情况

虽然 RTL 中已经引入了 c_vld 来处理组合逻辑较长的问题，但综合器并不知道。它在综合时，仍然认为信号 c 应该在第 1 周期内建立完成，如果不能完成，工具就将反复尝试，不仅浪费了综合时间，最终无法满足的情况下还会报时序错误。因此，不仅 RTL 需要像上例给出的代码一样处理，在综合的时序约束中，也要增加对这块逻辑的约束，以这种方式告诉工具：不需要强迫在第 1 周期完成逻辑运算，在第 3 周期到来之前完成即可。用于此类目的的约束语句是 set_multicycle_path。

以下 4 句约束语句分别约束了 a 与 c（前两句）以及 b 与 c（后两句）的关系。下面以 a 与 c 的关系为例对该约束语法进行说明。

```
set_multicycle_path 2 -setup -end -from [get_ports a] -to [get_ports c]
set_multicycle_path 1 -hold  -end -from [get_ports a] -to [get_ports c]

set_multicycle_path 2 -setup -end -from [get_ports b] -to [get_ports c]
set_multicycle_path 1 -hold  -end -from [get_ports b] -to [get_ports c]
```

第一句约束主要目的是放宽对建立时间的要求，使之由默认的一个时钟周期检查一次变为 2 个时钟周期检查 1 次。

假设从输入 a 到计算出 c，中间的延迟是 T_{real}，那么按照默认标准，要求 T_{real} 时间足够

短，即满足

$$T_{real} \leqslant T_{period} - T_{setup} \quad (4\text{-}1)$$

式中，T_{period} 为驱动 a 和采样 c 的两个寄存器共同的时钟周期，它由系统决定；T_{setup} 为该寄存器的建立时间要求，可以从工艺库 lib 文件中查到。

对电路施加时序约束的过程中，由于电路未发生改变，变的只是约束语句，因此反映电路实际延迟的 T_{real} 是不变的，而判断它是否符合要求的标准被改变。这里需要放宽要求，即将 T_{real} 的上限变大，从而较长的计算延迟也能满足时序要求。如果放宽一个时钟周期，则放宽后的时序要求为

$$T_{real} \leqslant 2T_{period} - T_{setup} \quad (4\text{-}2)$$

第一句约束的目的便是将时序判断的标准由式（4-1）变为式（4-2）。

第一句约束中的 −setup 表示对建立时间的约束。按照正常的 1 个时钟周期内信号须完成建立的标准，其约束值应当设为 1。这里需要将建立时间的要求放宽 1 个周期，所以其值设为 2。

−end 表示建立时间检查点移动的单位是以采样信号 c 的时钟为单位的。在从 a 到 c 的时序路径上，a 是起点，驱动 a 的时钟称为发射时钟（Launch Clock），c 是终点，接收并采样 c 的时钟称为捕获时钟（Capture Clock）。发射时钟和捕获时钟的周期和相位可以是相同的，也可以是不同的。放宽时序要求，本质上就是移动建立时间的分析位置。该位置的移动需要以时钟周期为单位。这里的 −end 表示以捕获时钟为单位，如果改为 −start，则表示以发射时钟为单位。在 set_multicycle_path 的约束中，需要遵循的原则是，以时钟频率较快者作为单位，即选择发射时钟和捕获时钟中最快的一个作为时序移动的单位。这里假设发射时钟和捕获时钟均为同一个时钟，因此可以写为 −start，也可以写为 −end。

第二句约束的主要目的是降低对信号 c 的保持时间要求。

默认情况下，从 a 到 c 的延迟 T_{real} 必须符合建立时间的要求，即式（4-1），该式约束的是 T_{real} 的上限。同时，T_{real} 还必须符合保持时间的要求，即式（4-3），该式约束的是 T_{real} 的下限。

$$T_{real} \geqslant T_{hold} \quad (4\text{-}3)$$

式中，T_{hold} 为寄存器固有的保持时间要求，也可以从工艺库 lib 文件中查到。

第一句约束不仅会使建立时间的检查由式（4-1）放宽为式（4-2），还会同时移动保持时间的检查位置，使得保持时间标准变为式（4-4）。从该式可以看出，经过第一句约束后，T_{real} 的下限增大了。

$$T_{real} \geqslant T_{period} + T_{hold} \quad (4\text{-}4)$$

假设 T_{real} 延迟很短，比如在第 1 周期就能完全建立，它不会影响后级模块在第 3 周期的时钟上升沿对 c 的采样，但由于不满足式（4-4）的要求，时序检查会报错。这是不应该

发生的。因此，需要第二句约束将保持时间的检查标准从式（4-4）再改回到式（4-3）。

第二句约束中的 −hold 表示对保持时间的约束。与建立时间约束值默认是 1 不同，保持时间的约束值默认是 0。由于需要将保持时间的检查位置向着建立时间的反方向移动一个周期，所以不能使用默认值 0，而是需要约束为 1。

将检查标准从式（4-4）改回式（4-3），意味着第二句约束对保持时间检查点的移动方向与第一句约束是相反的。set_multicycle_path 不同选项下检查点的移动方向见表 4-1。从表中可知，若建立时间约束为 −setup −end，则保持时间应约束为 −hold −end，这样才能使检查点向相反方向移动。切不可约束为 −hold −start。

表 4-1　set_multicycle_path 不同选项下检查点的移动方向

约束选项	移动方向
−setup −end	建立时间和保持时间检查点一起右移
−hold −end	仅保持时间检查点左移
−setup −start	建立时间和保持时间检查点一起左移
−hold −start	仅保持时间检查点右移

如果没有特殊要求，则 set_multicycle_path 的约束总是两句成对出现，一句 setup 用于放宽对建立时间的约束，另一句 hold 用于还原保持时间约束。hold 的约束值比 setup 少 1。

一条完整的时序路径是从一个寄存器到另一个寄存器。在本 RTL 示例中，并未出现驱动 a 的寄存器，也没有出现采样 c 的寄存器，因此，该代码中从 a 到 c 的路径是不完整的。读者可以想象，在本示例的上一级模块，有一个寄存器驱动了 a，而在本示例的后级模块，又有一个寄存器采样了 c。这 3 级逻辑连在一起才构成了一条完整的路径。

由于驱动和采样寄存器的缺失，在约束中使用 get_ports 来指定路径的起终点，也就是将乘法器作为综合的主体。在正常的综合中，乘法器只是被综合主体中的一小部分。约束时，应跳出本模块的限制，将驱动 a 的寄存器作为 −from 的约束点，将采样 c 的寄存器作为 −to 的约束点。

不仅是乘法逻辑，凡是遇到组合逻辑较长的情况，都可以采用上述方法，改造 RTL，增加输出有效信号，并在时序约束上增加 set_multicycle_path 约束。一些设计者认为这样的设计比较复杂，宁愿在组合逻辑中插入寄存器以减少时序约束。但是对于用综合法实现的乘法器来说，是无法在组合逻辑的中间插入寄存器的，因为具体的电路结构对于设计者属于黑盒。要想自由改动设计的时序，需要对乘法器进行白盒设计，即全部设计都展现在 RTL 代码中，也就是下面即将介绍的两种方法。

注意　在 RTL 交付综合之前，都会先编写一个时序约束文件，其扩展名为 sdc。编写的目的在于告诉综合工具关于本设计的基本情况，例如本设计的时钟来自哪里、时钟周期和占空比是多少、时钟周期波动有多大、输入数据在进入本设计之前的延迟有多大、输出数据在离开本设计后还要经过多少延迟才会被采样等。本节所说的约束语法 set_multicycle_path 也应写在 sdc 文件中。综合工具在综合之前会读入该文件，从而掌握设计的特征，据此来进行电路综合。

4.2 基于加法迭代的乘法电路

乘法问题可以转换为加法问题，例如 6×4，假设这两个因数位宽均为 3 位，翻译为二进制就是 3'b110 × 3'b100。乘法有交换律，该问题可以视为 4 个 6 相加，也可以视为 6 个 4 相加。在这里按照 6 个 4 相加的方式进行计算。二进制形式的计算过程如图 4-2 所示。

$$
\begin{array}{r}
3'b110 \\
\times\ 3'b100 \\
\hline
3'b000 \\
+\quad 3'b100 \\
+\quad 3'b100 \\
\hline
6'b011000
\end{array}
$$

图 4-2　以加法迭代方式计算乘法过程

3'b110 的最低位为 0，以 0 乘以 4，结果为 0，即图 4-2 中的 3'b000。3'b110 的中间位为 1，相当于 4 向左移动 1 位后再加到结果中。3'b110 的最高位为 1，相当于 4 向左移动 2 位后再加到结果中。将这 3 个数相加，最终得到 6'b011000，即 24。

所谓迭代，就是确定一套重复的机制，计算过程就是多次重复这一机制。在迭代过程中，虽然运算机制是重复的，但每次输入该机制的数据是来自上一次迭代的输出，因此每次迭代的运算结果不是重复的，而是向前推进的，直到达到一定迭代次数后停止，或者达到某种验收标准后停止。迭代运算的基本结构如图 4-3 所示。

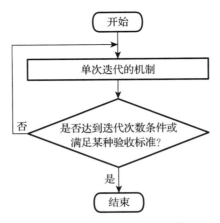

图 4-3　迭代运算的基本结构

确定单次迭代的机制是迭代运算的核心。以加法迭代的方式进行乘法运算，其单次迭代的机制就是以乘性因子 a 的一个位来决定结果上应该加 0 还是加入移位后的乘性因子 b。每次迭代中对乘性因子 b 都多向左移动 1 位。比如上例中的 6×4，6 被拆分为一个个的位，而 4 不拆分，始终作为一个整体。根据 6 的每一位为 1 或为 0，来判断是否应该在结果中加入 4。

迭代的结束标准是迭代次数达限或满足某种标准。满足标准的例子比如 LDPC 的译码算法，每次迭代后都会将输出码字与校验矩阵相乘，若得到全零向量，则说明译码成功。而在基于加法迭代的乘法运算中，由于运算的次数受限于乘性因子的位宽，所以使用迭代次数达限作为结束标准。仍以上例的 6×4 为例，由于 6 的位宽是 3 位，因而算法只迭代了 3 次。

一个用 Verilog 实现的基于加法迭代的乘法电路如下（配套参考代码 linear_multi.v）。为方便读者对比，这里所实现的功能与 4.1 节完全相同，只是实现方式不同。

```verilog
module linear_multi
(
    //system
    input               clk     ,
    input               rstn    ,

    //control
    input               trig    ,
    output  reg         vld     ,

    //data in and out
    input       [9:0]   a       ,
    input       [9:0]   b       ,
    output  reg [19:0]  c
);
//----------------------------------------------------
reg         [3:0]   cnt ;
//----------------------------------------------------
// 状态信号
always @(posedge clk or negedge rstn)
begin
    if (!rstn)
        cnt <= 4'd0;
    else if (trig)
        cnt <= 4'd1;
    else if (cnt == 4'd10)
        cnt <= 4'd0;
    else if (cnt > 4'd0)
        cnt <= cnt + 4'd1;
end

always @(posedge clk or negedge rstn)
begin
    if (!rstn)
```

```
        c <= 20'd0;
else
begin
    case (cnt)
        4'd0:
        begin
            c <= c;
        end
        4'd1:
        begin
            if (b[0])
                c <= a;
            else
                c <= 20'd0;
        end
        4'd2:
        begin
            if (b[1])
                c <= c + (a<<1);
            else
                c <= c;
        end
        4'd3:
        begin
            if (b[2])
                c <= c + (a<<2);
            else
                c <= c;
        end
        4'd4:
        begin
            if (b[3])
                c <= c + (a<<3);
            else
                c <= c;
        end
        4'd5:
        begin
            if (b[4])
                c <= c + (a<<4);
            else
                c <= c;
        end
        4'd6:
        begin
            if (b[5])
                c <= c + (a<<5);
            else
                c <= c;
        end
        4'd7:
```

```
        begin
            if (b[6])
                c <= c + (a<<6);
            else
                c <= c;
        end
        4'd8:
        begin
            if (b[7])
                c <= c + (a<<7);
            else
                c <= c;
        end
        4'd9:
        begin
            if (b[8])
                c <= c + (a<<8);
            else
                c <= c;
        end
        4'd10:
        begin
            if (b[9])
                c <= c + (a<<9);
            else
                c <= c;
        end
        default:  c <= c;
    endcase
    end
end

always @(posedge clk or negedge rstn)
begin
    if (!rstn)
        vld <= 1'b0;
    else
        vld <= (cnt == 4'd10);
end

endmodule
```

数字电路的设计方法与软件编程设计方法具有本质的不同。如果是软件编程，则要实现图 4-3 的结构，做法是：先完成单次迭代的机制，将其作为一个函数，然后使用 for 循环反复调用该函数。数字硬件实现无法像软件那样简单，因为数字硬件实际上是电路，而不是步骤，软件体现步骤，即 CPU 逐条执行软件指令，而硬件体现电路，上电后所有硬件单元都同时开始工作，线路上同时传输信号。要想在电路当中体现类似软件一样的步骤，就必须使用状态机，在硬件中称为有限状态机（Finite State Machine，FSM），因状态机的状态数量是有限的而得名。

　　硬件如何通过状态机来体现步骤呢？其主要思想是通过状态来限制硬件行为。原本，硬件上电后都是同时工作的，在使用状态机后，某些硬件的活动只在某些状态下才做，其他状态下不做。一个状态下，一部分硬件起作用，跳转到另一个状态后，又是另一部分硬件开始工作。如此，就形成了有步骤的硬件活动。

　　在上面的 RTL 示例中，10 位的因子 a 与另一个 10 位的因子 b 相乘，根据乘法的交换律，可以理解为 b 个 a 相加，也可以理解为 a 个 b 相加。代码中用的是 b 个 a 相加的方式。b 的位宽是 10 位，因此算法中要进行 10 次迭代。这 10 次迭代的步骤就使用状态机来控制，即从状态 1 到状态 10。在代码中，信号 cnt 就是状态信号，它是一个计数器，被 trig 触发后，每个时钟周期自加 1，从 1 加到 10。乘法迭代的步骤需要根据 cnt 状态的数值来决定具体进行何种计算。比较复杂的状态机，其状态之间的跳转条件复杂，而本例代码中的状态跳转关系简单，只有从 1 按顺序依次跳到 10 的流程，不包含类似从 2 绕过 3 直接跳到 4，或者从 10 跳到 1 的情况，因而使用简单的计数器也能作为状态指示。

　　乘法结果 c 的计算过程与 6×4 的例子一致，根据 b 的每一位来决定在 c 上加 0 还是加 a，若加 a，则还要根据 b 的位序号对 a 进行左移。对 b 的每个位进行遍历，由状态 cnt 进行指示。cnt=0 表示该硬件不在运算状态，而是在闲置状态，此时，上次运算的结果是一直保持的，这样可方便后级模块对结果进行采样。当运算完毕即 cnt 走到最后一个状态 10 时，输出结果有效信号 vld，它将指导后级模块采样运算结果 c。

　　trig 信号用来启动乘法运算，当 trig 信号为高电平时，表示触发，须保证输入 a 和 b 已经到位，并且在整个运算过程中，a 和 b 须保持不动。这是本模块对前一级驱动模块的要求。

　　对于需要若干周期才能得出运算结果的模块，trig 和 vld 都是必要的控制和状态显示信号。trig 用于触发，vld 用于显示结果有效。并且，设计者必须清楚输入的数据是否需要保持，比如本例中的 a 和 b 就需要保持，因为每个状态下都需要用到 a 和 b。一些设计为了防止 a 和 b 在运算过程中发生变化，在输入后先用寄存器将其保存，这样的运算将是安全的。但如果前级模块已经寄存了 a 和 b，在本级模块输入时又寄存了一次，如图 4-4 所示，会额外增加 20 个寄存器（a 和 b 各占 10 个），从而增加了实现成本。因此，在设计时一般会达成默契，在每个模块输出数据时加入寄存器，那么下一级模块就不用对输入数据进行存储了。设计中的输入和输出信号分为控制、状态、数据三类。控制信号如 trig，作为输入。状态信号如 vld，作为输出。控制和状态信号都是脉冲信号，其电平不需要保持，一般情况下不需要对它们进行寄存。本设计中对 vld 用寄存器打拍仅是为了让它在状态等于 10 的下一拍出现，而不是当拍出现，因此这里的寄存器的作用是延迟，而非寄存。数据信号如 a、b、c，均需要寄存，如上所述，输入数据信号 a 和 b 交由前一级模块来寄存，输出数据信号 c 需要本级来寄存，因而当 cnt 为状态 0 时，c 的值被设计为一直保持。

　　对比综合器实现的乘法与基于加法迭代的乘法可以发现，前者是纯组合逻辑，在一拍之内即可完成运算，而后者是状态机控制的时序逻辑，需要 10 拍才能完成，速度上前者远快于后者。

为了验证上述乘法器的功能，需要编写一个 TB 来进行测试。验证策略可以是遍历的，也可以是随机的。遍历策略会将模块可能遇到的所有输入情况都构造一遍，这样验证的结果将是最可靠的，但如果模块需要的输入数据特别多，使用遍历法将是不现实的，此时就可使用随机法。随机法的原则是构造随机的输入，只要输入的数据足够多且足够随机，即便无法覆盖全部情况，也可以证明模块设计的正确性。

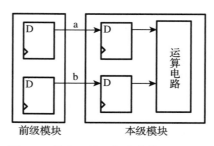

图 4-4　输出和输入都寄存信号的情况

下面给出的 TB 使用随机法策略（配套参考代码 linear_multi_tb.v）。seed 是随机种子，$srandom(seed) 即为设定随机种子。整体的仿真思路是构造 1000 个随机的 a 和 b，在 TB 中计算出参考结果 c_real，与 RTL 的计算结果进行对比，算出 err，预期效果是 1000 次 err 计算均为 0。

```
`timescale 1ns/1ps

module linear_multi_tb;
//---------------------------------
int              seed    ;
logic            clk     ;
logic            rstn    ;
logic   [9:0]    a       ;
logic   [9:0]    b       ;
wire    [19:0]   c       ;
logic   [19:0]   c_real  ;
logic            trig    ;
wire             vld     ;
real             err     ;

//---------------------------------
initial
begin
    if (!$value$plusargs("seed=%d",seed))
        seed = 100;

    $srandom(seed);

    $fsdbDumpfile("tb.fsdb");
```

```
        $fsdbDumpvars(0);
end

// 构造时钟
initial
begin
    clk = 0;
    forever #10 clk = ~clk;
end

// 构造复位
initial
begin
    rstn = 0;
    #50 rstn = 1;
end

initial
begin
    // 初始化信号
    a = 0;
    b = 0;
    trig = 0;
    c_real = 0;

    // 等待复位结束
    @(posedge rstn);
    #50;

    // 初次激励
    @(posedge clk);
    trig    <= 1;
    a       <= {$random(seed)}%(2**10);
    b       <= {$random(seed)}%(2**10);

    // 重复 1000 次
    repeat(1000)
    begin
    // 并行执行 2 个线程
        fork
            // 线程 1: 遇到第一个时钟上升沿, trig 就恢复 0
            begin
                @(posedge clk);
                trig <= 0;
            end

            // 线程 2: 遇到 vld, 说明计算已完成, 先将 c_real (参考组) 算出来
            // 线程 2 比线程 1 来得晚
            begin
                while (1)
                begin
```

```
                    @(posedge clk);
                    if (vld)
                    begin
                        c_real   = a*b;
                        break;
                    end
                end
            end
        join

        // 双线程运行完毕，当线程 2 结束后跳出，构造新的随机激励
        @(posedge clk);
        trig     <= 1;
        a        <= {$random(seed)}%(2**10);
        b        <= {$random(seed)}%(2**10);
    end

    // 等待最后一次运算结束
    fork
    // 线程 1：遇到第一个时钟上升沿，trig 就恢复 0
        begin
            @(posedge clk);
            trig <= 0;
        end

        // 线程 2：遇到 vld，说明计算已完成，先将 c_real（参考组）算出来
        // 线程 2 比线程 1 来得晚
        begin
            while (1)
            begin
                @(posedge clk);
                if (vld)
                begin
                    c_real   = a*b;
                    break;
                end
            end
        end
    join

    // 最后一次激励结束后，不再构造新的激励
    a <= 0;
    b <= 0;

    // 等待一段时间后仿真结束
    #50;
    $finish;
end

// 在 vld 后，参考组与 DUT 输出的对比
initial
```

```
begin
    forever
    begin
        @(posedge clk);
        if (vld)
            err <= $abs(real'(c_real) - real'(c));
    end
end

//------------ 例化 DUT ------------------------
linear_multi        u_linear_multi
(
    .clk    (clk    ),//i
    .rstn   (rstn   ),//i
    .trig   (trig   ),//i
    .vld    (vld    ),//o
    .a      (a      ),//i[9:0]
    .b      (b      ),//i[9:0]
    .c      (c      ) //o[19:0]
);

endmodule
```

在构造随机的 a 和 b 时，使用了 {$random(seed)}%(2**10) 语句，意为根据随机种子 seed 构造随机数，并且限制随机数的位宽为 10 位，因为 a 和 b 的位宽均为 10 位。要做到这一点，需要用到 %，即求余运算。

在构造 a 和 b 的同时，也产生了 trig 脉冲。RTL 是一个基于 clk 时钟的全同步系统，因此在 TB 上构造激励时也是全同步的，即每次时钟上升沿时才构造激励或检查结果，其他时段不进行任何操作。

在 TB 的 initial 块中编写的逻辑可以等同于软件程序，因为它体现了执行的步骤。在写 initial 块内的语句时，一般遵循"时间 + 事件"的写法，例如"#50 rstn = 1"中，#50 表示等待 50ns，rstn=1 是事件。体现等待时间也可以用另一种方式，即 @(posedge clk)，表示等到下一次时钟上升时。实际上，RTL 的时序逻辑 always @(posedge clk) 也具有相同的含义。需要注意的是，使用 @(posedge clk) 后，需要在此时变化的激励如 trig、a、b 等，均使用非阻塞赋值 <=，而不使用阻塞赋值 =。按照数字时序电路的原理，是先发生时钟上升，再发生 trig、a、b 的变化，因为这些变化都是在时钟上升沿的驱动之下完成的。使用非阻塞赋值可以使仿真按照上述原理执行下去；而若使用阻塞赋值，则会造成 trig 先于时钟上升沿的发生而变化，所以 RTL 的行为会因为这种不正常的驱动而发生错乱。由于前仿不带任何延迟信息，TB 编写者使用阻塞赋值和非阻塞赋值时在波形图上看到的都是时钟上升沿时 trig 发生变化，效果是一样的，但在驱动 RTL 时，RTL 的行为将有所不同，因而不能仅从 trig 与时钟沿的关系来判断语法的正确性。

当 initial 块中需要出现并行的多个线程同时执行时，需要用到 fork…join 块。在本例

中，希望在驱动信号构造后同时检查两项内容，一项是在 trig 变高后的下一个时钟沿让 trig
变低，以便构造一个脉冲形式的 trig 波形，另一项是在 DUT 的 vld 为高时，结束本次激励
并计算参考信号 c_real。这两项内容互无关系，也不互相等待，因此将它们放在 fork…join
块中并行处理。要想退出该块以便执行后面的代码，则需要等到两项内容都完成。从 DUT
的设计可以看出，trig 是在激励后的一拍变为 0，而 vld 是在激励后的 10 拍才出现，因此，
第一项内容先完成，第二项内容的完成表示本次激励的结束，可以构造下次激励。

在构造参考信号 c_real 以及计算误差 err 时，虽然都是在时钟上升沿发生后构造的，但
c_real 用的是阻塞赋值，如 c_real = a*b，而 err 用的是非阻塞赋值 err <= $abs(real'(c_real) −
real'(c))。如前文所说，用阻塞赋值意味着 c_real 会被仿真工具认为是发生在时钟上升沿之
前，而用非阻塞赋值意味着 err 会被仿真工具认为是发生在时钟上升沿之后。TB 中这样写
符合一贯的仿真思想，即先要计算出 c_real，然后才能算 err，因为 err 是在 c_real 的基础上
得到的。一般来说，凡是构造针对 DUT 的激励，都必须在 @(posedge clk) 后使用非阻塞赋
值，而如果不是针对 DUT 的激励，而是 TB 内部使用的，可以像 c_real 和 err 那样，根据
实际需要决定使用非阻塞和阻塞赋值。

另外需要强调的知识点是，参考信号 c_real 之所以放在 vld 处构造，而不是与 a 和 b 同
时生成，是因为无法做到。如果在 a 和 b 的语句之后加入 c_real = a*b，或用非阻塞赋值 c_
real <= a*b，所基于的 a 和 b 都不是本次新产生的，而是上一次的。因此在构造激励时，凡
是构造有依赖关系的信号，如 a 与 c_real，必须分别在不同的时刻构造。无依赖关系的信号
先构造，依赖其他信号而生的信号在其后构造。在 TB 的 initial 块中，并非写在前面的语句
就一定先执行，写在后面的就后执行。如前文所述，必须遵循"时间 + 事件"的格式，标
定时间，然后构造信号。时间点在前的就先执行。在同一个时间点上的前后两句话，在逻
辑上是同时执行的。

上述 TB 的仿真结果如图 4-5 所示。可见，trig 脉冲之后 10 拍，vld 脉冲会出现。trig
出现的同时，a 和 b 也都更新，并一直保持到 vld 出现。c 是乘法结果，它在迭代过程中数
值一直在变化，但在 vld 出现和下一次 trig 之前，它是保持的。c_real 是参考信号，它在
vld 的下降沿处出现，并在此处与 c 进行比较，得到的误差 err 一直为 0，说明 c 的计算是
准确的。

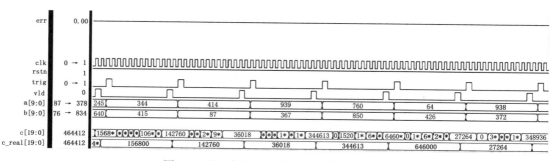

图 4-5　基于加法迭代的乘法电路仿真结果

在使用随机策略进行仿真时，随机种子是非常重要的。仿真者希望随机种子在每次仿真中都不同，办法是获取服务器上的系统时间作为随机种子。若使用 VCS 工具进行仿真，则可以输入以下运行命令，其中 +seed=\`data +%N\` 选项就是声明一个变量 seed，将系统日期赋给 seed 作为它的值。这样在 TB 中，seed 即成为一个每次仿真都不重复的随机数。对仿真变量的声明，只在执行阶段需要。在执行之前的编译阶段，不需要加入这一选项。

```
simv +vcs+lic+wait +vcs+flush+log +seed=`date +%N` +plusargs_save
```

注意 本节所述的非阻塞赋值与阻塞赋值在 TB 中的用法，主要基于 VCS 仿真工具而言。在这个问题上，不同电子设计自动化（Electronic Design Automation，EDA）厂商的处理方法并非完全相同。如果发现同一个 TB，在 VCS 上可以正常运行，而在 Incisive 或 ModelSim 上结果有误，可依据"时间 + 事件"的原则调整时序，比如在 @(posedge clk) 之后增加一段微小的延迟，以避免工具分不清时钟上升沿与激励产生孰前孰后的问题。

4.3 基于 CORDIC 的乘法电路

CORDIC 是一种通过反复迭代来使计算结果逐步逼近正确答案的方法。它可以用于多种计算，详见表 4-2。当使用圆坐标系的旋转模式时，可以计算一个角度的正弦和余弦值；当使用圆坐标系的向量模式时，可以计算一个正切值对应的角度，还可以求出一个复数的模。当使用线性坐标系的旋转模式时，可以计算二元乘法；当使用线性坐标系的向量模式时，可以计算二元除法。当使用双曲坐标系的旋转模式时，可以计算一个值的双曲正弦和双曲余弦；当使用双曲坐标系的向量模式时，可以计算反双曲正切值。

表 4-2 可用 CORDIC 方式进行的计算类型

坐标系	旋转模式	向量模式
圆坐标系	$\cos x$	$\arctan x$
	$\sin x$	$\sqrt{x^2 + y^2}$
线性坐标系	xy	x/y
双曲坐标系	$\cosh x$	$\operatorname{arctanh} x$
	$\sinh x$	$\sqrt{x^2 - y^2}$

由于本书多个章节都会用到 CORDIC 算法，比如基于 CORDIC 的乘法、基于 CORDIC 的除法、基于 CORDIC 的正弦余弦信号发生器等，本节将详细讲解 CORDIC 的原理，以便为后续章节打下理论基础。

4.3.1 CORDIC 原理

1. 基本理论

使用 CORDIC 求解一个角度的正弦值和余弦值，需要在圆坐标系旋转模式下进行计算，见表 4-2。计算所基于的原理是 Givens 变换，该变换要解决的问题是将图 4-6 中的一个坐标为 (x_0, y_0) 的 A 点逆时针旋转，移动到图中坐标为 (x_1, y_1) 的 B 点处，并在移动过程中保持该点与坐标原点的距离不变，转过的角度为 θ。这里假设 A 点的坐标 (x_0, y_0) 以及转过的角度 θ 都是已知的，求解 B 点的坐标 (x_1, y_1)。求解的公式为

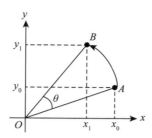

图 4-6　Givens 变换的原理

$$\begin{bmatrix} x_1 \\ y_1 \end{bmatrix} = \begin{bmatrix} \cos\theta & -\sin\theta \\ \sin\theta & \cos\theta \end{bmatrix} \begin{bmatrix} x_0 \\ y_0 \end{bmatrix} \tag{4-5}$$

如果 B 点是由 A 点经过顺时针旋转得到的，则求解 B 点坐标的公式为

$$\begin{bmatrix} x_1 \\ y_1 \end{bmatrix} = \begin{bmatrix} \cos\theta & \sin\theta \\ -\sin\theta & \cos\theta \end{bmatrix} \begin{bmatrix} x_0 \\ y_0 \end{bmatrix} \tag{4-6}$$

令 $\boldsymbol{Z}_0 = \begin{bmatrix} x_0 \\ y_0 \end{bmatrix}, \boldsymbol{Z}_1 = \begin{bmatrix} x_1 \\ y_1 \end{bmatrix}$，式（4-5）和式（4-6）改写为

$$Z_1 = AZ_0 \tag{4-7}$$

$$Z_1 = BZ_0 \tag{4-8}$$

可以看出，矩阵 $\boldsymbol{A}$ 和 $\boldsymbol{B}$ 是转置关系，而且它们还互为逆矩阵，具备像 $\boldsymbol{A}$ 和 $\boldsymbol{B}$ 这样性质的矩阵被称为西矩阵。

式（4-5）在通信领域被称为 Givens 变换，在无刷电机驱动领域则被称为 Park 逆变换，式（4-6）被称为 Park 变换。

从 Givens 变换向 CORDIC 计算方式的过渡，需要先从式（4-5）中提取 $\cos\theta$，从而得到

$$\begin{bmatrix} x_1 \\ y_1 \end{bmatrix} = \cos\theta \begin{bmatrix} 1 & -\tan\theta \\ \tan\theta & 1 \end{bmatrix} \begin{bmatrix} x_0 \\ y_0 \end{bmatrix} \tag{4-9}$$

将式（4-9）等号右边的后两项用符号 x_1' 和 y_1' 代替，即

$$\begin{bmatrix} x_1' \\ y_1' \end{bmatrix} = \begin{bmatrix} 1 & -\tan\theta \\ \tan\theta & 1 \end{bmatrix} \begin{bmatrix} x_0 \\ y_0 \end{bmatrix} \tag{4-10}$$

那么，式（4-9）可以改写为

$$\begin{bmatrix} x_1 \\ y_1 \end{bmatrix} = \cos\theta \begin{bmatrix} x_1' \\ y_1' \end{bmatrix} \qquad （4-11）$$

这里先以式（4-10）为基础进行简化，再回来讨论式（4-11）。

式（4-10）中的$\tan\theta$需要被简化为2^{-n}，即 2 的幂次方形式，则该式可以简化为

$$\begin{bmatrix} x_1' \\ y_1' \end{bmatrix} = \begin{bmatrix} 1 & -2^{-n} \\ 2^{-n} & 1 \end{bmatrix} \begin{bmatrix} x_0 \\ y_0 \end{bmatrix} \qquad （4-12）$$

$\tan\theta$可以是任意数值，生硬地用2^{-n}代替$\tan\theta$必然只适用于一些特定的θ值，而不允许任意选择θ。比如，当$n=0$时，$\tan\theta=1$，要求θ须为 45°；当$n=1$时，$\tan\theta=0.5$，要求θ须为 26.565°。而图 4-6 所示的A点转到B点的过程，其角度θ是任意的。如何用式（4-12）来得到一个任意角度旋转后的x_1'和y_1'呢？CORDIC 的办法是利用多次迭代来逼近任意角度。

比如，图 4-6 所示展示的命题，假设θ为 31°，使用 CORDIC 算法逐步逼近 31° 的过程如图 4-7 所示。先将A点的坐标(x_0, y_0)代入式（4-12），n取 0，由于$\tan\theta=2^0=1$，说明$\theta=45$°，所以式（4-12）最终算出的(x_1, y_1)是在A点基础上逆时针旋转 45° 的坐标，而非 31°，从图 4-7 中看，实际旋转到C点，而非目标B点，但这仅是第一次迭代。

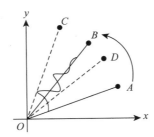

图 4-7 使用 CORDIC 迭代逼近的过程

在第二次迭代中，命题变成了从C点转到B点，因此C点的坐标，即第一次迭代得到的(x_1, y_1)作为第二次迭代的输入值(x_0, y_0)。这回是顺时针旋转，所以使用式（4-12）的逆矩阵形式，即式（4-13）。n取 1，由于$\tan\theta=2^{-1}=0.5$，说明$\theta\approx26.565$°。所以式（4-13）最终算出的新(x_1, y_1)是在C点基础上顺时针旋转 26.565° 的坐标，从图 4-7 中看，实际旋转到D点。D点相当于A点逆时针旋转 45°，再顺时针旋转 26.565°，总体效果是逆时针旋转 18.435°，仍未能达到要求的 31°，因此还需要继续迭代。

$$\begin{bmatrix} x_1' \\ y_1' \end{bmatrix} = \begin{bmatrix} 1 & 2^{-n} \\ -2^{-n} & 1 \end{bmatrix} \begin{bmatrix} x_0 \\ y_0 \end{bmatrix} \qquad （4-13）$$

在第三次迭代中，命题变成了从D点转到B点，因此D点的坐标，即第二次迭代得到的(x_1, y_1)作为第三次迭代的输入值(x_0, y_0)。这次是逆时针旋转，仍然套用式（4-12）。n取 2，由于$\tan\theta=2^{-2}=0.25$，说明$\theta\approx14.036$°。所以式（4-12）最终算出的新坐标(x_1, y_1)

是在 D 点基础上逆时针旋转 14.036° 的结果。该坐标相当于 A 点逆时针旋转 18.435° 再继续逆时针旋转 14.036°，合计为逆时针旋转了 32.471°，已经比较接近要求的 31°。顺着这一思路继续迭代，最终迭代结果将无限趋近于 31°。

从上述迭代过程可以看出，CORDIC 是以从粗调到精调的方式逐渐逼近目标值的，第一次迭代旋转 45° 是最粗略的，只要保证旋转方向正确即可。接下来，旋转的角度越来越精细，而旋转的方向围绕最终的目标值来回摆动，最终会收敛到目标值上。这一摆动过程在图 4-7 中已经画出。

CORDIC 迭代一个非常显著的特征是它会逐渐收敛，即逐渐趋近于最正确的答案。换而言之，便是迭代次数越多，答案越准确。而其他一些迭代算法并不是绝对收敛的，它们在迭代到一定次数时，答案是最准确的，再进行更多的迭代会导致答案偏离正确值。因此，CORDIC 具备非常好的迭代单调性，这使得在工程上对它进行基于求极限的常数化补偿成为可能。

上述迭代的目的是保证旋转后的点与最初的点之间的夹角符合要求，它基于式（4-12）和式（4-13）。但不要忘记这两个式子是简化式，其原本的公式是式（4-11）。也就是说，在上述计算中，缺少乘以 $\cos\theta$ 这一步。由于 $\cos\theta$ 的绝对值是小于或等于 1 的，所以仅使用式（4-12）和式（4-13）计算出来的结果，相比于真实值是偏大的，只有乘以 $\cos\theta$ 才能恢复正常大小。这里的大小指的是最初的 A 点与坐标原点的距离，即幅值。

回顾由图 4-7 所示迭代过程，A 点先旋转到 C 点，再旋转到 D 点，最后收敛于 B 点。每一次旋转，都只是角度的旋转，幅度应保持不变。因此，在第一次旋转后应乘以 $\cos45°$ 作为补偿，在第二次旋转后也应乘以 $\cos26.565°$ 作为补偿，以此类推，而不应该理解为直接将最终结果乘以 $\cos31°$。

可以看出，由于每次迭代中旋转的角度均已知，它们的 cos 值可以在计算前就求出来。而且，最终补偿值就是这些 cos 值的连乘形式。前文提到了 CORDIC 具有迭代性能的单调性，即迭代次数越多，答案越准确。那么就可以利用这一特性，对已知的若干迭代旋转角度的 cos 进行连乘并求极限，从而无论命题中要求旋转的 θ 为何种角度，最终的补偿值都是一个固定的常数。

可以用 MATLAB 模拟这一用极限法求解补偿值的方法，具体代码如下。此代码中，假设迭代了 100 次，即 n 从 0 取到 99。分别得出这 100 次迭代中旋转角度的 cos 值，并进行连乘，结果体现在 tmp 中。可以得出最终的计算结果为 0.607252935008881，该结果已达到 MATLAB 所能计算的精度极限。实际上不用迭代 100 次，迭代到第 26 次就可以得到相同的结果。

```
clear;          % 清空内存中的临时变量
clc;            % 清空屏幕
close all;      % 关闭所有绘图窗口
format long;    % 用高精度显示
```

```
tmp = 1;          % 定义 tmp 初始值
for n = 0:99 % 迭代
    tmp = tmp * cos(atan(2^-n)); % 角度余弦值连乘
end

tmp              % 显示最终结果
```

最严谨的计算补偿值的方法是修改上述 MATLAB 代码的迭代次数，使其与实际执行的迭代次数相一致，从而算出相应的 tmp 值。但在实际 CORDIC 运算中，虽然迭代次数有所差异，但补偿值一般只使用固定值 0.60725293501，在该值基础上对其精度进行截断，比如使用 0.60725。原因是只要进行 9 次以上迭代，得到的校准值即为 0.60725，用它来表示校准值精度达到了 10^{-5}（即 2^{-17}），相当于用 17 位二进制数才能表示 0.60725。在 CORDIC 运算中，绝大多数情况需要 9 次以上的迭代，使用 17 位来表示补偿值，其精度已经足够高，精度再高就会占用更多的硬件存储资源，因此该值得到了较为广泛的采用。

补偿值的补偿时机可以根据式（4-9）所示，在全部迭代完成后进行，也可以将式（4-9）的 $\cos\theta$ 移至两个矩阵中间，即先对最初的 (x_0,y_0) 乘以补偿值，然后迭代。两种方法的结果是相同的。

有了基于式（4-12）的角度旋转方法，以及基于式（4-9）的幅度值补偿方法，就可以做到图 4-6 所示的从任意坐标点 (x_0,y_0) 转过任意角度 θ，最终求得旋转后的坐标 (x_1,y_1)。

2. CORDIC 迭代通式

由上述基本理论，可以引出 CORDIC 算法迭代的 3 个通式，具体如下：

$$x_1 = x_0 - d \cdot y_0 \cdot 2^{-n}t \qquad (4-14)$$
$$y_1 = y_0 + d \cdot x_0 \cdot 2^{-n} \qquad (4-15)$$
$$z_1 = z_0 - dg \qquad (4-16)$$

式（4-14）和式（4-15）的直接来源是式（4-12），仅是将式（4-12）的矩阵展开。n 仍然表示迭代序号。在圆坐标系和线性坐标系下，n 从 0 开始计；在双曲坐标系下，n 从 1 开始计。d 代表旋转方向，如果是逆时针旋转，则基于式（4-12），$d=1$；如果是顺时针旋转，则基于式（4-13），$d=-1$。

式（4-14）中的 t 用于不同坐标系下对公式的修正，修正值见表 4-3。由 t 可知，当使用圆坐标系时，式（4-14）和式（4-15）就是对式（4-12）的简单展开；当使用线性坐标系时，式（4-14）的减数将消失，使得 $x_1=x_0$，没有体现出任何迭代的作用，因此在线性坐标系下，x 是不进行迭代的；当使用双曲坐标系时，式（4-14）的减法变成了加法。

表 4-3　不同 CORDIC 坐标系下 t 的取值

坐标系	t 取值
圆坐标系	1
线性坐标系	0
双曲坐标系	−1

式（4-16）中的 z 是一个变量跟踪器，在前面的原理部分并未提及它，但它的存在是有意义的。

在圆坐标系下，z 负责跟踪迭代过程中角度的变化。当已知角度求其他值时，即工作在旋转模式时，经过 z 的跟踪记录，可以知道目前的迭代方向是否是预定的方向，如果是，就继续上一次迭代的方向，如果不是，就在下一次迭代中改变方向。当已知其他值求角度时，即工作在向量模式时，z 所记录的角度就是最终的答案。

在线性坐标系下，z 负责跟踪迭代过程中乘数因子的变化。当已知乘数因子求乘积时，即工作在旋转模式时，经过 z 的跟踪记录，可以知道当前迭代施加的乘性因数比预定的因数大还是小，如果比预定因数大，则下次迭代往小调，如果比预定因数小，则下次迭代往大调。当已知两数的积，反过来求解乘数因子时，即工作在向量模式时，z 所记录的值便是答案。

在双曲坐标系下，z 负责跟踪迭代过程中 e 的指数值变化。其在运算过程中起到的作用与圆坐标系和线性坐标系下类似。

总之，z 在旋转模式下的主要作用是在迭代过程中控制 d 的符号，即迭代方向。当 $z \geqslant 0$ 时，决定了下一次迭代中 d 的取值为 1，否则 d 为 -1。z 在向量模式下的主要作用是提供运算结果。

在向量模式下，d 的取值取决于 x 和 y 的符号。当两者同号时，d 取 -1，异号时，d 取 1。对于 d 的取值，详见表 4-4。

表 4-4　不同 CORDIC 模式下 d 的取值

模式	d 值	条件
旋转模式	1	$z \geqslant 0$
	-1	$z < 0$
向量模式	1	x 和 y 异号
	-1	x 和 y 同号，包含 x 或 y 为 0 的情况

既然式（4-16）中的 z 是负责跟踪变量的，那么式中的 g 就反映了每次迭代中变量的相对变化情况。

在圆坐标系下，g 是角度值，即前文原理部分所讲的，第一次迭代 g 为 45°，第二次迭代 g 为 26.565°，以此类推。可将此时的 g 概括为 $\arctan 2^{-n}$，其中，n 从 0 开始计算。

在线性坐标系下，g 是乘性因子，每次迭代的增减量为 2^{-n}，其中，n 从 0 开始计算。

在双曲坐标系下，g 是 e 的指数，每次迭代的增减量为 $\operatorname{arctanh} 2^{-n}$，其中，$n$ 从 1 开始计算。

上述要求可以总结为表 4-5。在实际计算中，g 的值不是实时计算出来的，而是在设计时提前计算出多次迭代对应的 g，并存储在硬件中，在迭代时对内存进行查询得到对应的 g 即可。唯独线性坐标系下的 g 比较简单，在 RTL 中表现为 1 的右移，可以直接构造，也不需要查表。

应该如何看待基本理论中 Givens 变换与 CORDIC 迭代通式之间的关系呢？

在基本理论中，用 Givens 变换得出了式（4-12）和式（4-13），再由它们间接得出了 CORDIC 的通式，即式（4-14）～式（4-16）。但是，这 3 个通式并非由式（4-12）和式（4-13）经过严格的数学推导而来，而是通过总结和归纳得到。正因如此，在式（4-14）中才会出现 t，在式（4-16）中才会出现 g，这些变量都是用来修正式（4-12）所展开的

表 4-5　不同 CORDIC 坐标系下 g 的取值

坐标系	g 的取值
圆坐标系	$\arctan 2^{-n}, n \geqslant 0$
线性坐标系	$2^{-n}, n \geqslant 0$
双曲坐标系	$\operatorname{arctanh} 2^{-n}, n > 0$

结果，以适应不同坐标系下对计算的特定需求。对于圆坐标系来说，可以认为 Givens 变换是它的理论源头，所有公式均来自 Givens 变换。而对于线性坐标系不能这么认为，它的计算与 Givens 变换只是相似，而并非有继承关系。在此坐标系下的迭代公式，可以认为是用数学归纳法在归纳后得到的。

同理，对于从 Givens 变换转化为 CORDIC 过程中使用的补偿值在线性坐标系下是不需要的。而在双曲坐标系下，补偿值应改为 1.20514。

3. CORDIC 通用算法建模

根据上节对 CORDIC 迭代通式的描述，可以使用 MATLAB 语言建立一套适用于各种场景的 CORDIC 运算模型，具体如下。其中，用 coordinate 选择坐标系，用 mode 选择模式，其他符号如 x、y、z、n、d、t、g 的含义，都与式（4-14）～式（4-16）一致。n2 的引入是考虑到双曲坐标下迭代的初值为 1，而不是 0，所以特别设置的。由于是迭代操作，所以每次迭代算出的结果 x2、y2、z2，都要改名为 x、y、z，以便下次迭代能继续调用。

```
% x,y,z 是输入
% coordinate：选择坐标系：1 是圆坐标，2 是线性坐标，3 是双曲坐标
% mode：选择模式：1 是旋转模式，2 是向量模式
% itr：迭代次数

function [x,y,z] = cordic_model(x,y,z,coordinate,mode,itr)

switch coordinate
    case 1
        t = 1;
    case 2
        t = 0;
    case 3
        t = -1;
end

for n = 0:itr
    if coordinate == 3          % 双曲坐标迭代从 1 开始
        n2 = n + 1;
    else
        n2 = n;
```

```
    end

switch coordinate
    case 1
        g = atan(2^(-n2));
    case 2
        g = 2^(-n2);
    case 3
        g = atanh(2^(-n2));
end

switch mode
    case 1
        d = sign(z);
    case 2
        d = -sign(x*y);
    end

    if d == 0
        d = -1;
end

x2 = x - d * y * 2^(-n2) * t;
y2 = y + d * x * 2^(-n2);
z2 = z - d * g;

x = x2;
y = y2;
z = z2;
end
```

在上面的通式建模中，没有出现幅度补偿的过程。因为幅度补偿通常会放在迭代之外进行。

在圆坐标系下，对于旋转模式，即求一个角度的正弦和余弦值时，x 的初始值为 1，y 的初始值为 0，此时在 x 和 y 的初始值上进行幅度补偿很方便，将 x 的初始值改为 0.60725，而 y 仍然输入 0。

同样是在圆坐标系下，对于向量模式，即求一个复数的模和角度时，输入的 x 和 y 分别是复数的实部和虚部，若想在其初值上乘以补偿值，需要对 x 和 y 分别进行，即需要两次乘法，而其计算结果中，只有 x 体现了幅度，y 变为 0，因而只需要对 x 进行幅度补偿，只有一次乘法。所以在这种条件下，通常是在运算结束后在 x 上乘以补偿值 0.60725。

同理，在双曲坐标系的旋转模式下，也是在 x 的初始值上乘以幅度补偿值 1.20514。而在向量模式下，会在迭代后输出的 x 上乘以该补偿值。

线性坐标系下不需要幅度补偿，因为运算过程本身就没有幅度损失。

4. CORDIC 电路设计的一般模型

由 CORDIC 迭代通式可知，CORDIC 电路的设计一般使用如图 4-8 所示的模型。

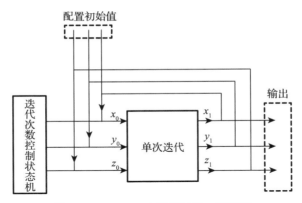

图 4-8　CORDIC 电路设计的一般模型

实际运算中，输入的未知数只有一两个，因此需要根据 CORDIC 的不同模式，在 3 个输入口中选择合适的位置进行输入。同样，输出结果也只有一两个，因此也需要根据 CORDIC 的不同模式，在 3 个输出口中选择合适的位置进行输出。

具体地，对于旋转模式，无论何种坐标系，输入参数是从 x 和 z 端进入 CORDIC 迭代器，输出结果从 x 和 y 端出来。输入端口 y 的初始值被置为 0。输出端口 z 在理想情况下，经过数轮迭代其值应为 0。这一特征如图 4-9 所示。注意，这里所说的输入端口 y 的值为 0，是指第一次迭代之前 y 的初始值为 0，而在迭代过程中，y 的值是有变化的，不会一直保持 0。输出时 z 为 0 说的是理想状况，由于硬件精度限制，很可能 z 在多次迭代后仍无法为 0。所以，一般不会通过检测 z 是否为 0 来判断迭代是否需要停止，而是固定一个迭代次数，达到次数即停止。迭代次数通过仿真可以确定，因为硬件设计中有着明确的输出指标，比如规定输出的 x 和 y 与真实值之间的差异不能大于多少。通过仿真，就能确定迭代多少次能够满足这一指标。

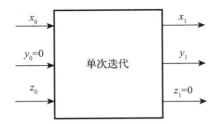

图 4-9　CORDIC 旋转模式下的输入和输出

在旋转模式下，z 的作用如前文所述，是负责跟踪一个特定变量，在初始时，设立一个计算目标，在迭代过程中对它进行增减，以达到 0 为最终目的。对 z 的增减会导致它在 0 附近浮动，一会儿表现为正值，一会儿表现为负值。于是，可以用 z 的正负来确定 d 值（见表 4-4），从而确定式（4-14）~式（4-16）的演算方向。

对于向量模式，无论何种坐标系，输入参数是从 x 和 y 端进入到 CORDIC 迭代器，输出结果从 x 和 z 端出来。输入端口 z 的初始值被置为 0。输出端口 y，在理想情况下，经过数轮迭代，其值应为 0。这一特征如图 4-10 所示。同样也需要注意，这里所说的输入端口 z 值为 0，是指第一次迭代之前 z 的初始值为 0，在迭代过程中 z 的值是有变化的，不会一直保持 0。输出时 y 为 0 也是理想状况，由于硬件精度限制，y 很可能在多次迭代后仍无法为 0。所以，一般不会通过检测 y 是否为 0 来判断迭代是否需要停止，而是固定一个迭代次数，达到次数即停止。迭代次数仍然通过仿真确定。

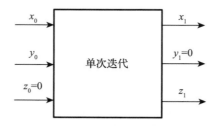

图 4-10   CORDIC 向量模式下的输入和输出

向量模式的 y 代替旋转模式的 z，作为迭代发展的风向标。它也会在迭代过程中，浮动于 0 值的正负两侧。结合 x 的符号，可以决定下次迭代中 d 的值（见表 4-4），从而确定式（4-14）～式（4-16）的演算方向。

z 在向量模式中仍然负责记录变量，但与旋转模式中的目的不同。在旋转模式中，z 作为方向的判断依据，它主动决定了迭代方向。而在向量模式中，z 是被求解的对象，是被动的，迭代方向由 x 和 y 来决定。

4.3.2   线性坐标系对 CORDIC 通式的简化

根据表 4-2，要实现 CORDIC 乘法，须工作在线性坐标系下。为了简化电路结构，可以将此计算环境代入 CORDIC 的 3 个通式当中。式（4-14）可以简化为式（4-17），式（4-15）对 y 的计算保持不变，式（4-16）可以简化为式（4-18）。该计算不区分旋转模式或向量模式。

$$x_1 = x_0 \tag{4-17}$$
$$z_1 = z_0 - d \cdot 2^{-n} \tag{4-18}$$

式（4-17）的意思是在线性坐标系下，x 没有迭代，每次迭代中，x 的值都保持输入的初值，即 x 作为一个常数参与到 y 和 z 的运算中。因此，式（4-15）也可以简化为式（4-19），x 去掉下角标表示 x 不随迭代变化。

$$y_1 = y_0 + d \cdot x \cdot 2^{-n} \tag{4-19}$$

在线性坐标系下进行运算时，只需要使用式（4-18）和式（4-19）。

4.3.3　线性坐标系旋转模式下的 CORDIC 运算

根据表 4-2，要实现 CORDIC 乘法，不仅需要工作在线性坐标系下，还要工作在旋转模式下，因此可以有针对性地对式（4-18）和式（4-19）进行再简化。式（4-19）可简化为式（4-20），式（4-18）可简化为式（4-21）。其中，$\mathrm{sign}(z_0)$ 表示提取上一次迭代中获得的 z_0 的符号，当 $z_0 \geqslant 0$ 时，$\mathrm{sign}(z_0) = 1$，否则，$\mathrm{sign}(z_0) = -1$。

$$y_1 = y_0 + \mathrm{sign}(z_0) \cdot x \cdot 2^{-n} \qquad （4\text{-}20）$$
$$z_1 = z_0 - \mathrm{sign}(z_0) \cdot 2^{-n} \qquad （4\text{-}21）$$

其运算的输入、输出与标准 CORDIC 迭代的输入、输出关系如图 4-11 所示。两个乘性因子分别通过 x 和 z 进入迭代器，y 的初值设为 0。最终乘法结果从 y 处输出。

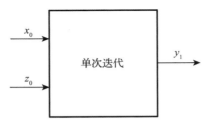

图 4-11　CORDIC 乘法的输入与输出

CORDIC 适合于无符号的乘法，因此，输入 x 和 z 的两个乘数都应该是非负的。

式（4-22）和式（4-23）展示了这一乘法迭代过程。其中，式（4-22）是对式（4-20）多次迭代的概括，它计算出的 y 值中，x 可以作为公因数提取，其余的部分是 2 的幂次方的正负累积。该累积过程也被 z 完整地记录了下来，体现在式（4-23）中，它是式（4-21）多次迭代的概括。z 是反向记录这一过程的，它的初值是乘法的另一个因数，在此基础上不停减去记录值。随着迭代的继续，z 将从一个正数渐渐趋近于 0，并在正负值之间小幅波动。其符号会影响 y 和 z 在下次迭代中增量的正负，从而修正 z 值，使其越来越趋近于 0。当 z 值完全变为 0 时，说明迭代中的记录值已经完全等于初始的因数 z_0，那么相应的 y 也等于 x 乘以 z_0。

$$
\begin{aligned}
y &= x \cdot 2^{-0} \pm x \cdot 2^{-1} \pm x \cdot 2^{-2} \pm x \cdot 2^{-3} \pm \cdots \\
&= x(2^{-0} \pm 2^{-1} \pm 2^{-2} \pm 2^{-3} \pm \cdots) \qquad （4\text{-}22）
\end{aligned}
$$
$$z = z_0 - (2^{-0} \pm 2^{-1} \pm 2^{-2} \pm 2^{-3} \pm \cdots) \qquad （4\text{-}23）$$

从上述运算中也能观察出，作为乘法因数的 z_0 不能大于或等于 2，因为迭代是用 2 的幂次方通过正负累加逼近 z_0 的。对 2 的幂次方进行无限次累加，最终能够得到 2。而电路中只能实现有限次累加，所得到的数也必定小于 2。若实际输入的 z_0 大于或等于 2，则必须经过预处理，先将其向右移位，得到小于 2 的数，然后做 CORDIC 乘法，最后将乘法结果向左移位，得到最终的结果。对于 x 的取值范围，只要保证非负即可，没有其他要求。

4.3.4 算法建模

数字电路的算法建模沿着从抽象到具体的方向逐步完成，一般分为 3 个步骤：

1）使用抽象的浮点模型，目的是验证算法的正确性。在本书配套的算法代码中，浮点模型的源文件均带有"_float"扩展名。

2）对浮点模型进行定点化，在此过程中，由于需要不断尝试定点化参数，因此需要将定点化的值作为变量进行调试，本书称其为初步定点化。该步骤可以细分为两个分支步骤：①先确定每个参数的精度；②在确定精度的基础上确定参数的数值变化范围。在本书配套的算法代码中，用于确定精度的初步定点化源文件带有"_fix"扩展名，用于确定数值范围的源文件带有"_fix_max"扩展名。

3）去除定点化代码中的参数，改为常数，使得该算法能够更加直观地指导 RTL 的设计，本书称为最终定点化。在本书配套的算法代码中，最终定点化的源文件带有"_fix2"扩展名。

本书中所有需要进行 RTL 硬件化的算法代码，都将使用上述三步法进行实现。

为了方便读者对不同算法进行对比，本节的讲解也采用与 4.1 节和 4.2 节相同的例子，即两个无符号数相乘，它们的位宽均为 10 位，输出位宽要求为 20 位。

1. 浮点建模

针对上面的例子，可以用 MATLAB 建立如下浮点模型（配套参考代码 cordic_multi_float.m），其输入为 a 和 b，输出为 c。其中，a 相当于图 4-11 中的 x_0，b 相当于该图中的 z_0，c 从该图中的 y_1 处得到。

```
function c = cordic_multi_float(a,b)

% 控制 b 的范围，使其小于 2
if b >= 512
    b_shift_bit = 9;
elseif b >= 256
    b_shift_bit = 8;
elseif b >= 128
    b_shift_bit = 7;
elseif b >= 64
    b_shift_bit = 6;
elseif b >= 32
    b_shift_bit = 5;
elseif b >= 16
    b_shift_bit = 4;
elseif b >= 8
    b_shift_bit = 3;
elseif b >= 4
    b_shift_bit = 2;
elseif b >= 2
    b_shift_bit = 1;
```

```
    else
        b_shift_bit = 0;
    end

    % 将 b 变为 b2, b2 是小于 2 的数, 也是一个浮点数
    b2 = b/2^b_shift_bit;

    % 开始迭代
    itr = 20; % 可调整迭代次数
    c   = 0;
    for cnt = 0:itr-1
        tmp = 2^(-cnt);

        if b2 >= 0
            c   = c + 2^(-cnt) * a; // 式 (4-20)
            b2  = b2 - tmp;         // 式 (4-21)
        else
            c   = c - 2^(-cnt) * a; // 式 (4-20)
            b2  = b2 + tmp;         // 式 (4-21)
        end
    end

    % 将 c 进行左移, 以补偿运算前对 b 的右移
    c = floor(c * 2^b_shift_bit);
```

如 4.3.3 节所述, CORDIC 要求 b 必须小于 2, 而本命题要求 b 的位宽是 10 位, 因此不能保证小于 2, 这就需要在 b 进入迭代运算前先进行移位, 强迫其小于 2。模型中的变量 b_shift_bit 代表 b 的右移位数。硬件算法设计与纯软件算法设计有所不同, 硬件算法设计常常会摆出所有的情况进行讨论, 而纯软件算法设计会使用较为简单的语法进行循环尝试。因为本例是硬件设计, 所以用 if...else... 语句讨论了 b 在各种情况下应该移动的位数, 而如果是软件算法, 则一般会写为下例中的表达方式, 用 while 循环也能找到合适的 b_shift_bit。

```
    b2 = b;
    b_shift_bit = 0;
    while (b2 >= 2)
        b2 = floor(b2/2);
        b_shift_bit = b_shift_bit + 1;
    end
```

在硬件中, 做 while 循环或 for 循环, 意味着要实现一个状态机, 而且中间需要寄存器打拍。用 if...else... 组合逻辑可以做到的事, 不需要浪费更多的面积和时间用状态机来做。因此, 早在建模的初期就要按照硬件的思维去设计算法。

有一种情况是硬件需要用状态机来代替 if...else... 组合逻辑, 那就是 b 的位宽非常宽的情况, 比如 1000 位, 此时需要写非常长的 if...else... 组合逻辑, 而且综合面积大, 延迟时间长导致时序不容易满足。此时, 用时间换面积的策略是可以采用的, 经过多次状态机迭代, 付出较少的面积就可以得到 b_shift_bit。b 的位宽非常宽的情况是极少遇到的, 因此多

数情况下使用 if...else... 组合逻辑，讨论每一种情况下的 b_shift_bit 是最常用的。

b 的右移不是四舍五入或截取，移位后的 b2 不是整数，而应该是一个浮点数，因为如果被截取为整数，b 将丢失其低位的信息，乘法结果将是不准确的。

c 的迭代相当于式（4-20）中 y 的迭代，a 相当于式中的 x，它不需要迭代，cnt 相当于式中的 n。b2 的迭代过程相当于式（4-21）中 z 的迭代。从图 4-9 可知，c 的初始值应该为 0。在迭代过程中，b2 一直把控着迭代的方向，当次迭代中 b2 的符号决定了下次迭代中 c 和 b2 的增减。

$2^{-cnt} * a$ 运算的意思是将因数 a 向右移动 cnt 位。它移位后也不能取整，而是要保留浮点数形式。可见，用 CORDIC 实现整数乘法时，运算过程会变成浮点数运算，增加了运算的难度，对电路实现的面积是不利的。

迭代次数在代码中设为 20，在实验中可以调节。一般，浮点建模由于保留了全浮点精度，完成同样的计算会比精度有损失的定点化代码需要的迭代次数少。换而言之，如果设计者的浮点建模仿真需要 n 次迭代，则其后的 RTL 一定也无法在小于 n 次迭代的情况下得到正确答案。总之，浮点建模中需要的迭代次数，应该是要实现的 RTL 中迭代次数的下限。那么如何知道浮点建模中需要多少次迭代呢？要在实验中尝试，在 TB 中，如果设置 19 次，仍然显示有错误，设置为 20 次就没错了，说明浮点算法至少需要 20 次迭代。

上述 CORDIC 乘法器对应的测试 TB 如下（配套参考代码 cordic_multi_tb.v）。与 4.2 节所使用的随机法不同，本例使用遍历法，将两个 10 位无符号数相乘的 1048576 种情况都进行了仿真，并计算 CORDIC 乘法与 MATLAB 乘法之间的差异。由仿真可得，CORDIC 至少要经过 20 次迭代才能使 err 变为 0，因此 20 是 CORDIC 迭代的最少次数，也是最终 RTL 迭代次数的下限。

```
clc;
clear;
close all;

a_reg   = zeros(1,1048576);
b_reg   = zeros(1,1048576);
c_reg   = zeros(1,1048576);
err_reg = zeros(1,1048576);

cntwhole = 1;

% 数据的变化范围
num_range = 0:2^10-1;

for cnt1 = num_range
    a = cnt1;
    for cnt2 = num_range
        b = cnt2;
        c = cordic_multi_float(a,b);
```

```
%c = cordic_multi_fix(a,b);
%c = cordic_multi_fix2(a,b);
c_real = a * b;

err = abs(c_real - c);

% 记录迭代过程中参与运算的 a、b、err
a_reg(cntwhole) = a;
b_reg(cntwhole) = b;
err_reg(cntwhole) = err;
cntwhole = cntwhole + 1;
    end
end

% 绘出所有情况下，Cordic 计算与真实值之间的误差
figure;plot(err_reg);grid on;
```

2. 算法定点化

对上述浮点模型进行初步定点化后的代码如下（配套参考代码 cordic_multi_fix.m）。其中，b_shift_bit 在浮点建模时已经是定点化样式，所以这里的代码与浮点建模没有区别。在这里需要研究的是 a2、b2、c2、tmp 的定点化，即它们的整数位宽应该定为多少，小数位宽应该定为多少，有无符号等问题。

```
function c = cordic_multi_fix(a,b)
if b >= 512
    b_shift_bit = 9;
elseif b >= 256
    b_shift_bit = 8;
elseif b >= 128
    b_shift_bit = 7;
elseif b >= 64
    b_shift_bit = 6;
elseif b >= 32
    b_shift_bit = 5;
elseif b >= 16
    b_shift_bit = 4;
elseif b >= 8
    b_shift_bit = 3;
elseif b >= 4
    b_shift_bit = 2;
elseif b >= 2
    b_shift_bit = 1;
else
    b_shift_bit = 0;
end

%----------- 迭代 -----------------------
itr = 20;
```

```
b2 = floor(b* 2^(itr-1-b_shift_bit));
a2 = a*2^(itr-1);
c2 = 0;
for cnt = 0:itr-1
    tmp = floor(2^(-cnt) * 2^(itr-1));

    if b2 >= 0
        c2 = c2 + floor(2^(-cnt) * a2);
        b2 = b2 - tmp;
    else
        c2 = c2 - floor(2^(-cnt) * a2);
        b2 = b2 + tmp;
    end
end

c = floor(c2 * 2^-(itr-1-b_shift_bit));
```

虽然对于定点化来说，整数位是最重要的，它决定了一个数据是否溢出，但论确定的难度以及理解的难度，还是定小数点精度的位宽更加困难。因此在定点化时，先不考虑整数位宽，而将重点放在精度定点上。

首先考虑变量 b2，在算法中，会判断它大于 0 还是小于 0，因此它是一个有符号数。b2 与 tmp 进行加减，由前文可知参与加减的两项精度应一致，因此 b2 和 tmp 的精度应该是一致的。这种情况下，应该取两者之中的最长精度要求作为它们的公共精度。

tmp 实际上就是 2 的幂次方，在第一次迭代时它是 1，此后都是小数。它在迭代中表现为 1 不断向右移动后的值。它的精度，主要取决于最后一次迭代时 1 右移的位置。假设迭代次数为 itr 次，则最后一次迭代 tmp 是在 1 的基础上向右移动 itr-1 位，即它的 1 在小数点后 itr-1 位上。因此，为了保留最后一次迭代的 1，只能将 tmp 的精度定为 itr-1。

b2 与 tmp 精度相同，因此其精度也是 itr-1。由于 b2 是在 b 的基础上向右移动 b_shift_bit 位后得到的，因此 b2 需要基于输入值 b。当 b 是 0 或 1 时，不需要移位，对 b 乘以 2 的 itr-1 次方，也就是将 b 左移 itr-1 位，就可得到精度为 itr-1 的 b2。而当 b 是 2 或 3 时，需要右移 1 位。如果不移动，而是将 b 的最低位看成是小数，那么，要想得到精度为 itr-1 的 b2，刨除 b 中已经包含的 1 位精度，还需要对 b 向左移动 itr-2 位。当 b 的值越来越大时，对 b 移位后的精度位也越来越多，可以推知，要保证 b2 的精度为 itr-1，则需要在 b 的基础上再向左移动 itr-1-b_shift_bit 位。

另一个迭代的环节是 c2，它在迭代过程中须加减 a 移位后的结果。整数 a 不断右移，但又不能损失精度，只能给 a 增加小数位宽，用来保存右移后的小数精度。已知最后会右移到 itr-1 位，因此，a 必须变为 a2，精度为 itr-1，整数位宽与 a 相同。

c2 与 a2 相加减，因此 c2 的精度也应该是 itr-1。问题是，c2 是否应该有符号呢？从 4.3.3 节所描述的原理可知，乘法一旦开始，即便最终的答案是 0，第一次迭代时 c2 也会直接等于 a2，而 a2 是个非负数。接下来的迭代就是将 a2 一直往 0 处修正，过程中不会出现 c2 为负数的情况。原理中所讲的围绕 0 位置产生波动指的是 b2 的波动，而非 c2。因此，c2

和 a2 都可定义为无符号数。

在迭代完成后，要输出符合要求的答案。要求为纯整数，不包含小数。c2 是迭代的输出，它的精度是 itr−1，因此需要对 c2 右移 itr−1 位来取整。但不要忘记在开始迭代前，b 向右移动了 b_shift_bit 位，在结果上应该通过左移补偿。因此，不能直接将 c2 简单地右移 itr−1 位，还要左移 b_shift_bit 位。真实的移动位数是先用 itr−1−b_shift_bit 算式计算出来，然后实行右移，以避免先右移再左移引起的精度损失。

这里的结果 c 是在 c2 右移的基础上进行直接截取得到的。对于结果，可以使用四舍五入和截取两种方式。如果截取能得到正确结果，就不需要使用四舍五入。

代码中，迭代次数设为 20，与浮点模型一致。次数设少，则计算有误，次数设多，则浪费硬件资源和运算时间。在结果正确的前提下，迭代次数的设置应尽量少。对于迭代次数越多，硬件资源越多的说法，可以从代码中明确得出。迭代次数是 itr，定点化时，全部变量的小数位宽均为 itr−1。因此，itr 越大，则位宽越多。而且，迭代次数多，必然导致得出结果的速度慢。

经过上述讲解，基本就明确了 CORDIC 乘法中各变量有无符号以及小数精度的问题，但它们的整数位宽应如何确定呢？

答案在 2.3.3 节无符号信号的溢出保护和 2.3.4 节有符号信号的溢出保护，两小节都提到了如果不做溢出保护，发生溢出后，应如何在 MATLAB 仿真中表现出一个恶劣的结果。在这里可使用同样的办法，如下例所示。本例是在每次迭代结束得到新的 b2 和 c2 后，会进行一次 b2 和 c2 取值范围的判断，以确定它们的总位宽。其中，b2 是有符号数，c2 是无符号数。

```
cfg_b_wid = 21;
if (b2 >= 2^(cfg_b_wid-1)) || (b2 < -2^(cfg_b_wid-1))
    b2 = b2-(floor((b2-2^(cfg_b_wid-1))/2^cfg_b_wid)+1)*2^cfg_b_wid;
else
    b2 = b2;
end

cfg_c_wid = 30;
if c2 >= 2^cfg_c_wid
    c2 = mod(c2,2^cfg_c_wid);
elseif c2 >= 0
    c2 = c2;
else
    fprintf('c2 < 0: %d\n',c2);
end
```

为了方便修改位宽，先定义一个变量来设置位宽，本例中的 cfg_b_wid 和 cfg_c_wid 就是这样的变量。cfg_b_wid 包含了设计者对包括符号位在内的 b2 全部位宽的猜测，cfg_c_wid 也是对 c2 全部位宽的猜测。一旦位宽设得比合理值小，仿真中就会显示出计算结果与真实值的不一致，从而通知设计者增加位宽，一直加到仿真没有错误为止。在对于无符号的 c2 的位宽判断中，还加入了判断 c2 符号的语句，若发现 c2 出现了负数，则在 MATLAB 命令界面中发起通知。收到此类通知，要么说明 c2 其实是有符号的，要么说明位宽设得不够，处理办法是先增加无符号位宽，若不再报错说明是位宽问题，若增加位宽无果，则说明 c2 是有符号的。

其实，算法中的很多变量都可以通过逻辑推理得到它们的位宽，比如 tmp，其位宽就是 itr，因为它有 1 位整数，还有 itr−1 位小数。a2 的位宽是 9+itr，因为 a 本身位宽是 10，再加上 itr−1 位小数。之所以使用上面的代码判断法，一则是防止设计者通过推理判断失误，二则是有些迭代过程中的变量确实不容易推理，某些特殊情况确实不容易被考虑到。加入位宽判定代码后，最终 RTL 的位宽设定会更加安全。

这里之所以没有将位宽判定代码写在初步定点化代码中，是因为位宽判定代码是程式化的代码，其格式是固定的。该代码出现的频次也很高，每个变量被赋值后都需要，因而它会严重干扰初步定点化的思路，使得简短且思路清晰的代码变得冗长而没有重点。因此，往往在初步定点化确定了精度和符号后，再加入位宽判定代码，或者另外复制一份代码，加入位宽判定并重新命名，如本例命名为 cordic_multi_fix_max.m，以体现该代码的仿真目标。

最终确定的各变量的位宽见表 4-6。

将初步定点化中的参数变为定值，可以更加方便直观地将算法代码翻译为 RTL。对于本例而言，需要去除的参数仅为迭代次数 itr，用常数 20 代替它，得到的便是最终定点化的代码（配套参考代码 cordic_multi_fix2.m），其简化后的片段如下：

表 4-6　CORDIC 乘法例中各变量位宽

变量名	位宽	有无符号
b_shift_bit	4	无
b2	21	有
a2	29	无
tmp	20	无
c2	30	无

```
...... // 以上代码同初步定点化
b2 = floor(b * 2^(19-b_shift_bit));
a2 = a*2^19;
c2 = 0;
for cnt = 0:19
    tmp = floor(2^(19-cnt));

    if b2 >= 0
        c2 = c2 + floor(2^(-cnt) * a2);
        b2 = b2 - tmp;
    else
        c2 = c2 - floor(2^(-cnt) * a2);
        b2 = b2 + tmp;
    end
end

c = floor(c2 * 2^-(19-b_shift_bit));
```

4.3.5　电路实现

参照最终定点化代码来编写 RTL，如 c2、b2 等在算法中称为变量，而在 RTL 化后它们被称为信号。信号即为电路实体，表现为金属连线。在算法当中，每一个变量都不是多余的，它们都对应着电路实体。

在实现时需要注意的要点如下：

1）算法的迭代过程在实现为 RTL 时需要使用状态机展开。

2）算法只体现了运算的数据部分，不包含控制信号，比如触发信号 trig 和有效信号 vld。在编写 RTL 时需要增加这些控制和状态信号。

3）一个算法变量，在电路中究竟是用组合逻辑实现，还是用时序逻辑实现，要看它在算法代码中的表达方式。算式的等号两边都出现相同的变量名时，说明该变量使用时序逻辑实现，否则，就用组合逻辑实现。

对于前两个要点，在 4.2 节已经做了详细说明，这里需要展开说明的是第 3 点。在定点化的算法中，c2 的计算式如下：

```
c2 = c2 ± floor(2^(-cnt) * a2);
```

而 b2 的计算式如下：

```
b2 = b2 ± tmp;
```

两者的共同特征是等号两边都出现了相同的变量，换言之，要计算的变量须依赖它本身旧值才能得到新值。此类信号在电路中的连接形式如图 4-12 所示，其特征就是输出的信号又反馈回输入端，配合其他信号共同组成了新的输入。在这种反馈电路中，触发器是必要的，不能将组合逻辑的输出直接反馈到它的输入，因为那样会造成一种名为组合环的错误电路。为了让电路正常工作，自反馈信号的旧值与新值之间必须存在一定的时间差，触发器将旧值和新值之间拉开了一个时钟周期。如果形成了组合环，则自反馈信号的旧值和新值之间的时间差非常短暂，这样会造成自反馈信号的快速迭代，其值无法收敛，在波形上表现为连续的毛刺，这是设计时应该尽量避免的，因而会将组合环看作一种错误的电路设计。

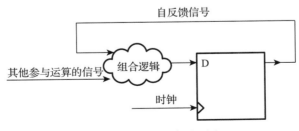

图 4-12　反馈电路原理图

使用触发器打拍输出的逻辑也称为时序逻辑。算法中的 c2 和 b2 都应该使用如图 4-12 所示的时序逻辑来实现。

要完成 c2 和 b2 信号的电路，仅已知它们需要时序逻辑进行自反馈是不够的。在迭代算法中，迭代前的初始值非常重要。在由算法翻译为 RTL 的过程中，要清楚什么时候需要将信号进行初始化，还要清楚初始值是多少。在本例中，可以像 4.2 节讲得那样使用一个计数器 cnt 作为迭代状态机跳转的记录，而 cnt=0 时，说明计算器没有进行计算，处于空闲状态。c2 和 b2 在每次计算之前的初始化就在 cnt 每次恢复为 0 时进行。

在算法中，c2 的初始值为 0，容易处理，但 b2 的初始值如下，实际上就是将信号 b 进行左移。而 b_shift_bit 是一个变化的信号，在设计电路时，推荐用 case 语句将 b_shift_bit 所有情况下对应的 b2 都展现出来。

```
b2 = floor(b * 2^(19-b_shift_bit));
```

基于上述设计原则，最终可将 c2 和 b2 的生成逻辑编写为如下 RTL 代码。当 cnt=0 时，对 c2 和 b2 进行初始化。在 b2 初始化时，讨论了 b_shift_bit 所能取到的全部可能值。当 cnt=1 ～ 20 时，就按照算法迭代即可。这一段是 CORDIC 算法实现的核心语句。

```verilog
always @(posedge clk or negedge rstn)
begin
    if (!rstn)
    begin
        c2 <= 30'd0;
        b2 <= 21'd0;
    end
    else
    begin
        case (cnt)
            5'd0:
            begin
                c2 <= 30'd0;

                case (b_shift_bit)
                    4'd0  : b2 <= {b,19'd0};
                    4'd1  : b2 <= {b,18'd0};
                    4'd2  : b2 <= {b,17'd0};
                    4'd3  : b2 <= {b,16'd0};
                    4'd4  : b2 <= {b,15'd0};
                    4'd5  : b2 <= {b,14'd0};
                    4'd6  : b2 <= {b,13'd0};
                    4'd7  : b2 <= {b,12'd0};
                    4'd8  : b2 <= {b,11'd0};
                    4'd9  : b2 <= {b,10'd0};
                    default: b2 <= b2;
                endcase
            end
            5'd1:
            begin
                c2 <= c2 + a2;
                b2 <= b2 - tmp;
            end
```

```
                5'd2:
                ...... // 以下省略
            endcase
        end
    end
```

tmp 信号会随着迭代次数而改变，但它的本质就是 1 不断向右移动。由于 tmp 并没有自反馈，可以写成组合逻辑，代码如下：

```
always @(*)
begin
    case (cnt)
        5'd1:    tmp = {1'b1, 19'd0};
        5'd2:    tmp = {1'b1, 18'd0};
        5'd3:    tmp = {1'b1, 17'd0};
        5'd4:    tmp = {1'b1, 16'd0};
        5'd5:    tmp = {1'b1, 15'd0};
        5'd6:    tmp = {1'b1, 14'd0};
        5'd7:    tmp = {1'b1, 13'd0};
        5'd8:    tmp = {1'b1, 12'd0};
        5'd9:    tmp = {1'b1, 11'd0};
        5'd10:   tmp = {1'b1, 10'd0};
        5'd11:   tmp = {1'b1, 9'd0};
        5'd12:   tmp = {1'b1, 8'd0};
        5'd13:   tmp = {1'b1, 7'd0};
        5'd14:   tmp = {1'b1, 6'd0};
        5'd15:   tmp = {1'b1, 5'd0};
        5'd16:   tmp = {1'b1, 4'd0};
        5'd17:   tmp = {1'b1, 3'd0};
        5'd18:   tmp = {1'b1, 2'd0};
        5'd19:   tmp = {1'b1, 1'd0};
        5'd20:   tmp = {1'b1};
        default: tmp = 20'd0;
    endcase
end
```

b_shift_bit 信号的生成也只需使用组合逻辑，其计算过程在算法中已经明确，在这里仅是将其格式改为 Verilog 形式而已，其代码如下：

```
always @(*)
begin
    if (b[9])
        b_shift_bit = 4'd9;
    else if (b[8])
        b_shift_bit = 4'd8;
    else if (b[7])
        b_shift_bit = 4'd7;
    else if (b[6])
        b_shift_bit = 4'd6;
    else if (b[5])
```

```
        b_shift_bit = 4'd5;
    else if (b[4])
        b_shift_bit = 4'd4;
    else if (b[3])
        b_shift_bit = 4'd3;
    else if (b[2])
        b_shift_bit = 4'd2;
    else if (b[1])
        b_shift_bit = 4'd1;
    else //b[0]
        b_shift_bit = 4'd0;
end
```

最终输出 c 的算法如下，它也是需要 b_shift_bit 输入的组合逻辑，其本质就是将迭代算出的 c2 向右移动。

```
c = floor(c2 * 2^-(19-b_shift_bit));
```

可将 c 的逻辑编写为如下代码：

```
always @(*)
begin
    case (b_shift_bit)
        4'd0    : c = c2[29:19];
        4'd1    : c = c2[29:18];
        4'd2    : c = c2[29:17];
        4'd3    : c = c2[29:16];
        4'd4    : c = c2[29:15];
        4'd5    : c = c2[29:14];
        4'd6    : c = c2[29:13];
        4'd7    : c = c2[29:12];
        4'd8    : c = c2[29:11];
        4'd9    : c = c2[29:10];
        default: c = 20'd0;
    endcase
end
```

一些 RTL 设计中对于 c2 的移位会采用下面的语法，这种表达更接近于软件语言，而且更简练。但需要注意的是，一些算法中 b_shift_bit 可能会大于 19，此时 c 实际上是对 c2 进行左移。这种情况虽然在本例中未出现，但设计者须注意到此类问题发生的可能性。

```
assign c = c2 >> (19-b_shift_bit);
```

电路实现中的其他部分，例如状态信号 cnt、触发脉冲信号 trig、输出有效脉冲 vld 等，其产生逻辑和发挥的作用都同 4.2 节一致，这里不再赘述。完整的 RTL 代码详见配套参考代码 cordic_multi.v。

该电路的仿真也可以使用 4.2 节的 TB 来进行，由于两个例子的命题相同、接口信号相同，因而 TB 也是通用的，只需要修改 DUT 的例化名即可。

4.4 不同实现方式的面积与性能比较

至此已经讨论了 3 种乘法器的设计方法。衡量电路设计优秀与否的标准主要是性能和面积。对于上述 3 种方法的性能和面积对比见表 4-7。

表 4-7 3 种乘法器的性能和面积对比

	综合法	加法迭代	CORDIC
计算时间	1T	11T	21T
面积（门数）	585	433	1286

由于 3 种方法的计算结果均是准确的，可以认为误差水平相同，所以表 4-7 中衡量性能的标准是计算时间。关于计算时间的单位，如果是组合逻辑，就使用标准时间单位如皮秒、纳秒等，如果是时序逻辑，就使用时钟周期作为单位，一个周期记作 1T，nT 代表经过了 n 个时钟周期才输出结果。

面积的衡量标准已在 3.4 节进行了详述，也就是使用与非门个数来表征。

从表 4-7 中可以看出，综合法的计算时间最短，仅为 1T。这里的综合法是指 4.1 节的 syn_multi2.v，因为它的接口与后面两种方案的接口一致，方便对比面积，它是时序逻辑，因而以周期数来衡量。最慢的是 CORDIC 方法，需要 21T。

面积最小的是加法迭代方案，用了 433 个与非门。面积最大的仍然是 CORDIC，它的实现面积是其他方案的两倍有余。

通过对比可以看出，使用综合法面积较小、速度最快，而且根据 4.1 节所述，也可以自由调节其输出时机，因此在实际工程中最为常用。

如果对面积十分敏感，希望以时间为代价来换取面积的节约，可以考虑使用加法迭代。

由于时间长、面积大，在实际项目中计算乘法时一般不考虑使用 CORDIC 乘法。CORDIC 的时间和面积问题来自于它原理中的浮点计算，即原本的整型运算在 CORDIC 中变成了浮点运算。但是，本节对于 CORDIC 的介绍具有重要意义，它为后续进行除法运算以及波形发生器的设计奠定了理论基础。

注意 表 4-7 中所反映的门数在不同的芯片制造工艺下会有所出入，但它们的大小关系是不变的。

4.5 浮点乘法的电路实现

在电路中，除了处理整数乘法外，也要处理浮点乘法。本节将简要介绍浮点乘法电路的设计要点。

例如一个电路设计要求输入两个信号 a 和 b，求两者之积 c。其中，a 为 9 位，包括 5 位整数和 4 位小数，b 为 5 位，包括 3 位整数和 2 位小数，c 为 10 位，包括 7 位整数和 3

位小数。a、b、c 均为无符号数。

对于此例，首先要知道如果要保留乘法结果的全部精度和位宽，需要多少位。具体来说，总的位宽是 a 的位宽加 b 的位宽，而小数精度应该也是 a 和 b 各自的小数精度之和。因此可以确定，如果输出没有位宽和精度限制，则它的位宽应该为 14 位，包含 8 位整数和 6 位小数。但此例要求是结果为 10 位，包含 7 位整数和 3 位小数。所以，需要对乘法结果进行两项处理后才能输出，一个是精度削减，从 6 位减到 3 位，另一个是溢出保护，使整数位从 8 位降为 7 位。

该命题对应的 Verilog 代码如下（配套参考代码 float_multi.v），其中，c2 为最原始的乘法结果，其位宽为 14 位。先对它进行精度削减，得到 c3，再在 c3 的基础上进行溢出保护，削减最高位整数，最终得到 c。

```
module float_multi
(
    input       [8:0]   a       ,
    input       [4:0]   b       ,
    output  reg [9:0]   c
);
//------------------------------------------------
wire        [13:0]  c2;
wire        [10:0]  c3;
//------------------------------------------------
//c2: 14=0+8+6
assign c2 = a * b;

//c3: 11=0+8+3
assign c3 = c2[13:3];

//c: 10=0+7+3
always @(*)
begin
    if (c3[10]) // 溢出保护
        c = 10'h3ff;
    else // 未发生溢出
        c = c3[9:0];
end

endmodule
```

上述 RTL 可以用下面的 TB 进行验证（配套参考代码 float_multi_tb.v）。该 TB 使用随机法，构造了 1000 次随机运算。其中，c_real 是 TB 所构造的参考信号，它是 real 型浮点数，反映的是乘法结果希望表示的浮点值。为了使 DUT 输出和参考信号能够尽可能一致，在代码中也对 c_real 进行了与 DUT 相同的溢出保护处理。由于 c_real 反映的是真实的浮点数，按照命题要求，整数是 7 位，小数是 3 位，在电路中能表示的最大值应为 $2^7-2^{-3}=127.875$。

为构造 c_real，需要构造两个随机的浮点激励 a_real 和 b_real。要构造出符合命题要求的浮点数，应先构造一个符合位宽要求的整数，比如构造 a_real 时先构造了 9 位随机整数 {$random(seed)}%(2**9)，然后强制将其转换为 real 型浮点数 real'({$random(seed)}%(2**9))，最后除以其小数精度 real'({$random(seed)}%(2**9))/(2**4)，这样就完成了一个有着 5 位整数和 4 位小数的浮点数的构造。

当然，除了构造 a_real 和 b_real，还要构造出 DUT 中相对应的激励 a 和 b，方法是以 a_real 为原型，乘以 2 的精度次方，最后强制转换它为整数 int 型（自带四舍五入效果）。

由于这套逻辑没有时钟，所以可以用组合逻辑来计算参考信号和 DUT 输出之间的误差。由于 c_real 是真实的浮点数，而 c 是用整数表示的浮点，需要将 c 除以 2 的精度次方，将其恢复为真实的浮点数后再进行相减，得到误差值 err。由于是浮点数之间的减法，err 的类型也是 real。注意在 TB 中，用 assign 句式构造的信号也可以是 real 型。

```verilog
`timescale 1ns/1ps

module float_multi_tb;
//--------------------------------
int            seed    ;
logic   [8:0]  a       ;
logic   [4:0]  b       ;
wire    [9:0]  c       ;
real           a_real  ;
real           b_real  ;
real           c_real  ;
real           err     ;
real           err_max ;

//--------------------------------
initial
begin
    if (!$value$plusargs("seed=%d",seed))
        seed = 100;

    $srandom(seed);
    $fsdbDumpfile("tb.fsdb");
    $fsdbDumpvars(0);
end

initial
begin
    err_max = 0;

    repeat(1000)
    begin
        a_real = real'({$random(seed)}%(2**9))/(2**4);
        b_real = real'({$random(seed)}%(2**5))/(2**2);
        c_real = a_real * b_real;

        if (c_real >= 128.0)
```

```
            c_real = 127.875;

        a = int'(a_real * (2**4));
        b = int'(b_real * (2**2));

        #10;

        if (err_max < err)
            err_max = err;
    end
    $finish;
end

assign err = $abs(c_real - real'(c)/(2**3));

//------------ DUT --------------
float_multi     u_float_multi
(
    .a      (a      ),//i[8:0]
    .b      (b      ),//i[4:0]
    .c      (c      ) //o[9:0]
);

endmodule
```

计算误差 err 的实际仿真值如图 4-13 所示。与整数乘法的误差为 0 不同，在本例中 DUT 的结果与参考信号存在一定程度的不一致，最大误差约为 0.1093。原因是参考信号 c_real 是按照全精度计算的，它不受 3 位精度限制，而 DUT 会受到该限制。2^{-3}=0.125，因此在理论上只要误差小于 0.125，均可认为设计已达成了目标。

图 4-13　浮点乘法的计算误差

4.6　有符号数乘法的电路实现

理解了电路中无符号浮点乘法的处理逻辑后，再将数值域扩展到有符号浮点数的处理逻辑上来。

本节所举的例子与 4.5 节类似，只是将其中的无符号设定变为有符号，即输入和输出都是有符号数。具体的 RTL 实现如下（配套参考代码 signed_multi.v）。

```
module signed_multi
(
```

```
    input          signed  [9:0]   a    ,
    input          signed  [5:0]   b    ,
    output  reg signed  [10:0]  c
);
//------------------------------------------------
wire    signed  [15:0]  c2;
wire    signed  [12:0]  c3;
//------------------------------------------------
//c2: 16=1+9+6
assign c2 = a * b;

//c3: 13=1+9+3
assign c3 = c2[15:3];

//c: 10=1+7+3
always @(*)
begin
    if (c3 > signed'(13'd1023))
        c = 11'd1023;
    else if (c3 < signed'(-13'd1024))
        c = -11'd1024;
    else
        c = {c3[12],c3[9:0]};
end

endmodule
```

在 2.6 节介绍了 Verilog 语法中 signed 的作用，在算法电路实现中，使用 signed 声明可简化设计思路，使 RTL 更贴近算法思维，因此本例中的有符号信号都使用了 signed 声明。首先仍然是进行初步乘法，得到 16 位的有符号信号 c2，其中 1 位符号、9 位整数、6 位小数。和基于加法迭代以及 CORDIC 的乘法不同，综合器可以处理有符号乘法，无须先将输入变为无符号数，最后再补上符号。根据 2.2.8 节所介绍的判断有符号二元乘法结果位宽的方法，c2 的位宽仍然为 a 和 b 的位宽之和，同时也要清楚，c2 结果中只有一个数即它的最大正数，需要 16 位表示，其他数值只需要 15 位表示即可，所以一般会将其用溢出保护的方式缩减 1 位。但本命题中，会对其整数部分缩减 2 位，待最后一步进行统一处理。

接下来仍然是先截取精度，以达到输出的精度要求，这里仍然截取 3 位，得到 c3。

最后一步是为了截取 c3 的整数位而进行的溢出保护，从而得到结果 c。对于结果的要求，整数部分和小数部分一共是 10 位，因此这里的溢出判断标准对于正数而言是 1023，对于负数而言是 −1024。在这种有符号数进行比较的场合，signed 声明的优势被显现出来，它可以像算法那样进行比较，而不需要思考补码规则。最后若无溢出，则将 c3 的符号位和低位拼凑得到结果。

有符号浮点乘法的验证，与 4.5 节无符号浮点乘法验证基本相同，都可以使用遍历法或随机法构造浮点激励以及 DUT 的激励，将 DUT 的输出与浮点参考信号相对比，从而观察两者的差别是否在命题要求的输出精度之内。本例对应的 TB 请见配套参考代码 signed_ multi_tb.v。

这里需要强调的是有符号浮点数验证中需要注意的一些细节。

在下面的浮点验证代码中，先用 tmp 构造了一个 10 位无符号整型随机数。DUT 的输入 a、b、c 都是有符号数，使用 a= tmp 这类语句将无符号数赋值给有符号数。这种赋值可以看作是一种数据类型的强制转换，将无符号数强制转换为有符号数，该数的最高位也变成了符号位，这样就构造出了随机正负的效果。real 类型是自带符号的，无符号数强制转换为 real 类型后是正的，有符号数强制转换为 real 类型后是有符号的。对于参考信号 c_real，也要像 DUT 一样进行溢出保护，即分别考虑正负数溢出的情况。由于 DUT 的输出精度仍然是 3 位，所以最终参考信号与 DUT 输出之间的误差仍然在 0.125 以内。

```
int                 tmp      ;
logic   signed [9:0]   a       ;
logic   signed [5:0]   b       ;
wire    signed [10:0]  c       ;

initial
begin
    err_max = 0;

    repeat(1000)
    begin
        tmp      = {$random(seed)}%(2**10);
        a        = tmp[9:0];
        tmp      = {$random(seed)}%(2**6);
        b        = tmp[5:0];

        a_real = real'(a)/(2**4);
        b_real = real'(b)/(2**2);
        c_real = a_real * b_real;

        if (c_real >= 127.875)
            c_real = 127.875;
        else if (c_real < -128)
            c_real = -128;
        ...... // 以下省略
```

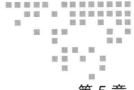

第 5 章 *Chapter 5*

除法电路设计

　　前面介绍的加法和乘法电路，如果参与运算的都是整数，则其输出也是整数。综合器对这些电路的优化十分充分，使用综合器来实现这些电路，既方便，性能又好。所以，对于广大的 IC 设计者而言，进行加法和乘法的设计还是比较容易的。但除法器的实现就困难得多，即使参与运算的数值都是整数，其商也是带有小数的，而且不同的项目有着不同的小数精度要求，一种实现方案放到另一个项目中可能需要做大幅改动或因完全不适合而需要重新设计。综合器也不能很好地胜任多种多样的除法需求。因此，大多数除法的处理并不是简单地利用综合器来实现的，而是由数字芯片开发工程师手动实现的。由于不同的项目有着不同的要求，工程师往往需要反复查阅论文和资料，使用不同的算法来实现除法器，而且难以形成方法论，导致重复研究和重复设计。本章将向读者介绍 3 种常用的除法器设计方法以及它们背后的算法，并且比较它们的优缺点，以便读者可以形成除法器设计的方法论，从而轻松地完成不同要求的除法器设计任务。在本章的最后，将数值域从实数扩展到复数，介绍复数除法的设计方法，这类运算在通信和电机等领域的芯片中应用十分广泛。

　　为了便于比较不同方法之间的区别，对即将介绍的 3 种除法电路提出一个统一的命题，3 种除法电路均围绕该命题进行设计。命题如下：**输入两个带符号的浮点数 a 和 b，其中，a 为 10 位数，包含 1 位符号、5 位整数和 4 位小数，b 为 6 位数，包含 1 位符号、3 位整数和 2 位小数。输出的商 c 为 16 位数，包含 1 位符号、8 位整数和 7 位小数。**

　　上述命题是一个浮点计算设计命题。本章的讲解不像第 4 章那样从整数运算开始讲起，逐渐扩展到浮点数。因为除法的结果本来就是浮点的，所以不管输入是整数还是浮点数，在电路内部都免不了讨论浮点数。

5.1 用综合器实现除法电路

像加法和乘法运算一样，使用综合器可以直接综合出除法电路，但其商只能是整数，本书称之为综合法。下面就是一个利用综合法直接得到除法电路的例子（配套参考代码 syn_div.v）。

```verilog
//a: 10=1+5+4
//b: 6=1+3+2
//c: 16=1+8+7
module syn_div
(
    input                       clk     ,
    input                       rstn    ,

    input                       trig    ,
    output  reg                 vld     ,

    input       signed  [9:0]   a       ,
    input       signed  [5:0]   b       ,
    output  reg signed  [15:0]  c       ,
    output  reg                 div_err
);
//---------------------------------------------------
wire signed     [14:0]  a2      ;
//---------------------------------------------------
assign a2 = {a,5'd0};

always @(*)
begin
    if (b == 6'd0)
    begin
        div_err = 1'b1;

        if (a == 10'd0)
            c = 16'd0;
        else
        begin
            if (a > 0)
                c = {1'b0, 15'h7fff};
            else
                c = {1'b1, 15'd0};
        end
    end
    else
    begin
        div_err = 1'b0;
        c       = a2/b; // 核心语句
    end
end
```

```
always @(posedge clk or negedge rstn)
begin
    if (!rstn)
        vld <= 1'b0;
    else
        vld <= trig;
end

endmodule
```

为了弥补只能得到整数的不足，在进行除法之前，先对被除数进行左移。这样，即便商只是整数，其含义中也包含着小数。比如，假设被除数和除数都是整数，但要求商中带2位小数，那就在除法之前先将被除数左移2位，这样，商中就自然带有2位小数了。在本命题中，商要求是7位小数，那是否意味着被除数要左移7位呢？并不是。要看被除数和除数的精度。被除数是4位精度，而除数是2位精度，它们的商天然带有2位精度，即4减2。在已经有2位精度的基础上再增加5位精度即可，因此，代码中用如下语句将被除数a向左移动了5位。

```
assign a2 = {a,5'd0};
```

在综合法中，并没有对除数为0的情况进行特殊处理。通过仿真可以发现，除数为0时，无论被除数为何值，结果均为不定态。因此，即便是综合法，也不能完全交由综合器来处理，必须讨论除数为0时的处理方式。按照数学原理，此时，当被除数为负数时，商为负无穷，当被除数为正数时，商为正无穷，当被除数也为0时，商无意义。在数字系统中无法表征正无穷和负无穷，这里用正的最大值和负的最小值来代替，具体语句如下（在模块接口上可增加一个错误指示信号 div_err，用来指示除数为0的情况）。

```
if (a > 0)
    c = {1'b0, 15'h7fff};
else
    c = {1'b1, 15'd0};
```

综合法的核心语句只有c=a2/b一句，像综合器加法和乘法一样简单。它可以自动识别有符号数和无符号数。本例中a2和b都是有符号的，因而c也会被处理为有符号数。

除法的运算结果没有进行截位和溢出保护，而是直接按照16位赋值并输出，原因是不会发生溢出。被除数的最大绝对值为32，除数的最小值为0.25，当32除以0.25时，可以得到该案例中除了除数为0以外的最大商，其值为128。c的整数部分有8位，足以表示128，因此从数值范围方面看，不会发生溢出。至于除数为0的情况，自然会发生溢出，但已经作为特例讨论过了。

需要注意的是，对商的位宽的推断不可简单地用乘法的逆过程来推知。比如，a和b相乘，其结果c的整数位宽是a的整数位宽加b的整数位宽，c的精度是a的精度加b的精度。但若已知c和a，相除得到b，则b的整数位宽并不是c的整数位宽减去a的整数位宽，因为 b 的整数位宽体现的是 b 可能出现的最大值，而 b 最大时，a 作为除数，应该是最小的，若取 a 的整数位宽，则适得其反，取到了除数的最大值。例如，一个 2 位无符号整数乘以一个 3 位无符号整数，其结果最大为 21，可以用 5 位来表示。但反过来，已知被除数为 5 位无符号整数，除数为 2 位无符号整数，所得的商并不局限于 3 位，因为除数可以取 1，这样商就同被除数一样也是 5 位了。综上所述，对于商的整数位宽判定，仍然应该使用极限分析法。上文推断商的整数位宽为 8 位，用的就是极限分析法。

而对于商的精度，可以分为两部分来分析。第一部分是定点化后的整数相除，其商本身就带有精度，该精度没有天然极限，比如 1÷3，精度可以无限长，需要人为设定一个界限。第二部分是定点数所代表的浮点数的精度，因为相除，被除数和除数的精度相减，就得到了这部分精度。将第二部分精度与第一部分精度合并，就构成了最终商的精度。在上文用综合法设计的 RTL 中，对被除数 a 左移了 5 位，按照将精度分为两部分的思路进行分析，其移位的理由为：电路只能输出整数的商，因而第一部分精度为 0，而第二部分精度就是被除数的精度 4 减去除数的精度 2，则商的精度是 2 位。将两部分精度合并后仍然是 2 位。为了达到题目要求的 7 位，才将被除数的精度提高到 9 位，使得最终商的精度增加到 7 位。

最后介绍模块设计的时序思路。实际上，这种除法器也是纯组合逻辑，可以不需要时钟和复位，这里加入了 trig 和 vld 信号，原因同 4.1 节一致，若综合出的除法逻辑过长，超出了一个时钟周期的建立时间限制，可以用控制信号和时序约束来避免时序无法收敛的问题。

以下是用于该除法器验证的 TB 代码（配套参考代码 syn_div_tb.v）的核心部分，它使用遍历法讨论了 a 与 b 取值的所有情况。先进行了精度设计，a 有 4 位精度，所以它可表示的最小步长为 0.0625，b 有 2 位精度，所以它可表示的最小步长为 0.25，c 有 7 位精度，所以它可表示的最小步长为 0.0078125。a 有 5 位整数，所以它可表示的数值范围是 −32 ～ 31.9375。使用 while 循环来遍历这一过程，每循环一次就增加一个步长。a 的循环内部套有 b 的循环，b 有 3 位整数，其取值范围是 −8 ～ 7.75，也是每循环一次增加一个步长。代码的其他部分，诸如 trig 以及激励信号定点值 a_fix 和 b_fix 的产生，抑或是 fork…join 的使用、阻塞赋值和非阻塞赋值的使用，均已在前文中进行了详细介绍，这里不再赘述。参考信号 c_real 进行了正负值的溢出保护，在前文已经讲过本命题的整数位宽足够大，不需要进行溢出保护，这里做溢出保护的目的仅是阻止除数为 0 使结果变成无穷大。最终，除了生成误差信号 err 外，还声明了一个最大误差记录器 err_max，用来跟踪误差的最大值。err 与 err_max 间隔 1ns，是因为 err 刚算出时，无法即时参与到 err_max 的计算中，参与计算的只能是上一个值。要想实时计算，就需要延迟一定时间，以便 err 更新。

```
......  //前段部分省略
initial
begin
    delt_a   = 0.0625;
    delt_b   = 0.25;
```

```
delt_c  = 0.0078125;

a_fix   = 0;
b_fix   = 0;
c       = 0;
c_real  = 0;
trig    = 1'b0;

@(posedge rstn);

#30;
a = -32;
while (a < 32-delt_a)
begin
    b = -8;
    while (b < 8-delt_b)
    begin
        @(posedge clk);
        trig  <= 1'b1;
        a_fix <= int'(a/delt_a);
        b_fix <= int'(b/delt_b);

        fork
            begin
                @(posedge clk);
                trig <= 1'b0;
            end

            begin
                while (1)
                begin
                    @(posedge clk);
                    if (vld)
                    begin
                        c_real = a/b;

                        if (c_real >= 256)
                            c_real = 256 - delt_c;
                        else if (c_real < -256)
                            c_real = -256;

                        break;
                    end
                end
            end
        join

        b = b + delt_b;
    end

    a = a + delt_a;
```

```
        end

        #50;
        $finish;
    end

    initial
    begin
        err     = 0;
        err_max = 0;
        forever
        begin
            @(posedge clk);
            if (vld)
            begin
                err <= $abs(real'(c_real) - real'(c_fix)/(2**7));
                #1;
                if (err_max < err)
                    err_max = err;
            end
        end
    end
...... // 后段省略
```

通过仿真可发现，最终的 err_max 会固定在 0.00756 上，因为参考信号 c_real 的精度不受限制，而 DUT 输出的商的精度是 2^{-7}（即约 0.0078），小于该值即为正确。

从图 5-1 可以看出，用综合器进行的除法，其结果并不是经过四舍五入得到的，而是直接截取而来。图中输入的被除数为 –512，除数为 –29，商应该为 $c = 512 \times 2^5 / 29 \approx 564.9655$，最接近正确值的答案应为 565，但实际答案是 564，也就是直接截取的结果。

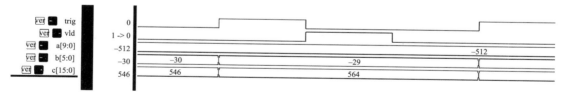

图 5-1 综合法仿真结果

那是否应该将结果用四舍五入的方法修改为 565 呢？关键是看命题的要求。若命题中规定了具体的实现精度，假设为 n，则最终的实现结果与真实值之间的误差小于 2^{-n}，就算达成了设计目标。只要在计算后使用直接截取的方法，就能达到这一要求。若命题规定了小数位宽为 n，但同时也规定了误差不能超过的数值（该数值往往比 2^{-n} 更小），就需要对结果进行四舍五入。或者直接规定了小数位宽，并注明需要四舍五入，也需要设计者对结果进行舍入。舍入的具体方法详见 2.4.2 节。在对结果进行舍入后，误差最小能达到 $2^{-(n+1)}$，如果要求更小的误差，只能增加小数位宽。

四舍五入的优点在于，达到相同误差的情况下，少输出 1 位。相应地，它的后级电路也少了 1 位输入，从而节省了后级电路的处理成本，因为多位信号处理的成本是随位宽指数上升的，节省 1 位就意味着少用很多电路。但四舍五入的缺点是其比直接截取的运算更复杂，同样也要消耗电路面积，从而增加了输出一方的成本。因此，在进行算法决策时，既要评估前级做四舍五入后增加的面积，又要评估后级因少了 1 位而节省的面积，从而做出是否应对结果进行四舍五入的判断。

在下面要介绍的方法中，若非直接注明四舍五入，则都按照规定的精度进行算法成功与否的判定。

5.2 线性迭代除法电路

另一种较常用的除法电路是基于线性迭代原理而得到的。其方法是，假设除数 b 的值大于或等于 1 且小于 2，则被除数和除数同乘以 $b_1 = 2 - b$，这是第一次迭代。接下来按照同样的方法进行第二次迭代，即被除数和除数同乘以 $b_2 = 2 - b_1$。这样多次迭代后，除数将逐渐趋近于 1。由于被除数和除数同乘一个数，商不变，所以当除数为 1 时，被除数就是该除法的商。下式展示了该算法的基本原理。

$$\frac{a}{b} = \frac{a\,(2-b)\,(2-b_1)\,(2-b_2)\cdots}{b\,(2-b)\,(2-b_1)\,(2-b_2)\cdots} \approx \frac{a\,(2-b)\,(2-b_1)\,(2-b_2)\cdots}{1}$$

5.2.1 算法建模

1. 浮点建模

为了进一步说明该方法的设计思路，本节仍以与 5.1 节相同的例子作为命题。先介绍使用线性迭代法求解该命题的 MATLAB 算法，该算法的完整代码详见配套参考代码 linear_div_float.m。

本算法无法进行有符号运算，因此需要先将被除数和除数的符号提出，用来决定商的符号，并取出被除数和除数的绝对值用于以后的计算。该处理的 MATLAB 代码如下，其中，被除数为 a，除数为 b。sign_flag 表示商的符号，0 表示正数或零，1 表示负数。a2 和 b2 分别是 a 和 b 的绝对值。这里需要清楚的是，a2 和 b2 虽然省去了 a、b 中的符号，但位宽并未减小，因为 a2 和 b2 的最大值正是 a、b 中负数的最小值取反，表示该值会占用原来的符号位，比如表示 –8 需要 4 位，其中包括符号位，但取反之后为 8，同样需要 4 位，且不包含符号位。

```
if ((a >= 0) && (b >= 0)) || ((a < 0) && (b < 0))
    sign_flag = 0;
else
    sign_flag = 1;
end
```

```
%a2: 10=0+6+4
if a >= 0
    a2 = a;
else
    a2 = -a;
end

%b2: 6=0+4+2
if b >= 0
    b2 = b;
else
    b2 = -b;
end
```

作为除数的 b2 的表示范围是 0 ～ 8，但本算法限定除数必须属于区间 [1,2)，所以必须对它进行移位处理，对应的 MATLAB 代码如下，其中，b_shift_bit 为移位的位数，以向左移动为正方向，因此，这里的 –2 表示向右移动 2 位。移位后得到的 b3 就处于 [1,2) 区间范围内了，使用 b3 作为真正的除数进行迭代计算。原本应该在 b2=8 时，令 b_shift_bit 等于 −3，以便将 b2 变为 1，但代码中并未讨论这种情况，目的是节省电路面积，将 b2=8 即 b= −8 的情况单独讨论，使得参与迭代的 b3 位宽减小 1 位。

```
if b2 >= 4
    b_shift_bit = -2;
elseif b2 >= 2
    b_shift_bit = -1;
elseif b2 >= 1
    b_shift_bit = 0;
elseif b2 >= 0.5
    b_shift_bit = 1;
elseif b2 >= 0.25
    b_shift_bit = 2;
else % 除数为 0，移动多少位都没用，这里的 b_shift_bit 可以填任何值
    b_shift_bit = 2;
end

% 执行移位操作
b3 = b2 * 2^b_shift_bit;
```

正式的迭代过程代码如下。先求出 f，然后被除数和除数同乘以 f，得到新的除数 b3，再计算新的 f，循环往复，b3 将逐渐趋近于 1。迭代后的 a2 就是商。可以看到该除法的本质是用乘法代替除法，在迭代过程中需要用到两个乘法器。

```
itr = 7;

for cnt = 0:itr-1
    f = 2 - b3;
    a2 = a2 * f;
    b3 = b3 * f;   % 让 b3 不断趋近于 1
end
```

由于除数曾经历 b_shift_bit 位的移位，在得到商后应该还原，以下代码将商还原为除数未被移位时的值。

```
c = a2 * 2^b_shift_bit;
```

最后是特殊处理。待处理的事项有 4 件。第一是像 5.1 节一样讨论除数为 0 的情况；第二是为了节省迭代时乘法的位宽，单独讨论 b=−8 的情况；第三是讨论商的符号；第四是对商进行溢出保护。

具体算法代码如下。首先讨论了除数为 0 的情况，同样也要看被除数的符号来决定无穷数的符号，这里仍然用最大正数和最小负数来分别表示正无穷和负无穷。其次，讨论了 b=−8 的情况；商的求解方法是将被除数 a 向右移动 3 位，再取反。取反操作会在高位增加 1 位，但仍然不会溢出，所以不需要做保护。最后，对其他正常的商补充符号，在 5.1 节已说明了商的位宽足够，不会溢出，也不需要进行溢出保护。

```
if b == 0 %除数为0
    if a > 0
        c2 = 255.9921875;
    elseif a < 0
        c2 = -256;
    else % a=0，结果无意义
        c2 = 0;
    end
elseif b == -8
    c2 = -(a * 2^-3);
else %除数不为0
    if sign_flag == 0 %非负数
        c2 = c;
    else %负数
        c2 = -c;
    end
end
```

对上述算法进行验证的 MATLAB 脚本如下（配套参考代码 linear_div_tb.m）。它使用遍历法，讨论了 a 和 b 的所有取值。其中，a 和 b 是浮点数，a_fix 和 b_fix 是定点值，在进行定点化算法的验证时才会用到它们。delt_a、delt_b 和 delt_c 是命题要求的精度。c_real 是参考信号，它只进行了溢出保护，精度是全精度，因此仿真得到的结果是存在误差的，但正如 5.1 节所述，只要误差在 0.0078 以内，算法就是成功的。实验表明，浮点算法需要至少 7 次迭代才能成功。

```
delt_a = 2^-4;
delt_b = 2^-2;
delt_c = 2^-7;
cntwhole = 1;
for a = -32:delt_a:32-delt_a
    for b = -8:delt_b:8-delt_b
```

```
        a_fix = a/delt_a;
        b_fix = b/delt_b;

        c = div_float(a, b);
        %c = div_fix(a_fix, b_fix)/2^7;
        %c = div_fix2(a_fix, b_fix)/2^7;

        c_real = a/b;
        if c_real >= 256
            c_real = 256 - delt_c;
        elseif c_real < -256
            c_real = -256;
        end

        err = abs(c_real - c);
        err_reg(cntwhole) = err;

        cntwhole = cntwhole + 1;
    end
end
figure;plot(err_reg);grid on;
```

2. 初步定点化

初步定点化的过程就是假设定点化参数，并且不断尝试这些参数，直到获得满意的效果为止。对于上述算法而言，定点化的参数较多。以下是根据浮点算法一步步确定定点化方法的过程（配套参考代码 linear_div_fix.m）。

首先根据被除数和除数的符号提取商的符号，不需要定点化，与浮点算法保持一致。

接下来取被除数和除数的绝对值，其算法如下。这里的浮点算法和定点算法也一致，需要注意的是绝对值的位宽。被除数 a 本身是 10 位，对其取绝对值后仍然是 10 位。其中，当 a= −512 时，其绝对值是 512，表示它需要 10 位，但表示其他数只需要 9 位。这里是否可以单独对 512 进行讨论，从而使得 a2 减小到 9 位吗？答案是不可以。因为被除数虽然确定，但除数不确定的情况下，需要进行特殊讨论的情况很多，整个实现相当于查表法，会更加耗费面积，因此这里仍然对 a2 保持 10 位。而对于 b2，情况则不同。b 的位宽原本是 6 位，因而取绝对值后的 b2 也应该是 6 位，但这里可以使用 5 位表示，而将占用 6 位的特殊情况即 b2=32 的情况进行单独讨论。原因是无论被除数 a2 是何值，对于除以 32 这样的问题，都可以方便地使用移位手段来解决。

```
%10=0+6+4
if a >= 0
    a2 = a;
else
    a2 = -a;
end
```

%5=0+3+2（注意，少了 1 位，b 等于 −8 会单独讨论）

```
if b >= 0
    b2 = b;
else
    b2 = -b;
end
```

接下来是对 b_shift_bit 的讨论，其算法如下。由于 b2 是定点值，所以不能用浮点值进行讨论，需要在浮点代码基础上加入定点化，如浮点值 4，需要用 4×2^2 来表示。

```
%b_shift_bit: 3=1+2+0
if b2 >= 4*2^2
    b_shift_bit = -2;
elseif b2 >= 2*2^2
    b_shift_bit = -1;
elseif b2 >= 1*2^2
    b_shift_bit = 0;
elseif b2 >= 0.5*2^2
    b_shift_bit = 1;
elseif b2 >= 0.25*2^2
    b_shift_bit = 2;
else    % 除数为 0，移动多少位都没用，这里的 b_shift_bit 可以填任何值
    b_shift_bit = 2;
end
```

对于控制在 [1,2) 范围内的 b3，其定点化过程比较抽象。下面对它的浮点计算和定点计算进行了对比。通过对比可以发现，浮点算法只需要对 b2 移位 b_shift_bit 即可，而定点算法除了移位 b_shift_bit 以外，还要进行其他移位。这里又向右移动了 2 位，目的是还原 b2 的浮点值。而后又左移了 b3_point 位，是用 b3_point 来定义 b3 的精度。所以，其移位的本质是先将 b3 还原为浮点值，然后给 b3 规定一个定点化精度，并再次对 b3 进行定点化。b3 是真正参与迭代运算的，它的精度是不确定的，需要反复仿真来进行尝试，所以 b3_point 是定点化中的一个参数。

```
%-------- 浮点算法 ----------
b3 = b2 * 2^b_shift_bit;

%-------- 定点算法 ----------
%b3: 0+1+b3_point
b3_point = 18;
b3 = floor(b2 * 2^b_shift_bit * 2^-2 * 2^b3_point);
```

接下来便是迭代过程，其代码如下。在迭代时，不像浮点算法那样直接用 a2 参与运算，而是先将 a2 转化为 a3，然后用 a3 来迭代。为什么不能直接用 a2 呢？因为 a2 的定点化是固定的，即 6 位整数和 4 位小数。由原理可知，迭代之后，a3 就是商本身。算法对商的要求并不仅是 4 位小数，因此被除数应该重新被定点化。在定点化过程的初期，并不能确定 a3 的精度，因此也将其设置为变量 a3_point。在代码中，a2 先向右移动 4 位，还原为浮点值，再向左移动 a3_point 位，重新定点化，思路与 b3 的定点化是一致的。迭代中，定

点化的乘法会增加精度，而这里需要让变量保持精度，因而每次做完乘法后，还会剔除增加的精度，保持原来的精度不变。a3 和 b3 乘以 f，f 的精度就是 b3 的精度，即 b3_point，所以剔除 b3_point。每次剔除都要进行截取，以保证算法一直在整数范围内计算。f 中的被减数 2 要保持与 b3 同一精度，因此也进行了处理。

```
itr = 8;

%a2: 10=0+6+4
%a3: 0+6+a3_point
a3_point = 13;
a3 = a2 * 2^-4 * 2^a3_point;

for cnt = 0:itr-1
    f = 2*2^b3_point - b3;              %0+1+b3_point
    a3 = floor((a3 * f)*2^-b3_point);   %0+6+a3_point
    b3 = floor((b3 * f)*2^-b3_point);   % 让 b3 不断趋近于 1
end
```

迭代后的 a3 像浮点算法一样，也要还原移位 b_shift_bit 前的商，而且命题规定商的精度是 7 位，因此算法先将 a3 本身的精度 a3_point 去除，再补上 7 位精度。整体过程如下：

```
c = floor(a3 * 2^b_shift_bit * 2^-a3_point * 2^7);
```

最后就是讨论除数为 0、b 的浮点值为 −8 等特殊情况的处理，并且给商补充符号，代码如下。最终结果的赋值均为定点值，所以最大正数是 $2^{15}-1$，最小负数为 -2^{15}。将 a 右移 3 位时也按照先还原浮点值再重新定点的思路进行。

```
if b == 0                    % 除数为 0
    if a > 0
        c2 = 2^15-1;
    elseif a < 0
        c2 = -2^15;
    else                     % a=0, 结果无意义
        c2 = 0;
    end
elseif b == -2^5
    c2 = -floor(a * 2^-3 * 2^-4 * 2^7);
else                         % 除数不为 0
    if sign_flag == 0        % 非负数
        c2 = c;
    else                     % 负数
        c2 = -c;
    end
end
```

综上所述，这里定点化的参数主要有 3 个，即 a3 的精度 a3_point、b3 的精度 b3_point，以及迭代次数 itr。确定这些参数的值时，可以先将它们设得大一些，比如 a3_point 和 b3_point 设为 50，itr 设为 100，运行一次仿真，确定精度非常高、迭代次数非常多的

情况下，算法的结果是正确的。如果在这样的条件下结果仍然错误，说明算法定点化有误，而不是参数的问题。接下来，可以适当减小参数。从算法设计可以看出，与 CORDIC 不同，本算法的迭代次数 itr 只影响计算时间，而不会影响电路中任何一个信号的位宽。算法努力的首要目标是保证功能，其次是面积。因此，先保持 itr 不动，减小 a3_point 和 b3_point 的值。在减小时，使用控制变量法。保持其中一个值不变，一直减小另一个值，直到仿真错误为止。比如，先保持 a3_point 不变，并将 b3_point 从 50 一直减小到 18，发现 b3_point 为 18 时商的误差大于 2^{-7}，所以将 b3_point 改为 19。然后保持 b3_point 不变，开始减小 a3_point，一直减小到 12，此时商的误差不满足要求，因而将 a3_point 改为 13。保持 a3_point 不变，再次试图减小 b3_point，从 19 再降为 18，发现可以满足要求，再降为 17，发现不能满足要求，于是将 b3_point 再设置为 18。保持 b3_point 不变，再次试图减小 a3_point，改为 12，误差仍然过大。这样反复尝试两次，就可以确定 a3_point 最小为 13，而 b3_point 最小为 18。最后是确定迭代次数，如上例，将已确定的 a3_point 和 b3_point 保持在各自的最小值上，减小迭代次数，看结果，发现迭代次数减小到 7 时不满足要求，所以迭代次数被确定为 8。确定迭代次数后，再次尝试减小 a3_point 和 b3_point，可发现 b3_point 还能继续减小到 14，结果仍然可满足要求。迭代次数也可进一步减小到 7。

为什么参数会表现出非线性呢？已经尝试到最小值的参数，在修改了其他参数后，还能继续减小。这其实与定点化噪声有关，即定点化对精度的削弱，并不一定是有害的，一些参数精度的削弱甚至会给另一些参数精度提供更多的削弱空间。定点化噪声可以用数学来分析，但对于大多数工程师来说，使用数学来分析定点化噪声有一定难度，而使用上述尝试法则简单方便，更容易快速得到最优的定点化结果。

尝试法的缺点是需要反复仿真。若算法复杂、仿真慢，则需要较长时间。对于使用遍历法验证的系统，尝试法的结果准确可靠，而对于使用随机法验证的系统，尝试法可能会在没随机到的场景下产生漏洞。而系统越简单，使用遍历法就越方便，系统越复杂，遍历法的仿真时间越长，随机法的应用价值越大。因此，靠尝试法确定参数常见于比较基本的算法电路实现中。而对于复杂的大型系统，例如控制领域中常用的 PID 参数调节，用尝试法需要尝试的参数过多，确定参数的过程复杂，必须利用控制理论的专业知识进行数学分析才能快速确定参数。

通过上述定点化过程确定了运算中各信号的精度，那么下一步就是确定各信号的位宽，即它们的变化范围，其方法已在 4.3.4 节做了演示，这里不再赘述。具体代码详见配套参考代码 linear_div_fix_max.m。

最终确定的各变量定点化情况见表 5-1。其中，总位宽包含符号位、整数位、精度。若无符号，则整数位等于总位宽减精度。若有符号，则整数位等于总位宽减符号位再减精度。

表 5-1 线性迭代除法中各变量的定点化情况

变量名	总位宽	精度	有无符号
a2	10	4	无

（续）

变量名	总位宽	精度	有无符号
b2	5	2	无
a3	19	13	无
b3	15	14	无
c	15	7	无
c2	16	7	有

3. 最终定点化

将参数 a3_point 赋值为 13，b3_point 赋值为 14，itr 赋值为 7，代入并简化后，就可得到最终的定点化代码（配套参考代码 linear_div_fix2.m）。

为方便起见，将原来的 b_shift_bit 参数变成了两个参数，分别是 b2_shift_bit 和 a3_shift_bit，它们分别代表对 b2 的移位和对 a3 的移位，具体代码如下。分开参数是为了避免设计中出现多余的电路，比如不必要的加减法，能在算法中确定的，就不要写在 RTL 中。对 b2 的移位和对 a3 的移位，虽然在原理上都是 b_shift_bit，但在定点化过程中又产生了区别，因而需要作为两个信号。

```
if b2 >= 16
    b2_shift_bit = 10;
elseif b2 >= 8
    b2_shift_bit = 11;
elseif b2 >= 4
    b2_shift_bit = 12;
elseif b2 >= 2
    b2_shift_bit = 13;
else
    b2_shift_bit = 14;
end

%b3: 15=0+1+14
b3 = floor(b2 * 2^b2_shift_bit);

if b2 >= 16
    a3_shift_bit = -8;
elseif b2 >= 8
    a3_shift_bit = -7;
elseif b2 >= 4
    a3_shift_bit = -6;
elseif b2 >= 2
    a3_shift_bit = -5;
else
    a3_shift_bit = -4;
end

%15=0+8+7
c = floor(a3 * 2^a3_shift_bit);
```

5.2.2　电路实现

电路实现依然按照 4.3.5 节的既定规则，即凡是算法代码的等号两边均出现同一信号名的，就写成时序逻辑，其他信号尽量写成组合逻辑。另外，算法中缺少的控制信号也应补充到 RTL 中。下面介绍将算法逐步进行 RTL 化的过程（配套参考代码 linear_div.v）。

下面是提取商符号 sign_flag 的过程，对比了算法代码和 RTL 代码。虽然算法的条件表达比较复杂，但 RTL 中由于符号位可以体现正负，被除数和除数符号的同或关系就可以体现商的符号。在 RTL 中使用组合逻辑实现，这就要求输入信号 a 和 b 在计算过程中保持不变，以免影响到 sign_flag 值。

```
%-------------- 算法代码 -----------------
% 提取符号
if ((a >= 0) && (b >= 0)) || ((a < 0) && (b < 0))
    sign_flag = 0;
else
    sign_flag = 1;
end


//-------------- RTL 代码 -----------------
always @(*)
begin
    if (a[9] == b[5])
        sign_flag = 1'b0;
    else
        sign_flag = 1'b1;
end
```

下面是取被除数、除数绝对值的过程，对比了算法代码和 RTL 代码。从算法上看，可以用组合逻辑。

```
%-------------- 算法代码 -----------------
%a2: 10=0+6+4
if a >= 0
    a2 = a;
else
    a2 = -a;
end


%b2: 5=0+3+2 (注意，少了 1 位，b = -8 会单独讨论)
if b >= 0
    b2 = b;
else
    b2 = -b;
end


//-------------- RTL 代码 -----------------
//a2 = abs(a), 10=0+6+4
always @(*)
```

```
begin
    if (~a[9])
        a2 = a;
    else
        a2 = -a;
end

//b2 = abs(b), 5=0+3+2,
// 为了使 b2 节省 1 位，当 b = -32 时，令 b2 = 0，而不是 32
always @(*)
begin
    if (~b[5])
        b2 = b;
    else
        b2 = -b;
end
```

下面是确定 b2 左移位数的逻辑，依然是用组合逻辑，只是 RTL 比算法还要简单，它只需要判断 b2 不同位上的高低电平即可，不需要像算法那样用比较器，实际效果一致。

```
%-------------- 算法代码 ------------------
if b2 >= 16
    b2_shift_bit = 10;
elseif b2 >= 8
    b2_shift_bit = 11;
elseif b2 >= 4
    b2_shift_bit = 12;
elseif b2 >= 2
    b2_shift_bit = 13;
else
    b2_shift_bit = 14;
end

//-------------- RTL 代码 ------------------
always @(*)
begin
    if (b2[4])
        b2_shift_bit = 4'd10;
    else if (b2[3])
        b2_shift_bit = 4'd11;
    else if (b2[2])
        b2_shift_bit = 4'd12;
    else if (b2[1])
        b2_shift_bit = 4'd13;
    else
        b2_shift_bit = 4'd14;
end
```

同理，也可以确定 a3 的右移位数 a3_shift_bit。但需要注意的是，在 RTL 的控制信号中，尽量不用负数，在算法中，a3_shift_bit 全部是负数，意思是左移的反方向，即右移，而在 RTL 中，直接使用无符号数，并且直接对 a3 进行右移。

迭代过程中的 f 是一个组合逻辑的产物，在 RTL 中可以直接写为如下语句。它不需要根据状态变化来改变，因为 b3 本身是随状态改变的，f 只需跟着 b3 变化即可。

```
assign f = 16'd32768 - b3;
```

在算法中，a3 和 b3 的运算过程如下。a3 和 b3 的初始值放在 for 循环之外。

```
a3 = a2 * 2^9;
b3 = floor(b2 * 2^b2_shift_bit);
for cnt = 0:6
    f  = 32768 - b3;
    a3 = floor((a3 * f)*2^-14);
    b3 = floor((b3 * f)*2^-14);
end
```

在 RTL 设计中，一个 assign 块或一个 always 块生成一个信号。不允许一个信号在一个块中生成一部分，而在另一个块中再生成另一部分，这种代码被称为多重驱动，信号的行为将发生混乱。所以在 RTL 代码中，a3 仅出现在一个 always 块中，b3 也仅出现在一个 always 块中。如果条件允许，两者可以合写在同一个 always 块中。由于等号两侧都出现了 a3 和 b3，因此两个信号都应写为时序逻辑。具体 RTL 代码如下。a3 和 b3 在复位时都是 0，但当 cnt 为 0，即状态机处于非计算的空闲态时，将会得到与算法一致的初始化赋值。接下来就是算法迭代过程。

```
always @(posedge clk or negedge rstn)
begin
    if (!rstn)
    begin
        a3 <= 19'd0;    //19=0+6+13
        b3 <= 15'd0;    //15=0+1+14
    end
    else
    begin
        if (cnt == 4'd0)
        begin
            a3 <= (a2<<9);
            b3 <= (b2 << b2_shift_bit);
        end
        else
        begin
            if (cnt[0]) //a3 更新
                a3 <= multi_out_shift;
            else //b3 更新
                b3 <= multi_out_shift;
        end
    end
end
```

a3 和 b3 的 RTL 迭代过程并未体现出不同状态下有什么不同，因为从算法代码可知 a3 的计算方法仅仅是上一个 a3 乘以 f 后向右移动 14 位，b3 的计算方法也一样。不同的状态下，除了 f 有所不同，其他并无改变，所以迭代过程不需要体现状态的不同。

但是上述迭代过程中，状态的第 0 位即 cnt[0] 发挥了一定作用。当 cnt[0] 为 1 时，更新 a3，当 cnt[0] 为 0 时，更新 b3。这一特征是算法中没有而在 RTL 中有意加上去的。为什么要这样做呢？

要回答这个问题，还要继续看状态机逻辑。其 RTL 代码如下：

```
always @(posedge clk or negedge rstn)
begin
    if (!rstn)
        cnt <= 4'd0;
    else if (trig)
        cnt <= 4'd1;
    else if (cnt == 4'd13)
        cnt <= 4'd0;
    else if (cnt > 4'd0)
        cnt <= cnt + 4'd1;
end
```

在算法中，迭代次数是 7 次，而 RTL 中迭代次数却是 13 次。迭代次数因何而增加呢？

上述两个问题的原因，全在于迭代过程中 a3 和 b3 的两个乘法上。由该算法的定点化可知，f 的位宽是 15 位，a3 的位宽是 19 位，b3 的位宽是 15 位。这种大位宽的乘法极占面积，若按照算法所写，在硬件上实现了两个大位宽的乘法器，则面积开销一定很大。因此，在设计时应该考虑用时间换面积，即通过增加运算时间来减少乘法器的数量。具体做法是只构建一个乘法器，两个乘法需求并不需要同时满足，而是可以分时进行。这样，一次迭代就变成了两个步骤，继而 7 次迭代就变成了 14 个步骤。又考虑到第 14 步计算出来的 b3 不能为后续的 a3 所用，算法实际需要的只是第 13 步算出的 a3，因此状态的数量由原来的 7 个变成了 13 个。

cnt 为 0 表示空闲，为 1 表示迭代开始，此时更新 a3。cnt 为 2 时，a3 已经更新，轮到更新 b3。更新 b3 的目的仅是更新 f。cnt 为 3 时，f 已经更新，可以用新 f 更新 a3。以此类推，可知，当 cnt[0] 为 1 即 cnt 的数量为奇数时，更新 a3，当 cnt 的数量为偶数时，更新 b3。具体过程如图 5-2 所示。

在下面的 RTL 代码中，设计了一个可计算 a3 和 b3 的公共乘法器。其中一个因数 f 是固定的，需要切换的是因数 multi_a，它在 cnt 为奇数时是 a3，cnt 为偶数时是 b3。公共乘法器的设计需要依据两个需求中位宽要求更高的那个来设计。

```
assign multi_out = multi_a * f;
```

在本例中，a3 是 19 位，b3 是 15 位，因此公共乘法器的 multi_a 设计宽度应该是 19 位，最终 multi_out 的位宽是 34 位。如果 b3 要用该乘法器，需要在高位补 0。其代码如下：

```
always @(*)
begin
    if (cnt[0]) //a3 update
        multi_a = a3;
    else //b3 update
        multi_a = {4'd0,b3};
end
```

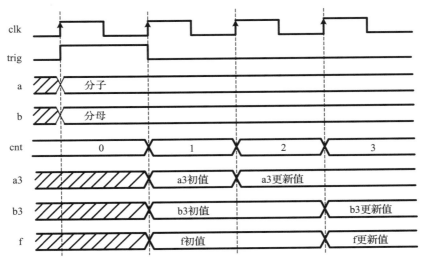

图 5-2　a3 和 b3 的更新过程

乘法结果尚不能直接用于更新 a3 和 b3，还需要右移 14 位。可以使用下面两种方式中的任意一种进行移位操作。

```
//---------- 方式 1 -------------
assign multi_out_shift = (multi_out >> 14);

//---------- 方式 2 -------------
assign multi_out_shift = multi_out[33:14];
```

迭代后，结果 c 来自 a3，但需要移位。可以使用下面两种方式中的任意一种进行移位操作。对于方式 2 而言，等号右边的位宽可能不等于左边的 c，在更为规范的代码中，会在高位补 0，以使等号两边相等。在本例中，输入和输出信号虽然有符号，但内部运算均为绝对值运算，所以不带符号。对于像这样没有声明 signed 的信号，可以选择下面所示的两种方式进行移位，而对于已声明 signed 的信号，移位一般只用方式 1，而且用符号 >>> 代替符号 >>，以便综合器处理时将空余的高位补充为符号位。

```
//---------- 方式 1 -------------
assign c = (a3 >> a3_shift_bit);

//---------- 方式 2 -------------
```

```verilog
always @(*)
begin
    case (a3_shift_bit)
        4'd4:    c = a3[18:4];
        4'd5:    c = a3[18:5];
        4'd6:    c = a3[18:6];
        4'd7:    c = a3[18:7];
        4'd8:    c = a3[18:8];
        default: c = 15'd0;
    endcase
end
```

算法中对除数为 0 或 −32 等情况的讨论，以及补充商的符号位等操作，在 RTL 中的代码如下。其中，对除数为 0 的处理已在 5.1 节进行了说明，这里不再赘述。

```verilog
always @(*)
begin
    if (b == 6'd0)
    begin
        div_err = 1'b1;

        if (a == 10'd0)
            c2 = 16'd0;
        else
        begin
            if (~a[9])
                c2 = {1'b0, 15'h7fff};
            else
                c2 = {1'b1, 15'd0};
        end
    end
    else if (b == 6'b100000)
    begin
        div_err = 1'b0;
        c2 = -{{6{a[9]}},a};
    end
    else
    begin
        div_err = 1'b0;

        if (~sign_flag)
            c2 = c;
        else
            c2 = -c;
    end
end
```

上面代码中需要注意的是，当 b = −32（即 6'b100000）时，原本算法的处理为 c = −a，那么这里为什么不让 c 直接等于 −a，而是要先补充 6 个符号位呢？这其实就是不声明 signed 的信号在处理有符号数时需要注意的一个点，即运算时不会自动补充高位。代码中，

a 为 10 位，c 为 16 位，两者原本都带符号，但这里未做 signed 声明。直接写为 –a 的实际效果是：假设 a 是负数，综合器会将 a 当作正数（a 的符号位被认为是数值的一部分），取反后转化为负数，结果不正确。补充符号后，a 就会被当作负数，从而转换正确。那么，为什么代码中 c2 = –c、a2 = –a、b2 = –b 等表达，能得到正确的结果呢？对于 a2 = –a 和 b2 = –b 两种表达来说，虽然 a 和 b 是负数，取反得到正数，容易出错，但是 a2 的位宽与 a 相同，b2 的位宽小于 b，这两种情况下都不会出现转换错误。而 c2 = –c，c 是正数，转换为负数是不会出错的。因此概括地说，在未声明 signed 的情况下，负数取反为正数，等号右边的位宽小于左边就会出错，需要用 1 来补充等号右边缺失的高位。

　　该代码最终的结果 a3 是在 cnt 从 13 变为 0 后得到的。从 a3 转化为 c2 的过程是组合逻辑，可认为是得到 a3 的同时得到了 c2。那么，c2 的值能够一直保持到下一次计算的 trig 发起吗？答案是不能。因为 cnt 恢复为 0 后，a3 又会被初始化，无法保持，因而作为组合逻辑的 c2 也无法保持。所以在 RTL 代码中需要加入结果保持电路，将商的结果寄存起来，在商输出的同时，也一并输出 vld 信号，其代码如下：

```
always @(posedge clk or negedge rstn)
begin
    if (!rstn)
    begin
        c2_latch        <= 16'd0;
        div_err_latch   <= 1'd0;
    end
    else if (vld_pre)
    begin
        c2_latch        <= c2;
        div_err_latch   <= div_err;
    end
end

always @(posedge clk or negedge rstn)
begin
    if (!rstn)
    begin
        vld_pre <= 1'b0;
        vld     <= 1'b0;
    end
    else
    begin
        vld_pre <= (cnt == 4'd13);
        vld     <= vld_pre;
    end
end
```

　　除了这种将商保持的做法以外，还可以选择不保持，即直接输出 c2，并且将 vld_pre 一并输出。当 cnt 恢复 0 后，c2 马上会被初始化，它只能保持一拍，即 vld_pre 为高的那一拍。

这种输出可以节省一些用于保存数据的寄存器，以及用于打拍 vld 的寄存器。那么究竟如何判断何时输出 c2_latch 与 vld，何时输出 c2 与 vld_pre 呢？这取决于后级电路如何使用这个计算结果。下面列举 3 种后级电路运用前级结果的方式：

1）第一种后级电路只看 vld_pre，根据它来决定采样前一级的输出，而且它也不需要这个输出保持很久，一拍就够。这时，直接输出 c2 与 vld_pre 比较合适。c2_latch 与 vld 方式也可以用于驱动该电路，只是会多浪费一些面积。

2）第二种后级电路将 vld 作为触发信号，类似于本节所介绍的 trig 信号，一方面触发，另一方面还要求输入数据保持不动，直到它的运算结束，这也类似于本节所述的迭代机制。那么，只有前一级输出 c2_latch 与 vld，才能驱动这样的电路。

3）第三种后级电路不看 vld，只使用数据。在它看来，该输入数据相当于一个用户配置的静态数据，不管它什么时候用，值都不变。那么，此时前级也必须使用 c2_latch 与 vld 方式的输出。

综上所述，c2_latch 与 vld 方式的输出适应性较强，能适应各种后级电路要求。在设计者尚不清楚后级的具体要求时，推荐使用输出 c2_latch 与 vld 的方式。而只当设计者明确知晓后级电路为第一种时，才可以使用输出 c2 与 vld_pre 的方式。

上述代码的验证过程和 TB 代码同 5.1 节一致（配套参考代码 linear_div_tb.v）。最终的仿真结果与算法仿真相同，误差未超过规定的精度 0.0078。

5.3　基于 CORDIC 的除法电路

5.3.1　线性坐标系向量模式下的 CORDIC 运算

4.3.2 节已经讨论了线性坐标系对 CORDIC 通式的简化形式，并在 4.3.3 节将该简化形式进一步具体到旋转模式下的形式。根据表 4-2，基于 CORDIC 的除法应该在线性坐标系的向量模式下进行运算。因此，本节也将基于 4.3.2 节的简化形式，并将其进一步具体到向量模式中来讨论除法的原理。

算法针对式（4-18）和式（4-19）进行再简化。式（4-19）可简化为式（5-1），式（4-18）可简化为式（5-2）。

$$y_1 = y_0 - \text{sign}(y_0) \cdot x \cdot 2^{-n} \tag{5-1}$$

$$z_1 = z_0 + \text{sign}(y_0) \cdot 2^{-n} \tag{5-2}$$

式中，$\text{sign}(y_0)$ 为提取上一次迭代中获得的 y 的符号。

其运算的输入、输出与标准 CORDIC 迭代的输入、输出关系如图 5-3 所示。被除数和除数分别通过 y 和 x 进入迭代器，z 的初值设为 0。最终除法结果从 z 处输出。

CORDIC 适用于无符号的除法，因此输入的 x 和 y 都应该是非负的。

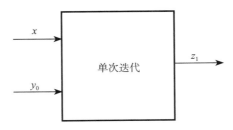

图 5-3 CORDIC 除法的输入与输出

式（5-3）和式（5-4）展示了这一除法迭代过程。其中，式（5-3）是对式（5-1）多次迭代的概括，它计算出的 y 值中，y_0 是被除数，它会减去一组值，在这组值中 x 可以作为公因数提取，其余的部分是 2 的幂次方的正负累积。该累积过程也被 z 完整地记录了下来，体现在式（5-4）中，它是式（5-2）多次迭代的概括。随着迭代的继续，y 将从一个正数渐渐趋近于 0，并在正负值之间小幅波动。其符号会影响 y 和 z 在下次迭代中增量的正负，从而修正 y 值，使其越来越趋近于 0。当 y 值完全变为 0 时，说明迭代中的记录值 z 乘以除数 x 后，可以完全等于输入的被除数 y_0，换言之，z 就是 y_0 除以 x 得到的商。

$$y = y_0 - (x \cdot 2^{-0} \pm x \cdot 2^{-1} \pm x \cdot 2^{-2} \pm x \cdot 2^{-3} \pm \cdots)$$
$$= y_0 - x(2^{-0} \pm 2^{-1} \pm 2^{-2} \pm 2^{-3} \pm \cdots) \tag{5-3}$$
$$z = (2^{-0} \pm 2^{-1} \pm 2^{-2} \pm 2^{-3} \pm \cdots) \tag{5-4}$$

从上述运算中也能发现，作为商的 z 小于 2，因为迭代是用 2 的幂次方通过正负累加来逼近正确答案的。对 2 的幂次方进行无限次累加，最终能够得到 2。而电路中只能实现有限次累加，所得到的数也必定小于 2。若实际计算的商是大于或等于 2 的，则必须经过预处理，先将被除数减小，一般通过右移方式使迭代计算得到的商小于 2，最后将运算结果向左移位，得到真正的商。

5.3.2 算法建模

1. 浮点建模

为方便读者对比，基于 CORDIC 的除法也使用与 5.1 节和 5.2 节相同的命题。

假设被除数 a 就是图 5-3 中的 y_0，除数 b 是图 5-3 中的 x，商 c 是图 5-3 中的 z_1。完整的浮点算法详见配套参考代码 cordic_div_float.m。

由于 CORDIC 除法是无符号的，对于带符号的被除数和除数也应该进行无符号处理，先根据输入的符号判定商的符号，然后取两个输入的绝对值。这部分操作与线性迭代法完全一致，不再赘述。

得到被除数和除数的绝对值后，按照原理应该控制商的范围，使其小于 2。为此，可以调节被除数，也可以调节除数，还可以协同调节被除数与除数。这里为了方便理解，选择只调节被除数。调节思路可以是直接对比被除数与两倍除数的大小，但这样做比较浪费面积，更为简单的调节方法是进行如下三步：

第一步：分别找到被除数和除数的最高位的 1，将这两个 1 的位置相减。对于 RTL 而言，该操作是较容易做到的。

第二步：根据两个 1 的位置差，调整被除数，使其向左或向右移动，最终效果是被除数与除数的最高位的 1 在同一个位置。

第三步：做完第二步已经可以保证商小于 2，但并没有调整到最合适的计算位置。最合适的位置应该是使得商属于 [1,2) 区间内的位置。道理很简单，若要用 CORDIC 进行 2÷3 的计算，直接除的话，商也是小于 2 的。另一种方法是将被除数改为 4/3，再将商除以 2。如果事先已规定了商所要达到的精度，则两种方法中 4/3 需要的迭代次数更少。所以在第三步，会对比移位后的被除数与除数的大小。若被除数大，则保持现在的被除数不变，若除数大，则将被除数再向左移动 1 位。

上述三步对应的 MATLAB 算法代码如下。其中，第一步比较复杂。bai_a 是被除数中最高位的 1 所在的位置，bai_b 是除数中最高位的 1 所在的位置。在算法上探测 1 的位置不像 RTL 那般简单，需要取 log2，即以 2 为底的对数。如果 a2 为 8，它的 log2 结果为 3；而当 a2 为 9 时，它的 log2 结果为 3.1699。无论是 8 还是 9，最高位的 1 所在的位置都是从 0 开始的第 3 位，因此它们的结果理应统一。这里将 log2 的结果再取 floor，即向下取整，使得 3.1699 变为 3，与 a2 为 8 时结果相同。在第二步中，a_shift_bit 记录了 a2 比 b2 大了多少位，需要用被除数右移的方式使得被除数减小。这里要强调的是，a_shift_bit 未必是正数，因为也有被除数小于除数的情况，所以 a_shift_bit 是带符号的。第三步比较了移位后的被除数 a3 和原来的除数 b2 之间的关系。若被除数小于除数，被除数就再左移 1 位。

```
% 第一步
if a ~= 0
    bai_a = floor(log2(a2));
else
    bai_a = 0;
end

if b ~= 0
    bai_b = floor(log2(b2));
else % 除数为 0，移动与否都无意义，最终商不会用迭代值，而是直接赋值
    bai_b = 0;
end

% 第二步
a_shift_bit = bai_a - bai_b;
a3 = a2/2^a_shift_bit;

% 第三步
if a3 < b2
    a4 = a3 * 2;
    a_shift_bit = a_shift_bit - 1;
```

```
else
    a4 = a3;
    a_shift_bit = a_shift_bit;
end
```

上述代码的第一步中还需要注意的一点是在 a2 或 b2 等于 0 的情况下，对它们取 log2 会得到负无穷的结果。因此在算法中，应将它们等于 0 的情况单独拿出来讨论。被除数 a2 为 0，意味着被除数的任何位置都没有 1，因而这里给 bai_a 赋 0 其实是不准确的。但是，无论 bai_a 是多少，只要它是个有限整数，参与迭代运算的 a3 和 a4 就都是 0，算出的商也是 0。除数 b2 为 0 的情况将在算法的最后进行特殊处理，因此这里无论 bai_b 赋什么值，都是允许的，基于它的迭代结果是没有意义的，会被最终的结果代替。综上所述，对于 a2 和 b2 等于 0 的情况，bai_a 和 bai_b 都被赋为 0。

下面的代码反映的是迭代过程。c 就是 CORDIC 原理中的 z，它的初值是 0，经过不断累积变成了商。a4 的迭代过程就是式（5-1），c 的迭代过程是式（5-2）。

```
itr = 14;

c = 0;
for cnt = 0:itr-1
    tmp = 2^(-cnt);

    if (a4 >= 0)
        a4 = a4 - tmp*b2;
        c  = c  + tmp;
    else
        a4 = a4 + tmp*b2;
        c  = c  - tmp;
    end
end
```

迭代完成后，对商进行左移，以补偿被除数的右移。代码如下：

```
c2 = c * 2^a_shift_bit;
```

最后对商的处理，包括对除数为 0 的处理、补充符号位、为了节省 b2 的位宽而对 b=−8 单独进行的讨论等，都已在 5.2.1 节做了详述，这里不再赘述。值得注意的是，这里增加了 a3=b2 这一特殊情况的讨论。它的意义是，若移位后的被除数 a3 刚好与除数 b2 相等，CORDIC 的商应该是 1，在此基础上进行补充移位，并补齐符号。原本这种情况是可以用 CORDIC 迭代覆盖的，不需要作为特殊情况放在这里讨论，但若将它放在 CORDIC 迭代中进行运算，则需要更多的迭代次数才能得到符合精度要求的结果。比如本例中，如果进行了这一特殊处理，则只需要 14 次迭代即可达到误差小于 0.0078 的水平。但如果没有这一处理，14 次迭代后，在 a=−32 且 b=±0.25 处，其误差达到了 0.01563，远远超过了其他情况下的计算误差。为此，要多增加一次迭代才能将其误差降到 0.0078。在 CORDIC 运算中，增加迭代次数，并不单纯意味着增加计算时间，还意味着增加电路复杂度和芯片面积。

因此，这里用增加特殊情况赋值的方式来代替迭代次数的增加，虽然这样做也会增加面积，但相比于给迭代过程增加的面积，这个面积的增加是微不足道的。

```
if b == 0                      % 除数为 0
    if a > 0
        c3 = 255.9921875;
    elseif a < 0
        c3 = -256;
    else                       % a=0，结果无意义
        c3 = 0;
    end
elseif b == -8
    c3 = -(a * 2^-3);
elseif a3 == b2
    if sign_flag == 0          % 非负数
        c3 = 2^a_shift_bit;
    else                       % 负数
        c3 = -2^a_shift_bit;
    end
else                           % 除数不为 0
    if sign_flag == 0          % 非负数
        c3 = c2;
    else                       % 负数
        c3 = -c2;
    end
end
```

注意 在电路设计中，需要在增加特殊讨论的情况和增强普通运算机制（在 CORDIC 中即为增加迭代次数或参数的位宽）方面做出权衡。当特殊要求较少时，选择将其作为特殊情况讨论，以降低对普通运算机制的要求。当特殊要求较多时，都单独讨论相当于用查表法实现运算，而完全的查表法非常消耗电路资源和面积，此时需选择增强普通运算机制的思路。

2. 初步定点化

定点化代码详见配套参考代码 cordic_div_fix.m。

在定点化中，提取符号以及被除数和除数绝对值的过程与线性迭代法相同，这里不再赘述。

计算 a_shift_bit 的过程，即获悉被除数应该向右移动多少位的过程，看似与浮点算法没有区别，但其中暗藏陷阱。下面是计算 a_shift_bit 的定点化代码，其他部分均与浮点算法一致，唯独最后求 a_shift_bit 时需要多减一个 2，这个 2 在定点化时很容易漏掉。

```
if a ~= 0
    bai_a = floor(log2(a2));
else
    bai_a = 0;
```

```
end

if b ~= 0
    bai_b = floor(log2(b2));
else
    bai_b = 0;
end

a_shift_bit = bai_a - bai_b - 2;  % 多减一个 2
```

之所以要多减这个 2，是因为 a2 的精度是 4 位，b2 的精度是 2 位。a2 和 b2 的小数点不在同一个位置。这就会给比较两者的大小造成困难。例如，a2 的值为 16，b2 的值为 12，看似是 a2 更大，但实际上 a2 表示的浮点数为 1.0，而 b2 表示 3.0，b2 更大。遇到定点化的加减问题以及比大小问题，需要先将参与运算的变量的小数点统一起来。可以选择让 a2 损失 2 位精度，也可以选择将 b2 向左移动 2 位。一般不采用让 a2 损失精度的思路，因为这会在源头上导致输入误差，计算再精确，结果的误差也难以弥补，这里考虑将 b2 向左移动 2 位。因此，这里算出的 bai_b 并不是移位后的 b2 的最高位 1 的位置，真正的位置是 bai_b 加 2。相应地，a_shift_bit 的计算应该用 bai_a 减去 bai_b 与 2 之和。

接下来是对 a2 进行右移 a_shift_bit 位的操作。下面的算法代码表现的是 a2 右移得到 a3。a2 右移后又去除了它的 4 位精度，以恢复为浮点数，然后左移 a3_point 位，意思是将该浮点数又重新定点化为 a3_point 精度。问题是：a3_point 应该是多少？在定点化中，右移的结果也要保证不损失精度，否则仍然会造成尚未进入迭代，精度已经损失的后果。所以，a3 实际上应该等于 a2 或是 a2 的左移，即当 a_shift_bit 最大时，使得 a3=a2。那么，a_shift_bit 的最大值是多少呢？当 a2 最大且 b2 最小时，可以得到 a_shift_bit 的最大值。a2 的最大值是 511（a2 为 512 的情况作为特殊情况处理），b2 的最小值是 1（b2 为 0 的情况作为特殊情况处理），此时 a_shift_bit 表现出它的最大值 6，而且要想让 a3=a2，a3_point 必须等于 10，该值不需要实验，通过推理即可获得。

```
a3_point = 10;
a3 = floor(a2 * 2^-a_shift_bit * 2^-4 * 2^a3_point);
```

后面的步骤是继续调整 a_shift_bit 的值，使得移位后的被除数除以除数后商能落在 [1,2) 区间内，对应的算法代码如下。定点算法像浮点算法一样，将 a3 与 b2 进行比较。所不同的仍然是精度对齐的问题，a3 的精度是 a3_point，所以 b2 的精度也应该是 a3_point。在代码中即为 b2 抛弃其原本的 2 位精度，重新定点化为 a3_point 精度的过程，并与 a3 进行比较。若 a3 小，则将 a3 再乘以 2。在定点化代码中，不仅对 a3 乘以 2，还对 a3 进行了重新定点化，得到 a4，它的精度是 a4_point。不直接使用 a3 的精度，需要重新定点化，其原因是 a4 将要参加后面的迭代运算，而迭代运算有着自己的精度要求。前面的 a3_point 不是为迭代而设计的，只是为了保住 a2 的全部数据而存在。这里可将 a4_point 作为一个变量，用实验的方法得出。

```
a4_point = 13;
if a3 < b2*2^(a3_point-2)
    a4 = floor(a3 * 2 *2^-a3_point * 2^a4_point);
    a_shift_bit = a_shift_bit - 1;
else
    a4 = floor(a3 * 2^-a3_point * 2^a4_point);
    a_shift_bit = a_shift_bit;
end
```

下面是 CORDIC 迭代过程的定点化算法代码。tmp、b3、a4 和 c 都是需要定点化的变量。最容易定点化的是 tmp，迭代次数决定了它的精度，其精度为迭代次数减 1。因为第一次迭代时 tmp 为 1，所以除了精度外，它还保留着 1 位整数。从代码中可以看到对 tmp 的定点化过程。c 与 tmp 相加减，因此 c 的精度应与 tmp 保持一致。b3 与 a4 相加减，因此 b3 的精度应与 a4 保持一致。

```
itr = 14;
c = 0;
for cnt = 0:itr-1
    tmp = floor(2^(-cnt) * 2^(itr-1));
    b3  = floor(2^(-cnt) * b2 * 2^-2 * 2^a4_point);

    if (a4 >= 0)
        a4 = a4 - b3;
        c  = c  + tmp;
    else
        a4 = a4 + b3;
        c  = c  - tmp;
    end
end
```

上面代码中的 b3 是浮点算法中的 tmp 乘以 b2，在定点算法中单独拿出来作为一个变量，以便控制精度。tmp 的浮点值与 b2 的浮点值相乘，然后重新定点化到预先定义的 a4 的精度 a4_point，就得到了 b3。过程中通过观察 a4 的正负来控制迭代方向，因此 a4 一定是有符号数，而其他变量应为无符号数。

接着将得到的商 c 左移 a_shift_bit 位，代码如下。c 原本的精度是 itr–1，而命题要求商的精度为 7，所以这里重新进行定点化。

```
c2 = floor(c * 2^a_shift_bit * 2^-(itr-1) * 2^7);
```

最后，将无符号的商 c2 进行符号补充，并对除数为 0 等特殊情况进行处理，其代码如下。大部分代码与线性迭代法的定点化代码相同，但又多了两种情况，即 a 为 –512 且 b 为 ±1。多出来的这两种情况在浮点建模中表现为判断条件 a3=b2，将此条件单独计算是为了减少 CORDIC 的迭代次数。这里将 a 和 b 进行比较，而不是将 a3 和 b2 进行比较，是因为 a3 和 b2 处于不同精度，要进行数位扩展和精度统一，而直接判断 a 和 b 的值不需要进行数位扩展，逻辑量更小。

```
if b == 0                      % 除数为 0
    if a > 0
        c3 = 2^15-1;
    elseif a < 0
        c3 = -2^15;
    else                       % a=0，结果无意义
        c3 = 0;
    end
elseif b == -2^5
    c3 = -floor(a * 2^-3 * 2^-4 * 2^7);
elseif (a == -512) && (b == -1)
    c3 = 16384;
elseif (a == -512) && (b == 1)
    c3 = -16384;
else                           % 除数不为 0
    if sign_flag == 0          % 非负数
        c3 = c2;
    else                       % 负数
        c3 = -c2;
    end
end
```

综上所述，定点化中需要确定的参数有两个，分别是 a4 的精度 a4_point 和迭代次数 itr。注意，从 CORDIC 的代码可以判断，与线性迭代法中迭代次数只影响运算时间不同，CORDIC 除法的迭代次数既影响运算时间，又影响电路面积，因为 tmp 和 c 的精度都受制于迭代次数。因此，设计时在满足输出精度要求的前提下，要尽量减小迭代次数。

用重复仿真方式确定定点化参数的方法，本书称为尝试法，具体过程和步骤已在 5.2.1 节进行了详细说明。概括地讲就是控制变量，先固定其他变量，将这些值设置为超出电路实现能力的很大的值，以逼近浮点行为，单独改变一个变量，让它的数值不断减小，看仿真是否能满足要求。当减小到不能再小后，固定该变量，并将其他变量逐一作为修改的对象。这种方式的参数确定会表现出一定的非线性，即之前确定的最小值在其他参数发生改变后，还可能进一步减小。因此，当全部变量都已修改为电路能接受的较小的值后，再反复尝试将这些值再减小，直到确认这些参数已无法再继续减小为止。

依据尝试法，可以得到 a4_point 的最小值为 13，而迭代次数 itr 最小可以设为 14。

通过上述定点化过程确定了运算中各信号的精度，那么下一步就是确定各信号的位宽，即它们的变化范围。其方法已在 4.3.4 节做了演示，这里不再赘述。具体代码请参见配套参考代码 cordic_div_fix_max.m。

最终确定的各变量的定点化情况见表 5-2。其中，总位宽包含符号位、整数位和精度。若无符号，则整数位等于总位宽减精度。若有符号，则整数位等于总位宽减符号位再减精度。

表 5-2　基于 CORDIC 的除法电路算法中各变量的定点化情况

变量名	总位宽	精度	有无符号
a2	10	4	无
b2	5	2	无
a_shift_bit	4	0	有
a3	13	10	无
a4	18	13	有
b3	16	13	无
tmp	14	13	无
c	14	13	无
c2	14	7	无
c3	16	7	有

3. 最终定点化

将初步定点化中的参数 a3_point 替换为 10，a4_point 替换为 13，itr 替换为 14，再进行化简，就形成了最终定点化代码的雏形。个别位置需要调整，比如 a_shift_bit 既用于 a2 的移位，也用于 c 的移位。两个变量移位的方向和大小都不同，因此这里将 a_shift_bit 针对 a2 和 c 的特征进行变量替换，将其变为 a3_shift_bit 和 c_shift_bit，这样就减少了很多不必要的加减运算。具体算法代码修改如下。

```
a3_shift_bit = bai_b + 8 - bai_a;

a3 = floor(a2 * 2^a3_shift_bit);

if a3 < b2*2^8
    a4 = floor(a3 * 2^4);
    c_shift_bit = a3_shift_bit + 1;
else
    a4 = floor(a3 * 2^3);
    c_shift_bit = a3_shift_bit;
end

c2 = floor(c / 2^c_shift_bit);
```

原来的 a_shift_bit 的变化范围是 $-6 \sim 6$，因而可知 a3_shift_bit 的变化范围是 $0 \sim 12$，c_shift_bit 的变化范围是 $0 \sim 13$。

最终定点化的完整代码详见配套参考代码 cordic_div_fix2.m。

5.3.3　电路实现

将算法变为 RTL 的套路依然遵照前文多次讲过的规则进行。在定点化的算法代码中，找到需要用时序逻辑产生的信号，它们是 a4 和 c。其他在算法中出现的变量都可以使用组合逻辑来表示。整个迭代过程由状态机控制，状态机的值 0 表示空闲，$1 \sim 14$ 表示迭代的序号。

　　RTL 中取商的符号以及对被除数和除数取绝对值的过程同线性迭代法相同。需要注意的是 bai_a 和 bai_b 的计算。在算法中对被除数和除数取 log2 并向下取整，目的是获取它们最高位的 1 的位置，在 RTL 中这一过程变得简单直接，如下面代码提供了 bai_b 的取值方法，仅是从高位到低位逐一搜索 b2 中 1 的位置即可，搜到后记录下来。若 b2 为 0，即整个 b2 中没有 1，bai_b 也登记为 0。

```
always @(*)
begin
    if (b2[4])
        bai_b = 3'd4;
    else if (b2[3])
        bai_b = 3'd3;
    else if (b2[2])
        bai_b = 3'd2;
    else if (b2[1])
        bai_b = 3'd1;
    else
        bai_b = 3'd0;
end
```

　　在实现过程中，a4 和 c 的时序逻辑如下。整个代码中唯一需要声明为 signed 的就是 a4，因此 b3 在与它进行加减时，需要先补充一个符号位，再转化为 signed 型信号，才能参与运算。当状态机 cnt=0 即处于空闲态时，a4 和 c 需要进行初始化。a4 的初始化值在算法中已经给出，即判断 a3 与 b2 的大小来决定。

```
assign b2_a3_comp = (a3 < {b2,{8{1'b0}}});

always @(posedge clk or negedge rstn)
begin
    if (!rstn)
    begin
        a4 <= 18'd0;
        c  <= 14'd0;
    end
    else if (cnt == 4'd0)
    begin
        c  <= 14'd0;

        if (b2_a3_comp)
            a4 <= {a3,4'd0};
        else
            a4 <= {a3,3'd0};
    end
    else
    begin
        if (~a4[17])
        begin
            a4 <= a4 - signed'({1'b0,b3});
```

```
            c  <= c  + tmp;
        end
        else //a3 < 0
        begin
            a4 <= a4 + signed'({1'b0,b3});
            c  <= c - tmp;
        end
    end
end
```

最终输出的商为 c3，在算法中有两个特殊情况，即 a=–512 且 b=–1 时，以及 b=1 时，商需要特别处理。

```
......  % 省略前面的代码
elseif (a == -512) && (b == -1)
    c3 = 16384;
elseif (a == -512) && (b == 1)
    c3 = -16384;
......  % 省略后面的代码
```

在 RTL 中，写为如下形式：

```
......  // 省略前面的代码
    else if ((a == {1'b1,9'd0}) & (b == {6{1'b1}}))
    begin
        div_err = 1'b0;
        c3 = 16'd16384;
    end
    else if ((a == {1'b1,9'd0}) & (b == 6'd1))
    begin
        div_err = 1'b0;
        c3 = 16'd49152;
    end
......  // 省略后面的代码
```

a=–512 时，它的补码最高位为 1，其他位为 0。b=–1 时，它的补码是全 1。–16384 的补码是 2^{16}–16384=49152。这里对于常数，都是直接给出补码，因为数据在芯片中的存储形式就是补码。

控制信号也像线性迭代法一样，生成 vld_pre 和 vld 信号，并且将 c3 和除法错误信号 div_err 进行寄存。寄存原因仍然是时序逻辑的初始化导致了商在计算完成后只保持一个周期就会消失，具体来说就是 c3 会随着 c2 的改变而改变，而 c2 会随着 c 的改变而改变。c 在 cnt 为 0 时会被初始化，进而改变了 c3 的值。在 5.2.2 节中讨论了输出 c2_latch 与 vld 的方式以及输出 c2 与 vld_pre 的方式。这一讨论在本节中仍然适用，即在大多数情况下，需要寄存 c3，只有当明确知道后级电路只采样一拍 c3 时才不用寄存。

完整的 RTL 详见配套参考代码 cordic_div.v。设计要求被除数和除数从 trig 发起到 vld 为 1 之前，都保持不动。

本 RTL 的验证文件详见配套参考代码 cordic_div_tb.v，该代码的验证过程同 5.1 节一致。最终的仿真结果如同算法仿真一样，误差未超过命题规定的商精度 0.0078。

5.4 不同实现方式的面积与性能比较

本章前三节分别介绍了综合器实现的除法、线性迭代除法和基于 CORDIC 的除法。通过仿真可以证明，对于同一个命题，本章所介绍的 3 种方法都能达到同样的计算精度，但是，达到此精度所付出的时间和面积代价不同。表 5-3 展示了 3 种除法器的计算时间和面积。综合法在计算时间上是最快的，面积也最小，其他两种算法中，CORDIC 除法面积较小，而线性迭代法的面积最大，虽然在设计时已经将两个乘法器合并为了一个，并将迭代次数加倍，以尽量减小它的面积，但其面积仍然是 CORDIC 除法的近 2 倍，是综合法的近 4 倍。

表 5-3　3 种除法器的计算时间和面积对比

	综合法	线性迭代	CORDIC
计算时间	1T	15T	16T
面积（门数）	620	2204	1134

上述结论似乎说明综合法是最优的，但实际上并不能轻易地下此结论。为了使问题讨论更加全面，下面列出了 4 个实际项目中的例子，以进一步比较综合法与 CORDIC 除法在面积上的不同。

1）案例 1：被除数的范围限制在 $2^{16} \sim 64 \times 2^{16}$，变化步长为 2^{16}，除数是 16 位无符号整数，输出结果为 14 位整数，但误差不能超过 0.5（需要对结果进行四舍五入）。

2）案例 2：被除数固定为一个常数 10923，除数是 11 位无符号整数，输出结果为 14 位整数，但误差也不能超过 0.5（需要对结果进行四舍五入）。

3）案例 3：被除数的范围限制在 $2^{23} \sim 2^{31}-1$，除数是 17 位无符号整数，但不包含 0 的情况。输出结果为 20 位整数，但误差不能超过 0.5（需要对结果进行四舍五入）。

4）案例 4：被除数是 13 位无符号整数，除数是 14 位无符号整数，且除数一定大于或等于被除数。输出位宽是 15 位，其中包含 14 位精度。其结果不需要保持。

将这些案例分别用综合法和 CORDIC 来实现，并对这两种方法进行面积对比。具体实现的门数见表 5-4，门数代表了面积的大小。可以看出，本章案例和案例 2 中，用综合法比用 CORDIC 实现更节省面积，而其他 3 个案例均是 CORDIC 在面积上小于综合法，而且面积的减小非常明显。

表 5-4　不同命题下综合法与 CORDIC 除法实现的门数比较

例子	综合法	CORDIC	综合法面积排名	CORDIC 面积排名
本章案例	620	1134	1	2
案例 1	2026	1383	3	3

（续）

例子	综合法	CORDIC	综合法面积排名	CORDIC 面积排名
案例 2	713	892	2	1
案例 3	3176	1881	4	4
案例 4	2092	973	未排名	未排名

表 5-5 列出综合法中被除数和除数的位宽，从而可以直接建立起位宽与面积之间的对应关系，即被除数、除数的位宽越宽，面积越大。

表 5-5　不同命题下综合法和 CORDIC 除法的参数

例子	综合法参数		CORDIC 参数			
	被除数位宽	除数位宽	y 位宽	x 位宽	z 位宽	迭代次数
本章案例	15	6	18	16	14	14
案例 1	24	16	25	24	17	17
案例 2	15	11	15	14	13	13
案例 3	31	17	33	32	23	23
案例 4	27	14	28	27	15	15

表 5-5 还列出了用 CORDIC 法解决不同命题时需要的迭代次数。其 x、y、z 的含义如图 5-3 所示。y 的初值是被除数，z 的初值是 0，它们参与迭代过程。x 是除数，它在迭代过程中是常数。从表中数据可以看出，被除数 y 的位宽与除数 x 的位宽有相关性，基本都是被除数位宽减 1 便是除数的位宽，唯一的例外是本章所用的案例，原因是算法实现时有意将商控制在 [1,2) 区间内，可以再减少一个除数位宽。其他案例没有控制得这么细致，只是保证商在 (0.5, 2) 区间内。另外，迭代中 z 的位宽与迭代次数是相等的。由此可以总结为：x 的位宽是 y 的位宽减 1 或减 2，z 的位宽等于迭代次数。这两条规律适用于大多数的 CORDIC 除法电路，在定点化确定变量范围时，可以使用这两条规律缩短确定位宽的时间。

由上述两条规律也可知道，CORDIC 电路面积基本取决于 y 的位宽和 z 的位宽，其他因素如 x 和 y 绑定、迭代次数和 z 绑定，可以不作为判断依据。对照表 5-4 和表 5-5，可以清楚地看出 y 和 z 的取值与 CORDIC 面积的相关性，即 y、z 位宽越小，面积越小。

一个例外是案例 4，它的 y 和 z 都比本章案例大，但面积却比本章案例小。原因可归结为三个方面：一是它不用取绝对值，输入都是无符号数；二是它确定除数大于或等于被除数，因此判断被除数和除数最高位 1 的步骤可以省略；三是它的输出不需要寄存，用组合逻辑直接输出。正是存在这三个原因，在表 5-4 里的面积排名中，未将案例 4 纳入统计。

观察表 5-4 中对包括本章案例在内的 4 个案例的综合法面积排名和 CORDIC 面积排名，并对两种排名进行对比。排名的规则是面积越小，排名序号越低，面积越大，排名序号越高。可以看出，案例 1 在两种实现中面积都是第 3 名，案例 3 在两种实现中面积都是第 4 名。这种无论使用什么方法实现，只要命题确定，面积的关系就已确定的现象，是容易理解的。但是本章案例和案例 2 的排名，用综合法和用 CORDIC 实现，排名是颠倒的。这说明对于本章案例来说，更适合使用综合法，而对于案例 2 来说，虽然使用综合法的面积仍然小于 CORDIC，但优势并不明显。

用综合法有一个致命缺陷就是它的结构固定，无论命题是什么条件，只要被除数和除数的位宽确定，它的实现面积就是确定的。在上述 5 个命题中，有被除数为一个常数的，有除数固定大于或等于被除数的，也有被除数只在高位变化、低位全用 0 填充的。这些命题有着不同的最佳解决方式，而综合法会将这些条件全部忽略，因而在很多情况下，它的面积并不是最优的，而且会与最优解产生较大差距。这方面最突出的例子是案例 4，其综合法的面积是 CORDIC 面积的两倍多。

综上所述，除法计算主要的办法是综合法和 CORDIC。在拿到一个具体命题后，首先需要评估哪种方法面积更小。在计算时间上，综合法有绝对优势，因为它是组合逻辑，即使一拍无法得到结果，其计算时间也远小于 CORDIC。关键的问题是确定时间与面积究竟哪个才是实现的重点。如果特别关注时间，则综合法是首选；如果看重面积，除法位宽越大、附加条件越特殊，则 CORDIC 越占优势。

线性迭代法也有它的用武之地。它的面积的主要部分在于其中庞大的乘法器，除此之外的其他部分面积很小，因此如果电路中有其他硬件与它共享乘法器，则这个除法器将可以用很低的成本进行实现。比如，电路中本身就有乘法需求，也有除法需求，且乘除并不在同一个时间内发生，那么可以只例化一个乘法器，使它的位宽既满足乘法的需求，又满足基于线性迭代的除法的需求。在使用时，分时调用这个乘法器，就可以满足两方面的需求。

5.5　复数除法电路

5.5.1　复数的原理和应用

在工程数学中，复数同实数、整数一样，也是常见的数据类型。在通信、雷达、电机控制等领域，复数都有着广泛的应用。比如，射频通信中的 I 路和 Q 路分别是复数的实部和虚部，I/Q 共同组成了一个复数。在电机领域，dq 坐标系下的 U_d 和 U_q 两路电压分别代表一个复数电压的实部和虚部，将其转换为 $\alpha\beta$ 坐标系的过程实际上就是在这个复数的角度上增加了一个电机的电角度（反映转子位置信息），得到的结果仍然是个复数，其实部称为 U_α，虚部称为 U_β。人们生活中常用的 WiFi 芯片、手机射频芯片、蓝牙芯片、汽车雷达芯片、风扇或电动车的驱动芯片等，都广泛应用了复数计算。不熟悉或不了解复数，就意味着无法看懂这些领域的论文和其他研究成果，因此复数思维和复数运算是算法工程师必须要熟练掌握的。

复数可以有两种表示方法，一种是实部与虚部表示法，另一种是模与角度表示法。

实部与虚部表示法为

$$c = a + \mathrm{j}b \tag{5-5}$$

式中，c 为复数；a 为 c 的实部；b 为 c 的虚部；j 为虚部的符号，也可以用 i 表示。a 和 b

都是实数。在 MATLAB 中可以用 5+4i 或 5+4j 等来表示一个复数。但如果已经有两个实数分别存储在 a 和 b 两个变量中，要将它们组合起来成为一个复数，需要写成 $a+b*1i$ 或 $a+b*1j$ 的形式，不能直接写成 $a+b*i$ 或 $a+b*j$，因为 i 和 j 也经常被用作变量名，比如 $i=3$，那么 $a+b*i$ 所表示的意义就不是复数的意义了。所以在写 MATLAB 算法代码时，一方面要避免将 i 或 j 作为普通变量名使用，另一方面对于虚部的符号，尽量使用 1i 或 1j 来代替 i 或 j，这样比较安全。

模与角度表示法为

$$c = A\mathrm{e}^{j\theta} \tag{5-6}$$

式中，A 为模；θ 为角度。相当于以原点为圆心、A 为半径画圆，复数 c 就是该圆上的一个半径，它与 x 轴正方向的夹角为 θ。当 θ 为正时，以 x 轴正方向为起始边，逆时针旋转 θ，从而得到该半径；当 θ 为负时，同样以 x 轴正方向为起始边，顺时针旋转 θ，从而得到该半径。

式（5-5）和式（5-6）的关系为

$$a = A\cos\theta \tag{5-7}$$

$$b = A\sin\theta \tag{5-8}$$

可以简单地用欧拉公式来证明式（5-7）和式（5-8）的正确性。欧拉公式为

$$\mathrm{e}^{j\theta} = \cos\theta + j\sin\theta \tag{5-9}$$

在电路传输时，通常以实部与虚部表示法进行传输，即一个复数用两路信号传输，一路传实部，另一路传虚部。但在复数的处理上，比如频谱分析等方面，使用模与角度表示法更为方便。因此，掌握式（5-7）和式（5-8），将复数在两种方式之间来回转换，在工程中是十分重要的。第 6 章将详细介绍它们的转换算法和电路设计。

如果要在电路中以模与角度的方式传输也可以，同样分为两路信息，一路传模，另一路传角度。这种传输方法较少使用，因为在应用中后级电路直接使用实部与虚部比较方便，比如通信中的调制（Modulate）和解调（Demodulate）过程，或者电机中的空间矢量脉冲宽度调制（Space Vector Pulse Width Modulation，SVPWM）产生过程等。

5.5.2 复数除法方案

两个复数相除的情况在工程中也有现实意义，比如通信领域中，使用最小均方误差的方法对信道进行估计时，会将接收的复数信号与发射的复数信号相除，从而得到信道上的幅度增益和角度偏移。

参与除法运算的两个复数，如果都是按照模与角度表示法表示的，那么除法结果也很容易用模与角度表示法表示，其计算式为

$$c = \frac{A\mathrm{e}^{j\theta}}{B\mathrm{e}^{j\delta}} = \frac{A}{B}\mathrm{e}^{j(\theta-\delta)} \tag{5-10}$$

最终，两个复数的模相除就是 c 的模，两个复数的角度相减就是 c 的角度。可以看出，该运算的工程实现就是将无符号的实数 A 和 B 按照前文介绍的 3 种方法相除，将商传输出去，再将两个角度相减，作为新的角度传输出去。

参与除法运算的两个复数，如果都是按照实部与虚部表示法表示的，则计算式为

$$c = \frac{a+bj}{x+yj} = \frac{(a+bj)(x-yj)}{(x+yj)(x-yj)} = \frac{ax+by}{(x^2+y^2)} + j\frac{bx-ay}{(x^2+y^2)} \tag{5-11}$$

最终也形成了一对新的实部与虚部，两者都是除法，只是已转变为实数除法。除法的除数是参与运算的复数的模的二次方。

5.5.3　电路实现

这里针对式（5-11）给出一个复数除法的实现过程实例。该实例的命题如下：**被除数和除数均为复数，且两个复数的实部和虚部均有符号。被除数的实部和虚部都有 5 位整数和 4 位小数，而除数的实部和虚部都有 3 位整数和 2 位小数。规定商的整数位宽是 15 位，小数精度是 5 位。**

对于上述命题的 RTL 实现如下（配套参考代码 complex_div.v）。其中，ar 和 ai 分别是被除数的实部和虚部，br 和 bi 分别是除数的实部和虚部，cr 和 ci 分别是商的实部和虚部。根据式（5-11）的形式，先计算出商的实部和虚部公共的除数，即代码中的信号 deno，其位宽是 12 位，可以用极限分析法得到。实部的被除数为 numer_r，虚部的被除数为 numer_i，它们的位宽都是 17 位。用两个 always 块分别求出 numer_r 除以 deno 的商，以及 numer_i 除以 deno 的商。为了突出本节复数除法的重点，代码在进行实数除法时使用了简单的综合法，在进行除法之前，先对被除数左移了 3 位。原因已在 5.1 节进行了详细说明，概括地讲，就是被除数原本有 6 位精度，而除数原本有 4 位精度，两者的精度差是 2 位，题目要求商有 5 位精度，2 位的精度差是不够的，还需要再补充 3 位，所以将被除数左移 3 位。当然，对于除数为 0 情况也必须讨论。整个代码采用组合逻辑实现，没有输入时钟和复位。信号均声明了 signed，以便综合器能够生成有符号的乘法和除法运算。除数 deno 没有声明 signed，因为它的含义是模的二次方，一定是大于或等于 0 的。在进行除法之前，代码中将 deno 的高位补了一个符号位，并转换为 signed 数，以便使综合器将该除法认为是有符号数的运算。

```
module complex_div
(
    input       signed  [9:0]   ar  ,
    input       signed  [9:0]   ai  ,

    input       signed  [5:0]   br  ,
    input       signed  [5:0]   bi  ,

    output  reg signed  [20:0]  cr  ,
```

```
    output  reg signed  [20:0]  ci
);
//-------------------------------------------------
wire              [11:0]      deno    ;   //12 = 0+8+4
wire     signed   [16:0]      numer_r ;   //17 = 1+10+6
wire     signed   [16:0]      numer_i ;   //17 = 1+10+6
//-------------------------------------------------
assign deno    = br * br + bi * bi;
assign numer_r = ar * br + ai * bi;
assign numer_i = ai * br - ar * bi;

always @(*)
begin
    if (deno == 12'd0) //deno = 0
    begin
        if (numer_r == 17'd0)
            cr = 21'd0;
        else
        begin
            if (~numer_r[16])
                cr = {1'b0, {16{1'b1}}};
            else
                cr = {1'b1, {16{1'b0}}};
        end
    end
    else //normal
        cr = (numer_r<<<3)/signed'({1'b0,deno});
end

always @(*)
begin
    if (deno == 12'd0) //deno = 0
    begin
        if (numer_i == 17'd0)
            ci = 21'd0;
        else
        begin
            if (~numer_i[16])
                ci = {1'b0, {16{1'b1}}};
            else
                ci = {1'b1, {16{1'b0}}};
        end
    end
    else //normal
        ci = (numer_i<<<3)/signed'({1'b0,deno});
end

endmodule
```

下面是复数除法 RTL 对应的 TB 验证代码（配套参考代码 complex_div_tb.v）。它采用随机法，以 10 ns 为间隔，随机生成了 10000 组复数形式的被除数和除数。被除数控制在 10 位宽度内，除数控制在 6 位宽度内。将 ar、ai、br、bi 作为激励送入 DUT 中，得到输出结果 cr 和 ci。商的参考信号是 cr_real（实部）和 ci_real（虚部）。为了将 DUT 输出的商与参考信号进行对比，代码中将定点化的数字转换为浮点数，即 cr2 和 ci2，并分别求出与参考信号的差 err_r 和 err_i。在仿真过程中，会记录误差的最大值 err_r_max 和 err_i_max。最终，仿真误差最大值，无论是实部还是虚部都不超过 2^{-5}，即表示设计成功。

```
initial
begin
    err_r_max = 0;
    err_i_max = 0;

    repeat(1e4)
    begin
        tmp      = {$random(seed)}%(2**10);
        ar       = tmp[9:0];
        tmp      = {$random(seed)}%(2**10);
        ai       = tmp[9:0];
        tmp      = {$random(seed)}%(2**6);
        br       = tmp[5:0];
        tmp      = {$random(seed)}%(2**6);
        bi       = tmp[5:0];

        ar_real = real'(ar)/(2**4);
        ai_real = real'(ai)/(2**4);
        br_real = real'(br)/(2**2);
        bi_real = real'(bi)/(2**2);

        deno = br_real*br_real + bi_real*bi_real;
        numer_r = ar_real*br_real + ai_real*bi_real;
        numer_i = ai_real*br_real - ar_real*bi_real;

        cr_real = numer_r/deno;
        ci_real = numer_i/deno;

        if (deno == 0)
        begin
            if (numer_r == 0)
                cr_real = 0;
            else
            begin
                if (numer_r > 0)
                    cr_real = 2**20-1;
                else
                    cr_real = -2**20;
            end

            if (numer_i == 0)
```

```
                    ci_real = 0;
            else
            begin
                if (numer_i > 0)
                    ci_real = 2**20-1;
                else
                    ci_real = -2**20;
            end
        end

        #10;

        if (err_r_max < err_r)
            err_r_max = err_r;

        if (err_i_max < err_i)
            err_i_max = err_i;
    end
    $finish;
end

assign err_r = $abs(cr_real - cr2);
assign err_i = $abs(ci_real - ci2);

assign cr2 = real'(cr)/(2**5);
assign ci2 = real'(ci)/(2**5);
```

常用数字信号处理电路设计

具备频谱分析和调制、解调功能的芯片以及雷达芯片、电机驱动芯片等，其内部都需要计算一个角度的正余弦值，继而发出连续的正余弦信号。同样，在这些电路中由于存在复数的概念，就免不了求解复数的角度和模。本章将重点介绍这些电路的原理及设计方法。

6.1 基于 CORDIC 的正余弦波发生器

6.1.1 圆坐标系对 CORDIC 通式的简化

从表 4-2 可知，求解正弦值和余弦值，以及复数求模和角度，都可使用 CORDIC 来实现。其中，正弦和余弦值是在旋转模式下求解，而复数的模和角度是在向量模式下求解。4.3.1 节已经介绍了 CORDIC 的基本原理，并给出了 CORDIC 电路设计的一般模型，本节将以这些模型和公式为基础，归纳总结出圆坐标系下的简化计算方法。

简化过程主要基于 CORDIC 的通式，即式（4-14）～式（4-16）。其中，符号 t 在圆坐标系下取值为 1（见表 4-3），符号 g 在圆坐标系下表示 $\arctan 2^{-n}$（见表 4-5）。由此可得到圆坐标系下 CORDIC 通式的简化算式为

$$x_1 = x_0 - d \cdot y_0 \cdot 2^{-n} \tag{6-1}$$
$$z_1 = z_0 - d \cdot \arctan 2^{-n} \tag{6-2}$$

其中，式（6-1）代表 x 的迭代过程，它由式（4-14）简化而来，y 的迭代过程仍然是式（4-15），无法进一步简化，式（6-2）代表 z 的迭代过程，它由式（4-16）简化而来。

6.1.2 圆坐标系旋转模式下的 CORDIC 运算

有了 6.1.1 节针对圆坐标系的 CORDIC 简化，本节进一步将式（6-1）、式（4-15）和式（6-2）针对旋转模式进行简化。由于标量 d 在旋转模式下表示 z 的符号（见表 4-4），这里便用 $\text{sign}(z_0)$ 来代替它，当 z_0 为正数时 $\text{sign}(z_0)=1$，当 z_0 为负数时 $\text{sign}(z_0)=-1$。于是，式（6-1）简化为式（6-3），式（4-15）简化为式（6-4），式（6-2）简化为式（6-5）。

$$x_1 = x_0 - \text{sign}(z_0) \cdot y_0 \cdot 2^{-n} \tag{6-3}$$

$$y_1 = y_0 + \text{sign}(z_0) \cdot x_0 \cdot 2^{-n} \tag{6-4}$$

$$z_1 = z_0 - \text{sign}(z_0) \cdot \arctan 2^{-n} \tag{6-5}$$

一个角度的正弦和余弦值就是在圆坐标系旋转模式下求解的。其求解原理如下：

在图 4-6 中，A 点逆时针旋转 θ 到达 B 点，已知 A 点的坐标，求解 B 点的坐标，所用的算式是式（4-5）。当 A 点处于 x 轴正半轴，且模为 1 时，求 B 点坐标就是将 A 点的坐标（1,0）代入式（4-5），得到的 B 点横坐标 x_1 正好是 $\cos\theta$，纵坐标 y_1 正好是 $\sin\theta$。

CORDIC 的本质就是用多次计算来模拟式（4-5）的单次计算过程。由上述分析可知，在 CORDIC 迭代前的初始化阶段，将 x_0 设置为 1，y_0 设置为 0，z_0 设置为 θ，经过多次迭代，在 x 上应该得到 $\cos\theta$，在 y 上应该得到 $\sin\theta$，在 z 上应得到 0。这一结果也体现了图 4-9 所表述的旋转模式下的输入和输出情况。

式（4-5）作为理想式，CORDIC 迭代运算只能逼近其旋转的角度，而模要想保持，必须乘以补偿值，精确的补偿值为 0.60725293501，截取后的常用值为 0.60725，该值的由来已在 4.3.1 节中做了详细说明。补偿值可以在迭代结束后，分别乘到 x 和 y 上，也可以在迭代之前就乘到 x 和 y 的初始值上。在旋转模式下一般选择乘到初始值上，因为求解 $\cos\theta$ 和 $\sin\theta$ 时，A 点坐标固定为（1,0），将其乘以补偿值后，A 点坐标变为固定的（0.60725,0）。于是，正余弦值计算电路框图在图 4-9 的基础上可进一步简化为图 6-1。该图符合人们对计算电路的印象，即只输入一个角度信息，输出正弦、余弦两个结果。

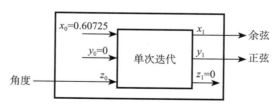

图 6-1　正余弦波发生器的接口及其与 CORDIC 通用迭代的关系

式（6-5）中的 z 仍然扮演角度记录者的角色，在迭代过程中，z 所代表的角度会逐渐减小，最终在 0 附近小幅度振荡。z 接近于 0，说明迭代过程中所施加的角度已经接近用户输入的角度，计算出的正余弦值也已接近计算目标。具体的迭代过程和角度趋近过程已在图 4-7 中进行了说明。

6.1.3　算法建模

理解了正余弦发生器的原理和公式，就可以着手进行浮点算法的开发了。在实际设计前，都会对输入角度的精度和输出正余弦的精度做出详细规定，这些规定会影响实现过程中信号的位宽。因此，本节也应基于一个规定的命题来开展设计工作，具体命题如下：**输入一个角度，其为 10 位等分量化，且该角度只局限于 0° ~ 360° 范围内。输出该角度的正弦值和余弦值精度为 11 位。**

本命题的特殊之处在于它对输入角度的精度定义并不是传统的整数位宽加小数位宽的方式，而是直接要求对角度进行 10 位等分量化，其含义是将一个圆周，即 360°，量化为 1024 等分，每一等分的角度为 0.3516°，即 0.0061 rad。等分后，若要表示 0°，其数值便是 0。若要表示 30°，其数值是 85，即 85 份单位角度。实际上，85 表示的是 29.8828°，比 30° 相差 0.1172°，也就是说 10 位等分量化精度情况下，表示误差会在 0° ~ 0.3516° 范围内。

使用等分量化的方式表示角度，与传统的整数位宽加小数位宽的表示方式，哪个更好呢？上文已计算了等分量化精度误差，如果用传统表示法，假设输入的是弧度，即 0 ~ 2π，可以省去 1 位符号，也可以用 −π ~ π，整数位少 1 位，但要加入符号位，位宽并未节省，这里以输入弧度范围是 0 ~ 2π 的情况为例。其整数最大是 6，用 3 位表示，角度共为 10 位，说明有 7 位可以用于表示小数，其表示精度是 2^{-7}，即 0.0078 rad，而等分量化的精度为 0.0061 rad，因此在表示角度的场景中，在同等位宽条件下，使用等分量化的精度高于传统的整数位宽加小数位宽的表示精度。事实上，如果一个信号的数值范围是确定的，使用等分量化得到的精度总是高于传统方式，但之所以在多数场景下仍然使用传统方式，是因为它可以直观地表示数值，不需要转换，而用等分量化表示的数值，要想得到其真实值还需要经过一个转化过程。对于角度这类周期性的量，可以用一个周期表示其全部的范围，在电路中也不需要在等分量化和弧度、角度之间来回切换，比较适合用等分量化表示。

1. 浮点建模

基于 CORDIC 的正余弦波发生器，其浮点模型请见配套参考代码 cos_float.m。其中主要考虑以下两个处理要点：

1）输入角度象限的转换和输出结果象限的转换。

2）圆坐标系旋转模式下的迭代运算。

对于第一个要点，首先需要提醒读者注意的是：基于 CORDIC 的正余弦波发生器并不能计算一个完整周期的正余弦值，它的计算范围限制在 −99.88° ~ 99.88°，超出该范围，计算结果就不正确了。图 6-2 展示了两条曲线，其中，粗实线为基于 CORDIC 的正余弦波发生器计算出的余弦值，细实线为使用 MATLAB 的 cos 函数计算得到的余弦值。横轴为角度，其变化范围是 −360° ~ 360°，即两个周期。可以看出，基于 CORDIC 的正余弦波发生器在 −100 ~ 100° 范围内的计算结果与 cos 函数计算结果相吻合，而不在此范围内的计算结果与 cos 函数的计算结果存在明显差别。

为了实现全周期下的正余弦运算，本节在算法建模中将可能属于 4 个象限中任意象限的输入角度先转化为第一象限，再代入 CORDIC 运算，得到计算结果后根据输入角度的象限，使用三角函数公式调整结果的正负号，以此作为最终的结果。

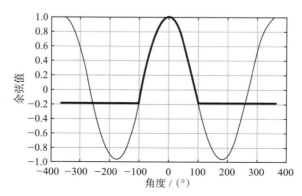

图 6-2　基于 CORDIC 的正余弦波发生器所能计算的角度范围

将输入角度转换为第一象限的代码如下。其中，a 是输入角度，a2 是转换后的角度。当 a 在第一象限时，不用转换；当 a 在第二象限时，使用 π−a 转换；当 a 在第三象限时，使用 a−π 转换；当 a 在第四象限时，使用 2π−a 转换。

```
if (a < pi/2)
    a2 = a;
elseif (a >= pi/2) && (a < pi)
    a2 = pi-a;
elseif (a >= pi) && (a < 1.5*pi)
    a2 = a - pi;
elseif (a >= 1.5*pi) && (a < 2*pi)
    a2 = 2*pi-a;
end
```

当通过迭代方法获得正余弦结果后，再根据角度的象限来修改结果的符号，其代码如下。其中，cosa 为余弦值，sina 为正弦值。当原输入角度 a 在第一象限时，结果不变；当 a 在第二象限时，实际计算的是 cos(π−a) 和 sin(π−a)，对应的 cosa=−cos(π−a)，正弦值不变；当 a 在第三象限时，实际计算的是 cos(a−π) 和 sin(a−π)，对应的 cosa=−cos(a−π)，sina=−sin(a−π)；当 a 在第四象限时，实际计算的是 cos(2π−a) 和 sin(2π−a)，余弦值不变，而 sina=−sin(2π−a)。

```
if (a < pi/2)
    cosa = cosa;
    sina = sina;
elseif (a >= pi/2) && (a < pi)
    cosa = -cosa;
    sina = sina;
elseif (a >= pi) && (a < 1.5*pi)
```

```
    cosa = -cosa;
    sina = -sina;
elseif (a >= 1.5*pi) && (a < 2*pi)
    cosa = cosa;
    sina = -sina;
end
```

对于第二个要点（即 CORDIC 迭代），在计算上使用式（6-3）～式（6-5），在结构和初值上使用图 6-1，具体代码如下。其中，cosa、sina、ar 分别对应图 6-1 中的 x、y、z。cosa 的迭代过程对应式（6-3），sina 的迭代过程对应式（6-4），ar 的迭代过程对应式（6-5）。在迭代到一定次数后，得到的就是角度 a2 对应的正余弦值。

```
itr = 12;
cosa = 0.60725293501;
sina = 0;
ar = a2;
for cnt = 0:itr-1
    tt = atan(2^(-cnt));
    tmp1 = (2^-cnt)*sina;
    tmp2 = (2^-cnt)*cosa;

    if ar >= 0
        cosa = cosa - tmp1;
        sina = sina + tmp2;
        ar = ar - tt;
    else
        cosa = cosa + tmp1;
        sina = sina - tmp2;
        ar = ar + tt;
    end
end
```

上述算法可以用如下测试脚本进行验证（配套参考代码 cos_tb.m）。其中，delt_a 规定了验证中角度的精度，即最小等分。变量 a 构造了一个完整周期的角度，其步长为 delt_a。使用上面的浮点算法函数 cos_float 计算 a 范围内每个角度对应的正余弦值，并绘制出曲线。figure 为新建绘图窗口函数，figure(1) 表示绘图窗口被命名为 Figure 1。plot 为绘图函数，其第一个参数是横轴（即自变量），第二个参数是纵轴（即因变量）。在本例中，将用弧度表示的 a 转换为角度并在图中显示。grid on 为在图上显示刻度网格。hold on 用于在一张图中绘制多条曲线。在本例中，先绘制余弦波曲线，再绘制正弦波曲线。当两条曲线绘制完成后，用 hold off 关闭在一张图上绘制多条曲线的功能。

```
delt_a = 2*pi/2^10;
a = [0:delt_a:2*pi-delt_a];
len = length(a);
cosa = zeros(1, len);
sina = zeros(1, len);
```

```
for cnt = 1:len
    [cosa(cnt), sina(cnt)] = cos_float(a(cnt));
end

figure(1);plot(a*180/pi, cosa);grid on;
hold on;
plot(a*180/pi,sina,'r');
hold off;
```

最终得出的正余弦曲线如图 6-3 所示。其中，横轴为整周期角度，粗实线为余弦值，细实线为正弦值。

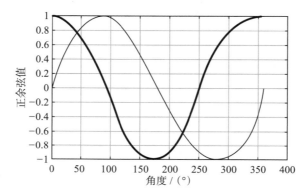

图 6-3   基于 CORDIC 的正余弦波发生器输出的完整周期波形

为了反映出 CORDIC 计算与真实正余弦之间的误差，可以再加入参考信号，并比较其误差，代码如下。余弦的参考信号为 ref_cos，正弦的参考信号为 ref_sin。计算得到余弦的误差为 err_cos，正弦的误差为 err_sin，然后绘制出两个误差信号。

```
ref_cos = cos(a);
ref_sin = sin(a);
err_cos = ref_cos - cosa;
err_sin = ref_sin - sina;
figure(2);plot(err_cos);grid on;
hold on;plot(err_sin,'r');hold off;
```

用 CORDIC 浮点算法实现时，迭代 12 次得到的信号误差如图 6-4 所示。其中，实线为正弦波误差，虚线为余弦波误差。可见，两个误差均未超过 5e-4，这正是 11 位输出精度所允许的误差范围。

注意   在算法中，常使用 e-n 表示 10^{-n}，这里的 e 不表示自然常数。例如，5e-4 表示 0.0005，5e3 表示 5000。在 MATLAB、C 语言、Verilog 中，都支持这种写法。

---

2. 初步定点化
将上述浮点算法进行初步定点化的代码详见配套参考代码 cos_fix.m。本节将逐一梳理其定点化的细节。

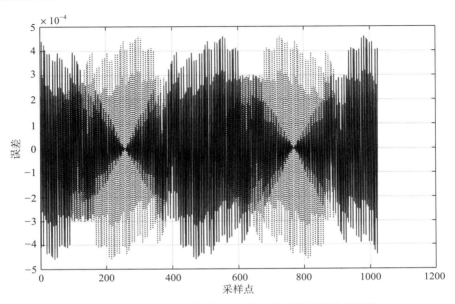

图 6-4　CORDIC 浮点算法经 12 次迭代后得到的信号误差

对于输入角度的转换，在浮点算法中，输入角度是真实的，以弧度为单位，但定点化后的角度即为 RTL 中所用的等分量化形式。因此，将任意象限的角度转换为第一象限，具体代码应调整为如下形式。由于 2π 被分为 1024 份，则 $\dfrac{\pi}{2}$ 用 256 表示，π 用 512 表示，$\dfrac{3\pi}{2}$ 用 768 表示。

```
if (a < 256)
    a2 = a;
elseif (a >= 256) && (a < 512)
    a2 = 512 - a;
elseif (a >= 512) && (a < 768)
    a2 = a - 512;
elseif (a >= 768) && (a < 1024)
    a2 = 1024 - a;
end
```

同理，最终得出迭代结果后，也按相同的标准还原为所属象限的正余弦值，具体代码如下：

```
if (a < 256)
    cosa3 = cosa2;
    sina3 = sina2;
elseif (a >= 256) && (a < 512)
    cosa3 = -cosa2;
    sina3 = sina2;
```

```
elseif (a >= 512) && (a < 768)
    cosa3 = -cosa2;
    sina3 = -sina2;
elseif (a >= 768) && (a < 1024)
    cosa3 = cosa2;
    sina3 = -sina2;
end
```

定点化中关键的步骤是 CORDIC 迭代本身。首先要给幅度补偿值 0.60725293501 进行定点化。对于常数的定点化，一般在确定其小数精度后，使用四舍五入方式得到整数。因为是在 MATLAB 等软件中进行离线计算的，而不是通过电路硬件计算的，所以使用四舍五入并不会增加芯片本身的硬件开销。由于这里无法确定幅度补偿值究竟需要多少精度才能达到最终输出 11 位精度的目的，因此这里将该常数精度设为变量，命名为 exp_cos。常数定点化的代码如下：

```
exp_cos = 15;
cosa = round(0.60725293501*2^exp_cos);
```

输入的角度虽然已经转化为第一象限，但它是个整数。在迭代中，角度一般不会保全整数的形式，它也会引入一些小数精度。因此，在第一象限的 a2 进入迭代之前，需要先对其扩展精度，这里设扩展的精度为 exp_a，也是一个变量。扩展角度精度的代码如下：

```
exp_a = 6;
ar = a2*2^exp_a;
```

反映迭代过程的算法如下。其中，迭代增量角度 tt 的计算，除了浮点算法中使用的反正切以外，又除以 $\frac{2\pi}{1024}$，原因是定点化中角度是用等分量化表示的，这里除以 $\frac{2\pi}{1024}$ 就是将真实角度转化为等分量化形式。最后乘以 2 的 exp_a 次方，是因为迭代中的角度在输入整数的基础上被扩展了 exp_a 位小数精度。既然 tt 要参与 ar 的加减运算，就必须和 ar 保持同一种单位和同一个精度标准。tt 运算最终用了四舍五入取整输出。tt 的计算既用了三角函数又用了四舍五入和乘除法，如果这些运算都放在芯片中去做，会消耗大量电路资源，因此一般使用查表法，按照定点化代码给出的算法，离线计算出不同 cnt 对应的 tt 值。

```
for cnt = 0:itr-1
    tt = round(atan(2^(-cnt))/(2*pi/1024)*2^exp_a);

    tmp1 = floor(sina/(2^cnt));
    tmp2 = floor(cosa/(2^cnt));

    if ar >= 0
        cosa = cosa - tmp1;
        sina = sina + tmp2;
        ar   = ar   - tt;
    else
```

```
        cosa = cosa + tmp1;
        sina = sina - tmp2;
        ar   = ar   + tt;
    end
end
```

tmp1 和 tmp2 的计算与浮点基本一致，所不同的是计算完成后两者都被向下取整，这体现了定点化中不允许出现小数的特征。

由于参与迭代过程的 cosa、sina、tmp1、tmp2、ar、tt 均已定点化，因而迭代过程的代码与浮点运算完全相同。

对于上述变量有无符号的讨论，可以进行如下分析：tt 是固定的正角度，旋转方向不由它决定，而是由 ar 决定，因而 tt 是无符号数。ar 的正负决定了迭代的方向，因此它带符号。

由于将角度限制在了第一象限，从结果上看 cosa 和 sina 均为非负数，可以认为它们是无符号的，但在迭代过程中是否会产生负数计算值，将在数值范围的实验中予以确认。

cosa 和 sina 自带 exp_cos 位的精度，这在定点化幅度常数时就已经决定了。cosa 的初始值被转换为 exp_cos 位的精度，但 sina 为何也带有 exp_cos 位的精度呢？因为 sina 在迭代过程中参与了 cosa 的加减运算，因此其精度应与 cosa 保持一致。

在迭代得到最终的 cosa 和 sina 后，需要将精度从 exp_cos 调回到命题要求的 11 位，因此这里需要做一个精度转换，其代码如下。注意，这里的取整用的是四舍五入方式。

```
cosa2 = round(cosa / 2^(exp_cos-11));
sina2 = round(sina / 2^(exp_cos-11));
```

在整个定点化过程中，共引入了 3 个变量，分别是 itr、exp_cos、exp_a。使用前文已介绍的控制变量法，通过多次仿真可以确定这些参数的值。最终可以确定 itr 最小为 14，exp_cos 最小为 15，而 exp_a 最小为 6。

上述过程确定了算法中各变量的精度，接下来须确定它们的位宽和有无符号。具体方法已经在前文中多次采用，这里不再赘述，详细代码请详配套参考代码 cos_fix_max.m。

这里需要强调的是，虽然上文中推断 cosa 和 sina 都是无符号数，但在实验中发现还是存在个别角度在某次迭代中，cosa 或 sina 出现负数的情况。由于推定 cosa 为无符号数，所以位宽判别代码写为如下形式：

```
cfg_cosa_wid = 16;
if cosa >= 2^cfg_cosa_wid
    cosa = mod(cosa,2^cfg_cosa_wid);
elseif cosa >= 0
    cosa = cosa;
else
    fprintf('cosa < 0: %d\n',cosa);
end
```

在实验中，当量化角度为 244 即实际角度为 85.7813° 时，在其第 4 次迭代中会出现

cosa 为负数的情况。遇到此类情况有两种可能性：一种是位宽设得不够宽，另一种是确实存在符号。排除第一种可能性的办法是增加 cfg_cosa_wid 位宽，比如增加到 100，若仍然报告存在负数，那便是第二种情况。由此可以推断出，cosa 和 sina 其实是有符号的。所以，需要将位宽判断代码改为有符号形式，其代码如下：

```
cfg_cosa_wid = 17;
if (cosa >= 2^(cfg_cosa_wid-1)) || (cosa < -2^(cfg_cosa_wid-1))
    cosa = cosa - ...
    (floor((cosa-2^(cfg_cosa_wid-1))/2^cfg_cosa_wid)+1)*2^cfg_cosa_wid;
else
    cosa = cosa;
end
```

最终确定的各算法变量的位宽见表 6-1。表格中的数据有些是可以直接推断的，比如量化角度 a2，可能会出现 256 的情况，所以必须用 9 位表示，但只有这一个数占 9 位，也可以对它采取特殊处理，以便将其位宽降到 8 位。cosa 和 sina 的精度已经确定是 15 位，由于正余弦值的整数位最大是 1，所以保留 1 位整数和 1 位符号，就可推断出共有 17 位。由正余弦整数值最大为 1，也可以推断出 cosa2、sina2、cosa3、sina3 的位宽。ar 的精度已确定是 6 位，而它的整数部分由全部为整数的 a2 决定，是 9 位，再加 1 位符号，总位宽便是 16 位。tt 的最大值是 45°（即 1 的反正切值），对应的等分量化数值为 128，占 8 位，它又带了 6 位精度，因此共 14 位。

表 6-1　基于 CORDIC 的正余弦发生器中各变量的定点化情况

变量名	总位宽	精度	有无符号
a2	9	0	无
cosa	17	15	有
sina	17	15	有
ar	16	6	有
tt	14	6	无
tmp1	15	14	有
tmp2	16	15	有
cosa2	12	11	无
sina2	12	11	无
cosa3	13	11	有
sina3	13	11	有

理解起来比较困难的是 tmp1 的数值域。tmp1 参与 cosa 的加减法，因此它们应该为同一精度，cosa 为 15 位精度，tmp1 也应该是 15 位精度。但 tmp1 还有符号，因此它至少应该是 16 位，而表 6-1 中只要求它的位宽为 15 位，这也是通过遍历法仿真实验确认的。15 位中含 1 位符号，数值只有 14 位。在精度是 15 位的情况下，为何数值只有 14 位呢？其实就是说 tmp1 的浮点值在任何情况下都无法达到 0.5，因此 15 位精度的最高位一直为 0。对

于始终保持不变的位，信息量为 0，是可以舍弃的，这一概念无论是对于数据的高位还是低位都适用。tmp1 是最高位保持 0，所以舍弃，而如果一个数只有偶数，说明它的最低位一直为 0，不携带任何信息，同样也可以舍弃。

相比于 tmp1，tmp2 就是正常的 1 位符号加 15 位精度，总位宽为 16 位。若定义为 15 位，仿真会出错。

3. 最终定点化

将初步定点化的参数 itr、exp_cos、exp_a 用实验得到的常数代替，然后将代码中的一些常数定点化在 MATLAB 中直接算出，就得到了最终的定点化代码（配套参考代码 cos_fix2.m）。

代码中，常数定点化有两处。其中一处是 cosa 的初值，代码如下，可直接算出它的值为 19898。

```
cosa = round(0.60725293501*2^exp_cos);
```

另一处是迭代中的角度值 tt，代码如下：

```
tt = round(atan(2^(-cnt))/(2*pi/1024)*2^exp_a);
```

设计者可直接计算出 tt 在 14 次迭代中的取值。一般会新建一个文件，其内容为 tt 序列的 14 个具体值，代码如下：

```
tt = zeros(1,14);
for cnt = 0:13
    tt(cnt+1) = round(atan(2^(-cnt))/(2*pi/1024)*2^6);
end
```

运行得到 tt 的序列如下：

```
tt = [8192,4836,2555,1297,651,326,163,81,41,20,10,5,3,1];
```

tt 以序列表示，则在迭代中迭代序号被作为 tt 的索引，算法代码修改如下：

```
for cnt = 0:13
    tmp1 = floor(sina/(2^cnt));
    tmp2 = floor(cosa/(2^cnt));

    if ar >= 0
        cosa = cosa - tmp1;
        sina = sina + tmp2;
        ar   = ar   - tt(cnt+1);
    else
        cosa = cosa + tmp1;
        sina = sina - tmp2;
        ar   = ar   + tt(cnt+1);
    end
end
```

除上述注意事项外，其他代码与初步定点化相同。

6.1.4 电路实现

正余弦波发生器算法对应的 RTL（配套参考代码 cos.v）根据最终定点化算法转化而来。在迭代中，仍然使用计数器 cnt 作为状态机，通过从 1 计到 14 来表示 14 个迭代状态，0 表示空闲状态。迭代后的结果仍然配套有 vld，以便向后级电路标示本模块中已有新的运算结果产生，同时输出的正余弦值也被寄存起来。一个电路的输出结果是否需要寄存、什么情况下需要寄存，已在 5.2.2 节进行了讨论，这里不再赘述。上述这些控制均未在算法中体现，而它们在 RTL 中却是必要的。

下面介绍与定点化算法相关的 RTL 编写。

首先是将输入的、可能来自不同象限的角度 a 转化为第一象限角度 a2。这些角度均使用等分量化形式表示，且均属于无符号整数。转化使用组合逻辑即可实现，具体如下。代码中，等号两边的运算位宽可能不相等，比如 a2 是固定的 9 位，而 1024-a 在 Spyglass 等检查工具看来应为 11 位，因此工具会发出警告。但由于算法上已经明确了这样的运算不会发生溢出和截位，因此可以直接写，不需要溢出保护。须注意 1024 必须用 11 位及以上位宽才能表示。

```
//a2: 9=0+9+0
always @(*)
begin
    if (a < 10'd256)
        a2 = a;
    else if ((a >= 10'd256) & (a < 10'd512))
        a2 = 11'd512 - a;
    else if ((a >= 10'd512) & (a < 10'd768))
        a2 = a - 11'd512;
    else
        a2 = 11'd1024 - a;
end
```

算法中的 tmp1 和 tmp2 也是用组合逻辑计算的，它们受控于状态机，只要状态机随时序动即可，tmp1 和 tmp2 用组合逻辑跟着状态机一起动。由于 sina 和 cosa 在 RTL 中被声明为 signed 类型，所以 tmp1 和 tmp2 也被声明为 signed 类型，它们的右移应使用 >>> 符号。其部分代码如下。这里不必担心在 cnt 为 1 时，17 位的 sina 和 cosa 直接赋值给 15 位的 tmp1 和 16 位的 tmp2 会发生溢出，在算法上已经保证了信号的完整。

```
//tmp1: 15=1+0+14
//tmp2: 16=1+0+15
always @(*)
begin
    case(cnt)
        4'd1:
```

```
begin
    tmp1 = sina;
    tmp2 = cosa;
end
4'd2:
begin
    tmp1 = sina>>>1;
    tmp2 = cosa>>>1;
end
4'd3:
begin
    tmp1 = sina>>>2;
    tmp2 = cosa>>>2;
end
......14 个状态中的其他状态在这里省略
```

按照从算法到 RTL 转换的规律，凡是在算法算式等号两侧都出现的信号，生成它时使用时序逻辑。根据这一规律，cosa、sina、ar 这 3 个变量应该使用时序逻辑产生，其代码如下。cosa 的初始值 19898 在最终定点化算法代码中已经算出。迭代过程与算法无异，只是需要注意 ar 在与 tt 进行加减的过程中，tt 须先转换为有符号数，在高位补零以充当符号。

```
//cosa: 17=1+1+15
//sina: 17=1+1+15
//ar:   16=1+9+6
always @(posedge clk or negedge rstn)
begin
    if (!rstn)
    begin
        cosa <= 17'd19898;
        sina <= 17'd0;
        ar   <= 16'd0;
    end
    else
    begin
        if (cnt == 4'd0)
        begin
            cosa <= 17'd19898;
            sina <= 17'd0;
            ar   <= {1'b0,a2,6'd0};
        end
        else
        begin
            if (~ar[15])
            begin
                cosa <= cosa - tmp1;
                sina <= sina + tmp2;
                ar   <= ar  - signed'({1'b0,tt});
            end
            else
```

```
        begin
            cosa <= cosa + tmp1;
            sina <= sina - tmp2;
            ar   <= ar   + signed'({1'b0,tt});
        end
    end
end
end
```

tt 在最终定点化的算法代码中已经算出，并作为一个数列被存储下来，供不同的迭代序号选择调用。在 RTL 实现中，tt 的生成也是组合逻辑，根据状态机选择数值，代码如下。这些常数在电路中并不对应任何寄存器，布局布线时仅是将其每个位都接入固定的高电平 V_{DD} 或低电平 V_{SS}。从代码上看，tt 只是一个 15 选 1 的多路选择器（Multiplexer，MUX）。

```
always @(*)
begin
    case (cnt)
        4'd00  : tt = 14'd0;
        4'd01  : tt = 14'd8192;
        4'd02  : tt = 14'd4836;
        4'd03  : tt = 14'd2555;
        4'd04  : tt = 14'd1297;
        4'd05  : tt = 14'd651;
        4'd06  : tt = 14'd326;
        4'd07  : tt = 14'd163;
        4'd08  : tt = 14'd81;
        4'd09  : tt = 14'd41;
        4'd10  : tt = 14'd20;
        4'd11  : tt = 14'd10;
        4'd12  : tt = 14'd5;
        4'd13  : tt = 14'd3;
        4'd14  : tt = 14'd1;
        default: tt = 14'd0;
    endcase
end
```

算法中，从 cosa、sina 转换为 cosa2、sina2 的过程，需要经过右移 4 位并且四舍五入。根据 2.4.2 节介绍的四舍五入实现方法，先将 cosa 和 sina 向右移动 3 位，然后加 1，得到 cosa2_tmp 和 sina2_tmp，然后将两者再向右移动 1 位，代码如下。这里需要注意的是，算法中确定 cosa2 和 sina2 是无符号的，cosa2_tmp 和 sina2_tmp 也是无符号的。而 cosa 和 sina 有符号，已声明了 signed。因此，产生 cosa2_tmp 和 sina2_tmp 的过程是一个从 signed 类型到非 signed 类型的转换过程。等号右边是 signed 类型运算，因而遵守 signed 的规则，右移用 >>> 符号，加 1 时强制转换为 signed 类型。但等号左边是非 signed 类型，可以将等号右边算出的 signed 数转换为非 signed 数。接下来，从 cosa2_tmp 和 sina2_tmp 到 cosa2 和 sina2 的过程，就采用非 signed 信号的方式，右移使用 >> 符号。

```
//cosa2_tmp: 13=0+1+12
//sina2_tmp: 13=0+1+12
assign cosa2_tmp = (cosa>>>3) + signed'(14'd1);
assign sina2_tmp = (sina>>>3) + signed'(14'd1);

//cosa2: 12=0+1+11
//sina2: 12=0+1+11
assign cosa2 = cosa2_tmp >> 1;
assign sina2 = sina2_tmp >> 1;
```

最后是根据输入角度的象限来确定输出的正余弦值 cosa3 和 sina3，RTL 与算法一致，具体如下。cosa2_tmp 的产生过程体现了从 signed 类型向非 signed 类型的转化，而产生 cosa3 和 sina3 的过程也体现了从非 signed 类型向 signed 类型的转化。只要等号相连，本身就是强制转换。假设 cosa2 是负数，且 cosa3 的位宽大于 cosa2，那么这样直接相等会导致负数被转换为正数，因此等号右边的 cosa2 需要用符号填补到其高位，使得其位宽与 cosa3 位宽相同。对于 −cosa2 的处理，若 cosa2 本身是负数，类似 cosa3=−cosa2 这样的转换会导致本应是正数的 cosa3 变为负数，因为负数的 cosa2 会被辨认成正数，为避免这种情况，也需要给 cosa2 补充符号。但是在下面的代码中，没有补充符号的痕迹，这是因为 cosa2 和 sina2 固定是正数或 0，它们的转换是安全的。

```
//cosa3: 13=1+1+11
//sina3: 13=1+1+11
always @(*)
begin
    if (a < 10'd256)
    begin
        cosa3 = cosa2;
        sina3 = sina2;
    end
    else if ((a >= 10'd256) & (a < 10'd512))
    begin
        cosa3 = -cosa2;
        sina3 = sina2;
    end
    else if ((a >= 10'd512) & (a < 10'd768))
    begin
        cosa3 = -cosa2;
        sina3 = -sina2;
    end
    else
    begin
        cosa3 = cosa2;
        sina3 = -sina2;
    end
end
```

以下是验证上述 RTL 代码的 TB（配套参考代码 cos_tb.v）的核心部分，它构造了从 0

到 1023 的输入角 a_fix，并将其作为激励，即该验证的覆盖范围是 10 位精度下 2π 周期内的全部角度。delta 表示一个等分所代表的弧度，等分量化角度 a_fix 乘以 delta 就得到了该角度对应的弧度值。

接下来的过程仍然是在时钟上升沿处启动 trig，然后开启 fork 并行块，让 trig 在下一个时钟上升沿处变为 0，同时等待 vld 下降沿的到来。当 vld 下降沿到来时，DUT 输出的余弦结果 cosa_fix 和正弦结果 sina_fix 都被除以了 2048（即 2^{11}），从整数转换为浮点数。cosa、sina、cosa_real、sina_real 在 vld 下降沿处用了阻塞赋值，而用于计算误差的 err_cos 和 err_sin 用的是非阻塞赋值，目的是为了拉开两组信号的时间差。阻塞赋值在下降沿之前发生，非阻塞赋值在下降沿之后发生，这样，err_cos 和 err_sin 才能等到数据都准备好后再计算。max_ecos 和 max_esin 是误差的最大值，它们的计算又延后了一个单位时间，因为要等待 err_cos 和 err_sin 计算完成再进行比较。

```
delta    = 0.006135923151543;

for (a_fix = 0; a_fix < 1024; a_fix ++)
begin
    @(posedge clk);
    trig        <= 1;
    a           <= real'(a_fix) * delta;

    fork
        begin
            @(posedge clk);
            trig <= 0;
        end

        begin
            @(negedge vld);
            cosa        = real'(cosa_fix)/2048;
            sina        = real'(sina_fix)/2048;
            cosa_real   = $cos(a);
            sina_real   = $sin(a);
            err_cos     <= $abs(cosa_real - cosa);
            err_sin     <= $abs(sina_real - sina);

            #1;
            if (max_ecos < err_cos)
                max_ecos = err_cos;

            if (max_esin < err_sin)
                max_esin = err_sin;
        end
    join
end
```

TB 仿真的效果如图 6-5 所示，从图中可以看出，DUT 的计算结果与真实结果之间的误差均小于 2^{-11}，与算法仿真效果一致。

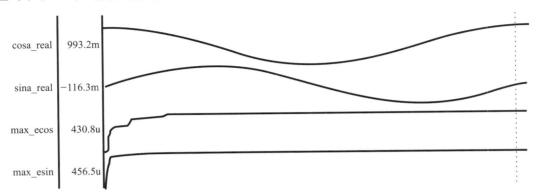

图 6-5　基于 CORDIC 的正余弦发生器 TB 仿真图

6.2　基于查表法的正余弦波发生器

6.2.1　查表法的优缺点

相对于原理复杂、设计困难的运算，用查表方式就简单得多。它的设计思路就是将复杂的运算离线计算完成，然后将计算值固化在硬件中，因而省去了许多原理性的讨论，比如正余弦发生器，可不必研究 CORDIC 原理，也不必尝试定点化过程，直接在 MATLAB 上使用其内建的 sin 和 cos 函数计算出若干角度对应的正余弦值。当输入一个角度时，通过 MUX 选择已经算出的正余弦结果并输出。简单、直接、快速是查表法的优势。这一优势不仅可以用于正余弦计算，其他任何复杂计算均可使用这种方法。

由于需要进行查表，如果一个模块只需要一个输入参数，那么所建立的表格是一张二维表，查询方便。如果模块的输入参数是两个或两个以上，那么所建立的表格将是一张多维表，表格数量多，查询结构也会随着输入参数的增加而变大。因此，查表法更适合用在只有一个或两个输入数据的模块中。比如，本节所讲的正余弦波发生器只有一个输入，除 CORDIC 实现之外，也经常使用查表法实现。通信中的天线增益数字预失真（Digital Pre-Distortion，DPD）由于计算复杂，也经常使用查表法，它的输入参数的数量因数学模型的不同而有所差异。

查表法的缺点是数据量大，占用面积资源多。与之相比，CORDIC 方法之所以得到广泛应用，是因为它在实现相同功能和精度的情况下，面积小、实现成本低，是一种较为理想的廉价实现方案。查表法中的每个数据都可以直接连接到数字电源和数字地，因此最基本的查表法不占用寄存器，而是占用组合逻辑，主要是多级数据选择需要大量的选择器以及连接电源和地的布线资源。

6.2.2 查表数据的构造以及用脚本生成 Verilog 格式的方法

要查表就要先构造数据，将输入参数对应的输出结果事先计算出来。但仅算出结果，后面编写 RTL 时还是不太方便，因为需要手动将大量数据写入代码中。因此，在写查表法 RTL 代码时使用脚本，一边计算出查表值，一边写成 Verilog 的格式，将查表值放入其中，就可以减少许多设计工作量。

脚本语言多种多样，芯片设计中常用的是 MATLAB、Perl、Python。由于本书涉及算法部分主要基于 MATLAB 语言，因而本节的脚本案例以 MATLAB 形式呈现，用其他脚本语言实现的原理大同小异，只需要根据特定语法细节稍作修改即可。

为了方便将查表法和 CORDIC 法进行对比，查表法的设计仍然使用与 CORDIC 设计相同的命题要求，即 10 位等分量化角度输入，输出正余弦精度 11 位，总位宽 13 位。

生成正余弦值 Verilog 表的脚本详见配套参考代码 lut.m。其中，生成查表值的内容十分简单，仅用以下代码即可产生。浮点形式正余弦值 cosa_real 和 sina_real 的生成和 CORDIC 章节中在 TB 里生成参考信号的方法是一致的，这里不再赘述。在得到浮点值后，须将其转化为定点值，这里将正余弦值分别乘以 2^{11}，因为结果的小数精度要求为 11 位，最后用四舍五入取整。凡是非实时性计算得到的常数，均应使用四舍五入以提高其精度。处理后的 cosa_real_wr 和 sina_real_wr 即为定点值，但它们是带符号的，并且用原码表示。在芯片中，任何数都须用补码表示，因此需要将 cosa_real_wr 和 sina_real_wr 转化为补码形式。正数和零的补码与原码相同，不用转化，仅需要找到负数并取补码。在 MATLAB 中，find 函数可以从数组中找到满足某种条件的元素序号，在代码中使用了 find 函数来寻找 cosa_real_wr 和 sina_real_wr 中为负数的元素序号。找到的序号被保存在 idx 中，直接用数组名索引到这些负数，并且转化为补码，由于结果的位宽是 13 位，转化算式就是 2^{13} 加上相应的负数。

```
delt_a = 2*pi/2^10;
a = [0:delt_a:2*pi-delt_a];

cosa_real = cos(a);
sina_real = sin(a);

cosa_real_wr = round(cosa_real * 2^11);
sina_real_wr = round(sina_real * 2^11);

idx = find(cosa_real_wr < 0);
cosa_real_wr(idx) = 2^13 + cosa_real_wr(idx);

idx = find(sina_real_wr < 0);
sina_real_wr(idx) = 2^13 + sina_real_wr(idx);
```

在获取了查表值之后，脚本的另一大任务是将查表值写入 Verilog 语句中，这里主要的部分是打开文本 rtl_code.txt，并按照 Verilog 格式写入数据，具体代码如下。输入角度是 10

位等分量化表示，所以共有 1024 种情况，用 for 循环表示。由于表格庞大，在代码中将其分为每 32 个数值共用一个 MUX，共 32 个 MUX 的级联方式。对角度计数器 cnt 模 32，得到的 cnt_tmp 是 0 ~ 31 范围内的数，相当于只取输入角度的低 5 位。由于有 32 个 MUX，需要用一个序号来区分它们，group_num 就是这个序号，它使得 MUX 的输出被命名为 cosa_0 ~ cosa_31，以及 sina_0 ~ sina_31。为了将这些代码进行不同级别的对齐，使用了不同数量的 \t 制表位符号。在 MATLAB 中单撇 ' 的用法比较特殊，因为它默认的用途是囊括文本的范围，要打印或显示出真正的单撇，需要使用转义方式，即连续打两个单撇 "，显示时只显示一个。

```
fp = fopen('rtl_code.txt','w');
group_num = -1;
for cnt = 0:1023
    cnt_tmp = mod(cnt,32);

    if cnt_tmp == 0
        group_num = group_num + 1;
        fprintf(fp,'always @(posedge clk or negedge rstn)\n');
        fprintf(fp,'begin\n');
        fprintf(fp,'\tif(!rstn)\n');
        fprintf(fp,'\tbegin\n');
        fprintf(fp,'\t\tcosa_%d <= {1''b0, 1''b1, 11''d0};\n',group_num);
        fprintf(fp,'\t\tsina_%d <= 13''d0;\n',group_num);
        fprintf(fp,'\tend\n');
        fprintf(fp,'\telse if (trig)\n');
        fprintf(fp,'\tbegin\n');
        fprintf(fp,'\t\tcase(a[4:0])\n');
    end

    fprintf(fp,'\t\t\t5''d%d:\n',cnt_tmp);
    fprintf(fp,'\t\t\tbegin\n');
    fprintf(fp,'\t\t\t\tcosa_%d <= 13''h%x;\n', ...
group_num, cosa_real_wr(cnt+1));
    fprintf(fp,'\t\t\t\tsina_%d <= 13''h%x;\n', ...
group_num, sina_real_wr(cnt+1));
    fprintf(fp,'\t\t\tend\n');
    fprintf(fp,'\n');

    if cnt_tmp == 31
        fprintf(fp,'\t\tendcase\n');
        fprintf(fp,'\tend\n');
        fprintf(fp,'end\n');
        fprintf(fp,'\n\n\n');
    end
end
```

生成的 Verilog 片段如下例所示。其中，正余弦的初值使用 0° 对应的正余弦值。余弦值 cosa_0 的初值是 1，由于带有 11 位小数精度和 1 位符号，所以写为 {1'b0, 1'b1, 11'd0}。正弦值 sina_0 的初值是 0。用 trig 信号来触发查表运算，根据角度的不同，给 cosa_0 和 sina_0 赋不同的值。

```verilog
always @(posedge clk or negedge rstn)
begin
    if(!rstn)
    begin
        cosa_0 <= {1'b0, 1'b1, 11'd0};
        sina_0 <= 13'd0;
    end
    else if (trig)
    begin
        case(a[4:0])
            5'd0:
            begin
                cosa_0 <= 13'h800;
                sina_0 <= 13'h0;
            end

            5'd1:
            begin
                cosa_0 <= 13'h800;
                sina_0 <= 13'hd;
            end
```

······ 代码后续部分省略

输入的角度虽然有 10 位，但上例中只讨论了低 5 位。即每 32 个查表值组成一个 MUX 选择，接下来再产生一个新的包含 32 个查表值的 MUX。MUX 的总数是 32 个，用输入角度的高 5 位对这 32 个 MUX 进行选择。产生终端选择器脚本内容如下：

```matlab
fprintf(fp,'always @(posedge clk or negedge rstn)\n');
fprintf(fp,'begin\n');
fprintf(fp,'\tif(!rstn)\n');
fprintf(fp,'\tbegin\n');
fprintf(fp,'\t\tcosa3_latch <= {1''b0, 1''b1, 11''d0};\n');
fprintf(fp,'\t\tsina3_latch <= 13''d0;\n');
fprintf(fp,'\tend\n');
fprintf(fp,'\telse if (trig_r)\n');
fprintf(fp,'\tbegin\n');
fprintf(fp,'\t\tcase(a[9:5])\n');

for cnt = 0:31
    fprintf(fp,'\t\t\t5''d%d:\n',cnt);
    fprintf(fp,'\t\t\tbegin\n');
    fprintf(fp,'\t\t\t\tcosa3_latch <= cosa_%d;\n',cnt);
    fprintf(fp,'\t\t\t\tsina3_latch <= sina_%d;\n',cnt);
    fprintf(fp,'\t\t\tend\n');
end
```

```
fprintf(fp,'\t\tendcase\n');
fprintf(fp,'\tend\n');
fprintf(fp,'end\n');
```

它可以产生一个用 always 块表示的 MUX，其 Verilog 代码片段如下。从该代码可以看出，cosa3_latch 和 sina3_latch 是查表法最终的输出，它用输入角度 a 的高 5 位来选择用 32 个 MUX 输出结果的哪一个来作为最终的输出结果。cosa3_latch 和 sina3_latch 由 trig_r 触发，只有触发后才能开始选择。trig_r 是 trig 延迟了一拍的信号，因为先要由 trig 得到 cosa_0、cos_1 等前级输出，再用延迟了一拍的 trig_r 来触发 cosa3_latch 作为最后一级选择。

```
always @(posedge clk or negedge rstn)
begin
    if(!rstn)
    begin
        cosa3_latch <= {1'b0, 1'b1, 11'd0};
        sina3_latch <= 13'd0;
    end
    else if (trig_r)
    begin
        case(a[9:5])
            5'd0:
            begin
                cosa3_latch <= cosa_0;
                sina3_latch <= sina_0;
            end
            5'd1:
            begin
                cosa3_latch <= cosa_1;
                sina3_latch <= sina_1;
            end
```

......代码后续部分省略

用脚本辅助编写 RTL 的方法非常适合用于代码冗长、重复率高的代码编写，像本例中的代码，总行数约 7000 行，使用脚本编写就十分方便。另外，IP 厂商也青睐脚本辅助编写，因为不同的用户有着不同的需求，IP 要想满足多样需求，就必须包含大量参数。有些参数是 Verilog 中的 parameter 或 localparameter 以及 define 声明方式可以胜任的，但很多参数改变后，RTL 的整体结构也会随之变化。比如 CPU 核，有的用户需要单核，有的用户需要双核，甚至有用户需要十核，这些要求不可能仅用 parameter 来满足，必须用脚本来例化不同数量的 CPU，并将其连接起来。再比如 SoC 定制化，有的用户要求有两个串口，有的用户只要求一个串口，此时直接在脚本中或用户界面上选择串口的数量更为方便。

6.2.3　查表法结构设计

上述查表法的代码用 33 个 32 选 1 的 MUX 组成电路，它原本的电路应该是 1024 选 1 的结构，而且原本的纯组合逻辑写法被改成了两级时序逻辑实现。为什么要做这样的改动？

一个 1024 选 1 的 MUX 结构如图 6-6a 所示。每一个余弦值是 13 位，共 1024 个值，因此在有限的电路空间中集中了多达 13312 根信号线。要想让芯片能够最终完成布局布线，就需要控制单位面积下信号线和元器件的数量。如果芯片整体布线密度非常高，无法完成布局布线，就需要增加芯片的布线层数，以缓解布线压力，原理和电路板设计是一致的。但如果芯片整体的布线密度适中，而仅在局部布线密度突然增加，使得工具在这个局部地区无法绕线，这一现象称为拥塞（Congestion）。拥塞说明该局部模块需要调整设计，将布线资源分散。分散的办法有两种，一种是在电路综合时将布线密度高的模块打散。默认情况下，电路综合是以模块为单位的，这样做的好处是可以很方便地通过 RTL 的例化名定位到网表中相同名称的例化，寻找其中的连线和元器件，对它进行手工修改（Engineering Change Order，ECO）。而打散模块是将模块的边界消除，让里面的电路分散到芯片的各个位置，从而降低局部的布线密度，减少拥塞。但有时，打散并不能解决拥塞问题，如图 6-6a 中的 MUX，可以在综合时将它打散，但最终所有连线都会汇总到一起，形成 MUX 的输出，仍然会造成拥塞。

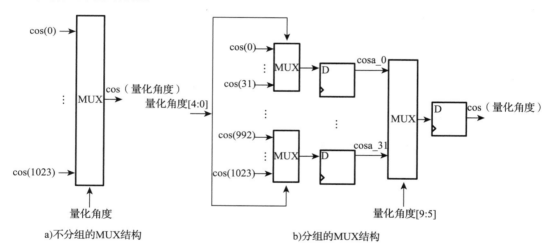

a)不分组的MUX结构　　　　　　　　　　b)分组的MUX结构

图 6-6　大型 MUX 的结构选择

另一种解决拥塞的办法是将大型 MUX 拆分成若干小型 MUX，从而它的电路集中程度会降低，布线密度会下降。本节实现的查表法就使用这种结构，如图 6-6b 所示。从图中可以看到，这里要求的最大布线密度只有 32 个信号，即 416 根信号线。量化角度的低 5 位负责对 32 个 MUX 进行选择，它的扇出数（Fan-out）是 32。最末端的 MUX 也是 32 选 1，量化角度的高 5 位负责选择最后的结果。

如果使用 32 选 1 的 MUX 仍然遭遇拥塞问题，就可以考虑两种进一步改进的意见。一种是继续将 32 选 1 的 MUX 再拆分，比如 16 选 1 或者 8 选 1，这样 MUX 的层次更多，需要的元器件资源也更多。这种办法并不能完全保证能解决拥塞问题，有时给模块的面积过小，无论如何分散布线，这些线也只存在于有限的空间中，此时需要用第二种改进方式，即将每个 MUX 单独例化到顶层，这样可以不局限在一个狭小空间中，相当于手工打散，它比综合器打散好的地方是设计者仍然可以通过它的例化名找到确切的位置。而且，由于只有 32 个 MUX，最后连线汇总时也只有 32 个 MUX，不会像 1024 个汇总那样由打散状态再次回到拥塞状态。

图 6-6b 中插入了 33 个触发器，它的作用是缓解时序压力。因为像图中这样的结构通常需要多级组合逻辑，延迟较大，如果超出了一个时钟周期，在静态时序分析时就会出错。为防止时序违例，在时间和面积允许的前提下，可以在路径中间插入触发器。插不插触发器？每一级 MUX 都插还是有选择地插？这些问题没有规定，根据芯片自身的情况而定。比如，芯片的时钟速度较慢，走过整条 MUX 链路其延迟也不到一个周期，此时可以不用插。如果时钟速度快，就需要多插。

图 6-6b 的元器件面积总和有可能多于图 6-6a 的元器件面积总和。但元器件面积总和的多少并不能完全决定最终的芯片面积，只有不造成布线拥塞，才能进行有效比较。布线资源也是一种电路资源，它和元器件一样会占用芯片面积。

用查表法实现的正余弦波形如图 6-7 所示。其中，max_esin 和 max_ecos 分别反映了查表结果与真实值之间的正余弦误差，可以看出该误差比图 6-5 中的 max_esin 和 max_ecos 小一半，即已达到了 12 位小数精度。之所以有这样的结果，原因是在脚本生成查表值时取了四舍五入。在前文中已经说明，若通过直接截取的方法得到 n 位小数，则实现精度为 2^{-n}，若通过四舍五入的方法得到 n 位小数，则实现精度为 $2^{-(n+1)}$。也就是说，四舍五入可以用 n 位实现 $n+1$ 位的精度。

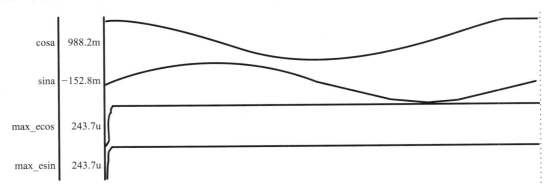

图 6-7　基于查表法的正余弦发生器 TB 仿真图

6.2.4　查表法与 CORDIC 法的面积对比

在 6.2.1 节已提到，查表法的缺点在于面积大。表 6-2 对比了相同命题下 CORDIC 和查表法实现的计算时间和面积的区别，可以发现，查表法的面积是 CORDIC 的约 4.5 倍。

查表法的速度快、原理简单、编写方便，在需要体现速度的场合使用查表法较为合适。

但查表法的成本高、面积大，在对面积敏感的场合需要使用其他廉价方案，如 CORDIC。

表 6-2 两种正余弦发生器的计算时间和面积对比

	CORDIC	查表法
计算时间	16T	2T
面积（门数）	1498	6673

6.2.5 查表法对算法电路设计的启示

虽然并非所有电路都会用到查表法，但查表的思路在算法电路的设计和开发当中经常用到。查表法最重要的思路是简化与合并。

倘若需要在电路中计算式（6-6），其中，a 是 ADC 采样的值，它可能随时发生变化，b 和 c 都是与电路其他模块共用的配置值，d 是一个常数。那么，设计时真的会使用两次乘法和一次除法来计算 y 吗？这个计算代价是很高的。

$$y = \frac{ab}{cd} \tag{6-6}$$

利用查表法的思想，对参数进行最大限度的合并，能离线计算的都不要放在电路中现场计算。简化后的算式为

$$y = xa \tag{6-7}$$

式中，x 相当于 $\frac{b}{cd}$，它在 MATLAB 或其他工具中算出，通过配置进入芯片，参与 y 的运算。a 由于是随时变化的，无法在工具中事先算好。相对于除法来说，将算式转换为乘法会更加简单，电路面积更小。

式（6-6）到式（6-7），从表面上看，在原来配置的参数 b 和 c 的基础上又增加了一个参数 x，增加了用户的理解难度和使用难度。但是，增加的 x 却减少了大量的计算电路，降低了电路设计的复杂度，所以是值得的。

人们希望设计出来的芯片电路既可靠又成本低，用户使用方便，功能多，芯片周围的配套元器件（物料清单，BOM）少，芯片电路板设计还简单。但实际上，这些特征通常是矛盾的。要增加功能，面积就会增加，成本就会上升；要增加可靠性，就要增加保护器件和元器件的耐压，成本仍然会上升；要减少 BOM，就要把过去在电路板上的元器件都拿到芯片内部，同样会增加芯片成本；要用户使用简单，功能定义首先要简单，做出来的芯片才会简单直观，容易使用，而复杂的芯片，用户理解速度和上手速度必然会慢。很多厂商为了让芯片使用更简单，在芯片的软件开发包（Software Design Kit，SDK）外层又开发了多款应用软件和测试软件，提供直观化的窗口界面，来提高用户的使用体验，掩盖芯片内部复杂的原理，这些步骤都是必须要做的。如果不在软件上下功夫，仅指望简化硬件来使软件变得更简单是不可能做到的，在芯片变得越来越复杂的今天，尤其不可能。综上所述，对于芯片来说，功能、面积、功耗是排在最高优先级的 3 个指标，而其他方面，比如软件

使用的方便性以及电路板上布局布线的方便性等，都不是硬性保证的，不能因小失大，这便是查表法对于算法电路设计的启示。

6.3 反正切运算电路

6.3.1 圆坐标系向量模式下的 CORDIC 运算

反正切值是在 CORDIC 的圆坐标系向量模式下计算的。在 6.1.1 节已经得出了圆坐标系下 CORDIC 的通式，即式（6-1）、式（4-15）和式（6-2）。

对于向量模式来说，算式中的 d 由 x 和 y 的符号决定。根据表 4-4，若 x 和 y 异号，则 d 取 1；若 x 和 y 同号，则 d 取 -1。

当需要计算反正切时，输入的是一个正切值，输出的是一个角度。究竟该正切值是应该从 3 个算式中的 x 输入还是从 y 或 z 输入呢？答案是从 y 输入。

从圆坐标系下 CORDIC 的原理可知，x 输入的是图 4-6 中 A 点的横坐标，y 输入的是 A 点的纵坐标，经过多次迭代后，A 点转过 θ，移动到 B，迭代后的 x 是 B 点的横坐标，y 是 B 点的纵坐标。现假设 B 点在 x 轴的正半轴上。A 点的坐标是 $(1, \tan\theta)$，那么将 A 点移动到 B 点后可以断定，中间过程中转过了 θ。其旋转过程如图 6-8 所示。

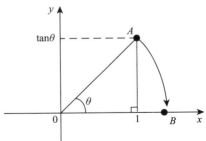

所以，仍然保持 A 点的横坐标作为 x 输入，纵坐标作为 y 输入，z 输入 0。那么，x 就应输入 1，y 应输入正切值。迭代后，x 将变为 B 点的横坐标，y 将变为 0，因为 B 点在 x 轴上，z 作为角度记录器，将记录从 A 点旋转到 B 点过程中所经过的角度，也就是算法的输出。这一结论，恰好与 4.3.1 节所述的 CORDIC 设计一般模型中的向量模式（见图 4-10）完全一致。所以最终，反正切运算的电路框图可以简化为如图 6-9 所示的形态。

图 6-8　CORDIC 圆坐标系向量模式下运算原理

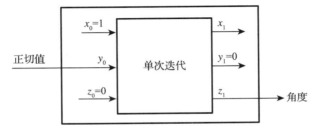

图 6-9　反正切运算电路的接口及其与 CORDIC 通用迭代的关系

向量模式下，z 作为角度记录器，其方向受到 d 的控制。迭代过程中，如果 A 点或其暂时移动到的某个点，其横坐标和纵坐标是同号的，则 d 是 -1，z 的迭代方向是加法。而当某点的横坐标和纵坐标是异号的，则 d 是 1，z 的迭代方向是减法。所以，假设 A 点处于第一象限，则最开始 z 是加法，第一次迭代为 $+45°$，虽然还有后续的迭代过程，但 z 符号为正的方向是不会变的。同样假设 A 点处于第四象限，则最开始 z 是减法，第一次迭代为 $-45°$，这也决定了 z 符号为负的方向在以后的迭代中将不会变化，除非需要计算的角度本身就是 $0°$，或为一个接近 $0°$ 的角度。

由三角函数常识可知，正切值计算的范围局限于 $-90° \sim 90°$，$±90°$ 对应的正切值分别为 $±\infty$。因此，反正切运算中输入一个正切值，只能输出 $-90° \sim 90°$ 范围内的角度，即第一象限和第四象限。之所以从正切值仅能分辨出两个象限，是因为原本来自四个象限的角度在计算正切值的过程中发生了信息的损失，从而在进行反向运算时再也无法还原为原来的四个象限。这一道理类似于简单的加法，如 3+4=7，在计算得到 7 的同时，信息量有所损失，要从 7 反推当初相加的两个数字是无法做到的。

正是因为得到的角度只有两个象限，就决定了图 6-8 中 A 点的横坐标一定是大于 0 的，只有纵坐标是可正可负的。在迭代过程中，旋转到任意点时，其横坐标也一定是大于 0 的。换成算法语言就是式（6-1）对 x 的迭代中，x 一定都是正数，而所谓 x 和 y 同号时 d 为 -1，可以简化为当 y 为非负数时，d 为 -1，反之，当 y 为负数时，d 为 1。因此，式（6-1）、式（4-15）和式（6-2），可以简化为式（6-8）～式（6-10）。其中，$\mathrm{sign}(y_0)$ 表示上一次迭代得到的 y 的符号，为正或 0 时，其值为 1，为负时，其值为 -1。

$$x_1 = x_0 + \mathrm{sign}(y_0) \cdot y_0 \cdot 2^{-n} \tag{6-8}$$

$$y_1 = y_0 - \mathrm{sign}(y_0) \cdot x_0 \cdot 2^{-n} \tag{6-9}$$

$$z_1 = z_0 + \mathrm{sign}(y_0) \cdot \arctan(2^{-n}) \tag{6-10}$$

值得一提的是，在进行反正切运算时，没有幅度补偿值的概念。从 CORDIC 原理可知，幅度补偿值的存在是为了弥补在 CORDIC 迭代过程中幅度的失真，而求反正切的过程只看重角度，不重视幅度，因为最终输出的只有角度，x 迭代虽然失真，但并不作为输出。

6.3.2 算法建模

1. 浮点建模

在理解了反正切运算电路的原理后，就可以利用式（6-8）～式（6-10）构建该算法的浮点模型。首先确立一个设计命题如下：**输入的正切值为有符号数，其整数位宽为 8 位，小数精度也为 8 位。输出该正切值对应的角度，该角度为 10 位等分量化角度。要求输出的角度误差为半个量化精度。**

命题中，其他要求均容易理解，唯有输出的角度误差为半个量化精度，应该如何理解呢？

输出角度为 10 位等分量化，在前文已有讲述，即将 2π 分为 1024 份。那么每一份所代表的角度即为 $\frac{2\pi}{1024} \approx 0.006136\mathrm{rad}$，这便是量化精度。要求输出角度误差为半个量化精度，即要求输出角度的误差不超过 0.00307 rad。由前文的讲述可以推断，要实现低于量化精度的误差，应在定点化中使用四舍五入。

上述命题对应的浮点算法如下（配套参考代码 atan_float.m）。其中，tana 是输入的正切值，a 是输出的角度（单位是弧度）。x 的迭代即为式（6-8），其初值设为 1。tana 的迭代即为式（6-9），其初值为输入的正切值。a 的迭代即为式（6-10），其初值为 0。最终，tana 会接近于 0，而 a 就是所求的角度。tt、tmp1、tmp2 是迭代过程中 3 个辅助式。

```
function a = atan_float(tana)
itr = 10;
x = 1;
a = 0;

for cnt = 0:itr-1
    tt   = atan(2^(-cnt));
    tmp1 = 2^(-cnt)*tana;
    tmp2 = 2^(-cnt)*x;

    if (tana >= 0)
        x    = x    + tmp1;
        tana = tana - tmp2;
        a    = a    + tt;
    else
        x    = x    - tmp1;
        tana = tana + tmp2;
        a    = a    - tt;
    end
end
```

用于验证该算法有效性的测试脚本如下（配套参考代码 atan_tb.m）。其中，delt 代表正切值的精度，输入的正切值 tana，其整数部分为 8 位，因此，它的变化范围是 $-256 \sim 256-$ delt。脚本中对这一范围进行了完全地覆盖验证，即遍历法验证。采用 CORDIC 方法得到的角度为 a，用来参考的信号为 a_real，在脚本的最后对比了 a_real 与 a 之间的误差。

```
clc;
clear;
close all;

%% 已知一个正切值，求角度
delt = 2^-8;
tana = [-256:delt:256-delt];
len = length(tana);
a = zeros(1,len);

for cnt = 1:len
    a(cnt) = atan_float(tana(cnt));
end

figure(1);plot(a*180/pi, tana);grid on;
figure(2);plot(tana, a); grid on;
```

```
%% evaluate
a_real = atan(tana);
err_a = abs(a_real - a);
figure(3); plot(tana,err_a);grid on;
```

输入不同正切值对应的弧度值如图 6-10 所示，从中可以看出，无论输入的正切值为何值，算出的角度均在 −90° ～ 90° 之间。

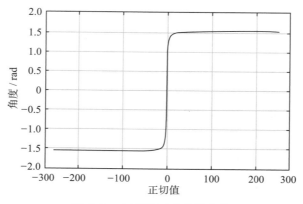

图 6-10　正切值对应的弧度值

用 CORDIC 计算的反正切误差如图 6-11 所示，可见，最大误差未超过 0.002（10 次迭代），而前文已算出题目允许的最大误差是 0.00307 rad，说明基本的浮点算法符合命题要求。

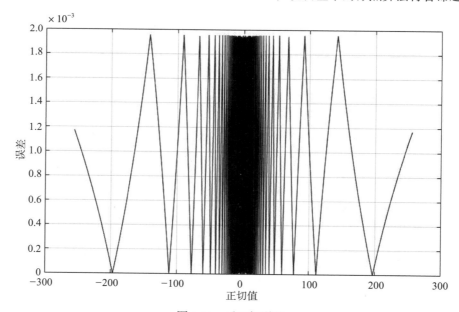

图 6-11　反正切误差

2. 初步定点化

上述浮点算法的定点化代码如下（配套参考代码 atan_fix.m）。定点的任务是确定代码中 x、tana、a 等信号的精度。这里设 x 的精度为 exp_x，tana 的精度应与 x 的精度一致，这样才能统一加减，因此也是 exp_x，但是还应注意到输入的 tana 和 x 不同，tana 已经包含 8位精度，要实现整体的精度为 exp_x，这里只需要补充剩余的部分精度，即 exp_x 减 8，补充完成后得到的新变量为 tana2。tt 仍然如正余弦波发生器一样，使用查表法获得。它原本代表不同迭代次数下的弧度值，但由于要求输出的角度为等分量化，所以在弧度后面增加了转换为等分量化的算式，即除以 $\dfrac{2\pi}{1024}$，将整个算式作为一个整体进行量化。tt 的精度设定为 exp_a，这也是迭代中角度 a 的量化精度。tmp1、tmp2 等辅助变量也被动参与量化，它们没有专属的量化精度选项，但须注意在运算完后对它取整数。迭代过程中的 3 个式子都是整数运算，所以不需要再定点化。最终输出的角度 a 是等分量化形式的，要求它以整数输出，不带小数，因此须将它的精度 exp_a 消除。但消除精度后，该数的误差应为 ±1，但题目要求误差不要大于 ±0.5，所以这里没有用直接截位，而是取四舍五入后输出。

```
function a2 = atan_fix(tana)
itr     = 19;
exp_x   = 18;
exp_a   = 12;

x = floor(1*2^exp_x);
tana2 = floor(tana * 2^(exp_x-8));
a = 0;

for cnt = 0:itr-1
    tt   = round(atan(2^(-cnt))/(2*pi/1024) * 2^exp_a);
    tmp1 = floor(2^(-cnt)*tana2);
    tmp2 = floor(2^(-cnt)*x);

    if (tana2 >= 0)
        x     = x     + tmp1;
        tana2 = tana2 - tmp2;
        a     = a     + tt;
    else
        x     = x     - tmp1;
        tana2 = tana2 + tmp2;
        a     = a     - tt;
    end
end

a2 = round(a/2^exp_a);
```

按照前文介绍的控制变量法，先将 3 个定点化精度选项 itr、exp_x、exp_a 设为一个较大的值，然后逐一减小至电路实现的合理范围内。经过反复仿真可以知道，要满足题目要求的输出精度，迭代次数 itr 最低为 19 次，x 的精度应为 18 位，而 a 的精度应为 12 位。

接下来确定变量的范围和有无符号，方法仍然是限定各变量位宽并仿真，看结果是否失败。用于确定位宽的代码详见配套参考代码 atan_fix_max.m。

最终确定各变量的位宽见表 6-3。其中，x 在迭代中一直是非负的，因而这里定点化为无符号数。tana2 是有符号数，它的符号决定着迭代的方向。a 是有符号数，因为反正切求出的值是有正负的。tmp1 由 tana2 得到，因而也是有符号的，tmp2 由 x 得到，因而是无符号的。a2 是最终输出的等分量化角度，它有正负，其数值位宽为 8 位，全部为整数。规定为 10 位等分量化的 a2，其位宽只有 8 位而非 10 位，是因为 10 位等分是对于一个完整的圆周（360°）来说的，而反正切运算电路所得角的范围是 $-90° \sim 90°$，绝对值是 $0 \sim 90°$，它是 360° 的 $\frac{1}{4}$，因而在 10 位基础上减去 2 位，用 8 位表示最大值 90° 即可。

表 6-3　反正切运算器中各变量的定点化情况

变量名	总位宽	精度	有无符号
x	27	18	无
tana2	27	18	有
a	21	12	有
tt	20	12	无
tmp1	27	18	有
tmp2	27	18	无
a2	9	0	有

3. 最终定点化

将初步定点化的参数 itr、exp_x、exp_a 用实验得到的常数代替，然后将代码中的一些常数定点化在 MATLAB 中直接算出，就得到了最终的定点化代码（配套参考代码 atan_fix2.m），具体如下：

```
function a2 = atan_fix2(tana)
x     = 2^18;
tana2 = floor(tana * 2^10);
a     = 0;

tt = [524288,309505,163534,83012,41667, ...
20854,10430,5215,2608,1304,652,326,163,81,41,20,10,5,3];

for cnt = 0:18
    tmp1 = floor(2^(-cnt)*tana2);
    tmp2 = floor(2^(-cnt)*x);

    if (tana2 >= 0)
        x     = x     + tmp1;
        tana2 = tana2 - tmp2;
        a     = a     + tt(cnt+1);
    else
        x     = x     - tmp1;
```

```
        tana2 = tana2 + tmp2;
        a     = a     - tt(cnt+1);
    end
end

a2 = round(a/2^12);
```

tt 改为了数组查表形式，用以下代码可以算出该数组。

```
for cnt = 0:18
    tt(cnt+1)    = round(atan(2^(-cnt))/(2*pi/1024) * 2^12);
end
```

6.3.3 电路实现

将反正切运算的定点化模型变为 RTL，请参见配套参考代码 atan.v。其实现方法可以参考 6.1.4 节的说明。唯一的不同点是下面代码中的 x 和 tmp2 都是无符号数。当无符号数与有符号数一起参与计算时，须转换为有符号数。因此，x 加减 tmp1 之前应该先转换为有符号数，而 tana2 加减 tmp2 之前，tmp2 也应该先转换为有符号数。有符号数可以通过赋值转换为无符号数，比如 x 迭代后，由有符号数又变成了无符号数。同理，无符号数也可以通过赋值转换为有符号数。无符号数与有符号数之间通过赋值相互转化时，需要注意符号。当无符号数转化为有符号数时，要求其最高位为 0，以免转换成为一个负数。如果该无符号数的最高位本身就是 0，则可以直接赋值，若最高位本身是 1，则须手工补充最高位的 0。当有符号数转换为无符号数时，需要确保该有符号数是非负的。比如下面代码中有符号数计算完成后赋值给 x，就需要保证计算得到的有符号数是非负的。怎么保证它非负呢？下面代码中并未进行任何保障措施，因为算法通过遍历已经确定该运算不会出现负数，而且在原理部分也证明了运算结果只会出现第一象限或第四象限的角度，因此 x 不会出现负数情况。如果没有通过算法推导和仿真来确认，需要在 RTL 中添加保障措施。

```
always @(posedge clk or negedge rstn)
begin
    if (!rstn)
    begin
        x       <= 27'd0;
        tana2   <= 27'd0;
        a       <= 21'd0;
    end
    else
    begin
        if (cnt == 5'd0)
        begin
            x       <= 27'd262144;
            tana2   <= tana<<10;
            a       <= 21'd0;
        end
    end
```

```
            else
            begin
                if (~tana2[26])
                begin
                    x        <= signed'({1'b0, x}) + tmp1;
                    tana2    <= tana2 - signed'({1'b0, tmp2});
                    a        <= a     + signed'({1'b0, tt});
                end
                else
                begin
                    x        <= signed'({1'b0, x}) - tmp1;
                    tana2    <= tana2 + signed'({1'b0, tmp2});
                    a        <= a     - signed'({1'b0, tt});
                end
            end
        end
    end
end
```

　　验证上述 RTL 代码的 TB 请见配套参考代码 atan_tb.v，其算法逻辑已在浮点建模的验证代码中给出。最终的遍历仿真结果如图 6-12 所示。其中，a_fix 为输出的角度，DtoA_tana_fix 是转换为模拟波形后的输入正切值，而 DtoA_a_fix 是将 a_fix 转换为模拟波形后的角度值（等分量化）。最终的误差最大值 max_err 为 3.07m，即 0.00307 rad，与算法仿真一致。

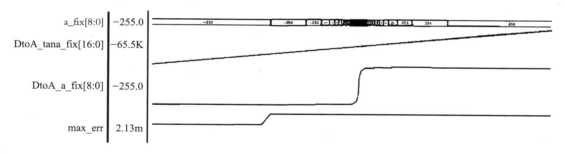

图 6-12　反正切运算仿真结果

6.4　复数求模电路

6.4.1　算法原理

　　一个复数，既可以表示为式（5-5）的实部与虚部结合的形式，又可以表示为式（5-6）的模与角度的形式。本节将介绍的是已知一个复数的实部与虚部，求它的模与角度的电路。

　　其算法原理实际上与反正切运算电路一致，都是在 CORDIC 的圆坐标系向量模式下进行迭代运算。事实上，反正切运算就是复数的求角度运算，而求解过程中的 x 最终会表现为复数信号的模。在反正切运算的原理部分已经提到，由于幅度是不必输出的无效结果，因而没有对幅度进行补偿。但在复数求模时，幅度就是要输出的模，因此这里是需要进行幅度补偿的。

可以再次参见图 6-8，二维坐标上的 A 点，横轴代表它的实部，纵轴代表它的虚部，因此，A 点可以用一个复数表示。假设 A 点的坐标是（x_0，y_0），那么 $A=x_0+jy_0$。将 A 旋转至 x 轴，变为 B 点。假设 B 点的坐标是（x_1，0），那么 $B=x_1$，B 既可以看作一个虚部为 0 为复数，又可以看作一个实数。从 A 旋转到 B，转过的角度就是复数的角度，而 x_1 就是复数的模。在旋转过程中，需要进行幅度补偿，否则 x_1 将不等于 $\sqrt{x_0^2+y_0^2}$。进行补偿的位置可以在迭代之前输入初始化的 x_0 和 y_0 时，用补偿值分别乘以 x_0 和 y_0，这需要两次乘法。也可以在迭代之后输出 x_1 时，乘以补偿值，这只需要一次乘法。因此，一般选择后者。补偿值为 0.60725293501，其求解过程见 4.3.1 节 CORDIC 基本原理。

利用 CORDIC 进行求模和角度有一定局限性，它并不能做到 4 个复数象限都有效。当 A 点在第一象限或第四象限时，求出的模是正值，求出的角度是真实的角度。而当 A 点在第二象限或第三象限时，求出的模是负值，求出的角度比真实角度少了一个 π。对于处于坐标轴上的复数 A，若 A 为正实数（落在横轴正半轴上），CORDIC 求解符合真实情况；若 A 为负实数（落在横轴负半轴上），CORDIC 求解出的模是负数，角度为 0（实际应该为 π）；若 A 为正虚数（落在纵轴正半轴上），CORDIC 求解出的模和角度均正确；若 A 为负虚数（落在纵轴负半轴上），CORDIC 求解出的模是负数，角度为 $\frac{\pi}{2}$（实际应该为 $-\frac{\pi}{2}$）。若 A 处在坐标原点，即 x_0 和 y_0 均为 0，可以看作模为 0 并且角度随机的复数，在 CORDIC 运算中模确实为 0，计算出来的角度可以忽略不计。鉴于 CORDIC 对于第二象限和第三象限不能反映真实情况，且在横纵坐标的负半轴上也无法反映真实情况，在用 CORDIC 求模和求角度前，先将 A 点的实部和虚部变为第一象限，迭代计算结束后再根据象限改变其角度值，而幅度值统一为正数，不需要根据象限而变。本节为了方便起见，将随机分布在 4 个象限的复数都统一转换到第一象限中，最后再还原到各自象限的角度上。对于 A 点为负实数或负虚数的情况，也先转换为正实数或正虚数。

6.4.2 算法建模

1. 浮点建模

在进行建模之前，先确定建模的目标要求（即命题）。本节要实现的命题如下：**输入一个复数的实部和虚部，实部和虚部都有符号，整数为 3 位、小数为 5 位。输出模和角度。模的整数为 4 位、小数为 5 位，但误差要求是 2^{-6}。输出角度为 10 位等分量化角度。要求输出的角度误差为半个量化精度。**

上述命题中，需要注意的是模为非负数，因此模是不带符号的。另外，对模的误差要求原本应该为 2^{-5}，因为小数精度为 5 位，但这里要求是 2^{-6}，因此和角度要求一样，都是半个量化精度。说明需要在输出时使用四舍五入方式取整。

对于该命题的浮点算法建模如下（配套参考代码 abs_float.m）。其中，输入的 x 和 y 分别是一个复数的实部与虚部。输出复数的模为 absa，输出复数的角度为 a2。

```
function [absa, a2] = abs_float(x, y)

x2  = abs(x);
y2  = abs(y);
itr = 15;
a   = 0;

for cnt = 0:itr-1
    tt   = atan(2^(-cnt));
    tmp1 = 2^(-cnt)*y2;
    tmp2 = 2^(-cnt)*x2;

    if y2 >= 0
        x2 = x2 + tmp1;
        y2 = y2 - tmp2;
        a  = a  + tt;
    else
        x2 = x2 - tmp1;
        y2 = y2 + tmp2;
        a  = a  - tt;
    end
end

absa = 0.60725293501 * x2;

if (x == 0 && y == 0)      % 复数在坐标原点
    a2 = 0;
elseif (x > 0 && y < 0)    % 第四象限
    a2 = 2*pi-a;
elseif (x < 0 && y >= 0)   % 第二象限兼负实数
    a2 = pi-a;
elseif (x <= 0 && y < 0)   % 第三象限兼负虚数
    a2 = pi+a;
else                       % 第一象限
    a2 = a;
end
```

按照前文的解释，先将任意象限的复数转换到第一象限，即实部和虚部都取绝对值，则 x 变为 x2，y 变为 y2。中间的迭代过程（即 x2、y2、a 的迭代），以及 tt、tmp1、tmp2 的求解过程，均与反正切运算的例子相一致。在最终处理方面，与反正切运算有所不同。主要差异点为两处。其中一处是本算法需要求模，因此迭代得到的 x2 不丢弃，而是将其进行幅度补偿后作为模来输出。另一处是对于角度的处理，因为迭代得出的是第一象限角度，输出前需要根据复数所处的实际象限位置对角度做出修正。当复数在第二象限时，实际角度是 π 减第一象限角；当复数在第三象限时，实际角度是 π 加第一象限角；当复数在第四象限时，实际角度可以是第一象限角度取反。本算法将最终输出的角度范围定为 $0 \sim 2\pi$，因此对于符号为负的角度一律加 2π，将其转换为正数或 0，因此第四象限的角度是 2π 减第一象限角。

在考虑变换角度时，也要想到复数处在横轴或纵轴上的情况。前文已讨论过，当复数落在横轴或纵轴的正半轴上时，角度运算是正确的，可直接输出，而当复数落在横轴或纵轴的负半轴上时，角度需要调整。因此在浮点代码中，第二象限也兼带讨论了复数落在横轴负半轴上的情况，此时 a 将约等于 0，而实际角度应为 π，这里与第二象限统一写成 $\pi-a$。也可以将这种情况放在第三象限，统一写成 $\pi+a$。在浮点代码中，第三象限也兼带讨论了复数落在纵轴负半轴的情况，此时 a 将约等于 $\dfrac{\pi}{2}$，而它实际上应该等于 $-\dfrac{\pi}{2}$ 或 $\dfrac{3\pi}{2}$，由于输出时统一将角度范围固定为 $0 \sim 2\pi$，因此这里将复数为虚数的情况合并到第三象限讨论，即 $\pi+a$。此外，对于复数处于坐标原点的情况，原本其角度是无意义的，但为了与MATLAB 的计算结果相统一，以便两者能进行对比，这里将输出角度硬性设定为 0。

浮点算法的验证脚本如下（配套参考代码 abs_tb.m）。由于数据量不大，这里采用遍历的方法。实部和虚部在命题中要求的定点化一致，因此代码中先建立一个统一的向量 v，然后用双重嵌套循环方式将实部 x 和虚部 y 的值从 v 中遍历一遍，使得所有排列组合的可能性都被仿真到。deltx 是实部和虚部的精度，也是向量的步长。由 x 和 y 组成的复数 x+jy，其模值的参考信号为 absa_real，其角度的参考信号为 a_real，它们都是用 MATLAB 内建函数运算得到的。由于在算法中限制了输出角度的范围是 $0 \sim 2\pi$，所以在求 a_real 时用 mod 函数将角度对 2π 求模，以便将负数角度转移到规定范围内。本算法求出的模和角度分别是 absa 和 a。最后将参考信号与算法结果求差值，可分别得到模值误差 err_abs 和角度误差 err_a。

```
clc;
clear;
close all;

deltx   = 2^-5;
delt_a = 2*pi/1024;

cnt = 1;
v = -8:deltx:8-deltx;

for cnt1 = 1:512
    for cnt2 = 1:512
        x = v(cnt1);
        y = v(cnt2);

        absa_real = abs(x+1i*y);
        a_real    = mod(angle(x+1i*y), 2*pi);

        [absa, a] = abs_float(x,y);

        err_abs(cnt) = abs(absa_real - absa);
```

```
        err_a(cnt)   = abs(a_real   - a);

        cnt = cnt + 1;
    end
end

figure(1);plot(err_abs);grid on;
figure(2);plot(err_a);grid on;

max(abs(err_abs))
max(abs(err_a))
```

2. 初步定点化

对浮点代码进行初步定点化的代码如下（配套参考代码 abs_fix.m）。和反正切的定点化类似，这里也设置了若干定点化相关的变量，如 exp_x 用来设置 x3 和 y3 的精度，exp_a 用来设置等分量化角度的精度，exp_coeff 用来设置幅度补偿系数的精度。注意，这里的 exp_x 不代表完整的 x3 和 y3 的精度，由于 x2 和 y2 带有 5 位精度，因而完整的精度应该是 exp_x+5。

```
function [absa, a3] = abs_fix(x,y)

%x2:9=0+4+5
x2 = abs(x);

%y2:9=0+4+5
y2 = abs(y);

itr = 19;
a   = 0;

exp_x   = 14;
exp_a   = 14;

x3 = floor(x2 * 2^exp_x);
y3 = floor(y2 * 2^exp_x);

for cnt = 0:itr-1
    tt   = round(atan(2^(-cnt))/(2*pi/1024) * 2^exp_a);
    tmp1 = floor(2^(-cnt) * y3);
    tmp2 = floor(2^(-cnt) * x3);

    if y3 >= 0
        x3 = x3 + tmp1;
        y3 = y3 - tmp2;
        a  = a  + tt;
    else
        x3 = x3 - tmp1;
        y3 = y3 + tmp2;
```

```
        a   = a   - tt;
    end
end

exp_coeff = 19;
absa = round(round(0.60725293501*2^exp_coeff) ...
* x3/2^(exp_coeff+exp_x));

a2 = round(a/2^exp_a);

if (x > 0 && y < 0)
    a3 = 1024-a2;
elseif (x == 0 && y == 0)
    a3 = 0;
elseif (x < 0 && y >= 0)
    a3 = 512-a2;
elseif (x <= 0 && y < 0)
    a3 = 512+a2;
else
    a3 = a2;
end
```

在进行模值 absa 的运算时，用定点化后的幅度补偿系数乘以迭代后的幅度值 x3，得到的积的小数精度应该为幅度补偿系数的精度 exp_coeff 加 x3 的精度 exp_x+5，合计为 exp_coeff+exp_x+5。但是输出的幅度仍然要有 5 位精度，因此上述乘积不能直接除以 exp_coeff+exp_x+5，而是除以 exp_coeff+exp_x，以便在结果上保留 5 位精度。

角度 a 和 tt 仍然是等分量化过的，因此在 tt 的定点化中对弧度值除以 $\dfrac{2\pi}{1024}$，将其转化为等分量化形式。最终输出的 a2 也是等分量化的，因此浮点算法中的 2π 和 π 分别用 1024 和 512 来代替。

在最后的输出阶段，absa 和 a2 都是取四舍五入的结果，原因在命题中已进行了分析，是因为误差要求超过了定点化精度，必须使用四舍五入才能满足。需要强调的是，absa 可以像上述代码一样，将带有 exp_x+5 精度的 x3 乘以补偿系数，然后除以精度 exp_coeff+exp_x。还可以先将 x3 的精度从 exp_x+5 转换为 5，然后再乘以补偿系数，这种做法下乘法器的输入位宽更少，更省面积，但却无法满足精度要求，即使 exp_x 设为 100 也无法达标。为了减少乘法器的位宽，可以将 absa 的算式改为如下代码。这里的思路是先尽量将 x3 的精度缩小，得到 x4，然后再用 x4 乘以幅度补偿系数。经过验证发现，x4 保留 exp_x 中的 9 位，然后参与乘法运算后得到的幅度符合精度要求。x4 保留 exp_x 中的 9 位，意味着 x4 的实际精度是 14 位，x3 的实际精度是 exp_x+5。得到 x4 的过程也使用四舍五入，若用直接截取，就需要将式中的 exp_x-9 改为 exp_x-10，即让 x4 再扩展 1 位。实际上，四舍五入就是用加法和移位电路来换取 1 位数据宽度。是否需要进行这样的交换，还要看后续电路中数据的用途。这里，为 x4 节省的 1 位宽度可以节省后续乘法器的面积，因而使用四舍五入在面积上更加划算。

```
exp_coeff = 19;
x4 = round(x3/2^(exp_x-9));
absa = round(round(0.60725293501*2^exp_coeff) * x4/2^(exp_coeff+9));
```

命题中的幅度误差标准为小于 2^{-6}（即 0.015625），角度误差标准是等分量化的 $\frac{1}{2}$（即 0.00307 rad）。按照前文介绍的控制变量法，将 exp_x、exp_a、exp_coeff、itr 等参数由较大的值逐渐缩小到电路可接受的合理范围内，最终确定 exp_x 为 14，exp_a 为 14，exp_coeff 为 19，itr 为 19。

在完成了精度的确定工作后，还需要对各变量的位宽和符号进行确定。具体方法已在前文多次阐述，这里不再赘述。该算法建模详见配套参考代码 abs_fix_max.m。

这里需要对算法中各变量的符号进行说明。由于限制了实部和虚部都是非负数，因此 x3 和 y3 的初值都是非负的。在迭代过程中，x3 一直保持它的符号不变，而 y3 在迭代中会发生符号的变化，因为向量模式的原理就是让 y3 在 0 周围摆动，最终稳定到 0。所以在选择符号时，将 x3 定义为无符号数，而将 y3 定义为有符号数。tmp2 跟随 x3，也被定义为无符号数，而 tmp1 跟随 y3，被定义为有符号数。由 x3 衍生而来的 x4 和 absa 是无符号数。角度虽然限制在第一象限，但在迭代过程中仍然有非负数的情况，这主要发生在实际角度较小的情况下，比如实际角度是 3.6°，进行了 4 次迭代后，角度会暂时显示为负值，但之后会渐渐收敛到 3.6°，因此角度 a 是有符号的，但是迭代后的 a 是非负的，因而从它衍生出的 a2 也是无符号数。对于输出的角度 a3 来说，由于规定输出角度范围为 $0 \sim 2\pi$，不存在负数，所以 a3 也是无符号的。

x2 是实部 x 的绝对值，y2 是虚部 y 的绝对值。在求绝对值后，位宽不变，即 x2 与 x 位宽相等。通常情况下，会将 x2 的位宽通过溢出保护的方式限制为 x 的位宽减 1。只有一种溢出的情况，就是 x 等于所能表示的负数的最小值 −256。减小 x2 的位宽后可以提高每一位的利用率。但在本运算中，由于命题中有明确的精度要求，进行这样的截位和溢出保护会使得最终的精度在 x=−256 情况下不满足，因此这里选择保留 x2 的全部位宽。对于 y2 的处理也是如此。也可以将 x2 和 y2 缩小 1 位，同时在算法中加入对 x=−256 以及 y=−256 情况的特殊讨论，但这种讨论的情况很多，不适合作为特殊讨论处理。

最终确定各变量的位宽见表 6-4。其中，absa 除了在输出前对精度进行了四舍五入处理外，并没有限制位宽并进行溢出保护，因为命题中规定的 9 位宽度对于所有计算出的模值均适用，没有限制位宽的必要。

表 6-4　复数求模运算中各变量的定点化情况

变量名	总位宽	精度	有无符号
x2	9	5	无
y2	9	5	无
x3	24	19	无
y3	24	19	有
tmp1	24	19	有

（续）

变量名	总位宽	精度	有无符号
tmp2	23	19	无
x4	19	14	无
absa	9	5	无
tt	22	14	无
a	24	14	有
a2	9	0	无
a3	10	0	无

3. 最终定点化

经过初步定点化后，各信号的精度和位宽均已确定。将代码中的参数 exp_x、exp_a、exp_coeff、itr 代入已确定的常数，获得最终的定点化代码，具体请见配套参考代码 abs_fix2.m。

其中，幅度补偿系数通过以下计算式算出，它保留了 19 位精度，其定点化值为 318375。

```
round(0.60725293501*2^19)
```

tt 改为了数组查表形式，用以下代码可以算出该数组。

```
for cnt = 0:18
    tt(cnt+1)    = round(atan(2^(-cnt))/(2*pi/1024) * 2^14);
end
```

最终得到的数组如下：

```
tt = [2097152,1238021,654136,332050,166669,83416,41718,20860,10430,5215,2608,1304,
    652,326,163,81,41,20,10];
```

最终实现的模值误差与弧度误差如图 6-13 所示。其中，图 6-13a 表示模值误差，其最大值为 0.01561，小于要求的 0.015625。图 6-13b 表示弧度误差，其最大值为 0.00307，符合命题中的要求。

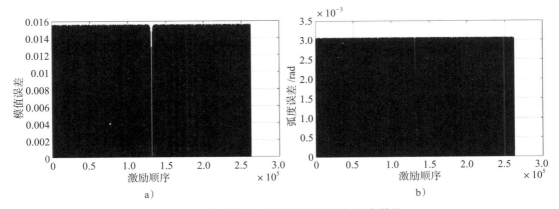

图 6-13　定点化实现后的模值误差与弧度误差

6.4.3 电路实现

依据最终定点化算法代码编写的 RTL 电路请见配套参考代码 abs.v，它与反正切运算的 RTL 相似，由状态机 cnt 控制迭代过程，运算由 trig 信号发起，在迭代后又生成了一个 vld 信号，指示模值和角度值已更新，并且模值和角度值均被寄存。tmp1、tmp2、tt 均用组合逻辑生成，x3、y3 和 a 用时序逻辑生成。

对模值和角度的四舍五入处理，是本例需要特别关注的。

在算法中，迭代后的 x3 需要先变为 x4 再输出，代码如下。这里涉及两次四舍五入计算。

```
x4   = round(x3/2^5);
absa = round(318375 * x4/2^28);
```

在 RTL 中，上述算法的实现过程如下，求解四舍五入的过程符合 2.4.2 节介绍的方法。

```
assign x4_tmp = (x3 >> 4) + 20'd1;
assign x4     = x4_tmp >> 1;

assign absa_tmp  = 19'd318375 * x4;
assign absa_tmp2 = (absa_tmp >> 27) + 10'd1;
assign absa      = absa_tmp2 >> 1;
```

代码中，x3 是 24 位无符号数，包含 5 位整数和 19 位小数。舍弃 4 位后，剩余 20 位，包含 5 位整数和 15 位小数。在此基础上加 1，所得的 x4_tmp 按照正常的设计思路应该是 21 位，而在代码中却将 x4_tmp 定为 20 位，这是为什么呢？要想知道 x4_tmp 的真实位宽，必须跳出设计位宽的局限，从算法上分析。由命题可知，x2 可表示的最大浮点值为 8（3 位有符号整数的绝对值最大为 8），y2 可表示的最大浮点值也为 8。一个复数，如果实部和虚部均为 8，则模为 11.3137。CORDIC 迭代过程对模值有扩大作用，因而 11.3137 并不是最大值，还要除以幅度补偿值 0.60725293501 才能得到最大值（即 18.631），该值便是 x3、x4、x4_tmp 共同的最大浮点值。将 18.631 进行定点化，整数 18 需要 5 位表示，小数用 15 位表示，得到 610501，这便是 x4_tmp 的最大定点值，该值加 1，不会使得 20 位提高为 21 位，因此可断定 x4_tmp 在本命题定义范围内的所有情况下都不会扩展到 21 位。

对于 absa_tmp2 的位宽判断也按照上述原则进行。首先，absa_tmp 是由两个 19 位的无符号数相乘得到，它的位宽按常理应该为 38 位。但是，这种判断是基于两个随机的 19 位数相乘而做出的，对于 absa_tmp 这种一个常数和一个已知范围的数相乘得到的结果，其位宽可能会更小。已知 x4 是 5 位整数和 14 位小数，它所表示的最大浮点值为 18.631，则最大定点值为 305250。将 318375 乘以 305250，其结果是 absa_tmp 的最大值，它可以用 37 位表示，其中整数位由 x4 的 5 位缩小为 4 位，因为该乘法实际上是将 x4 乘以 0.60725293501，模值的浮点值恢复为 11.3137，其整数用 4 位表示即可，剩余的小数是 33 位（x4 的小数为 14 位，幅度补偿值的小数为 19 位，相乘后的结果精度是 33 位）。接下来，将 absa_tmp 截取尾部的 27 位，剩余 10 位，包含 4 位整数和 6 位小数，然后再加 1。加 1 的结果仍然是 10 位，因为 absa_tmp 和 absa_tmp2 的最大浮点值都是 11.3137，将其用 6 位精度定点化后得到 724，用 10 位表示，该值加 1 后仍然可用 10 位表示。因此，absa_tmp2 仍由 4 位整数和 6 位小数组成。由于命题要求输出模值应由 4 位整数和 5 位小数组成，所以最后截取 absa_tmp2 的末位，得到 absa。

上述四舍五入过程是在已知计算的具体应用环境下做出的，因此对于数据范围的判断较为精确。如果无法对数值范围做出精确判断，只能通过位宽大概估计出范围，则需要在四舍五入阶段进行溢出保护。例如，x4_tmp 在加 1 后有可能由 20 位变为 21 位，而结果 x4 只需要 19 位，因此 x4_tmp 无法通过直接截取末位的方式得到 19 位数。可以选择在计算得到 21 位的 x4_tmp 后先进行溢出保护，将位宽缩小到 20 位，然后向右移动 1 位。也可以先让 x4_tmp 右移 1 位，得到 20 位的 x4，然后对它进行溢出保护，将位宽限制在 19 位。

在算法中，对角度也进行了四舍五入，代码如下：

```
a2    = round(a/2^14);
```

该算法对应的 RTL 实现如下：

```
assign a_tmp   = a;
assign a2_tmp = (a_tmp>>13) + 10'd1;
assign a2      = a2_tmp >> 1;
```

其中，a_tmp 的作用是进行有无符号的转换，并且缩小位宽。由表 6-4 可知，a 是 24 位有符号数，包含 9 位整数和 14 位小数。由于在算法上已经将迭代中输入的复数变换到第一象限，因此虽然迭代中 a 会出现正负号，但在迭代后 a 确定为非负数。在代码中声明一个位宽为 23 位的无符号信号 a_tmp 来代替 a 进行后续运算，不会出现精度损失，同时也减少了后续运算的面积。将 a_tmp 的末尾 13 位去除，剩余 10 位，再加 1 得到 a2_tmp。这里 a2_tmp 是否会扩展为 11 位？答案是不会，因为 a2_tmp 用 10 位表示时已经包含了 9 位整数和 1 位小数。这里的角度都是等分量化的，10 位整数可以表示一个圆周，9 位整数可以表示 $\frac{1}{2}$ 个圆周，而迭代得到的 a 被限制在第一象限，实际上是 $\frac{1}{4}$ 个圆周，应使用 8 位整数表示，这里使用 9 位整数是考虑到它会出现 256（即 $\frac{\pi}{2}$）的可能性，但它不会进一步溢出到 10 位整数。因此，a2_tmp 仍然是 10 位，截取末位后得到的 a2 为 9 位。

在实际确定位宽过程中，如果不用极限分析法，还可以用仿真的方法，即上文多次介绍的构造溢出，通过仿真出现错误与否来判断位宽设置是否合适。更为简单的方法是断言，在算法代码中加入一个断言，通过打印或断点，显示该断言是否成立。例如，要断定迭代后的 a 数值不会超过 $2^{23}-1$，可以在算法代码中加入如下片段，若仿真中出现打印，说明断言失败，a 溢出。

```
if (a >= 2^23)
    fprintf('a overflow\n');
end
```

将第一象限角还原为原象限角的算法过程如下：

```
if (x > 0 && y < 0)
    a3 = 1024-a2;
elseif (x == 0 && y == 0)
    a3 = 0;
elseif (x < 0 && y >= 0)
    a3 = 512-a2;
elseif (x <= 0 && y < 0)
    a3 = 512+a2;
else
    a3 = a2;
end
```

在用 RTL 实现上述算法时需要注意，RTL 对于大于或等于 0 的判断，以及小于 0 的判断，都比较方便，直接用符号位判断即可。而对于单纯大于 0 的判断，或小于或等于 0 的判断，是不方便的。因此，RTL 实现过程略显烦琐，具体代码如下。为了判断 x 大于 0，而非等于 0，除了确定 x[8] 为 0 外，还要确定 x[7:0] 不为全 0。为了判断 x 小于或等于 0，要将 x[8] 为 1 的情况与 x 为全 0 的情况求或。因此在设计时，应尽量将大于 0 和等于 0 的情况合并讨论，但在本算法中无法合并，在语法上略显烦琐。

```
always @(*)
begin
    if (~x[8] & (|x[7:0]) & y[8])
        a3 = 11'd1024 - a2;
    else if ((x == 9'd0) & (y == 9'd0))
        a3 = 10'd0;
    else if (x[8] & ~y[8])
        a3 = 10'd512 - a2;
    else if ((x[8] | (x == 9'd0)) & y[8])
        a3 = 10'd512 + a2;
    else
        a3 = a2;
end
```

用于验证上述 RTL 的 TB 代码详见配套参考代码 abs_tb.v，它基本与 MATLAB 的验证脚本 abs_tb.m 相类似，都使用两个嵌套的 for 循环进行实部和虚部的遍历，其控制流程以及对结果的验证过程与前文讲述的模块类似，这里不再赘述。

该 RTL 的仿真结果如图 6-14 所示。其中，err_absa 为模值的误差，err_a 为角度误差，max_err_absa 为模值误差的最大值，max_err_a 为角度误差的最大值。该误差形状与图 6-13 所示的算法仿真图相似。模值误差最大值为 0.0156，角度（弧度）误差最大值为 0.00307 rad，均符合命题中的误差要求。

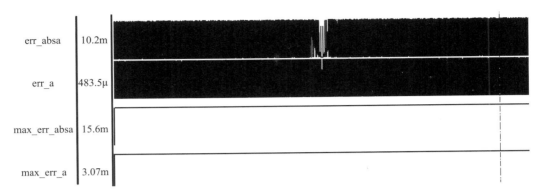

图 6-14 求模运算器的仿真结果

Chapter 7 第7章

滤波器基础概念

滤波器在各类数字芯片中均有广泛的应用。只要芯片的输入信号来自对模拟物理量的采样，就有对滤波的需求。本章将着重介绍信号处理、通信和滤波器方面的基础知识，以及在设计中可能遇到的理论与实践问题，为滤波器设计奠定扎实的理论基础。

7.1 频率和相位

在一般的物理概念里，频率是单位时间内转过的周期数。该单位时间一般为 1s。频率的单位是 Hz，其实际意义是每秒转过的周期数。

在芯片中，数字信号均用电压表示，即使是电流、电阻等物理量，也须转化为电压，才能在数字电路中显示出其数值。

一个电压，如果维持不变，无论它的幅度高低，都是一个直流信号，频率为 0，即 1s 内没有发生任何相位变化。

若一个电压是正弦信号，则它的定义式为

$$y=\sin(2\pi ft) \tag{7-1}$$

式中，f 为正弦波的线频率，即通称的频率，单位是 Hz；t 为时间，单位是 s。$2\pi f$ 整体称为角频率，一般用符号 w 表示，它的单位是 rad/s，即弧度每秒。sin 括号中的数，整体称为相位，在式（7-1）中，正弦波的相位就是 $2\pi ft$，一般用符号 θ 表示，它的单位是 rad，即弧度。相位就是一个正弦值对应的角度。广义的相位突破了正弦的范畴，比如一个周期性出现的方波，它每个周期上的一个固定点也称为相位。

式（7-1）所示的正弦信号，其频率便是 f。其意思是，在 1s 内该正弦波会完成 f 次周

期振荡。该正弦信号在零时刻相位是 0，若零时刻相位不是 0，就称为带有初相的正弦波，其表达式为

$$y=\sin(2\pi ft+\theta_0) \tag{7-2}$$

式中，θ_0 为初相，即初始相位。式（7-2）所表示的正弦波，其频率仍然为 f。

　　式（7-1）和式（7-2）的差别在于零时刻的相位，而所谓的零时刻，是一个相对概念，设计者可以将任意时刻规定为零时刻。比如，将一个正弦波输入到芯片中，芯片可以选择在任意时刻上电，并采样该正弦波。若将芯片上电解复位时刻作为零时刻，则芯片无法保证零时刻上采样到的信号，其初相是 0，或初相为某个事先能够确定的值。

　　之所以引入初相的概念是比较出来的。只有一个正弦输入的情况下，引入初相并无意义。而如果是两个或更多正弦波一起输入，就有了比较它们相位的必要。此时，引入初相才有意义。比如式（7-3）中，y 由两个正弦波叠加而成，若忽略两者的初相，则数学上构造的合成信号 y 会与实际收到的 y 存在偏差，因此引入初相是必要的。多数情况下，对于多个正弦波共同输入、统一比较的情况，会以其中一个正弦波为参考，将其初相认为是 0，其他正弦波相对于该参考正弦波计算初相。

$$y=\sin(2\pi f_0 t+\theta_0)+\sin(2\pi f_1 t+\theta_1) \tag{7-3}$$

　　注意，虽然式（7-3）反映的是两路正弦波叠加后输入的情况，但实际中需要引入初相概念的场景不仅限于此。只要存在两路或更多路正弦波进行比较的情况，就要引入初相，这些正弦波并不一定是混合输入的。比如，芯片有两个输入口，分别输入了两路正弦波，而且它们在芯片处理时需要进行加减乘除或比较运算，就需要引入初相。再比如，芯片的一个端口输入正弦信号，同时在它的内部也用 CORDIC 或查表法产生了另一个正弦信号，在芯片内部将这两个信号进行了加减乘除或比较运算，也需要引入初相。

　　余弦信号只是比正弦信号提前了 90° 相位的信号，如式（7-4）所示。所以余弦和正弦虽然是两个名称，但实际上是同一种类型的信号。当一个信号只是单独出现，而并未伴随另一个具有相位相关性的信号时，可以选用余弦或正弦中的任意一种来表示该信号。当它们是多个信号一起出现，并发生了运算和比较关系时，才需要区分。这和统一用正弦表示，只将其中的一个信号初相调整为 $\pi/2$ 并无差异。

$$\cos(2\pi ft)=\sin\left(2\pi ft+\frac{\pi}{2}\right) \tag{7-4}$$

　　式（7-1）是模拟信号的写法，数字信号是在模拟信号基础上进行采样的结果。如果是数字信号，就是每隔一个固定的时间输出一个 y，或采样一个 y，因而它的输出或采样是离散的。设该间隔时间为 t_s，则其倒数称为采样频率，也称采样率，用 f_s 表示，它满足

$$f_s=\frac{1}{t_s} \tag{7-5}$$

将连续时间 t 转换为离散时间，可表示为

$$t=nt_s \tag{7-6}$$

式中，n 为采样序号，它为非负的整数。

将式（7-6）代入式（7-1）中，可以得到

$$y = \sin\left(2\pi \frac{n}{N}\right) \qquad (7\text{-}7)$$

式中，N 为过采样倍数，$N = \dfrac{f_s}{f}$，它代表采样率是信号本身频率的倍数。根据奈奎斯特采样定理，采样率应大于或等于信号本身频率的两倍。因此，N 应大于或等于 2。一般采样率会设为数倍于信号本身频率，以保证采样点能大致还原模拟波形。N 并不一定是整数，只要大于或等于 2 即可，有时需要构造一些非整数倍的采样，以较低的采样倍数获取不同相位点的信息。N 的取值一般是 2 的幂次方，因为工程中经常会将式（7-7）这样的时域波形用傅里叶变换的方式进行频谱分析。快速傅里叶变换（Fast Fourier Transformation，FFT）是基于 2 的幂次方构建的，N 为 2 的幂次方可以保证参与傅里叶变换的时域信号是以整数倍周期进入的。

可以用一个简单的算法实验来证明奈奎斯特定理的正确性，算法代码如下。f 是正弦信号本身的频率，设为 10 Hz，fs 是采样率，设为 21 Hz，高于信号本身频率的两倍。构造一个正弦信号 y，用 f 作为信号频率，用 fs 作为采样率。

```
clear;
clc;
close all;

f  = 10;          % 信号本身频率
fs = 21;          % 信号采样率

n = [0:127];      % 采样点序号向量

y = sin(2*pi*f/fs*n);   % 时域信号
figure(1);plot(n,y);grid on;

fy = fft(y);      % 频域信号
figure(2);plot(n,abs(fy));grid on;

y2 = ifft(fy);    % 由频域恢复为时域信号
figure(3);plot(n,y2);grid on;
```

得到的频谱如图 7-1 所示。可以看到，图中只有两个镜像的频点，分别是第 61 号和第 67 号。该频谱分析是将 f_s 切成 128 份，每份的带宽是 0.1641 Hz。用信号频率 10 Hz 除以 0.1641 Hz，得到 61。因此，第 61 号频点就是 10 Hz 响应点。整个频谱是根据奈奎斯特频点（第 64 号频点）偶对称的，因此除了第 61 号频点外，还会出现一个镜像频点，即第 67 号频点。

直流信号可看作是频率为 0 Hz 的正弦信号。当分析直流信号的频谱时，会发现只在零频点有响应。

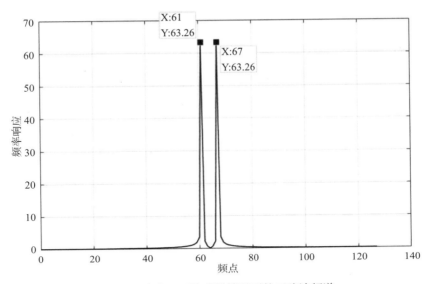

图 7-1　略高于两倍采样情况下的正弦波频谱

常见的频谱图，其横轴范围经常表示为 $0 \sim \pi$，或 $0 \sim 2\pi$。这是一种归一化的频率表示方法。2π 即为一个圆，将采样率 f_s 视为一个圆，则 f_s 可以表示为 2π。奈奎斯特频点是 f_s 的一半，可以表示为 π。那么，图 7-1 以频点作为单位的横轴就可以改为以归一化频率作为单位的横轴。其中，第 64 号频点（10.5 Hz），即奈奎斯特频点，可以标记为 π，有响应的第 61 号频点可标记为 0.9531π，而第 67 号频点可标记为 1.0469π。

频谱图的横轴也经常会画成正负频率对称的形式，其范围以频率的形式表示为 $-\dfrac{f_s}{2} \sim$ $\left(\dfrac{f_s}{2} - \dfrac{f_s}{N}\right)$，以频点的形式表示为 $-\dfrac{N}{2} \sim \left(\dfrac{N}{2} - 1\right)$，以归一化频率的形式表示为 $-\pi \sim \left(\pi - \dfrac{2\pi}{N}\right)$。这 3 种形式下的正频率边界都会减一个值，因为频谱分析的结果是 N 个频点，而零频点占用了一个频点，所以负频率边界与正频率边界是不对称的。这一原理与 2.1.3 节所描述的补码原理类似，补码表示范围与式（2-3）一样也是负数边界与正数边界不对称，负数比正数多一个。

负频率应该如何理解呢？根据式（5-9）所描述的欧拉公式可知，若两个信号分别是正频率信号和负频率信号，且两者携带的信息一致，则这两个信号一定都是复数信号，且它们的实部相等，虚部相反。正频率信号就是实部比虚部提前 90° 的信号，负频率信号就是实部比虚部落后 90° 的信号。如果信号是纯实数或纯虚数，就不区分正频率和负频率，因为其中既包含了正频率，又包含了负频率，而且两个频率的幅度是相同的。

若以正负频率的方式表示幅度谱，则图 7-1 将更改为图 7-2，其横轴从第 −64 号频点到第 63 号频点。图 7-1 中从第 64 号频点开始，整体移动到负数区域，即第 64 号频点变成了第 −64 号频点，则原本的第 67 号频点就变成了第 −61 号频点。在 MATLAB 中，当通过傅里叶变换得到 0 ~ 127 号频点范围内的响应后，可以通过 fftshift 函数，将其变为 −64 ~ 63

号频点范围内的响应。反向操作，即从 −64 ～ 63 号频点范围转换到 0 ～ 127 号频点范围，也可以用 fftshift 函数实现。

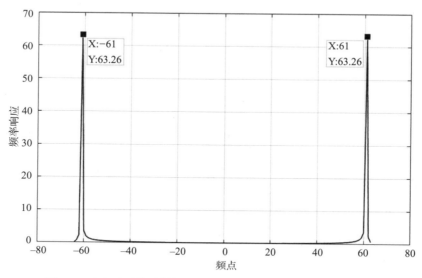

图 7-2　略高于两倍采样情况下的正弦波频谱（正负频率的方式）

数字内部的信号，有单根信号线的，也有多根信号线的。对于单根信号线传输的信号，比如时钟、数据等，一般不分析其频率。多数情况下，芯片分析频率的对象是多信号线表示的数据。通常，这些信号由多位宽 ADC 采集而来。由于数字信号只有 0 和 1 两种状态，所以用单根信号无法表示像正弦波这样复杂的信号，只能用多根信号联合表示，例如 6.1.4 节所介绍的正余弦波发生器所输出的信号。使用正弦波可以很方便地装载和搬运信息，因而它成为最常用的信息传递媒介。

7.2　信息的传递方式

无论是在芯片中还是在系统中，处理数据的本质就是处理信息，处理手段包括拆分、重组、排列、筛选、计算等。滤波的本质是从混杂信息中过滤掉垃圾信息，只保留有用的信息。

芯片获得数据和信息的途径有两个，一个是其自身产生的信息，另一个是从外界输入的信息。信息以时钟作为驱动源，逐拍进入数字芯片中，因而可视为离散信息。每一个信息就是一个数据，该数据所起的作用有两种，一种是它自身就是有用信息，另一种是它包含有用信息，但同时也混杂着一些无用成分。对于第一种，处理简单直接，也不需要设计者具备通信和信息论方面的知识。在本书中，将第一种数据称为普通数据。对于第二种，要想提取其中真正的信息，就必须要运用一些信号处理方面的专业知识。虽然芯片内部对这两种数据都是使用四则运算、截位、移位等手段进行处理的，但从思路和处理复杂度来说并不可相提并论。本章主要针对第二种数据。这种并不纯粹为有用信息的数据常常被称为信号，而将其中有用的成分称为信息，没用的成分称为杂波。

这里需要解释两个问题，第一是数字电路中什么才是信息？第二是信号通过什么方式携带信息？

对于第一个问题，需要清楚的是，在数字电路中，任何类型的信息都是以二进制形式表示的，包括实数、复数、正负数、浮点数等。本书的前几章都在解释如何用二进制表示各种类型的数据。二进制数只有 0 和 1 两种，因此数字电路中的信息就是 0 和 1。还应清楚的是，在数字系统中，不仅信息是 0 和 1，携带信息的信号本身也是 0 和 1。信号往往包含多个位，而它所携带的信息却只有 1 位。

对于第二个问题的研究，就是在研究如何用信号来运载 0 和 1。正弦波是最适合运载 0 和 1 的信号介质。将式（7-2）中增加一个幅度信息 A，就变成了式（7-8）。可以看出，一个正弦波区别于其他正弦波的特征主要有 3 个，即幅度 A、频率 f 和初相 θ_0。

$$y=A\sin(2\pi ft+\theta_0) \tag{7-8}$$

将信息装载到信号上称为调制，将信息从信号上卸下来称为解调。集成了调制和解调功能的设备称为调制解调器（Modem）。

最简单的调制思路就是让信息 0 用一种正弦波来承载，让信息 1 用另一种正弦波来承载。由于正弦波有 3 个特征，可以用其中任意一个特征来区分两个正弦波。于是，形成了 3 种调制方式，分别是调幅、调频和调相。

调幅信号如图 7-3 所示，信息 0 和 1 所搭载的正弦波频率不变，相位也连续（在波形中没有相位跳变），但幅度有所不同。在图中可以直观地看出 0 和 1 的差别。调幅信号一般会规定信息 0 和 1 所持续的时间。图中 0 和 1 都保持了 25 个正弦周期。

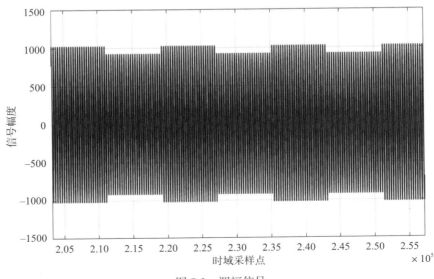

图 7-3　调幅信号

　　调频信号如图 7-4 所示，信息 0 和 1 所搭载的正弦波幅度不变，相位连续，但频率时快时慢，快和慢分别表示 0 和 1。在调制时，会规定一个频率要保持多少周期或多长时间后再变化到另一个频率。图中每个频率保持了 10 个正弦周期。

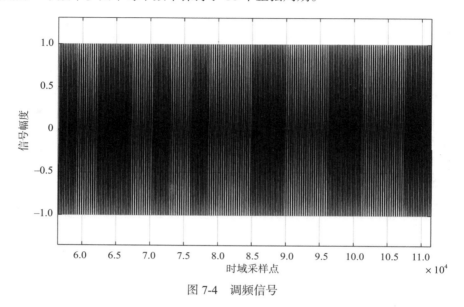

图 7-4　调频信号

　　调相信号如图 7-5 所示，信息 0 和 1 所搭载的正弦波幅度不变，频率也不变，但在 0 和 1 的切换处相位发生了跳变。图中已对相位切换点进行了标注，0 和 1 相位相差 180°。

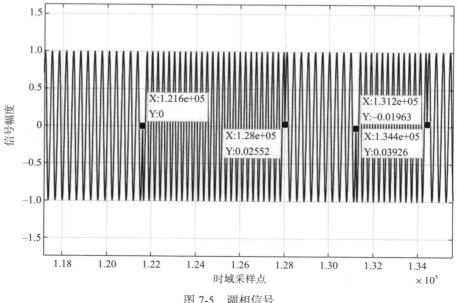

图 7-5　调相信号

这里需要解释,为什么信息不是直接传输,而是要调制在正弦波上?

信息的传递就是通信。广义的通信就是数据的发送与接收,按照此定义,芯片内到处都是通信,比如一个触发器的 Q 端输出信号,该信号参与了一系列组合逻辑后,进入另一个触发器的 D 端。这种传输是直接的,不需要调制。芯片间的慢速接口如 SPI、I2C、UART,以及各种并口,不用调制,信息总是直接传输。

但在无线通信或高速有线通信场景下,就需要用到调制信号,这是因为如果不调制,信息将无法传播出去。在空气、真空、水等介质中,都有适合传播的正弦波频率,而如果是未经调制的 0/1 信号,它将表现为方波形式。方波可以视为多种频率的正弦波叠加。方波是电路中常见的时钟信号,其本身的频率是周期的倒数。但除了该频率,它还包含了一些奇数倍频率。对一个方波的频谱分析如图 7-6 所示,该方波本身的频率在第 1025 号频点上,但它同时还含有 3073、5121、7169 等频点,这些频点约为它自身频点的奇数倍。由于某些频点不适合在介质中传输,会很快衰减为 0,所以即使发出了方波,在接收端也很难收到一个方波,它仍将退化为一个正弦波。另外,方波包含多个频点,不利于频谱的管理。频谱是一种资源,各国的无线电委员会将频谱划分为不同的区域,分配给不同的部门,比如军用、民用、商用等。因此,在通信系统和通信芯片中,通常使用调制的方式将正弦信号调到适合介质传播的频率上,并使用调幅、调频、调相的方式传输信息。

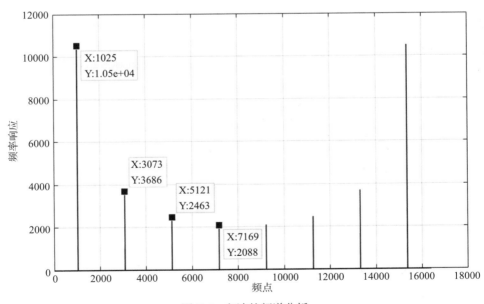

图 7-6 方波的频谱分析

将信息调制到信号上未必要用数字方式,有时也用模拟方式。比如无线充电芯片,虽然其主要功能是充电,本质上是一个功率器件,但它也需要进行通信,以便使功率发射机和功率接收机能够进行功率协商。由于功率发射机与功率接收机之间没有连线,两者之间的通信属于接触式无线通信。功率接收机通过调幅方式向功率发射机发送信息，功率发射机通过调频方式向功率接收机发送信息。功率接收机发送调幅信号时，它作为通信的发射机，但它并不真正发送信号，而是用电阻或电容耦合的方式将信息耦合到功率发射机发出的正弦波上，这就是用模拟方式进行调制的方法。

要发出调幅信号，除了上述耦合方式外，更为常见的是主动发射信号。可以选择在数字电路中构造调幅信号，并通过 DAC 发射出去，也可以选择在模拟电路中构造信号。如果要发出调频或调相信号，甚至更简单，只要在数字电路上产生满足频率和相位要求的脉冲宽度调制（PWM）信号，它只有 1 位，无需 DAC，直接输出到模拟电路中转化为正弦波即可。

比调幅、调频、调相更为高级的调制方式是正交频分复用（OFDM）。4G 和 5G 移动通信以及 WiFi 通信中都使用了这种技术。它本质上是一种调频系统，即在不同频率上加载信息，将这些频率的信号进行混叠后发出。接收端获得信号后，分析出其中不同频率上的信息即可。除了调频的特征，OFDM 还带有调幅和调相的特征。因为它所携带的信息不只是简单的 0/1，而是一个复数如 $Ae^{j\theta_0}$。假设用频率 f_0 来携带该复数信息，则调制后的信号的表达式为 $Ae^{j(2\pi f_0 t+\theta_0)}$，将其用欧拉公式展开，得到

$$Ae^{j(2\pi f_0 t+\theta_0)} = A\cos(2\pi f_0 t + \theta_0) + jA\sin(2\pi f_0 t + \theta_0) \tag{7-9}$$

从式（7-9）可以看出，一个 OFDM 的频点不是一个单纯的正弦波，而是由一对正弦波组成，分别是 $A\cos(2\pi f_0 t+\theta_0)$ 和 $A\sin(2\pi f_0 t+\theta_0)$，两者相位相差 90°。复数信息 $Ae^{j(2\pi f_0 t+\theta_0)}$ 调制到这对正弦波上的方式是对它的幅度乘以 A，初相增加 θ_0。正弦波的幅度乘以 A 就是调幅方式，初相增加 θ_0 就是调相方式。因此，OFDM 的本质就是以调频方式为基础，兼具调幅、调频、调相特性的通信方式。多个不同的频率同时发出，每个频率上携带着不同的复数信息，从而提高了 OFDM 的传输效率。

一个正弦信号，其在频谱上总是表现为对称的两根线，如图 7-1 所示。这就意味着发出一个 10 Hz 的正弦波，在分析其频谱时会发现在 10 Hz 和 −10 Hz 上各有一个响应。因此，若用 10 Hz 携带信息，−10 Hz 也会被占用。两个频点不能各自携带独立的信息。但是，像式（7-9）那样的复数信号，在频谱上就只有一个响应。假设式中 f_0=10 Hz，则其频谱如图 7-7 所示，仅在 10 Hz 处有一个响应，在 −10 Hz 处无响应。这就意味着可以用 10 Hz 携带一种信息，同时用 −10 Hz 携带另一种信息，这两个信息不会相互混叠，在接收端分析 10 Hz 频点，从而获得其信息，再分析 −10 Hz 频点，从而获得其信息。因此，使用复数信号通信的 OFDM，其运载信息的效率加倍。

原本的 0/1 信息是如何变成复数信息的？如果一个频点只传一个 1 或 0，则通信速度不能满足通信的需求，即使是使用 OFDM，同时传输多个频点，并且正频率和负频率可以传输不同的信息，传输速度仍然不够理想。因此，提出了让一个频点不只携带 1 位信息，而是携带多位信息的构想。这种构想最终以正交幅度调制（QAM）的方式变为了现实。一个 16 点 QAM 映射（16-QAM）的方式如图 7-8 所示。x 轴是实部，y 轴是虚部，图中的 16 个

点（称为星座点）就是 16 个复数，它们有着各自的幅度和相位。每个复数能够表示 4 位 0/1 信息，因此只要将一个这样的复数调制到一个 OFDM 频点上，就可以一次性携带 4 位 0/1 信息，是单独携带 1 位信息效率的 4 倍。高速通信甚至已经达到了 4096-QAM，即一个频点上调制了 12 位 0/1 信息。QAM 在提高传输速率的同时，也降低了容错性能，无论是电路噪声还是环境噪声，都会使得星座点发生偏移，调制效率越高，两个星座点的位置越接近，发生星座偏移后就越难以分辨两个星座点位置的不同。因此，高效率的 QAM 应用提高了电路设计的要求。在环境噪声较大的领域如水声通信、深空通信等，仍然使用低效率的传输方式，以提高容错性能。

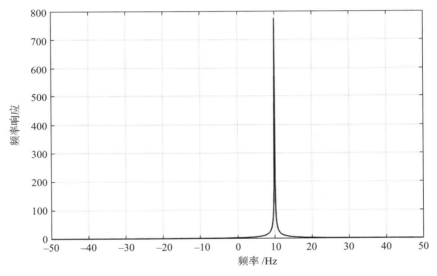

图 7-7 复数信号的频谱

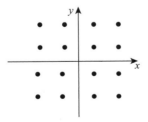

图 7-8 16-QAM 映射图

7.3 带宽

带宽就是信号频谱中频域响应（频响）达到一定幅度的频率的宽度。一个带宽的例子如图 7-9 所示。图中，10 ～ 15 Hz 处有较高的频域响应，周围有一些小的频响可以忽略。像图中所表示的信号，其带宽就为 5 Hz。图中负频率处还存在镜像频响，是因为被分析的信号是正弦波，不是复数信号。需要注意的是，虽然在图中正频率部分有 5 Hz 带宽，负频率部分的镜像也有 5 Hz 带宽，但不能认为该信号的带宽是 10 Hz。因为负频率仅是正频率的影子，它只是信息的复制，不包含新的信息，因此带宽仍然是 5 Hz。

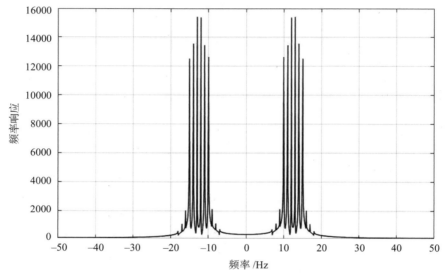

图 7-9　带宽的含义

　　带宽越宽，说明信号中包含的频率成分越丰富。通信信号的带宽越宽，表示数据传输的速度越快。

　　一个普通的调幅信号或调相信号，就是单一频率的正弦波。一个频率就无所谓带宽。调频信号有两个离散的频点，也不能称之为带宽。这些信号的带宽是指它们在一个信息上所保持的时间的倒数。比如某个调幅信号，为传输一个 0 保持了 250 μs，为传输一个 1 也保持了 250 μs，那么它的带宽就是 4 kHz。这种靠时间来区分每个信息的方式称为时分复用。

　　一个 OFDM 信号包含很多频点，并且这些频点都是同时传输的。靠不同的频率来区分不同的信息，称为频分复用。像 OFDM 这种同时传输多个频率信号的方式，是有带宽的。图 7-10 所示为一个 80 MHz 带宽的 WiFi 信号频谱，它的频谱从 −40 MHz 到 40 MHz，因而带宽为 80 MHz。

　　需要注意的是，图 7-9 只算了正半频单边的带宽，而图 7-10 中的带宽则是对正负频率的合计。出现两种不同的带宽计算方式，其原因是 OFDM 信号是用复数形式传输的，它的正负频率都可以携带信息，因此正负频率都需要计算在带宽内，而单独的正弦信号只有正半频能携带信息，因此只能算正半频的宽度。前文所解释的奈奎斯特定理，即采样率必须大于或等于两倍的信号频率的限制，是对于正弦波这样的实数信号而言的，对于 OFDM 信

号，可以采用与带宽相等的采样率。比如，图 7-10 所示的 80 MHz WiFi 信号，可以用 80
MHz 时钟来采样它，仍然能还原它所携带的信息。因为 80 MHz 采样，其频谱的可视范围
是 −40 ~ 40 MHz。对于拥有 80 MHz 带宽的 WiFi 信号来说，其频率范围刚好在 80 MHz
的频谱可视范围之内。

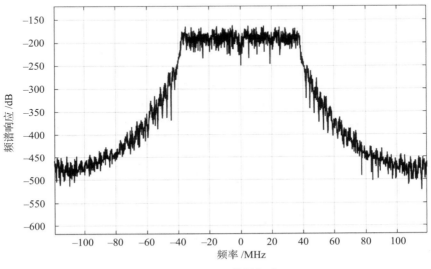

图 7-10 WiFi 信号频谱

要想像 WiFi 信号一样实现复数信号采样，需要同时采样实部和虚部，这意味着接收机
要包含两个 ADC。在电机控制领域，要实现矢量控制（Field-Oriented Control，FOC），也
是用两个 ADC，采集三路电流中的两路，并通过 Clark 变换和 Park 变换，将信号变为复数
信号后再做处理。

7.4 滤波器的作用

滤波器的作用就是滤除某些频率成分，保留另一些频率成分。这意味着，输入滤波器
的信号具有一定的带宽。芯片中需要滤波的信号通常是通过 ADC 从外界采集而来的。采集
的信号一般有 3 种来源：

1）通信信号，人为调制信息。接收端需要滤波以获得该信息。

2）人为注入杂波频率，目的是激发某种特性。如电机驱动使用的高频注入法，通过注
入高频信号来激发电机的凸极性，从而提取转子位置信息，但同时在电流环链路上又需要
滤除这个高频。

3）普通非调制、非人为注入的物理量。比如，要提取一段声音信号中的鸟鸣声，就需
要保留鸟鸣的频率，滤除其他频率；采样一组电流，其中包含一些外界干扰，需要滤波器

将干扰滤除。

需要注意的是，滤波器只能区分频率，去掉不要的频率，保留需要的频率。如果干扰或噪声也存在于需要的频段之内，就不能滤除。这样的干扰或噪声也称为带内干扰或带内噪声。

7.5 滤波器的功能类型

一般意义上的滤波器，按照其功能分类，常见的有低通滤波器、高通滤波器、带通滤波器和带阻滤波器。

1）低通滤波器是让混合频率信号中的低频信号通过，将高频信号滤掉。

2）高通滤波器是让混合频率信号中的高频信号通过，将低频信号滤掉。

3）带通滤波器是让混合频率信号中一个中间频段内的信号通过，将低于该频段和高于该频段的信号都滤掉。

4）带阻滤波器是将混合频率信号中一个中间频段内的信号滤掉，而让低于该频段和高于该频段的信号都得以通过。

低通、高通、带通、带阻滤波器也称为经典滤波器，一般所说的滤波器就是指它们。实现这类滤波器的方式有很多，可以用模拟电路实现，也可以用数字电路实现。

除经典滤波器外，还有一类滤波器称为现代滤波器，包括卡尔曼滤波器（Kalman Filter）、最小均方滤波器（Least Mean Square，LMS Filter）等。它们并不按照频率来决定信号是否通过，而是将输入信号按照数学模型或理想值来对输入信号进行修正。

更为广义的滤波就是指计算本身，比如某个信号 a，对其加 1，就可以视为对信号 a 进行滤波，但一般很少这样称呼。

7.6 滤波器关注的指标

设计滤波器时需要关注以下指标。

1）通带频段：滤波器需要保留某些频点上的信息，那么就设置这些频点为通带频点。这些通带频点不是分离的，而是彼此相邻、集中在一起的，从而形成了一段完整的频段，称为通带。对于低通滤波器，其通带始于直流点（零频点），终点需要设置。对于高通滤波器，其通带起始点需要设置，终点是奈奎斯特频点（采样率的一半处）。对于带通滤波器，其通带起始点和终点都要设置。对于带阻滤波器，其通带分为两段，分别位于阻带的左右两侧。左侧通带和低通滤波器一样，始于直流点，终点需要设置；右侧通带和高通滤波器一样，起始点需要设置，终点是奈奎斯特频点。

2）阻带频段：滤波器要去除某些频点上的信息，就设置这些频点为阻带频点。这些频点和通带频点一样，也是彼此相邻、集中在一起的，这样形成的一个频段称为阻带。对于低通滤波器，其阻带的起点需要设置，终点是奈奎斯特频点。对于高通滤波器，其阻带始于直流点，终点需要设置。对于带通滤波器，其阻带分为两段，分别在通带的左右两侧。对于带阻滤波器，其阻带是一段连续的频带，起始点和终点都需要设置。

3）过渡带：通带与阻带在信号的通过能力方面有巨大的差异，在设计上无法做到直接相连，在两者之间存在过渡带。

低通滤波器的频谱设定如图 7-11 所示。

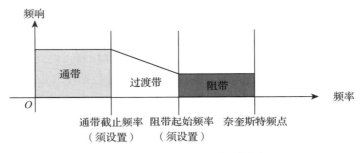

图 7-11　低通滤波器的频谱设定

高通滤波器的频谱设定如图 7-12 所示。

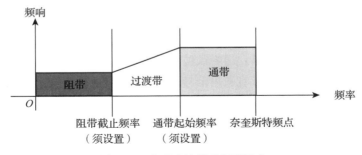

图 7-12　高通滤波器的频谱设定

带通滤波器的频谱设定如图 7-13 所示。

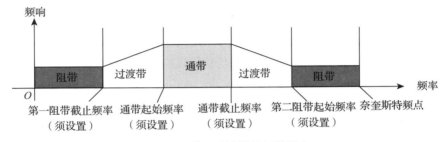

图 7-13　带通滤波器的频谱设定

带阻滤波器的频谱设定如图 7-14 所示。

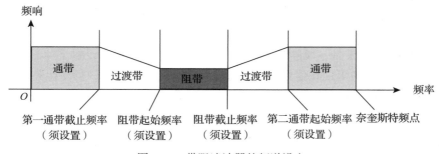

图 7-14   带阻滤波器的频谱设定

4）通带纹波：理想的通带，其带内的任何频率增益都相同，而且当输入这些频率的信号后，幅度不会衰减也不会增大，而是以其原本的幅度进行输出，因而整个通带内的增益都是 0 dB。但理想通带是无法做到的，实际工程中设计得到的通带单调递减或有一定幅度的振荡，以保持通带整体的平稳。通带纹波用以衡量通带幅度振荡的剧烈程度。

5）阻带衰减：滤波的目的就是放过通带的频率，抑制阻带的频率。因此，衡量阻带性能的标准是它相对于通带信号被抑制了多少倍，或者多少 dB。阻带和通带一样，也可能产生纹波，但相对而言，抑制的重要性高于纹波。

6）零点：零点为一个或多个频率，对滤波器输入这些频率的信号，滤波器会输出 0。

7）极点：极点为一个或多个频率，对滤波器输入这些频率的信号，滤波器的响应在理论上会达到无穷大。

性能较好的滤波器，其特征是：通带纹波小、阻带衰减大、过渡带短。可以看出，这 3 个特征的极致是：通带平坦、阻带衰减后信号为 0、没有过渡带。一个滤波器越接近理想滤波器，其性能越好，但实现它所付出的成本就越高。这个成本在数字电路中表现为乘法器的数量和位宽、寄存器的数量，以及加法器的数量。

零极点分析在计算机辅助设计功能尚不健全的年代被广泛使用。通过分析一个滤波器的零极点，工程师可以获知滤波器的幅度响应和相位响应情况。很多滤波器都按照方便调节零极点的结构进行设计，比如级联型设计法、并联型设计法、频率采样型设计法等，宁愿付出结构复杂、延迟增大的代价，也要让零极点可调，以便在系统生产后或芯片流片后能够调节滤波器的性能。随着计算机辅助设计方法的成熟，滤波器的频响特性可以直观地显示在计算机上，大多数工程任务可以直接使用计算机设计出的结构，如果希望滤波器可以调节，可以将内部固化的参数变为可配参数，但设计方法仍然是直接法，零极点分析法已较少被使用。

7.7   滤波器的响应特性

给滤波器输入一个信号，就会有相应的输出，该输出称为滤波器的响应。一般会向滤波器通入不同频率的正弦波，从零频一直扫描到奈奎斯特频点，这样可以绘制出一张滤波器对不同频率信号的响应图。这种获得响应图的方法称为扫频法。

扫频法并不常用，常用的是通过滤波器零极点进行分析的方法，现在有了计算机辅助设计后，可以直接输入需求，如通带范围、阻带范围、通带纹波、阻带衰减等指标，在计算机中绘制出响应图。

滤波器的响应分两个：幅度响应和相位响应。

1）幅度响应又称幅频特性，即某个频率下所呈现出的幅度性质。

2）相位响应又称相频特性，即某个频率下相位所发生的变化。

幅频特性较容易理解，上文所提到的理想滤波器，以及通带纹波、阻带衰减等概念，均表现在幅频特性上。从图 7-11 到图 7-14，绘制的也是幅频特性。

相频特性主要关注相位随频率变化的线性度。滤波器是一种设备，一个信号从进入设备到从设备输出，中间必然存在延时，就像电路中的 D 触发器输出存在延迟一样。这个延迟如果是一个常数，那么造成的后果就是，一个角频率为 ω_0 的正弦波，其原本形式为 $\sin(\omega_0 t)$，在延迟后其表达式为 $\sin[\omega_0(t-t_0)]$。其中，t_0 是滤波器的固定延迟。另一个角频率为 ω_1 的正弦波，其原本形式为 $\sin(\omega_1 t)$，在延迟后其表达式为 $\sin[\omega_1(t-t_0)]$。可以推知，对于任何一个角频率为 ω 的信号，该滤波器的输出相位都是 $\theta=\omega(t-t_0)$。若以 ω 为横轴，θ 为纵轴画一幅坐标图，则它是一条直线，斜率为 $t-t_0$。只画输出信号的初相，那么斜率就是 $-t_0$。

一个具有线性相位的相频特性如图 7-15 所示。

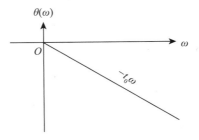

图 7-15　线性相位特性

由上述推理可知，线性相位就是指无论输入信号是何种频率，它在滤波器内部的延迟都相同。

那么，如果不同频率具有不同的延迟，相位不线性，又有什么后果呢？

以上文所举的携带 QAM 信息的 OFDM 信号为例，一个 OFDM 频点 ω_0 上携带了 QAM 信息 $Ae^{j\theta_0}$，形成了信号 $Ae^{j(\omega_0 t+\theta_0)}$，另一个频点 ω_1 携带了 QAM 信息 $Be^{j\theta_1}$，形成了信号 $Be^{j(\omega_1 t+\theta_1)}$。两者叠加在一起进行传输，到达接收端后，如果没有滤波器，解调过程就是去除相位中的 $\omega_0 t$ 和 $\omega_1 t$，信号的同步机制会将公共延迟一起消除，只剩下 θ_0 和 θ_1 作为信息，而如果不同频率各自有独立的延迟，那么就无法统一消除，最终会混合到 θ_0 和 θ_1 相位信息中，被误认为发出时就带有这些信息，造成最终信息的错误。

值得注意的是，图 7-15 中当 $\omega=0$ 时，相位就是 0。实际上 ω 并不一定为 0，比如有些类型的滤波器，在 $\omega=0$ 时相位是 $-\dfrac{\pi}{2}$，在这个初相基础上保持线性关系，仍然是线性相位，如图 7-16 所示。

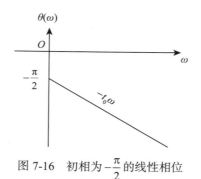

图 7-16 初相为 $-\dfrac{\pi}{2}$ 的线性相位

7.8 滤波器的结构类型

滤波器可按照设计结构分为无限脉冲响应（Infinite Impulse Response，IIR）滤波器和有限脉冲响应（Finite Impulse Response，FIR）滤波器两类。

IIR 滤波器带反馈，如图 7-17 所示。由于它的输出还会通过反馈链路回到输入端，从而影响到以后的输出，因此只要输入一个单位脉冲，理论上该输入引发的响应将不会停止，一直会有输出，因此称为无限脉冲响应滤波器。

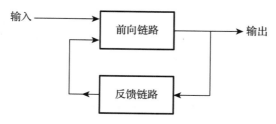

图 7-17 IIR 滤波器简化结构

FIR 滤波器只有前向链路，如图 7-18 所示。由于它没有反馈，输入的单位脉冲顺着前向链路输出后，就不会再产生任何响应，因此称为有限脉冲响应滤波器。

图 7-18 FIR 滤波器简化结构

IIR 滤波器结构经常被模拟电路所采用，因为它有成熟的公式和结构设计方案，常见的如巴特沃斯滤波器和切比雪夫滤波器等。数字滤波器中也可以采用上述模拟滤波器的设计方法。但是，IIR 滤波器有两个明显缺点：

1）输出响应容易出现不稳定的情况，因为反馈链路给它提供的历史信息会干扰它本身的稳定性。在选定其参数时，必须非常小心。对于数字滤波器而言，这一问题更加突出，因为数字系统还会额外引入量化噪声。

2）不能保证线性相位。前文已经解释了线性相位的意义及其作用，对于高速通信来说，线性相位是传输高阶 QAM 复数信息的必要保证。但是，IIR 滤波器的设计重点是满足幅频特性需求，对于相频特性则不保证其线性。

FIR 滤波器解决了 IIR 滤波器的上述问题。首先，它的输出是必然稳定的，不会出现自激振荡和输出信号无法收敛的问题。其次，它可以保证通带内是线性相位。一个通带内线性相位的例子如图 7-19 所示，其横轴是频率，纵轴是相位。该例是一个低通滤波器，阻带起始频率为 12 kHz。从图上可以看出，不仅通带是线性相位，过渡带也是线性相位，阻带内不是线性相位，但阻带的幅度已经被衰减了许多，它的相位情况可以不用关心。

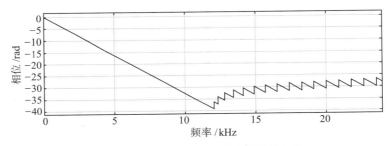

图 7-19　FIR 滤波器在通带内是线性相位

FIR 滤波器也有缺点，相对于 IIR 滤波器而言，它需要更多的存储器、更长的滤波链路和更长的输出延迟。因此，在面积上和时间上 FIR 滤波器都不如 IIR 滤波器。虽然如此，FIR 滤波器的实现成本也低于线性相位的 IIR 滤波器。因为纠正 IIR 滤波器的非线性相位需要额外设计一个相位校正电路。目前在数字电路中最常用的仍然是 FIR 滤波器，本章后续内容也主要是讲解 FIR 滤波器的设计方法。

7.9　FIR 滤波器的结构

FIR 滤波器的设计结构有直接型、级联型、频率采样型等，它们各有优缺点。随着计算机辅助设计的成熟，通过将结构进行复杂化计算出频域响应的方法已较少采用。过去被认为结构最简单但最难获取频域响应的直接型结构，在计算机软件的辅助下，也很容易获取到其频域响应特征。因此，直接型是目前应用最多的 FIR 滤波器结构。

直接型 FIR 滤波器结构如图 7-20 所示，其结构非常简单。链路的主要存储器件是寄存器，多级寄存器级联，可以保存一定深度的历史数据，比如图中有 4 级寄存器，因此保存了 4 个历史数据，输入数据是当前数据。这种寄存器顺次相连，处理流程连续不断的结构也被称为流水线结构。将当前数据和流水线上保存的历史数据各自乘以一个系数，最后将所有乘法结果相加即为滤波结果。整个结构由寄存器、乘法器和加法器构成。作为乘法系数的 $k_0 \sim k_4$ 称为抽头系数，简称抽头。

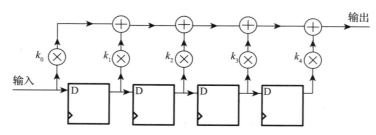

图 7-20 直接型 FIR 滤波器结构

通过图 7-20 可以理解为什么 FIR 滤波器的响应是有限的。假设只输入 1 拍数据（代表一个单位脉冲），则该数据在经过了 4 拍寄存后，到第 5 拍会被移出流水线，此时各级寄存器 Q 端的数据均为 0，输出结果也为 0。也就是说，该滤波器在第 5 拍时对输入脉冲的响应已经停止。可以想象一个带反馈的 IIR 滤波器，当脉冲从寄存器中移除后，通过反馈又重新回到寄存器阵列中，所以它的响应不会停，很容易因为一个较小的输入而产生一个幅度大且不停振荡的输出。

通过图 7-20 还可以理解为什么 FIR 滤波器是线性相位的。因为无论是什么频率的信号通入此滤波器，它的延迟最多都是 4 拍，也就达到了对不同频率的信号产生相同延迟的效果。

决定滤波器通带、阻带、过渡带、通带纹波、阻带衰减等特征的因素是寄存器的个数，以及连带的乘法器和加法器的个数。一般寄存器级数越多，滤波效果越好，即通带纹波小、阻带衰减大、过渡带窄。但为了好的滤波效果，付出的寄存器、乘法器、加法器成本也很大。因此在理论研究时，可以将滤波器性能设得比较理想，抽头系数很多，但在工程实践中，特别是设计一个应用于芯片内部的滤波器时，要尽量做到性能和面积的折中，那种动辄上百个抽头的滤波器，在实际设计中很少采用。

图 7-20 也有简化画法，在系统结构研究中，经常将其简化为如图 7-21 所示的结构。在这类系统图中，在连线上标有数字的意思是乘以该数字，连线上未标数字的意思是乘以 1，即直接传输。一条走线分为两路，并没有特殊意义，但两条或多条走线合为一处，一般会在汇合处加一个圆点表示加法。寄存器以 Z^{-1} 表示。

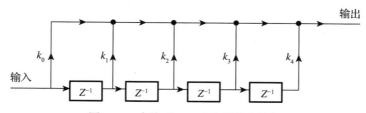

图 7-21 直接型 FIR 滤波器简化结构

比图 7-21 更简单的视图如图 7-22 所示，它将寄存器也视为一种乘法，乘法系数是 Z^{-1}。

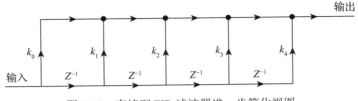

图 7-22　直接型 FIR 滤波器进一步简化视图

7.10　系统函数

之所以可以将一个寄存器用 Z^{-1} 表示，是因为它是数字元器件，数字元器件或者整个数字芯片，属于数字系统，可以用一个 Z 变换式来表示。这个式子被称为系统函数或传递函数，简称传函。

传递函数的定义式为

$$H(z) = \frac{Y(z)}{X(z)} \tag{7-10}$$

式中，$X(z)$ 为输入信号的 Z 变换；$Y(z)$ 为系统对 $X(z)$ 的零状态响应；$H(z)$ 来表述整个系统。这里的系统，可以是滤波器、某个模块，也可以是整个芯片或电路板，只要是数字电路即可。一个数字的输入信号经过电路处理的过程，在时域上表现为该输入信号与该电路的脉冲响应进行循环卷积，在 Z 变换域上，就变为 $X(z)$ 乘以 $H(z)$，最终会得到 $Y(z)$。

$Y(z)$ 是 $X(z)$ 的零状态响应。所谓零状态，从图 7-20 就能非常直观地理解，那便是 4 级寄存器在信号输入前，其状态均为 0，即 Q 端的值为 0。也就是说，在 $X(z)$ 输入系统之前，如果已经有其他信号输入系统，使得系统中的 4 级寄存器的状态不全部为 0，那么得到的响应 $Y(z)$ 不可以用来计算 $H(z)$。

一般对于黑盒系统（无法知道其内部结构的系统），可以在系统状态为 0 的情况下（先给它输入一段时间的零电平），输入一个脉冲（即左右两边均为 0，仅有一个采样点有数据），获取其输出响应。然后用式（7-10）计算出系统函数。而对于白盒系统（已知其内部结构，见图 7-22），系统函数可以直接按照图来写。按照图写函数时，一般要用到梅森公式（Mason's Formula），但由于直接型 FIR 滤波器结构简单，属于梅森公式中的一个极简版特例，很多规则都用不上，可以直接写。例如图 7-22，可以直接写为

$$H(z) = k_0 + k_1 Z^{-1} + k_2 Z^{-2} + k_3 Z^{-3} + k_4 Z^{-4} \tag{7-11}$$

如果是带反馈的系统，系统函数上是有分母的，但 FIR 滤波器没有反馈，所以分母就固定为 1，写出的只是分子部分。梅森公式的复杂应用将在 9.3 节中进行详细说明。

直接型 FIR 滤波器的传递函数可以概括为

$$H(z) = \sum_{n=0}^{N-1} k_n z^{-n} \qquad (7\text{-}12)$$

式中，N 是总抽头个数；k_n 为抽头系数。对照图 7-22 和式（7-12）可以发现，抽头系数在时域和 Z 变换域上都是乘在输入信号上，并无差别。在乘完抽头系数后，无论是在时域还是 Z 变换域，最终都是将各路信号相加。在常数乘法和普通加法方面，时域和 Z 变换域并无区别，这是由 Z 变换的线性特性决定的。

7.11 一拍延迟对应的 Z 变换

虽然在乘以常数方面，时域和 Z 变换域没有区别，但输入信号的 Z 变换 $X(z)$ 乘以 Z^{-1}，并不意味着输入的时域信号也可以乘以 Z^{-1}，而是意味着时域信号延迟一拍，也就是经过了一级寄存器打拍。这种对应关系来自于 Z 变换的时移特性。单边 Z 变换的时移特性为

$$f(n-m) \overset{Z变换}{\Longrightarrow} Z^{-m}F(z) + \sum_{k=0}^{m-1} f(k-m) Z^{-k} \qquad (7\text{-}13)$$

式中，$f(n)$ 为一个时域信号；$F(z)$ 为 $f(n)$ 的 Z 变换形式。在式中，时域上，要对 $f(n)$ 向右移动 m 个单位，即 m 个采样点。在 Z 变换域上，相当于对 $F(z)$ 乘以 Z^{-m}，其后还带有一些加性系数。

设 $m=1$，即对 $f(n)$ 延迟一拍。那么，相应的 Z 变换是两个数的相加，这两个数分别为 $Z^{-1}F(z)$ 和 $f(-1)$。由于现实中所有的实时计算系统都是因果系统，即有输入才有输出，输出不会先于输入而出现，一切因果系统均以零时刻为起点，负数时间上的信号都是 0，因此 $f(-1)=0$，即 $f(n)$ 延迟一拍对应的 Z 变换就是原本的 Z 变换 $F(z)$ 乘以系数 Z^{-1}。

可以将上述 Z 变换的解释更改为傅里叶变换视角下时域和频域关系的解释，这样更容易在物理层面进行理解。由于 Z 变换是拉普拉斯变换的离散化，而拉普拉斯变换又是傅里叶变换的扩展，所以 Z 变换与傅里叶变换是可以相互转换的。傅里叶变换也有时移性质，如

$$f(t-t_0) \overset{傅里叶变换}{\Longrightarrow} e^{-j\omega t_0} F(\omega) \qquad (7\text{-}14)$$

式中，$f(t)$ 为时域信号；$F(\omega)$ 为 $f(t)$ 对应的频域信号。将 $f(t)$ 延迟 t_0 时间，相当于 $F(\omega)$ 乘以 $e^{-j\omega t_0}$。由于一级寄存器只延迟一拍，这里的 t_0 可以看作是一个时钟周期 t_s，则频域上相当于乘以 $e^{-j\omega t_s}$。

将频域的系数 $e^{-j\omega t_s}$ 转变为拉普拉斯变换的形式为 $e^{-s t_s}$，其中 $s=j\omega$。s 原本的形式是 $s=\sigma+j\omega$，它在傅里叶变换的基础上扩展了 σ，以便不能收敛的信号也能通过乘以 $e^{-\sigma t}$ 的方式得到收敛，但在本例中 $\sigma=0$，即拉普拉斯变换退化为傅里叶变换。Z 变换与拉普拉斯变换的关系是 $Z = e^{s t_s}$。将 $s=j\omega$ 代入后得到 $Z = e^{j\omega t_s}$，可知，在频域上乘以 $e^{-j\omega t_s}$ 相当于在 Z 变换域上乘以 Z^{-1}。

在实际系统的研究中，一般不会对输入和输出信号进行 Z 变换，而是看到 Z^{-1} 就知道它

是一级寄存器，这样就可以把一个较为复杂的系统结构用系统函数描述出来，比画图更加方便。

7.12 在已知频域响应的前提下求 FIR 的抽头系数

由于 FIR 滤波器的结构是比较固定的，所以设计 FIR 滤波器的工作主要是确定抽头的个数和每个抽头系数的值。

设计有两种方法：

1）在设计工具软件中输入滤波器的类型（低通、高通、带通、带阻等）、通带范围、阻带范围、通带纹波、阻带衰减等信息，由工具自动生成满足这些条件的抽头。

2）通过扫描的方法，即先描绘出一系列频点上对应的响应情况，然后根据此频谱特性，反推出抽头系数。

第 1 种方法将在第 8 章中详细阐述。本节重点讲述第 2 种方法的操作过程。

常见滤波器的抽头系数一般是实数，且呈现对称性（偶对称或奇对称）。最常用的是偶对称抽头，即以中间一个或两个抽头为中心，两边镜像对称。根据离散傅里叶变换的实偶信号对称性可知，这样的滤波器其频域响应也是偶对称的，且响应的值为实数。如果将信号通入滤波器中将会看到，除了滤波器的固定时延外，滤波器不会给信号上的各个频率额外增加相位偏移，仅改变它们的幅度。

以上滤波器抽头的特征可以帮助设计者确定扫描频响后应该如何计算抽头。其本质就是用傅里叶逆变换的方式，将频域上的响应转换为时间上的脉冲响应信号，也就是抽头。首先计算出频谱均值，作为中心抽头，然后再用离散傅里叶变换的计算方式，代入不同的单位时间，从而计算出不同时间上的抽头。

离散傅里叶逆变换的计算式为

$$x(n) = \frac{1}{N}\sum_{k=0}^{N-1}F(k)e^{j\frac{2\pi kn}{N}} \tag{7-15}$$

式中，N 为参与计算的频点的个数，每个频点都是将采样率进行 N 等分后得到的结果；k 为频点序号，取值范围是 $0 \sim N-1$，共有 N 个值，代表 N 个频点；$F(k)$ 为每个频点的响应；n 为采样点序号，如 0、1、2 等。$x(n)$ 为频域响应对应的时域脉冲响应，即抽头系数。

这里需要关注的是 $F(k)$ 的选取。k 的取值范围是 $0 \sim N-1$，对应实际频率范围是 $0 \sim \left(f_s - \dfrac{f_s}{N}\right)$，其中 f_s 指采样频率。滤波器设计只需要设计一半频域，即 $0 \sim \left(\dfrac{f_s}{2} - \dfrac{f_s}{N}\right)$，而另一半即 $\dfrac{f_s}{2} \sim \left(f_s - \dfrac{f_s}{N}\right)$，是由 $0 \sim \left(\dfrac{f_s}{2} - \dfrac{f_s}{N}\right)$ 的 $F(k)$ 对称过去的。

抽头的个数可以人为设定，比如 n 从 0 取到 2 是可以的，不受限于 N 的值。其中，当 n 取 0 时，从式（7-15）可以看出，$x(0)$ 实际上是所有频点响应的均值。

由于抽头是对称设置的，所以在取若干抽头后，还需要将抽头镜像到 $x(0)$ 之前。比如，n 从 0 取到 2，可以得到 $x(0)$ 到 $x(2)$。将 $x(1) \sim x(2)$ 镜像到 $x(0)$ 的左侧，使抽头以 $x(0)$ 为中心形成偶对称，比如 $x(2)$、$x(1)$、$x(0)$、$x(1)$、$x(2)$，最终的抽头数是 5 个。一般 $x(0)$ 的绝对值最大，同时也是个正值。$x(1)$、$x(2)$ 的绝对值依次减小，并且有正有负。

7.13 相移滤波和频谱奇对称

按照抽头偶对称原则设计的 FIR 滤波器，其相频响应如图 7-15 所示，当频率为 0 时，起点也为 0。它的意思是除了滤波器的统一延迟之外，不会增加额外的角度旋转。

在实际工程中，有时也需要将输入信号统一转过一个固定的相位。对于不同的频率，转过的相位相同。这样的相频响应如图 7-16 所示，当频率为 0 时，起点从 $-\frac{\pi}{2}$ 开始。从图 7-15 变到图 7-16，相当于相频响应统一下移了 $-\frac{\pi}{2}$，并且对于不同的频率，这一移动都是无差别的。

此外，偶对称的抽头对应的是偶对称的频响。但是，有时会需要奇对称的频响。比如，在正频率点上响应为 2，而在负频率点上响应为 -2。这里的 -2 可以理解为幅度，也可以理解为相位。理解为幅度，那么 -2 和 2 是奇对称的；理解为相位，那么幅度上都是 2，相位上旋转 180°。这里所说的奇对称是按照幅度的理解方式。

如何做到对于不同正频率信号均相移 $-\frac{\pi}{2}$，并且正负频率奇对称呢？

根据离散傅里叶变换性质，要想在频域上的响应表现为虚数（实数旋转 90° 将变为虚数），且正负频率奇对称，则在时域上的响应应表现为实数，且关于某个中心点奇对称。

操作流程和 7.12 节一致。首先，用式（7-15）对已知的频响进行离散傅里叶逆变换，得到时域响应。然后，复制 $x(1)$ 及其后的响应，取反后放到 $x(0)$ 的左边，形成奇对称结构。比如，离散傅里叶逆变换取了 3 个采样点，分别为 $x(0)$、$x(1)$、$x(2)$，那么设计出来的滤波器抽头共有 5 个，从前到后依次是 $-x(2)$、$-x(1)$、$x(0)$、$x(1)$、$x(2)$。

这里需要说明的是 $x(0)$ 的特殊性。在式（7-15）中，当 n 取 0 时，表示将 N 个频点的响应做平均。已知频响是奇对称的，因此平均值是 0。所以，$x(0)$ 的值是 0。实际上，对于奇对称的频谱，零频点的响应 $F(0)$ 一般也为 0。$x(1)$ 一般是其中绝对值最大的，且为正值，其后的系数绝对值逐渐减小，有正有负。

用 MATLAB 的 fvtool 函数可以分析一组抽头对应的频响情况。比如，构造一组简单的奇对称抽头系数，就可以看到其频谱特征，代码如下：

```
fvtool([-1 2 -3 0 3 -2 1])
```

其对应的相频响应如图 7-23 所示。其中，零频点的相位是 -1.5708，即 $-\frac{\pi}{2}$。

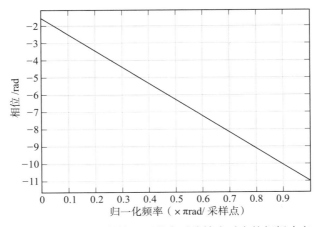

图 7-23　$x(1)$ 为正数情况下的奇对称抽头对应的相频响应

若将 $x(1)$ 的抽头系数改为 -3，代码如下：

```
fvtool([1 -2 3 0 -3 2 -1])
```

其对应的相频响应如图 7-24 所示。其中，零频点的相位是 1.5708，即 $\dfrac{\pi}{2}$。实际中，$x(1)$ 的符号是由离散傅里叶逆变换的结果决定的，只要输入的是设计者希望得到的 $F(k)$ 频响，则抽头系数就可以如实保留，无须调整符号。

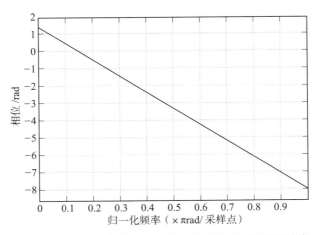

图 7-24　$x(1)$ 为负数情况下的奇对称抽头对应的相频响应

对于频谱对称性的关注，无论是奇对称还是偶对称，都是针对输入信号为复数的情况，因为只有复数才能将正负频率都利用起来。而对于输入为实数的信号，不需要关注频谱的对称性，只需要关注正频率上相位的线性度以及通带和阻带的情况即可。

一个需要相移 90° 并且正负频率奇对称的例子是射频上的正交信号不平衡补偿。根据式（5-9）所示的欧拉公式，组成复数信号的实部和虚部，其相位是相差 90° 的。但实际传输中，未必会准确相差 90°。实际的相位差与理想的 90° 相位差之间的差异，称为正交相位不平衡（IQ Phase Imbalance），也称相位失配。

在估计得到不同频点的相位失配后，需要用滤波器将失配的相位补偿回来。此处的难点在于正负频率的补偿方式是不同的。

正频率的补偿方式为

$$\begin{bmatrix} x'_{i0} \\ x'_{q0} \end{bmatrix} = \begin{bmatrix} 1 & a \\ a & 1 \end{bmatrix} \begin{bmatrix} x_i \\ x_q \end{bmatrix} \tag{7-16}$$

式中，a 为要补偿的角度，是个实数；x_i 和 x_q 分别为补偿前的正频率信号的实部和虚部；x'_{i0} 和 x'_{q0} 分别为补偿后的正频率信号的实部和虚部，它们都是时域上的信号。

注意，在式（7-16）中，x_i 和 x_q 均为实数。在用 2 行 1 列的形式表示复数时，其实际的对应关系为

$$\begin{bmatrix} x_i \\ x_q \end{bmatrix} = x_i + \mathrm{j}x_q \tag{7-17}$$

负频率的补偿方式为

$$\begin{bmatrix} x'_{i1} \\ x'_{q1} \end{bmatrix} = \begin{bmatrix} 1 & -a \\ -a & 1 \end{bmatrix} \begin{bmatrix} x_i \\ -x_q \end{bmatrix} \tag{7-18}$$

其补偿方式与正频率正好相反。注意，由于输入的是负频率信号，其虚部是正频率信号虚部的取反，即输入虚部为 $-x_q$。x'_{i1} 和 x'_{q1} 分别为补偿后的负频率信号的实部和虚部，它们也都是时域上的信号。

对正交相位进行补偿时，不可能单独对正频率信号使用式（7-16）进行补偿，也不可能单独对负频率信号使用式（7-18）进行补偿。因为通信信号是各种正负频率信息的结合，无法将正负频率拆开再补偿，只能使用一个滤波器。在这个滤波器中，信号的正频率部分和负频率部分分别按照式（7-16）和式（7-18）的方式进行了补偿。那该如何设计这个滤波器呢？

将式（7-16）按照式（7-17）所示的方法映射为复数形式，然后由复数形式重组为一对共轭复数的矩阵相加，式（7-19）反映了整个转换过程。

$$\begin{bmatrix} x'_{i0} \\ x'_{q0} \end{bmatrix} = \begin{bmatrix} 1 & a \\ a & 1 \end{bmatrix} \begin{bmatrix} x_i \\ x_q \end{bmatrix} = x_i + ax_q + \mathrm{j}(x_q + ax_i) = \begin{bmatrix} x_i \\ x_q \end{bmatrix} + \mathrm{j}a \begin{bmatrix} x_i \\ -x_q \end{bmatrix} \tag{7-19}$$

式中，$\begin{bmatrix} x_i \\ x_q \end{bmatrix}$ 为正频率信号；$\begin{bmatrix} x_i \\ -x_q \end{bmatrix}$ 为 $\begin{bmatrix} x_i \\ x_q \end{bmatrix}$ 的共轭，表示对应负频率上的信号。式（7-19）中，$\begin{bmatrix} x_i \\ -x_q \end{bmatrix}$ 带有一个系数 $\mathrm{j}a$。

同理，也可将式（7-18）拆解为式（7-20）。最终也变成了一对共轭复数的矩阵相加。式（7-20）中，$\begin{bmatrix} x_i \\ x_q \end{bmatrix}$ 带有一个系数 $-\mathrm{j}a$。

$$\begin{bmatrix} x'_{i1} \\ x'_{q1} \end{bmatrix} = \begin{bmatrix} 1 & -a \\ -a & 1 \end{bmatrix} \begin{bmatrix} x_i \\ -x_q \end{bmatrix} = x_i + ax_q - \mathrm{j}(x_q + ax_i) = \begin{bmatrix} x_i \\ -x_q \end{bmatrix} - \mathrm{j}a \begin{bmatrix} x_i \\ x_q \end{bmatrix} \tag{7-20}$$

由式（7-19）和式（7-20）可见，要实现前文所设想的相位补偿滤波器，需要将信号分为两路。一路是信号直接传输，其正频率部分 $\begin{bmatrix} x_i \\ x_q \end{bmatrix}$ 和负频率部分 $\begin{bmatrix} x_i \\ -x_q \end{bmatrix}$ 从输入端直接到达输出端，另一路要对输入信号取共轭，然后对正频乘以系数 $-\mathrm{j}a$，对负频率乘以系数 $\mathrm{j}a$。其结构如图 7-25 所示。其中，对正频乘以系数 $-\mathrm{j}a$ 和对负频率乘以系数 $\mathrm{j}a$ 的要求，希望用一个 FIR 滤波器来实现。

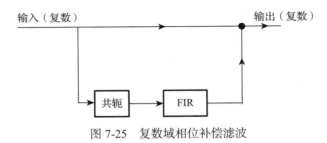

图 7-25　复数域相位补偿滤波

由于输入值是一个复数，求共轭并不难，只是将虚部取反。难点在于对正频率乘以系数 $-\mathrm{j}a$ 和对负频率乘以系数 $\mathrm{j}a$ 的要求。这就让人想到了本节开始所提到的奇对称的实数时域信号，其频谱也是奇对称的，且是纯虚数。问题在于图 7-25 中，对 FIR 滤波器输入的是一个复数信号，而非实数，该如何利用上述性质呢？

在实际的电路中并不存在复数信号，FIR 滤波器的抽头一般也会选择实数。将一个复数输入乘以实数抽头，相当于实部和虚部都乘以相同的实数抽头。因此，一个滤波器被设计出来后，如果输入信号是复数，则在电路上其实是两个相同的滤波器，分别放置在实部数据通路和虚部数据通路上。图 7-25 对应的实际电路如图 7-26 所示。

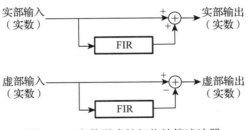

图 7-26　实数形式的相位补偿滤波器

共轭关系体现在虚部的加法器上，它实际上执行的是减法操作。之所以可以将共轭从图 7-25 中的 FIR 之前移动到图 7-26 中的 FIR 之后，原因是 FIR 运算的线性，即假设 FIR 运算过程可以抽象为一个函数 $y=f(x)$，则 $f(-x)=-f(x)$，其中，x 就是虚部输入，以它的相反数形式输入，和以它的原型进行输入再输出取反，效果一致。

现在，FIR 的输入信号变成了实数，可以利用上述奇对称的特性来确定 FIR 滤波器的抽头系数。

首先，准备频响 $F(k)$。对于不同的频点 k，式（7-16）所对应的补偿值 a 是不同的，可以写为 $a(k)$，共需要准备 N 个频点上对应的 $a(k)$。如 7.12 节所述，准备时只需要准备 $0\sim\left(\dfrac{N}{2}-1\right)$ 对应的 $a(k)$，而剩下的频段 $\dfrac{N}{2}\sim(N-1)$ 用 $0\sim\left(\dfrac{N}{2}-1\right)$ 范围内的 $a(k)$ 通过奇对称镜像过去，如图 7-27 所示。$0\sim\left(\dfrac{N}{2}-1\right)$ 范围内的 $a(k)$ 主要通过扫描方式来获取。

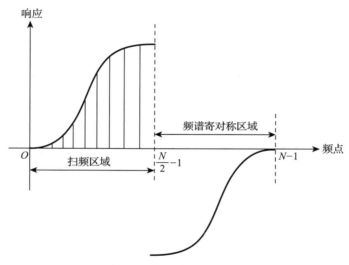

图 7-27 构造奇对称的频谱

然后，运用式（7-15）所示的离散傅里叶逆变换来获取时域抽头，在获取了一半抽头后，将其奇对称到零时刻信号的左边，即上文所举的例子，先计算得到 $x(0)$、$x(1)$、$x(2)$，然后复制 $x(1)$ 和 $x(2)$，将其取反后镜像到 $x(0)$ 的左边，形成一组完整抽头 $[-x(2), -x(1), x(0), x(1), x(2)]$。

在使用式（7-15）时，要注意 $F(k)$ 的取值，具体如式（7-21）所示。对正频率乘以 $-\mathrm{j}a$，对负频率乘以 $\mathrm{j}a$，这是相位补偿的原理性要求。频点上，真正能做到奇对称的是 $1\sim\left(\dfrac{N}{2}-1\right)$ 和 $\left(\dfrac{N}{2}+1\right)\sim(N-1)$，剩余两个孤立的频点 0 和 $\dfrac{N}{2}$，没有任何频点跟其有对称关系。零频点直接赋值为 0，而 $\dfrac{N}{2}$ 频点复制了 $\left(\dfrac{N}{2}-1\right)$ 频点上的响应。

$$\begin{cases} F(0) = 0 \\ F(k) = -\mathrm{j}a(k), k \in \left[1, \dfrac{N}{2} - 1\right] \\ F\left(\dfrac{N}{2}\right) = \mathrm{j}a\left(\dfrac{N}{2} - 1\right) \\ F(k) = \mathrm{j}a(N - k), k \in \left[\dfrac{N}{2} + 1, N - 1\right] \end{cases} \tag{7-21}$$

7.14　频谱复制情况下的抽头

如果将时域信号中间插入 0，会导致该时域信号对应的频域信号被复制。插入的 0 越多，频域上复制的次数越多。

插零在电路层面的原因是对采样率进行调整，原本以 f_s 作为采样率的信号，被调整为以 $2f_s$ 或更多倍速率采样的信号。这种以插零提升采样率的方式是一种临时措施，并没有从根源上提升采样的数据量，因此信息量只是被复制，并没有增加。在电路中以插零方式调整采样率的目的，通常不是基于信号原理本身的需要，而是想提升处理能力。比如，提高对信号进行加减乘除的速度，以便在相同的时间内做更多的运算。

相同的原理也可以应用于 FIR 滤波器的设计中。

假设扫描的带宽有限，并没有涵盖整个正频域范围，而仅是正频域范围的 $\dfrac{1}{2}$ 或 $\dfrac{1}{4}$。那么，要产生该频域对应的时域抽头，以扫描过的频点进行离散傅里叶逆变换是不够的，一种补充的办法就是将已扫描过的频响复制到未扫描到的正频点上，然后对称映射到负频域。图 7-28 展示了一个奇对称的频谱，其扫描的带宽只是其整个正带宽的 $\dfrac{1}{2}$，因此在图中将正带宽的缺失部分用复制的方法补充完整。这种复制必然是虚假的，反映的不是真实情况，但只有一半频域信息，另一半不为人知，实际上也不关心，这里补充它只是为了能用式（7-15）计算滤波器抽头。

为什么只扫描一部分正频域，而不是全部的正频域范围呢？可能存在多种原因。其中一个原因是频点数量多，全部扫描的计算量、存储量和处理时间不允许。另一个原因是待处理的数据本身带宽就只占采样率带宽的几分之一，ADC 对信号进行了过采样，因而 $\dfrac{f_s}{2}$ 的带宽远超信号实际带宽，所以扫描时只需要扫到信号的带宽即可，多余的带宽上频谱是什么特性，用户并不关心。

为了更方便地使用式（7-15）来计算抽头，一般会将图 7-28 所示的 $-\dfrac{f_s}{2} \sim \left(\dfrac{f_s}{2} - \dfrac{f_s}{N}\right)$ 频域范围更改为图 7-29 所示的 $0 \sim \left(f_s - \dfrac{f_s}{N}\right)$ 频域范围，就是将负频域信号移到 $\dfrac{f_s}{2} \sim \left(f_s - \dfrac{f_s}{N}\right)$ 范

围内。从图中可见，由最初的扫描区域复制成了 4 份，才构造出了整个频域范围。可以预期的是，频域复制后，用式（7-15）计算得到的时域抽头，其中间是间隔插零的。

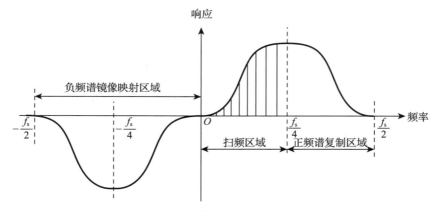

图 7-28　频谱的复制和镜像映射

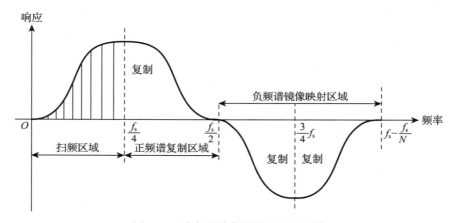

图 7-29　将负频域信号转移到正频域

7.15　使用频域扫描方式获取滤波器抽头的应用场景

相比于根据通带、阻带、纹波、衰减等指标设计 FIR 滤波器的方法，使用频域扫描方式获取滤波器抽头的方法较少采用。在一些特殊场景下，没有通带和阻带的区分，而仅为了对输入信号进行频谱的整形和补偿，会用到这种扫描设计方法。比如，7.13 节中介绍的正交信号不对称场景，在频带内没有需要特殊抑制的频点和需要无条件通过的频点，每个频点都需要按照计算好的增益进行增减，适合使用扫描法设计 FIR 滤波器来实现。

滤波器电路设计

在了解了信号处理和滤波器的基础知识后，本章将介绍如何进行滤波器电路的设计。传统的滤波器设计方法以零极点为基础进行分析，而 MATLAB 等算法工具可以通过输入简单的用户需求自动生成滤波器，这为没有数字信号处理相关基础的芯片设计者带来了极大的方便。本章将着重介绍如何借助算法工具来设计滤波电路，包括常用的低通滤波器和高通滤波器，本章内容也为第 9 章抽取滤波器的讲解奠定了基础。

8.1 低通滤波器

8.1.1 滤波器设计工具

在 MATLAB 命令行中输入 FilterDesigner，会调出 MATLAB 的滤波器设计工具界面，如图 8-1 所示。

在 Response Type（响应类型）中可以选择设计目标，即 Lowpass（低通）、Highpass（高通）、Bandpass（带通）、Bandstop（带阻）等，还可以设计一些特殊类型的滤波器，如升余弦滤波器、希尔伯特滤波器等。

在 Design Method（设计方法）中可以选择 IIR 滤波器和 FIR 滤波器。在 IIR 和 FIR 两个大类中，还可以选择具体滤波器类型，比如 IIR 中提供了巴特沃斯（Butterworth）和切比雪夫（Chebyshev）等经典滤波器设计方法，而 FIR 中提供了 Equiripple（等纹波）滤波器和Least-squares（最小二乘）误差滤波器等设计方法。

Filter Order（滤波器阶数）用来设定滤波的阶数。所谓阶数，就是寄存器的级数。例如，图 7-20 中的 FIR 滤波器包含四级寄存器，其阶数即为 4。该滤波器有 5 个抽头，除了每级寄存器的输出处有一个外，在输入处也有一个。因此，抽头的个数比设定的阶数多一个。阶数可以设定为 Specify order（指定阶数），也可以设定为 Minimum order（最小阶数）。当设定为最小阶数时，真正的阶数取决于 Frequency Specifications（频率特征）的设定。所谓最小，意思是符合频率特征要求的最小阶数。当用户指定阶数时，即使频率特征已经指定，工具也会为了保证用户指定的阶数而改变频率特征，也就是说，指定阶数的优先级高于频率特征。在前文已经说过，抽头数越多，滤波器越接近理想滤波器，而抽头数越少，滤波器效果越差。若指定阶数较少，会导致设定的频谱特征恶化，工具首先要保证通带，从而牺牲过渡带和阻带的性能，比如过渡带过长、阻带衰减较少等。

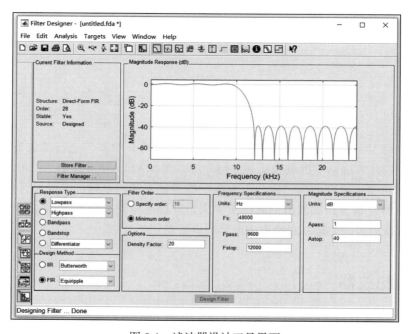

图 8-1　滤波器设计工具界面

Frequency Specifications 选项中，用户设定的就是第 7 章介绍过的采样频率 F_s、通带截止频率 F_{pass}、阻带起始频率 F_{stop} 等。可以选择这些频率的单位（Units）。也可以使用另一套归一化（Normalized）的设定方法。在 7.1 节已经讲过，采样频率 F_s 可被视为一个圆，即 2π，奈奎斯特频点即采样频率的一半，可被视为半个圆，即 π。在频谱分析时，只能看到 $-\pi \sim \pi$ 这个范围内的频谱响应。工具产生的抽头系数都是实数，对于这种实系数滤波器，正负频谱是对称的，因此展示 $-\pi \sim \pi$ 范围内的频谱没有意义，只需展示一半，即 $0 \sim \pi$，π 就是可以设定的最后边界。将 π 视为 1，则可以设定的范围就是 $0 \sim 1$。这便是归一化的含义。因此，归一化后采样率是不需要指定的，它固定为 2，即 2π。通带截止频率和阻带起始频率填写的是 $0 \sim 1$ 范围内的值。

归一化的设定比起直接设定频率更符合滤波器的本质。因为滤波器本身是没有采样频率限定的。可以输入 10 MHz 采样率的信号，也可以输入 1 GHz 采样率的信号，并没有限制。无论以何种采样率作为输入，在滤波器内部都会按照一定比例来决定哪段信号可以通过，哪段信号会被衰减。这个比例就是用户所填写的处于 0 ～ 1 范围内的通带数值和阻带数值。即使用户设定的是绝对频率，在工具内部也会先转化为归一化频率，然后做设计。

Density Factor（密度因子）指的是设计时工具对频率密度的考虑，该值最小为 16。修改该值并不会影响阶数或抽头系数的个数，只是对抽头系数的具体值有一定影响，但在幅度谱和相位谱上的差别并不明显，一般使用默认值 20 即可。

如果用户选择最小阶数设计，则 Magnitude Specifications（幅频特性）需要用户输入 Apass（通带纹波）和 Astop（阻带衰减）。Units（单位）可以选择 Linear（线性）或 dB（分贝），一般选择使用 dB。图 8-1 中设计了一个等纹波的滤波器，其 Apass 设置为 1 dB，Astop 设置为 40 dB。从 Magnitude Response（幅度响应）可以看出，通带上存在一定的起伏，即纹波，起伏约为 1 dB，而阻带上的衰减约为 40 dB。该设计结果具有 28 阶，即 29 个抽头系数，Structure（结构）为 Direct-Form（直接型）FIR。在 7.9 节中已介绍过 FIR 滤波器的设计结构有直接型、级联型、频率采样型等，在 MATLAB 的辅助下，使用直接型设计最为简单直观。凡是 FIR 滤波器都是 Stable（稳定）的，这一点已在原理部分进行了解释。

若在图 8-1 基础上继续修改纹波，比如改为 5 dB，其幅频响应将如图 8-2 所示。可以看出，通带起伏加剧了，而阻带衰减并没有变化，仍然是 40 dB 左右。Order（阶数）变成了 18 阶，比图 8-1 少了 10 个寄存器和 10 个抽头，说明滤波器性能越差，抽头越少。

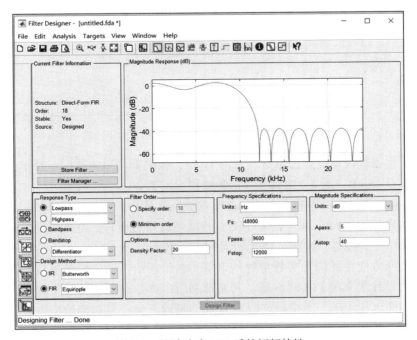

图 8-2　纹波改为 5dB 后的幅频特性

若用户不用最小阶数方式，而是用指定阶数方式，则 Magnitude Specifications 选项中将要求用户输入通带和阻带的权重值，即 Wpass 和 Wstop。这两种特性中，权重值设得越高，工具在计算时对于该特性就越重视，越能保证其性能，代价是会牺牲权重值较低的特性。默认情况下，Wpass 和 Wstop 的权重均为 1，说明两者同等重要。如图 8-3 所示，将通带权重降为 0.1，阻带权重是通带的 10 倍，则它的幅频响应中通带纹波很大，阻带衰减约为 35 dB。

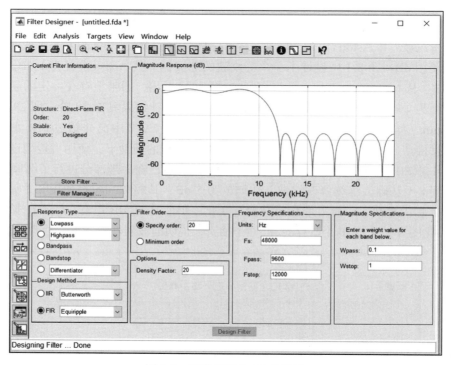

图 8-3　通带权重为 0.1 的设计

若反过来将通带权重设置为阻带权重的 10 倍，效果如图 8-4 所示。通带变得平坦，而阻带衰减却只有 15 dB。图 8-3 和图 8-4 的阶数均设定为 20。

FIR 滤波器的设计方法中较为常用的是等纹波法、最小二乘法和窗函数法。这些方法仅为抽头系数的设计法，对于用抽头编写 RTL 的电路设计者而言，最终都是获得一组浮点实数抽头，结构均为直接型，因此在 RTL 设计时并无区别。

不同的设计方法在相同抽头数量的约束下，会呈现出不同的幅频响应特征。比如，用等纹波设计法设计出来的 FIR 滤波器，其通带和阻带都是在同等幅度上振荡。一个等纹波设计的例子如图 8-5 所示。图中指定阶数为 40，可以看到，其幅频响应在通带上以同等的幅度振荡，在阻带上也以同等的幅度振荡。

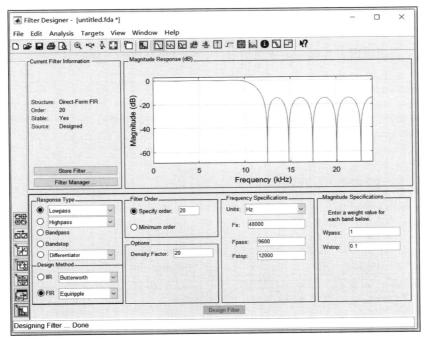

图 8-4 阻带权重为 0.1 的设计

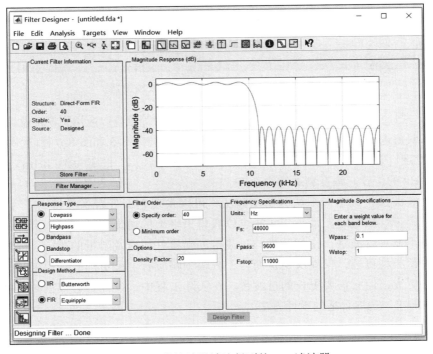

图 8-5 用等纹波设计法得到的 FIR 滤波器

保持全部设定不变，仅将设计方法由等纹波法改为最小二乘法，得到的幅频响应如图 8-6 所示。在通带内，其幅频响应并不是等纹波起伏的，而是在接近过渡带的位置产生了一个峰值。在阻带内，其幅频响应虽然起伏，但趋势是逐渐下降的。

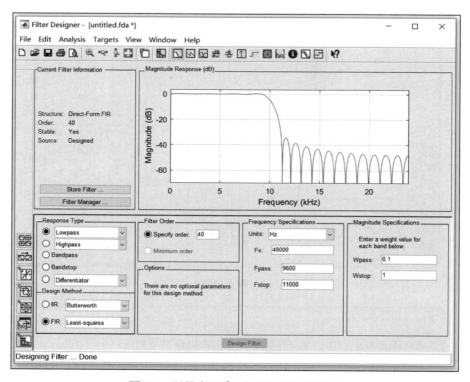

图 8-6　用最小二乘法得到的 FIR 滤波器

另外，一些经典的窗函数如汉明窗、汉宁窗、凯塞窗等也可以应用到 FIR 设计中。图 8-7 是一个用汉明窗进行设计的例子。阶数和采样率设定都与图 8-5 和图 8-6 相同，区别在于有一个 F_c 的设定，它是指 6 dB 衰减点的位置。如图中所示，F_c 设定为 10 kHz，在幅频响应图中约 10 kHz 的位置，幅度衰减约为 6 dB。

对比等纹波法、最小二乘法和窗函数法，可以发现它们各有各的特点。等纹波法中，通带性质和阻带性质稳定。最小二乘法可以获得更平坦的通带和具有更大衰减的阻带，但其局部性能不及等纹波法，比如通带与过渡带的衔接处，以及阻带的第一个峰值。窗函数法中有多种窗类型可选，仅就汉明窗而言，其幅频响应看上去更加平滑，阻带衰减也比前面两种方法更大，但它需要更长的过渡带。在实际工程中，设计者会根据频谱模板或其他对滤波器的需求，选取合适的设计方法。

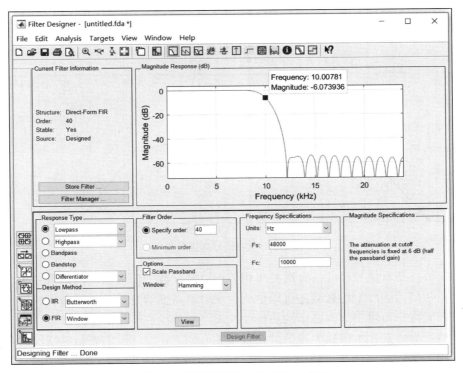

图 8-7　用窗函数设计的 FIR 滤波器

8.1.2　设计命题说明

　　本节设计的低通滤波器将以图 8-8 作为频谱模板（Frequency Mask）。在通信应用中，即将发射到介质中的信号，都会有一个频谱模板对该信号的频谱形状进行规范。该规范一般来自通信所遵守的协议。进行规范的目的是防止通信设备之间恶性竞争，最终导致整个信道都处于一种无组织、强干扰的混乱状态。遵循频谱模板的信号，既可以在自身的信道中获得较为干净的通信环境，又不会给相邻的其他信道造成过大的影响，使得整个通信环境都井然有序。

　　观察图 8-8 可以发现，通带为 –9MHz ～ 9 MHz，整个通信带宽为 18 MHz，过渡带是 2 MHz。经过该过渡带，信号幅度衰减了 20 dB。接下来，11 MHz ～ 20 MHz 幅度又衰减了 8 dB，20 MHz ～ 30 MHz 幅度衰减了 12 dB。如果相邻信道从 11 MHz ～ 29 MHz，那么它会受到一定程度的来自本信道的干扰，但干扰在 –20 dB 以下，协议认为这是可以接受的。同样，本信道也会受到来自相邻信道的干扰，右边的相邻信道为 11 MHz ～ 29 MHz，左边的相邻信道为 –29 MHz ～ –11 MHz，左右两信道都会干扰本信道。

　　实际通信分为基带通信和射频通信两类。基带通信不搬移信道，负频率不使用（它只是正频率的镜像）。射频通信会搬移信道，如将图 8-8 的零频点搬移到 5 GHz 处，则本信道的实际频段应该是 4991 MHz ～ 5009 MHz，而左边的相邻信道频段是 4971 MHz ～ 4989

MHz，右边的相邻频段是 5011 MHz ～ 5029 MHz。

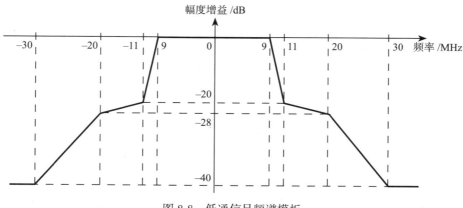

图 8-8　低通信号频谱模板

　　频谱模板只是对信号幅度，特别是与相邻信道有交叠的信号幅度的最低要求，实际设计中，对相邻信道频段上的衰减还可以更低。同时也需要清楚的是，频谱模板的重点在于相邻信道的衰减，而对于带内通信的质量如纹波、相位线性度等因素并没有规定，而通带内的信号质量恰恰是在本信道上通信的设备所关心的。在设计时需要根据情况，若芯片面积允许，则可加入更多抽头，以降低纹波、收窄过渡带，有助于提升通带内信号的质量。若要节省面积，则需要选择面积与质量折中的性能指标。

　　频谱模板的重点在于对发射信号的规范，以防止干扰到其他信道，而对接收信号则无要求。另外除了通信设备，其他设备中也广泛存在着滤波器，比如直流无刷电机驱动芯片中的无传感器矢量控制领域、声音和图像采集领域等。设计者必须根据各种应用需求，明确所设计的滤波器的通带、阻带、过渡带、通带纹波、阻带衰减等指标。本节仅以图 8-8 为例进行设计。

8.1.3　抽头个数和数值的确定

　　在确定一个滤波器的设计之前，应该先确定该滤波器的采样频率。观察图 8-8，在正半频段上可以看到三级阶梯状频谱，分别是 0 ～ 9 MHz、11 MHz ～ 20 MHz、20 MHz ～ 30 MHz。若采样频率为 20 MHz，则可以观察到的频谱范围将仅限于 0 ～ 10 MHz。10 MHz 之外的频谱是否符合模板要求是滤波器无法控制的。若将采样率增大到 40 MHz，则观察范围变为 0 ～ 20 MHz，此时模板的第三段，即 20 MHz ～ 30 MHz 的频谱仍然不在可视范围之内。因此，最符合该模板规定的采样率应该为 60 MHz，可视范围是 0 ～ 30 MHz，可以将设计出来的 FIR 滤波器与频谱模板相对照，以确定电路设计是否符合模板要求。

　　但是，采样率越高，达到相同滤波效果的抽头数越多，也就意味着寄存器、加法器、乘法器的数量越多，因此采样率也要限制。设计者通常需要在高采样率带来的更宽的频谱控制能力，以及合理的面积和功耗之间进行折中。

在本节中，解决这一问题所采取的策略是，优先考虑 40 MHz 采样率，若未能满足频谱模板，再改为 60 MHz 采样率。

由于模板中阻带呈阶梯状下降，使用图 8-5 所示的等纹波设计法并不合适，而图 8-6 所示的最小二乘设计法，其阻带是逐渐滚降的，虽然不是阶梯形状，但逐渐下降的特性与模板相同，因此本节使用最小二乘法。这里指定阶数为 21，该数比较适中。在设计时，性能和面积互为矛盾的两面，在保证一定性能的情况下，尽量减少阶数，以节省芯片面积。采样率选择 40 MHz，通带截止频率设为 9 MHz，阻带起始频率设为 11 MHz。在权重设置上，首先考虑通带与阻带同等权重的设计方案，若设计结果中阻带衰减并不理想，则可削弱通带权重，保证阻带的衰减，因为频谱模板对通带并无要求，但对阻带的衰减却有着明确的要求。将上述参数输入到设计工具中，得到的滤波器结果如图 8-9 所示。频谱模板要求在 11 MHz 频点处衰减达到 20 dB，在本设计中是满足的。模板要求在 20 MHz 频点处衰减达到 28 dB，并且在以后进一步达到 40 dB。在本设计中，20 MHz 的衰减已经低于 40 dB，达到了模板中在 30 MHz 处才能达到的效果。可以证明用 40 MHz 采样已经可以满足模板要求。

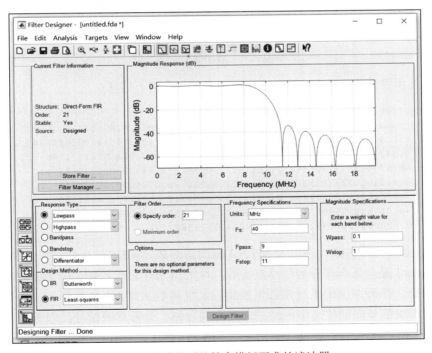

图 8-9　设计得到的符合模板要求的滤波器

从工具中导出抽头系数的方法是在菜单栏中选择 File，在下拉列表中选择 Generate MATLAB Code，并进一步选择 Data Filtering Function（with System Objects）。该选择过程如图 8-10 所示。

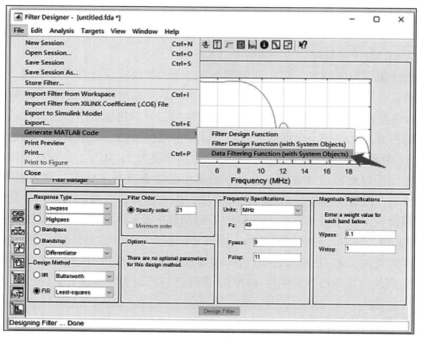

图 8-10　从工具中导出抽头系数

按照上述步骤操作后，会生成一个文件，其中包含如下信息：

```
Hd = dsp.FIRFilter( ...
    'Numerator', [0.00479328771175827 0.0200864262039214 ...
    0.00693618642411317 -0.0284731174096301 -0.0175381094083936 ...
    0.0420242932165358 0.0351623955499111 -0.0682849181831486 ...
    -0.0776038782305344 0.156961227059925 0.440398052239313 ...
    0.440398052239313 0.156961227059925 -0.0776038782305344 ...
    -0.0682849181831486 0.0351623955499111 0.0420242932165358 ...
    -0.0175381094083936 -0.0284731174096301 0.00693618642411317 ...
    0.0200864262039214 0.00479328771175827]);
```

Hd 是一个滤波器对象，它由 MATLAB 滤波器函数 dsp.FIRFilter 生成。该滤波器的分子（Numerator）是一系列带符号的浮点实数。在 7.10 节中已经说明，一个滤波器，甚至更为复杂的系统，都可以使用系统函数来描述。系统函数如式（7-10）所示，它带有分子和分母，分子反映信号向前传递中所经过的运算和存储，分母反映信号反馈链路中所经过的运算和存储。对于 FIR 滤波器而言，由于它是纯粹的前向结构，没有反馈，因此它只有分子而没有分母，其系统函数如式（7-12）所示。因此在 MATLAB 生成的脚本中，也只出现了分子（Numerator），而分母（Denominator）固定是 1。

获得滤波器对象可以用来进行 MATLAB 仿真，而本节中生成该脚本的目的是获得具体的抽头系数。

观察这些抽头系数可以发现它们是偶对称的，即以中间的两个 0.440398052239313 为界，左右两边偶对称。这符合 7.12 节所揭示的原理，即实偶对称的时域信号将对应一个响应为实数且根据零频点偶对称的频谱。抽头系数可以看作以一个单位脉冲输入滤波器后得到的响应，因此抽头系数本身就是一个时域波形。抽头系数的对称性可以减少 RTL 的面积，将抽头系数相同的两个寄存器输出先相加，然后再乘以抽头，可以将原本的两个乘法器合为一个。

8.1.4 自动生成滤波器电路

用 MATLAB 可以自动生成基于 Verilog 或 VHDL 的滤波器电路，具体方法如图 8-11 所示，在菜单栏中选择 Targets，并在下拉菜单中选择 Generate HDL。

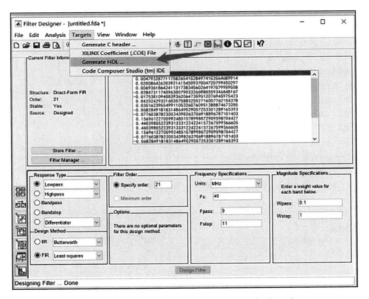

图 8-11 用 MATLAB 自动生成滤波器电路

设计界面如图 8-12 所示，几个主要的设置已在图中标出。

设置完成后，单击 Generate 生成设计文件和测试脚本。在生成的文件中，lpf.v 是 Verilog 设计文件，还附带脚本和 TB。打开 lpf.v，受篇幅限制，下面截取了 4 个代码片段。从这些片段可以看出，MATLAB 生成的滤波器电路有 3 个特点：

1）浮点形式，非整数形式。

2）相同的抽头系数并未合并，乘法器数量与抽头数量相同。

3）使用了一些不可综合的语句，如 $bitstoreal 和 $realtobits。

```
//------------- 片段 1 -----------------
parameter coeff1 = 4.7932877117582654E-03; //double
```

```
parameter coeff2 = 2.0086426203921415E-02; //double
parameter coeff3 = 6.9361864241131738E-03; //double
parameter coeff4 = -2.8473117409630079E-02; //double
parameter coeff5 = -1.7538109408393621E-02; //double
parameter coeff6 = 4.2024293216535759E-02; //double
parameter coeff7 = 3.5162395549911053E-02; //double

//------------- 片段 2 -----------------
always @* product8 <= delay_pipeline[7] * coeff8;
always @* product7 <= delay_pipeline[6] * coeff7;
always @* product6 <= delay_pipeline[5] * coeff6;
always @* product5 <= delay_pipeline[4] * coeff5;
always @* product4 <= delay_pipeline[3] * coeff4;
always @* product3 <= delay_pipeline[2] * coeff3;
always @* product2 <= delay_pipeline[1] * coeff2;
always @* product1 <= delay_pipeline[0] * coeff1;

//------------- 片段 3 -----------------
if (clk_en == 1'b1) begin
    delay_pipeline[0] <= $bitstoreal(filter_in);
    delay_pipeline[1] <= delay_pipeline[0];
    delay_pipeline[2] <= delay_pipeline[1];
    delay_pipeline[3] <= delay_pipeline[2];
    delay_pipeline[4] <= delay_pipeline[3];

//------------- 片段 4 -----------------
// Assignment Statements
assign filter_out = $realtobits(output_register);
```

图 8-12　自动生成滤波器的设计界面

由于 MATLAB 自动生成的滤波器使用浮点数，并没有进行定点化，而且抽头系数也没有合并，即便修改为可综合的代码，面积也很大，不适合应用于芯片中，所以通常在得到滤波器的抽头系数后，不使用 MATLAB 自动生成的方式，而是进行手工编写。FIR 滤波器结构简单，手工编写也比较容易。

8.1.5　手工编写滤波器电路

首先要对抽头系数进行定点化。小数精度根据项目的实际需要来设置，这里将小数精度设置为 15 位。浮点的抽头系数已在 8.1.3 节中得到，定点化后其数值见表 8-1。这里只给出了 22 个抽头中的前 11 个，剩下的 11 个与前 11 个呈现偶对称，因此不需要给出。

表 8-1　低通滤波器抽头系数浮点值与定点值对照表

序号	浮点值	定点值	序号	浮点值	定点值
0	0.004793287711175827	157	6	0.0351623955499111	1152
1	0.0200864262039214	658	7	−0.0682849181831486	−2238
2	0.00693618642411317	227	8	−0.0776038782305344	−2543
3	−0.0284731174096301	−933	9	0.156961227059925	5143
4	−0.0175381094083936	−575	10	0.440398052239313	14431
5	0.0420242932165358	1377			

在设计时，需要对图 7-20 中的抽头进行合并，合并后的结构如图 8-13 所示。相比于图 7-20，图 8-13 的寄存器和加法器的数量并未改变，但乘法器减少了近 50%。若抽头数量是偶数，则合并后乘法器数量将减半，若抽头数量是奇数，则中间的抽头是独立的，其两侧的抽头可以合并，乘法器减少的数量接近一半，这正是图 8-13 所示的情况。

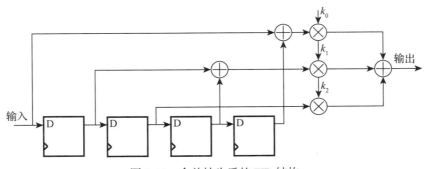

图 8-13　合并抽头后的 FIR 结构

本节所设计的模块，其抽头个数为 22 个，乘法器数量为 11 个。寄存器数量就是阶数，即抽头数量减 1，为 21 个。

被滤波的信号一般是带符号的浮点数，这里设输入的信号为 16 位，包括 3 位整数和 12 位小数精度。滤波器的输出与输入的位宽和精度一致。从本质上讲，滤波器本身不会增加信号成分，反而会滤除或减少信号中的某些频率成分。从滤波器抽头系数来看，将系数相加，所得的值约等于 1。因此，滤波器输出的位宽在原理上就应该等于输入的位宽。当然，通带内的纹波会导致在滤波对象数值接近最大值时，滤波结果发生溢出，因此在输出前可以对输出结果增加溢出保护。

　　手工编写的 22 抽头低通滤波器代码如下（配套参考代码 lpf.v）。22 级存储器组 dat_in_r 就是图 8-13 中的打拍流水。前后寄存器结合后统一乘以抽头系数，得到的分支滤波结果为 dat_tmp。将这些分支进行求和，得到 dat_out_tmp。最后要限制 dat_out_tmp 的位宽，进行溢出保护，得到滤波结果 dat_out。

```verilog
//dat_in:  16=1+3+12
//dat_out: 16=1+3+12
module lpf
(
    input                           clk         ,
    input                           rstn        ,

    input          signed  [15:0]   dat_in      ,
    output   reg signed    [15:0]   dat_out
);

    //------------------------------------
    reg      signed   [15:0]      dat_in_r[21:0]  ;
    wire     signed   [31:0]      dat_tmp[10:0]   ;
    wire     signed   [17:0]      dat_tmp2[10:0]  ;
    wire     signed   [16:0]      dat_tmp3[10:0]  ;
    wire     signed   [20:0]      dat_out_tmp     ;
    genvar                        ii;

    //------------------------------------
    always @(posedge clk or negedge rstn)
    begin
        if (!rstn)
            dat_in_r[0] <= 16'd0;
        else
            dat_in_r[0] <= dat_in;
    end

generate
for (ii=1;ii<=21;ii=ii+1)
begin:for_dat_in_r
    always @(posedge clk or negedge rstn)
    begin
        if (!rstn)
            dat_in_r[ii] <= 16'd0;
        else
            dat_in_r[ii] <= dat_in_r[ii-1];
    end
end
endgenerate
```

```
assign dat_tmp[0]  = (dat_in_r[0] + dat_in_r[21]) * 157;
assign dat_tmp[1]  = (dat_in_r[1] + dat_in_r[20]) * 658;
assign dat_tmp[2]  = (dat_in_r[2] + dat_in_r[19]) * 227;
assign dat_tmp[3]  = (dat_in_r[3] + dat_in_r[18]) * -933;
assign dat_tmp[4]  = (dat_in_r[4] + dat_in_r[17]) * -575;
assign dat_tmp[5]  = (dat_in_r[5] + dat_in_r[16]) * 1377;
assign dat_tmp[6]  = (dat_in_r[6] + dat_in_r[15]) * 1152;
assign dat_tmp[7]  = (dat_in_r[7] + dat_in_r[14]) * -2238;
assign dat_tmp[8]  = (dat_in_r[8] + dat_in_r[13]) * -2543;
assign dat_tmp[9]  = (dat_in_r[9] + dat_in_r[12]) * 5143;
assign dat_tmp[10] = (dat_in_r[10]+ dat_in_r[11]) * 14431;

generate
for (ii=0;ii<=10;ii=ii+1)
begin: for_dat_tmp2
    assign dat_tmp2[ii] = (dat_tmp[ii] >>> 14) + signed'(18'd1);
    assign dat_tmp3[ii] = dat_tmp2[ii] >>> 1;
end
endgenerate

assign dat_out_tmp =   dat_tmp3[0]
                     + dat_tmp3[1]
                     + dat_tmp3[2]
                     + dat_tmp3[3]
                     + dat_tmp3[4]
                     + dat_tmp3[5]
                     + dat_tmp3[6]
                     + dat_tmp3[7]
                     + dat_tmp3[8]
                     + dat_tmp3[9]
                     + dat_tmp3[10];

always @(posedge clk or negedge rstn)
begin
    if (!rstn)
        dat_out <= 16'd0;
    else
    begin
        if (dat_out_tmp >= 32768)
            dat_out <= {1'b0, {15{1'b1}}};
        else if (dat_out_tmp < -32768)
            dat_out <= {1'b1, {15{1'b0}}};
        else
            dat_out <= {dat_out_tmp[20],dat_out_tmp[14:0]};
    end
end

endmodule
```

在代码中存在多处需要注意的细节，列举如下：

1）关于 dat_tmp 的位宽和精度。输入数据为 16 位，包含 12 位精度。两个输入数据相加，位宽变为 17 位，精度不变，仍为 12 位，只是整数位由 3 位变为 4 位。抽头系数是 15 位精度，没有整数。输入数据与抽头相乘后，位宽变为 32 位。其中整数是 4 位，小数精度是 27 位。这里之所以认为 dat_tmp 的位宽是 32 位，而不是惯用的 33 位，原因是抽头系数是明确的，其最大值为 14431。它决定了相乘结果不会出现 33 位的情况。

2）dat_tmp2 和 dat_tmp3 的目的是将抽头系数引入数据内的 15 位精度消去。这里为了保持计算精度，没有直接截取，而是用了四舍五入的方式。其中，dat_tmp2 在加 1 后并没有进行位宽扩展或溢出保护，也是因为抽头系数已经明确地限制了数据的范围，可能出现的最大值是可以被判断出来的。舍入后的 dat_tmp3 位宽是 17 位，包括 4 位整数和 12 位精度。

3）dat_out_tmp 是 11 个滤波分支结果合成的，假设每个分支结果均表现为其最大值 2^{16}，利用极限分析法可以得知，dat_out_tmp 不会超过 20 位，再加上符号位，共 21 位。

4）dat_out 是对 dat_out_tmp 进行了溢出保护的结果，其位宽由 21 位降为 16 位。由于是带符号判断，所以代码中直接使用了极限值 32768 和 –32768，在编译器中，没有写位宽的数值会被默认为有符号数，其位宽默认为 32 位，因此在 Spyglass 检查时会引发比较器两端位宽不相等的警告。使用 signed'(21'd32768) 和 signed'(–21'd32768) 这样的强制转换方式可以避免这种警告。

5）在代码中，由于重复的代码较多，所以使用了 generate 块来表示重复部分。使用 generate 块可以避免编写大量重复代码时可能造成的笔误。在 generate 块中，for 循环必须有名字，如代码中，产生流水寄存信号 dat_in_r 的 for 循环命名为 for_dat_in_r，产生 dat_tmp2 和 dat_tmp3 的 for 循环命名为 for_dat_tmp2。在 generate 块中，表示循环次数的变量，其类型为 genvar，本例中，该变量的名称为 ii。代码中包含两处 generate 块，但其循环变量都是 ii，这并不会导致代码综合错误，因为综合器对 generate 块的处理方式是在综合前就展开成普通代码，所以这里可以只声明一个循环变量。generate 块会对信号的定位造成一定的困难，因为在代码中，多个信号共用一段代码。例如，要定位 dat_in_r[2] 或 dat_in_r[10]，均指向同一段代码。因此，一些项目中要求不用 generate 块，但同时为了避免笔误，使用脚本将代码展开后粘贴到最终的文件中。用脚本展开后的代码，如遇到需要修改之处，仍然容易引入笔误。

6）代码中，dat_in_r、dat_tmp、dat_tmp1、dat_tmp2 等信号均声明为二维信号。若希望得到由输入信号 dat_in 打了 3 拍后的信号，则应写为 dat_in_r[2]，因为 dat_in_r[0] 表示打了 1 拍，dat_in_r[1] 表示打了 2 拍。若要定位到该组信号中的某一位，比如输入信号第 3 拍的第 4 位，则可写为 dat_in_r[2][4]。二维信号只能用于模块内部，不可用于模块的端口。这里使用二维信号的目的是在 generate 块中能够形成 for 循环。如果不用二维信号，则 dat_in_r[0] 必须取一个单独的信号名，如 dat_in_r0。不同的信号名将无法写入 for 循环，因此这里必须使用二维信号，只有这样，设计者才可以用序号来索引其中的具体信号。dat_in 打拍产生 dat_in_r[0] 的语句，由于 dat_in 与 dat_in_r 不同名，所以只能拿到 generate 块之外单独写。

7）本设计比正常的滤波器多打了两拍。dat_in_r 原本只需要 21 个寄存器，而代码中给了 22 个。原本 dat_in 就可以乘以第一个抽头系数，而代码中是 dat_in_r[0] 乘以第一个抽头系数。在滤波结果输出时，dat_out 也多打了一拍，原本 dat_out 可以用组合逻辑实现溢出保护。某些设计规则希望像本设计一样，对输入和输出单独打拍，主要目的是避免毛刺。组合逻辑产生毛刺，原因是不同信号线之间的传输延迟不同，当某些信号到达而其他信号未到达时，组合逻辑仍然是起作用的，它会输出一些设计者未能预料到的结果，这一结果称为毛刺。毛刺仅持续很短时间，待全部逻辑信号都到达后，组合逻辑的输出便恢复正常。一般而言，若信号在数字电路内部流动，且信号是同步的，可以不在意传输组合逻辑所造成的毛刺，因为触发器的同步采样机制会自动避开毛刺而采到有效信号，这才是同步系统存在的意义。如果模块的输出会直接流向模拟电路，就推荐打拍后再输出。若以组合逻辑直接输出，则其计算过程中产生的毛刺可能会影响到模拟电路的功能。在模块设计中，为避免毛刺或形成组合环，会在输入或输出时打拍，一般较少在输入处打拍，大多选择在输出处打拍。

8.1.6 低通滤波器的验证

要验证低通滤波器的功能，就构造一个混合信号，其中既包含低频成分，又包含高频成分。经过滤波器后，低频成分被保留下来，高频成分被滤除，就可以说明该低通滤波器是有效的。

本节所设计的低通滤波器，其通带截止于 9 MHz，阻带起始于 11 MHz。因此，这里的低频是指 9 MHz 以下，而高频是指 11 MHz 以上。这里将分别构造一个 5 MHz 低频信号和 15 MHz 高频信号，将两者进行混叠后输入滤波器，并观察滤波器的输出中是否已滤除了 15 MHz 信号，仅保留了 5 MHz 信号。

验证 TB 详见配套参考代码 lpf_tb.v。在代码中先基于式（7-1）产生了 5 MHz 和 15 MHz 的信号，即 sin5M 和 sin15M。pi_2 表示 2π，5 和 15 表示它们的频率，单位是 MHz。delt_t 表示它们的采样间隔，单位是 μs（与 MHz 对应并抵消），由于时钟 clk 是 40 MHz，因而 delt_t 就是它的周期，即 0.025μs。cnt 是采样点序号，cnt 乘以 delt_t 构成了自然时间。这里设定整个仿真共产生 80 个采样点，每个时钟上升沿采样一次。

```
logic          clk        ;
logic          rstn       ;
integer        len        ;
integer        cnt        ;
real           pi_2       ;
real           delt_t     ;
real           sin5M      ;
real           sin15M     ;

initial
begin
```

```
        pi_2   = 6.2832;
        delt_t = 0.025;
        sin5M  = 0;
        sin15M = 0;
        len    = 8*10;

        @(posedge rstn);
        #30;

        for (cnt=0;cnt<len;cnt++)
        begin
            @(posedge clk);
            sin5M  <= $sin(pi_2 * 5  * real'(cnt) * delt_t);
            sin15M <= $sin(pi_2 * 15 * real'(cnt) * delt_t);
        end

        #100;
        $finish;
    end

initial
begin
    clk = 1'b0;
    forever
    begin
        #(1e9/(2.0*40e6)) clk = ~clk;
    end
end


initial
begin
    rstn = 0;
    #30 rstn = 1;
end
```

下面的代码将 5 MHz 和 15 MHz 信号进行结合，形成 dat_in，它可以作为滤波器的激励。但它是 real 型，需要定点化后才能输入 DUT。上文已经规定输入激励的小数精度为 12 位，将 dat_in 定点化后得到 dat_in_fix。DUT 的输出为 dat_out_fix，它是一个定点化后的滤波结果，若想直观表示，可将其转换为浮点值，即 dat_out。DUT 端口中注释的 is 是 signed input 的简写，os 是 signed output 的简写。通过这样的注释，可以明确例化信号的连接方向，便于排查错误。

```
real                    dat_in       ;
real                    dat_out      ;
wire    signed [15:0]   dat_in_fix   ;
wire    signed [15:0]   dat_out_fix  ;

assign dat_in       = sin5M + sin15M;
```

```
assign dat_in_fix   = int'(dat_in * (2**12));
assign dat_out      = real'(dat_out_fix) / (2**12);

//----------- DUT ----------------
lpf       u_tst
(
    .clk        (clk       ),//i
    .rstn       (rstn      ),//i
    .dat_in     (dat_in_fix ),//is[15:0]
    .dat_out    (dat_out_fix) //os[15:0]
);
```

除查看 dat_out 的滤波效果外，还可以构造一个参考信号，用来计算电路定点化的误差。参考信号由一个浮点滤波器输出，它使用与电路设计相同的抽头，但保留浮点形式。TB 在计算机中运行，不需要流片，因此不需要考虑面积因素，可以不用定点化，直接使用浮点计算，其计算过程和结构与 DUT 完全一致。最终得到参考信号 dat_out_real，可用于与 DUT 输出的 dat_out 进行对照，两者节拍也是相同的，因此可以直接相减，获得 DUT 的量化误差，即 err。

```
real                    dat_out_real     ;
real                    dat_out_real_pre;
real                    dat_in_r[21:0]  ;
real                    err              ;

always @(posedge clk or negedge rstn)
begin
    if (!rstn)
        dat_in_r[0] <= 0;
    else
        dat_in_r[0] <= dat_in;
end

generate
for (ii=1;ii<=21;ii=ii+1)
begin:for_dat_in_r
    always @(posedge clk or negedge rstn)
    begin
        if (!rstn)
            dat_in_r[ii] <= 0;
        else
            dat_in_r[ii] <= dat_in_r[ii-1];
    end
end
endgenerate

assign dat_out_real_pre =   0.00479328771175831 * dat_in_r[0]
                        +  0.0200864262039214   * dat_in_r[1]
                        +  0.00693618642411313  * dat_in_r[2]
                        + -0.0284731174096301   * dat_in_r[3]
```

```
                      + -0.0175381094083936 * dat_in_r[4]
                      + 0.0420242932165358  * dat_in_r[5]
                      + 0.0351623955499111  * dat_in_r[6]
                      + -0.0682849181831486 * dat_in_r[7]
                      + -0.0776038782305342 * dat_in_r[8]
                      + 0.156961227059925   * dat_in_r[9]
                      + 0.440398052239313   * dat_in_r[10]
                      + 0.440398052239313   * dat_in_r[11]
                      + 0.156961227059925   * dat_in_r[12]
                      + -0.0776038782305342 * dat_in_r[13]
                      + -0.0682849181831486 * dat_in_r[14]
                      + 0.0351623955499111  * dat_in_r[15]
                      + 0.0420242932165358  * dat_in_r[16]
                      + -0.0175381094083936 * dat_in_r[17]
                      + -0.0284731174096301 * dat_in_r[18]
                      + 0.00693618642411313 * dat_in_r[19]
                      + 0.0200864262039214  * dat_in_r[20]
                      + 0.00479328771175831 * dat_in_r[21];

always @(posedge clk or negedge rstn)
begin
    if (!rstn)
        dat_out_real <= 0;
    else
        dat_out_real <= dat_out_real_pre;
end

assign err = $abs(dat_out_real - dat_out);
```

DUT 内部包含多个二维信号，而二维信号不会被自动保存波形，要想观察这些二维信号的波形，需要在 TB 中声明。本 TB 中声明如下。其中，$fsdbDumpfile 和 $fsdbDumpvars 是所有 TB 保存波形时都有的语句。$fsdbDumpfile 用于声明保存的波形文件名，$fsdbDumpvars(0) 表示波形中凡是一维信号均被自动下载到波形文件中。$fsdbDumpMDA 声明了要下载的二维信号的名称和路径。这里的 TB 名称为 lpf_tb，例化的 DUT 名为 u_tst，DUT 中的 dat_in_r、dat_tmp、dat_tmp2、dat_tmp3 均为二维信号。

```
initial
begin
    $fsdbDumpfile("tb.fsdb");
    $fsdbDumpvars(0);
    $fsdbDumpMDA(lpf_tb.u_tst.dat_in_r);
    $fsdbDumpMDA(lpf_tb.u_tst.dat_tmp);
    $fsdbDumpMDA(lpf_tb.u_tst.dat_tmp2);
    $fsdbDumpMDA(lpf_tb.u_tst.dat_tmp3);
end
```

仿真得到的波形如图 8-14 所示，图中包含 sin5M、sin15M，以及两者结合后的波形 dat_in。滤波器的输出为 dat_out_fix，图中将其转化为模拟波形，即 DtoA_dat_out_fix，它只包含 5 MHz 信号，15 MHz 被滤掉了。

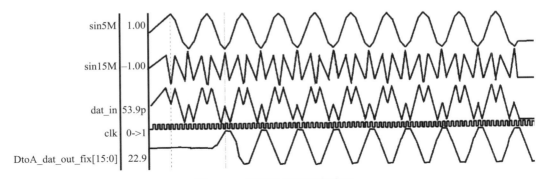

图 8-14　低通滤波器仿真波形

从图 8-14 中还可以看出，滤波器具有一定延迟。从 sin5M 的第一个峰值到 DtoA_dat_out_fix 的第一个峰值，中间有 12 个时钟周期，这便是滤波器的时延，也称群时延。22 抽头的滤波器，其峰值出现在第 11 个和第 12 个抽头。抽头峰值出现的位置，就可以看作信号出现的位置。在标准 FIR 滤波器中，第一个抽头是作用在输入信号上的，因此第 11 个抽头作用在第 10 拍信号上，即整个信号将被延迟 10 拍。本设计比标准 FIR 滤波器多延迟 2 拍，因此信号整体延迟 12 拍。

实际项目中，为了验证滤波器的性能，通常还要输入更为复杂的激励，如以 OFDM 信号作为激励。而在进行复杂验证之前，使用本节所介绍的验证方法，可以验证滤波器设计的基本功能是否正确。

8.2　高通滤波器

8.2.1　抽头个数和数值的确定

本节演示高通滤波器的设计过程和滤波效果。流程仍然是先用 filterDesigner 设计得到抽头，然后用手工编写的方法设计滤波器，最后仿真滤波效果。

图 8-15 所示为一个与低通滤波器相反的高通滤波器设计，其最小二乘设计法、阶数、采样率与 8.1 节设计的低通滤波器相同，只是将 9 MHz 通带截止频率改为了阻带截止频率，将 11MHz 阻带起始频率改为了通带起始频率。阻带设计权重是通带的 10 倍，这也与低通滤波器设计时相同。

按图 8-10 所示方法导出的滤波器对象如下。观察这些抽头系数可以发现，与低通滤波器抽头系数呈现偶对称的特征不同，高通滤波器抽头系数呈现奇对称特征。22 个抽头中，中间的第 11 个抽头为 –0.440398052239313，第 12 个抽头为 0.440398052239313。第 10 个抽头与第 13 个抽头、第 9 个抽头与第 14 个抽头，也都呈现符号取反的关系。

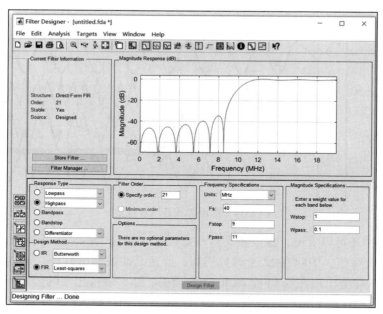

图 8-15　高通滤波器设计

```
Hd = dsp.FIRFilter( ...
        'Numerator', [-0.00479328771175831 0.0200864262039214 ...
        -0.00693618642411313 -0.0284731174096301 0.0175381094083936 ...
        0.0420242932165358 -0.0351623955499111 -0.0682849181831486 ...
        0.0776038782305342 0.156961227059925 -0.440398052239313 ...
        0.440398052239313 -0.156961227059925 -0.0776038782305342 ...
        0.0682849181831486 0.0351623955499111 -0.0420242932165358 ...
        -0.0175381094083936 0.0284731174096301 0.00693618642411313 ...
        -0.0200864262039214 0.00479328771175831]);
```

8.2.2　电路实现与验证

本节设计的高通滤波器的定点化方式与 8.1 节低通滤波器的定点化方式相同，都是输入 16 位有符号信号，包含 3 位整数和 12 位小数精度，输出的位宽和精度也相同。具体 RTL 详见配套参考代码 hpf.v，它与低通滤波器的 RTL 设计非常相似，唯一的不同之处在于其奇对称的抽头系数。这里同样将抽头系数的精度设置为 15 位，代码中的 dat_tmp 部分如下。在低通滤波器中，寄存器打拍均镜像相加，而这里使用减法。凡抽头为负数的，都作为减数。

```
assign dat_tmp[0]  = (dat_in_r[21] - dat_in_r[0])  * 157;
assign dat_tmp[1]  = (dat_in_r[1]  - dat_in_r[20]) * 658;
assign dat_tmp[2]  = (dat_in_r[19] - dat_in_r[2])  * 227;
assign dat_tmp[3]  = (dat_in_r[18] - dat_in_r[3])  * 933;
assign dat_tmp[4]  = (dat_in_r[4]  - dat_in_r[17]) * 575;
```

```
assign dat_tmp[5]  = (dat_in_r[5]  - dat_in_r[16]) * 1377;
assign dat_tmp[6]  = (dat_in_r[15] - dat_in_r[6])  * 1152;
assign dat_tmp[7]  = (dat_in_r[14] - dat_in_r[7])  * 2238;
assign dat_tmp[8]  = (dat_in_r[8]  - dat_in_r[13]) * 2543;
assign dat_tmp[9]  = (dat_in_r[9]  - dat_in_r[12]) * 5143;
assign dat_tmp[10] = (dat_in_r[11] - dat_in_r[10]) * 14431;
```

hpf.v 对应的 TB 详见配套参考代码 hpf_tb.v，其结构和验证方法与 lpf_tb.v 一致，这里不再赘述。为了使高通滤波的效果更加明显，TB 中将原来的 15 MHz 改为 12 MHz。注意，12 MHz 仍在通带内。低频的 5 MHz 不变，处于阻带内，是被滤除的对象。最后的滤波效果如图 8-16 所示，5 MHz 和 12 MHz 信号叠加，得到 dat_in，并输入到滤波器中。滤波器输出的 dat_out_fix 转换为模拟波形后命名为 DtoA_dat_out_fix，其波形正是 sin12M 的波形，而 5 MHz 已被滤除。在图中，也能看到滤波器的输出在初期有一段延迟，这体现了滤波器的时延。

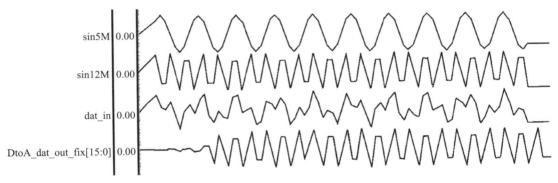

图 8-16　高通滤波器仿真波形

第 9 章

ΣΔADC 电路设计

ΣΔADC 是一类较为常用的慢速高精度 ADC，含有 ΣΔ 结构和数字抽取滤波器。本章主要介绍 ΣΔADC 的实现原理，推导多种 ΣΔ 结构的系统函数，并基于第 7 和第 8 章滤波器的知识，介绍级联积分梳状（Cascaded Integrator-Comb，CIC）滤波器、半带滤波器等各种抽取滤波器的设计方法。

9.1　ADC 概述

9.1.1　ADC 的本质

ADC 是能将模拟信号转变为数字信号的元器件。所谓模拟信号，在数学上可将其视为一根浮点信号。而所谓数字信号，就是只包含 0 和 1 两种状态的二进制信号。从这个意义上说，ADC 是一个单转多器件，将单根浮点信号转换为多根二进制信号，输入的浮点信号与输出的二进制信号表示同一个数值，如图 9-1 所示。

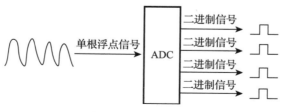

图 9-1　ADC 本质

之所以需要用到 ADC，是因为单根数字信号只能表示 0 和 1，要想进一步表示更为复杂的数值，必须用多根数字信号。数字电路只能处理 0/1 信号，若一根表示复杂数值的模拟信号直接输入到数字电路中，电路将无法处理，因此需要 ADC 作为模拟与数字的媒介或屏障。与之相似的还有 DAC，它负责将数字信号转换为模拟信号。ADC 与 DAC 共同构成了数字世界与模拟世界沟通的桥梁，凡是与实际物理世界有信号交流的芯片，都会需要 ADC 和 DAC。

模拟电路中常见的比较器，也可视为一种只有 1 位输出的 ADC。图 9-2 所示为一个模拟比较器，假设比较门限处固定输入 0.5 V，则不同浮点信号的输入都会与 0.5 V 进行比较，超过 0.5 V 输出 1，未超过 0.5 V 则输出 0，从而完成了一个浮点信号的单路数字转换。将一个比较器扩展为多个比较器，就可以实现最简单的多路 ADC 转换。

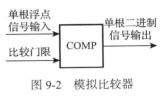

图 9-2　模拟比较器

在进行数字系统的算法仿真时，经常会构造一些浮点数形式的激励，比如本书前几章中经常在 TB 里构造浮点数作为激励。这些激励在通入数字电路之前都需要经过定点化，将其变为多位宽整数。因此，定点化的作用与 ADC 一致，ADC 也可以看作是一种定点化。

9.1.2　ADC 的性能指标

ADC 最主要的指标是速度和精度。

速度即采样率，ADC 常用的单位是 Sa/s，即每秒获得的采样点数。由第 7 章可知，采样率越高，可显示在频谱上的频率范围越宽，这样就可以观察到更多的频率信息。因此，对于 ADC 来说，速度越快越好。

精度即 ADC 的输出与输入的一致性，精度高说明两者偏差小，一致性好。ADC 的精度并不能无限增加，主要的瓶颈在于噪声。假设给 ADC 输入一个数值 3.1415926，并假设该 ADC 为 10 位无符号 ADC，整数位是 2 位，小数位是 8 位，则输入值对应的数字转换值应为 10'b1100100100。但是，假设 ADC 内部存在一个幅度在 ±0.01 范围内变化的噪声，则输入值将在 3.1315926 ~ 3.1515926 范围内变化，ADC 转化后的数值会在 10'b1100100010 ~ 10'b1100100111 范围内变化。可以看出，10 位中最后的 3 位是抖动的，并不确定，因此该 ADC 虽然输出 10 位，但有效的位宽只有 7 位。ADC 的噪声可以来自于环境，也可以来自电路设计内部。即便环境中不存在噪声，电路内部存在热噪声、闪烁噪声、射击噪声等多种噪声情况。以热噪声为例，通电的芯片一般会存在一定程度的发热，这种热效应会引入噪声。除上述模拟电路引入的噪声外，量化噪声也是噪声的重要来源。因此，噪声是不可避免的，设计 ADC 的挑战就在于是否能压低其内部的噪声，提高其精度。

ADC 的分辨率经常与精度一起出现，因为 ADC 的精度是由分辨率和物理噪声共同决定的。分辨率等同于 ADC 的位宽。假设给两个 ADC 输入同一个浮点数，其中一个 ADC 输出了 4 位，另一个 ADC 输出为 10 位，则第二种 ADC 的分辨率高。

工程上经常用有效位宽（Effective Number of Bits，ENOB）来表示某一特定量化信噪

比下可做到的最大位宽。其计算公式为

$$\text{ENOB} = \frac{\text{SNR} - 1.76}{6.02} \quad\quad (9\text{-}1)$$

式中，SNR 为信噪比，单位是 dB。它说明信噪比越高，位宽就越大。

式（9-1）的原理来自式（9-2）。

$$\text{SNR} = 20\log_{10}\left(\frac{V_{\text{ref}}/\sqrt{2}}{V_{\text{ref}}2^{-\text{ENOB}}/\sqrt{3}}\right) \quad\quad (9\text{-}2)$$

式中，V_{ref} 为 ADC 的参考电压，测量电压被想象为一个正弦信号，V_{ref} 是它的峰值（峰峰值的一半），因此该正弦信号的有效值是 $V_{\text{ref}}/\sqrt{2}$；$V_{\text{ref}}2^{-\text{ENOB}}$ 为 ADC 每个数值跳变的步长，也可称为分辨能力，ADC 的量化误差是步长的一半，即 $\dfrac{V_{\text{ref}}2^{-\text{ENOB}}}{2}$。量化噪声被想象为一个锯齿波，从它的最低处到最高处，距离为 $V_{\text{ref}}2^{-\text{ENOB}}$，因此该锯齿波的有效值便是 $\dfrac{V_{\text{ref}}2^{-\text{ENOB}}}{\sqrt{3}}$。$\dfrac{V_{\text{ref}}/\sqrt{2}}{V_{\text{ref}}2^{-\text{ENOB}}/\sqrt{3}}$ 反映的是以倍数为单位的信噪比，转化为以 dB 为单位后便是 SNR。

式（9-1）与式（9-2）表达的是同一个含义，即 SNR 与 ENOB 之间的转换关系。位宽越大，分辨率越高，量化信噪比越高。

LSB 的概念已在 2.2.5 节介绍过。在 ADC 中，LSB 常用来指代分辨能力 $V_{\text{ref}}2^{-\text{ENOB}}$，$\pm\dfrac{\text{LSB}}{2}$ 常用来指代量化误差 $\pm\dfrac{V_{\text{ref}}2^{-\text{ENOB}}}{2}$。

实际 ADC 的读数误差会比量化误差 $\pm\dfrac{\text{LSB}}{2}$ 更大，因为式（9-1）中考虑的噪声仅为量化噪声，热噪声等其他物理噪声尚未包含在内。因此，式（9-1）和式（9-2）中的 SNR，本书称之为量化信噪比，表示它只考虑了量化误差。实际读数误差反映了 ADC 的真实精度。正因为存在量化误差以外的噪声，可能导致 ADC 的低位淹没在噪声中。

上述 ADC 精度相关术语见表 9-1。

表 9-1　ADC 精度相关术语

术语	含义
分辨率	ENOB
步长（分辨能力）	$V_{\text{ref}}2^{-\text{ENOB}}$ 或 LSB
量化误差	$\pm\dfrac{V_{\text{ref}}2^{-\text{ENOB}}}{2}$ 或 $\pm\dfrac{\text{LSB}}{2}$
精度	ADC 对输入测量的精确程度，除受限于分辨率外，还受限于外界温度和其他因素所造成的干扰和噪声。也用 LSB 来衡量

ADC 对精度的测量有微分非线性（Differential Non-Linearity，DNL）和积分非线性（Integral Non-Linearity，INL）两种静态评估方法以及无杂散动态范围等动态评估方法。

在理想情况下，ADC 的精度被认为是一个固定的值，ADC 的输出每增加 1 或减少 1，就可以认为其实际的输入增减了一个固定的浮点值。但在实际的 ADC 中，同样是增减 1，却在不同的情况下代表不同的输入增量。比如，某个 ADC，当其输出从 100 变为 101 时，对应的输入增加了 0.1 V，而当输出从 500 变为 501 时，对应的输入增加了 0.15 V，这样的结果就偏离了理想 ADC 所遵循的等步长模型。测量两个电压 V_A 和 V_B，求出电压差 V_{BA}，并求出 ADC 输出的差值 Δ，将该差值转换为电压 V_Δ。比较 V_Δ 和 V_{BA} 的差别，将其转换为 ADC 的 LSB，这便是 DNL。

只测一个电压 U_A，并由 ADC 的输出反推电压 $\tilde{U}_A$，比较 U_A 和 $\tilde{U}_A$ 的差别，将其转换为 ADC 的 LSB，这便是 INL。

DNL 体现了 ADC 转换步长的不均匀性，而 INL 不仅体现了步长的不均匀性，还体现了基底噪声对读数的影响。

无杂散动态范围（Spurious Free Dynamic Range，SFDR）反映了 ADC 中信噪比的大小，即信号功率与电路噪声之间的比值，以 dB 为单位。该值越大，说明电路中引入的噪声越小。采样精度较高的 ADC，输出位宽通常会超过 11 位，根据式（9-1），该位宽对应 SFDR 在 68 dB 以上，这对测量提出了很高的要求，因为一般的测量设备，例如负责给 ADC 输入信号的信号发生器，其引入的噪声也可能会高于此 SFDR，导致测量结果低于 ADC 所标称的 SFDR。因此，要测量高精度的 ADC，首先要保证测量设备具有更低的噪声。

速度和精度是一对矛盾。采样速度快，意味着输入到 ADC 的信号频率高，带宽大。信号带宽与热噪声是正相关的，因而热噪声也大。另一方面，当信号频率较高，接近 ADC 滤波器的过渡带时，量化噪声的滤除效果也会变差。为了进行速度与精度之间的取舍，根据不同的应用需要，会设计不同结构的 ADC。对速度要求高的场景中常用 Pipeline ADC 和 SAR ADC，对精度要求高且速度要求低的场景中常用 ΣΔ ADC。

还有一个非常重要的 ADC 指标，在评估 ADC 时经常被忽视，那便是 ADC 通道的建立时间。在单片机或其他通用设计中，常常希望在集成少量 ADC 的情况下能够测量多个物理量，其结构如图 9-3 所示。这种设计可以降低芯片成本和功耗，但也引入了在物理量之间进行频繁切换的需求，对物理量的切换在 ADC 中称为通道切换。通道并非只要选择了它就可以立即进行采样，它还需要一定的建立时间。该时间与 ADC 本身并无关系，而是与通道本身的驱动能力有关。图 9-3 中对每路通道都加入了缓冲器（Buffer），它用来增强对应通道的驱动能力。如果某路通道的驱动能力较弱，则它需要的建立时间会更长。若使用 ADC 时，切换到该通道，但未能等待足够长的建立时间，就会导致采样不准确。例如，某个通道 A，其采样值为 0xFF，从通道 A 切到通道 B，且并未等待足够长的时间，通道 B 上正确的采样值应该是 0x03，但由于未等待足够的时间，对 B 的采样结果会受到原来采样值的影响，从 0xFF 逐渐降低到 0x03，而不是直接采样到 0x03。

无论是采样电压、电流、温度，最终到 ADC 输入端口处均表现为受限制的电压形式。ADC 都有一个参考电压指标，即在它输出满量程时所代表的电压。比如，一个 8 位 ADC，当对它输入 5 V 电压时，它的输出为满量程 0xFF，那么 5 V 就是该 ADC 的参考电压。如果希望用该 ADC 测量一个变化范围在 0 ～ 100 V 之间的电压，不能直接通入 ADC，因为大部分情况下都会超量程，一方面会测不准，另一方面因为输入电压过大也会烧坏 ADC。因此，需要对该电压先进行分压后再通入 ADC，这里需要分压 20 倍。用户在读取 ADC 输出后，先转换为参考电压下的电压值，再乘以 20，转换为实际电压值。对于量程小于 5 V 的电压，可以选择不放大，直接连入 ADC，也可以放大后连入。分压比放大电压要容易，因此一般不会做放大电压的操作，而是在设计 ADC 时将其参考电压设小。

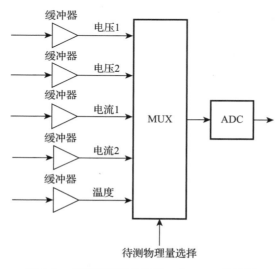

图 9-3 多路物理量共用同一个 ADC 的情况

电流经过电阻可以产生电压，阻值不变的情况下，电流越大，电压越大。因此，测量电流实际上也是测量电压。用于测量电流的电阻称为采样电阻。只有阻值准确，测量的电流才会准确。为了阻值准确，一般不将采样电阻设计在芯片内部，而是放在电路板上，但现在已经有越来越多的芯片集成了采样电阻，如何在芯片内保持阻值的稳定，减少温度等不利因素对阻值的影响，是集成时必须要解决的问题。

温度也要先转换为电压才能测量，如温敏电阻等元器件可以用于将温度转换为电压。

9.1.3 ADC 的参考电压

ADC 的参考电压也叫基准电压，用 V_{ref} 表示。实际上，当 ADC 的输入达到 V_{ref}–LSB 时，就能得到满量程的输出。实际能得到满量程输出的电平范围是 $\left(V_{ref} - \dfrac{3LSB}{2}\right) \sim \left(V_{ref} - \dfrac{LSB}{2}\right)$，只有这段范围内的电压符合量化误差要求，如果输入电压为 V_{ref}，虽然也会得到满量程的输出值，但它会被认为电压只有 V_{ref}–LSB，误差达到一个 LSB，是量化误差的两倍。

以一个 2 位输出的 ADC 为例，设其参考电压为 1。其测量结果与输入值的关系如图 9-4 所示。图中用粗实线标示出了 5 个标准量化电压的位置。标准量化电压是用户根据 ADC 的读数，可反推出的输入电压。根据此图，输出 0 时会认为输入是 0，输出 1 时会认为输入是 0.25，输出 2 时会认为输入是 0.5，输出 3 时会认为输入是 0.75，此外还有一个参考电压。可以看出，该 ADC 的分辨能力为 0.25，也就是说，两个输出值若相差一个 LSB，在使用者看来，两者的输入值相差 0.25，但实际上未必会相差这么多，如图中表示输入的虚线上有 a、b 两点，虽然两者的距离很近，但仍然被分别判决为 1 和 2，分辨率的不足使得两者的差距被放大。

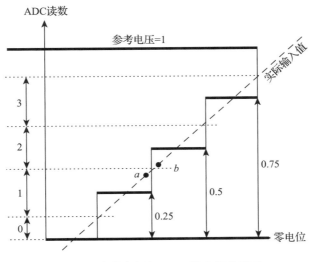

图 9-4 参考电压与 ADC 输入值的关系

ADC 在转化数值时有四舍五入效果，由图 9-4 可见，输入值在 0.125 ～ 0.375 的范围内均被判决为 1，即均被认为是 0.25。所以，量化误差是 0.125。当输入值超过 0.625 时，都将被判决为 3，但为了限制量化误差，一般要求输入值不要超过 0.875，即 $V_{\text{ref}} - \dfrac{\text{LSB}}{2}$。

观察图 9-4 中斜穿过标准量化电压的实际输入值可以发现，随着它的逐渐增加，它与标准量化电压之间的误差呈现锯齿状波动，如图 9-5 所示。图中 A 点代表输入为 0 时的量化误差，此时，输入值和标准量化电压都是 0，所以误差为 0。B 点代表输入为 0.25 时的量化误差，输入值和标准量化电压一致，所以量化误差也为 0。C 点和 D 点分别代表输入为 0.5 和 0.75 的情况，量化误差同样为 0。观察 A、B 两点之间的量化误差变化过程，它先是增加到 $\dfrac{\text{LSB}}{2}$，然后又跳到 $-\dfrac{\text{LSB}}{2}$，后又逐渐减小了误差。该过程在图 9-4 中就体现为输入值从 0 变为 0.125，此时判决仍为 0，因此误差达到了峰值，即 $\dfrac{\text{LSB}}{2}$。当输入值超过 0.125 时，判决为 1，代表 0.25，因此误差立刻变为负值，直到输入值增加到 0.25，与 1 代表的标准量化电压一致。该锯齿波的峰峰值为 LSB，锯齿波的有效值为 $\dfrac{\text{LSB}}{\sqrt{3}}$，这在式（9-2）中已做了说明。

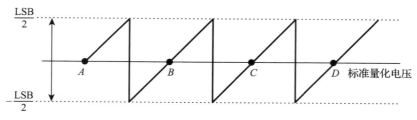

图 9-5　锯齿状量化误差

在 9.1.2 节已介绍过，要用 ADC 测量一个超过 V_{ref} 的电压 $V_{measure}$，需要先在模拟电路中将 $V_{measure}$ 分压到 V_{ref} 后，再进行测量，然后将测量结果乘以分压比例，才能得到最终的测量结果。

9.1.4　ADC 的符号

ADC 有输出带符号的，也有不带符号的。带符号意味着输入的浮点数可以出现负数，于是转换得到的数值也有符号；不带符号意味着输入的浮点数只能为 0 或正值。若想用不带符号的 ADC 测量一个负数模拟量，则需要先将该模拟量进行偏置，将它整体提高一定电平，使它的值全部变为非负数后才能测量。

带符号的 ADC，其输出码字的方式可以是补码输出，也可以用原码加符号的形式输出。

9.2　ΣΔ ADC 的组成

ΣΔ ADC 也写作 Sigma-Delta ADC。它是一种慢速但高精度的 ADC，常用于采样一些静态物理量如稳衡的电压、电流等，其结构如图 9-6 所示。和其他类型的 ADC 一样，它也由模拟和数字两部分电路构成。模拟电路实现了 ΣΔ 结构，将输入的浮点电压转换为带噪声的多位数字信号。后面的数字部分虽然分为多级，但目的都是滤除模拟电路在输入时所引入的噪声。

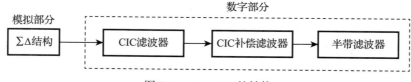

图 9-6　ΣΔ ADC 的结构

由于 ΣΔ 结构的限制，只有较低频率的浮点电压才能与噪声完全分离，因此最终数字输出的采样结果，其时钟频率也没有必要过快，只需略高于输入信号频率的两倍即可。过高的时钟频率会成倍增加滤波器的抽头系数，从而增加寄存器、乘法器和加法器的数量。在保留被测数值的前提下，应尽量降低速率。降低频率，即抽取（Decimation）。一边抽取，一边降低频率，即为抽取滤波（Decimation Filter）。图中的 CIC 滤波器、CIC 补偿滤波器和半带（Half-Band，HB）滤波器，均为抽取滤波器。其中，CIC 滤波器抽取倍数最多，但通带损失较大，需要 CIC 补偿滤波器对通带进行补偿，同时再进一步进行抽取滤波，半带滤波器的作用是对信号再进行滤波和抽取，半带滤波器可以使用多个级联，直到最终输出的采样值频率略高于被测信号额定最高频率的两倍为止。所谓额定最高频率，是指 ADC 要求用户输入信号的频率上限，超出该上限将出现测量值失真的情况。

9.3　简单 ΣΔ 结构及其特征

ΣΔ ADC 的第一级是 ΣΔ 结构的模拟电路。要想对后续的滤波器结构和选型进行确认，必须先理解该模拟电路结构。

∑ 通常用来表示积分或求和，在电路中它是一种结构，如图 9-7 所示。它是一个反馈链路，在输入处进行求和并由 D 触发器进行保存，使得输入能够持续累积。这里的 D 触发器是必要的，若没有它，电路会形成一个结果不稳定的组合环。注意，在电路结构图中，较大的黑色圆点表示加法器。

Δ 通常用来表示差分或相减，在电路中它是如图 9-8 所示的结构。与图 9-7 不同的是，该电路的反馈会与输入相减，并保存在 D 触发器中。

图 9-7　积分电路　　　　　　　　　　　图 9-8　差分电路

ΣΔ 结构就是将 ∑ 与 Δ 相结合，构成如图 9-9 所示的结构。图中引入了一个量化器，使得 b 点反馈的信号为一个量化后的信号，会出现 0、1、–1 三种数值。而图中的其他信号均为浮点信号。注意，在某些 ΣΔ 设计中，b 点信号可能出现的数值为 0 和 1，而在另一些设计中，b 点信号可能出现的数值为 –1 和 1。

量化器可以看作一个噪声源，原本为浮点数值的 a 点信号，加入噪声后变为数值只有 0、1、–1 三种数值可选的 b 点信号。加入的噪声就是量化噪声。基于这种理解，图 9-9 也可更改为图 9-10 所示的形式，其中，e 表示量化噪声，它与原信号 a 相加得到反馈信号 b。

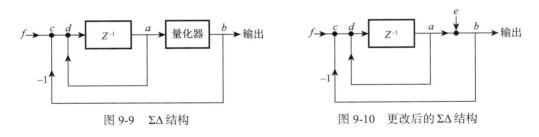

图 9-9　ΣΔ 结构　　　　　　　　　　　图 9-10　更改后的 ΣΔ 结构

根据梅森公式，可将图 9-10 结构用系统函数来表示。梅森公式的完整形式为

$$H = \frac{\overset{n}{\Sigma} g_n D_n}{D} \tag{9-3}$$

即一个系统函数，可以用一个分数来表示。式中，D 为系统的特征行列式，它等于 1– 系统中所有环路增益之和 + 系统中两个不互相接触的环路增益乘积之和 – 系统中三个不互相接触的环路增益之和 +⋯，省略号表示照此规律类推。系统中的前向通路指的是从输入到输出的路径，它可能不止一条，n 表示这些路径的序号。g_n 表示每条路径上的增益，而 D_n 称为第 n 条通路的余因子，它和分母 D 一样，也是特征行列式，只是它在 D 的基础上排除了与第 n 条前向通路相接触的全部环路的计算，只留下了与第 n 条前向通路不接触的环路。最后，在分子上将全部前向通路对应的 $g_n D_n$ 加在一起，构成完整的分子。

图 9-10 中有两个输入，一个是正常输入 f，另一个是量化误差输入 e。在使用梅森公式时，将两个输入分别予以分析，在分析一个输入时，默认另一个输入为 0，这样可以简化思路。

忽略 e，只保留输入 f 及其链路，电路结构如图 9-11 所示。其系统函数 H_f 为

$$H_f = \frac{z^{-1}}{1 - z^{-1} - (-z^{-1})} = Z^{-1} \tag{9-4}$$

图 9-11 中前向通路只有一条，它从 f 点到 b 点，其增益为 Z^{-1}，没有与该通路不接触的环路，因此余因子是 1。积分环路（$b \to d \to b$）增益为 Z^{-1}，差分环路（$b \to c \to b$）增益为 $-Z^{-1}$。这两个环路存在公共路径，因此在分母上仅用 1 减这两个环路各自的增益即可。分母简化后仍然为 1，说明只保留输入 f 后得到的系统函数 H_f 就是 Z^{-1}。虽然系统存在两个反馈环，但整体效果就是将 f 延迟一拍后输出。

忽略 f，只保留量化噪声 e 及其链路，电路结构如图 9-12 所示。其系统函数 H_e 为

$$H_e = \frac{1 - z^{-1}}{1 - (-z^{-1}) - z^{-1}} = 1 - z^{-1} \tag{9-5}$$

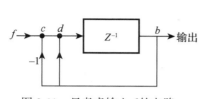
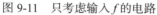

图 9-11　只考虑输入 f 的电路

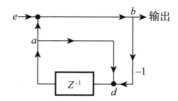

图 9-12　只考虑输入 e 的电路

图 9-12 中只有一条前向通路，它从 e 点到 b 点，其增益为 1，存在一个与该前向通路不接触的环路，它从 a 点到 d 点又回到 a 点，其环路增益 Z^{-1}，因此前向通路的余因子不是 1，而是 $1-Z^{-1}$。图中存在两个环路，除了上面提到的从 a 点到 d 点又回到 a 点的环路外，还有一条从 b 点到 a 点又回到 b 点的环路，其增益是 $-Z^{-1}$。计算分母的特征行列式，就是用 1 减去这两个增益。由于两个环路存在重叠部分，分母不存在其他项。简化后得到系统

函数 H_e 就是 $1-z^{-1}$，它就是一个差分电路，也可以视为一种高通滤波器，因此引入的量化噪声在系统中的传播其实是对它进行高通滤波的过程。

可以用下列 MATLAB 代码来观察式（9-5）作为高通滤波器的滤波效果。fs 为采样率，代码中设定为 10，单位可以自由设定，这里可将单位设为 MHz。ts 为采样率，即 D 触发器输入时钟信号的周期。输入信号是一个单音信号，其频率为 f，单位与 fs 的单位一致。period 为仿真中该单音信号输入的周期数。t_arry 是仿真时间轴，y 是构造的输入信号。yd 是将 y 延迟一拍后的信号，在 MATLAB 仿真中，向量中的每个数值都是采样点，只要将数值向后移动 1 位，就表示延迟一拍。因移位而空余出来的位置，应填写 D 触发器的复位初始态，这里认为 D 触发器复位初始态为 0，所以在 yd 的第一个元素处填 0。将 y 和 yd 相减，得到的 y2 为滤波结果。

```
clear;
clc;
close all;

fs = 10;
ts = 1/fs;
f  = 1;
period = 10;
t_arry = 0:ts:(period/f);
y = sin(2*pi*f*t_arry);
yd = [0,y(1:end-1)];
y2 = y - yd;
figure;plot(t_arry, y2);grid on;
```

改变频率 f，可以得到不同的 y2，如图 9-13 所示。图 9-13a 中 f 设定为 0.001 MHz，滤波后幅度接近 6×10^{-4}。图 9-13b 中 f 设定为 0.01MHz，滤波后幅度接近 6×10^{-3}。图 9-13c 中 f 设定为 0.1 MHz，滤波后幅度接近 6×10^{-2}。图 9-13d 中 f 设定为 1 MHz，滤波后幅度接近 0.6。可见，随着输入信号频率的增加，衰减逐渐减小，体现出了高通滤波器的特性。

将 H_f 和 H_e 两部分系统函数相结合，可以获得图 9-10 的整体效果，如式（9-6）所示。

$$b = z^{-1}f + (1-z^{-1})e \tag{9-6}$$

式中，b 为图 9-10 中 b 点的输出，它相当于输入的信号 f 延迟一拍，并混杂有经过高通滤波后的量化噪声 e。延迟的时间为输入 D 触发器的时钟周期。图 9-10 是图 9-9 的抽象，实际电路是图 9-9。式（9-6）经常被用来解释图 9-9。

那么，为什么要做一个如图 9-9 所示的 ΣΔ 电路呢？它在输入信号 f 的基础上额外引入了高频噪声 e，有什么正面作用吗？

ΣΔ 电路的作用是将一个浮点数 f 转化为一个整数 b。在转化的过程中，必然会引入一定的噪声 e，而由式（9-6）可知，噪声 e 被集中在高频处，可以使用低通滤波器将 e 滤掉，从而获得纯粹的 f。之所以浮点数 f 不是直接传输的，而是要经过一个加噪并减噪的过程，是由于 ADC 本身是一个将浮点数进行定点化的元器件，或者说数字电路只能处理整数。一个浮点数无法直接进入数字电路进行处理，于是对它进行加噪，使其变为整数，然后在数字电路中对整数进行滤波，滤除高频噪声后，虽然恢复了浮点数的数值，但恢复后的数值形态仍然为一个多位宽整数，这样就完成了一个浮点数的定点化过程。

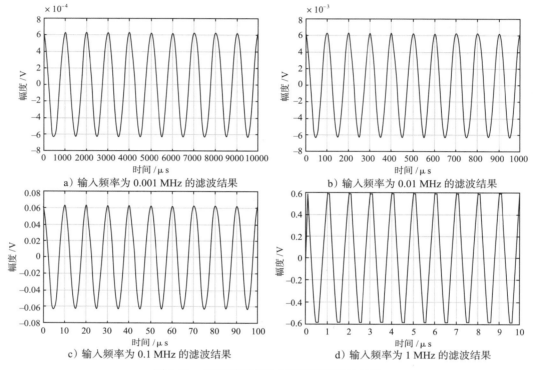

a）输入频率为 0.001 MHz 的滤波结果

b）输入频率为 0.01 MHz 的滤波结果

c）输入频率为 0.1 MHz 的滤波结果

d）输入频率为 1 MHz 的滤波结果

图 9-13   以不同频率输入后的高通滤波结果

下面基于图 9-9 演示一个浮点数变为整数的完整过程。假设量化器的作用是将大于或等于 1 的输入量化为 1，小于 1 的输入量化为 0。输入一个浮点数 0.25 并一直保持，观察 b 点的输出。表 9-2 列出了 0.25 转化为整数的全过程，它标注了图 9-9 中 a、b、c、d、f 等关键点在每一拍时钟处的变化情况。通过观察 b 点数值可以发现，除了刚开始的建立时间外，每四拍出现一个 1，其余三拍为 0。这正是 0.25 整数化后的形态，即只出现 0 或 1，但平均后仍为 0.25。

表 9-2   将浮点数 0.25 量化为 0 和 1 的时序

观察点	初态	1拍	2拍	3拍	4拍	5拍	6拍	7拍	8拍
f	0.25	0.25	0.25	0.25	0.25	0.25	0.25	0.25	0.25
c	0.25	0.25	0.25	0.25	−0.75	0.25	0.25	0.25	−0.75
d	0.25	0.50	0.75	1.00	0.25	0.50	0.75	1.00	0.25
a	0	0.25	0.50	0.75	1.00	0.25	0.50	0.75	1.00
b	0	0	0	0	1.00	0	0	0	1.00

（续）

观察点	9拍	10拍	11拍	12拍	13拍	14拍	15拍	16拍	17拍
f	0.25	0.25	0.25	0.25	0.25	0.25	0.25	0.25	0.25
c	0.25	0.25	0.25	−0.75	0.25	0.25	0.25	−0.75	0.25
d	0.50	0.75	1.00	0.25	0.50	0.75	1.00	0.25	0.50
a	0.25	0.50	0.75	1.00	0.25	0.50	0.75	1.00	0.25
b	0	0	0	1.00	0	0	0	1.00	0

　　将 0.25 量化为 0 和 1 组成的序列后，如式（9-6）所述，会引入量化噪声。图 9-14a 为其时域波形，表现出明显的周期性，这里使用的是 10 MHz 采样，即图 9-9 中的 D 触发器时钟为 10 MHz。对它进行频谱分析，可得图 9-14b，它不仅在零频点处有一根幅度为 0.25 的谱线（与输入的 0.25 直流相吻合），而且在 ±2.5 MHz 处也产生了一根同等幅度的谱线，这是因为时域波形已经形成了一个频率为 2.5 MHz，占空比为 25% 的时钟。数字滤波器的任务就是滤掉除输入信号之外的噪声，该噪声在图 9-14b 中表现为 ±2.5 MHz 处的谱线。

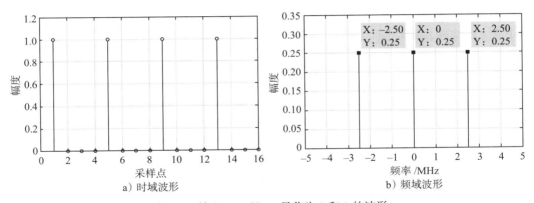

a）时域波形　　　　　　　　　　　　b）频域波形

图 9-14　输入 0.25 经 ΣΔ 量化为 0 和 1 的波形

　　对于一个常数 0.25，必须统计四拍才能得到，说明 ΣΔ 结构在表示一个信号时，需要更多的节拍。如果输入的不是一个常数，而是带有一定频率的信号，则要想用 ΣΔ 结构表示该信号，必须使用更快的时钟。因此，ΣΔ 的输出时钟远高于输入信号本身的频率，这就是在 ΣΔ 之后需要一边滤波一边降频的原因。

　　上例是将 0.25 量化为 0 和 1，只适用于输入的浮点数为正数的情况，如果输入的浮点数既可能出现正数，又可能出现负数，则需要量化 −1 和 1，量化方法是将图 9-9 中的量化器改为当输入正数时量化为 1，输入负数时量化为 −1，输入 0 时可自由选定量化为 −1、1 或 0，这里设定当输入 0 时量化为 −1。其时序见表 9-3。

表 9-3　将浮点数 0.25 量化为 −1 和 1 的时序

观察点	初态	1拍	2拍	3拍	4拍	5拍	6拍	7拍	8拍
f	0.25	0.25	0.25	0.25	0.25	0.25	0.25	0.25	0.25
c	1.25	−0.75	−0.75	1.25	−0.75	−0.75	1.25	−0.75	1.25

（续）

观察点	初态	1拍	2拍	3拍	4拍	5拍	6拍	7拍	8拍
d	1.25	0.50	−0.25	1.00	0.25	−0.50	0.75	0	1.25
a	0	1.25	0.50	−0.25	1.00	0.25	−0.50	0.75	0
b	−1.00	1.00	1.00	−1.00	1.00	1.00	−1.00	1.00	−1.00
观察点	9拍	10拍	11拍	12拍	13拍	14拍	15拍	16拍	17拍
f	0.25	0.25	0.25	0.25	0.25	0.25	0.25	0.25	0.25
c	−0.75	−0.75	1.25	−0.75	−0.75	1.25	−0.75	1.25	−0.75
d	0.50	−0.25	1.00	0.25	−0.50	0.75	0	1.25	0.50
a	1.25	0.50	−0.25	1.00	0.25	−0.50	0.75	0	1.25
b	1.00	1.00	−1.00	1.00	1.00	−1.00	1.00	−1.00	1.00

将表 9-3 绘制成时域波形，如图 9-15a 所示，它表现出一定的周期性，每 8 拍一个周期，其中的 ±1 相互抵消后，还会剩余两个 +1 没有被抵消，于是该波形的平均数就是 0.25。图 9-15b 是它的频域波形，直流点（零频点）上确实存在一个 0.25，但在 1.25 MHz 及其整数倍频上也存在谱线，这些谱线便是滤波的对象。读者可自行演算将 −0.25 量化为 −1 和 1 的序列，并可像图 9-15 一样分析其时域和频域。

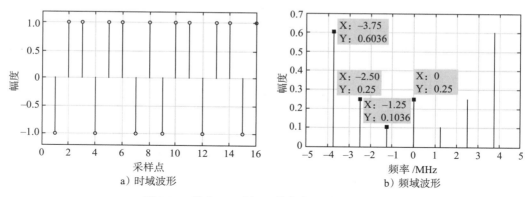

a）时域波形　　　　　　b）频域波形

图 9-15　输入 0.25 经 ΣΔ 量化为 −1 和 1 的波形

图 9-9 也可改造为其他变体，其中一种变体如图 9-16 所示，仍然可用梅森公式分析其系统函数，最终结果为式（9-7），说明信号 f 在图 9-16 中比在图 9-9 中少延迟一拍。

$$b = f + (1 - z^{-1})e \tag{9-7}$$

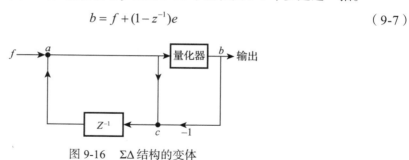

图 9-16　ΣΔ 结构的变体

9.4 复杂 ΣΔ 结构

9.4.1 高阶噪声滤波与一阶噪声滤波的性能比较

图 9-9 和图 9-16 结构简单，也能将噪声集中在高频处，但噪声仍然比较分散，并未完全集中在高频处，在中频和低频处也分布了一些。实际电路中，需要噪声更多地集中在高频。集中的办法是提高高通滤波的阶数。将式（9-6）和式（9-7）中对噪声的高通滤波 $(1-z^{-1})$ 称为一阶噪声滤波，那么 $(1-z^{-1})^2$ 为二阶噪声滤波，$(1-z^{-1})^3$ 为三阶噪声滤波。$(1-z^{-1})^3$ 可以用三级 $(1-z^{-1})$ 结构级联而成。这 3 种滤波的效果差异如图 9-17 所示。该图是以 10 MHz 作为采样频率，通过输入 $0.2 \sim 5$ MHz 的正弦波并记录其幅度响应从而得到的幅频响应特性。图中，虚线为一阶噪声滤波，细实线为二阶噪声滤波，粗实线为三阶噪声滤波。可以看出，如果使用一阶噪声滤波，则即使在 0.2 MHz 处，也仍然存在较明显的噪声，这就要求 ADC 的输入信号频率不能超过 0.2 MHz，否则会影响 ADC 实际采样的信号位宽，其低位都将淹没在噪声中。如果使用二阶噪声滤波，情况会好一些，噪声更多地集中于高频处，高频处的噪声幅度明显增大了，而低频处的噪声受到了更多地抑制。如果使用三阶噪声滤波，则输入信号频率在 0.5 MHz 以内的情况下，都不会受到噪声的明显干扰，而在高频处，噪声有了明显的放大，整个噪声曲线也更加陡峭。综上所述，使用高阶噪声滤波，在保持 ADC 有效位宽的前提下，有助于提高输入信号的带宽，换而言之，在保持输入频率不变的前提下，噪声会更低，有效位宽可以更大。

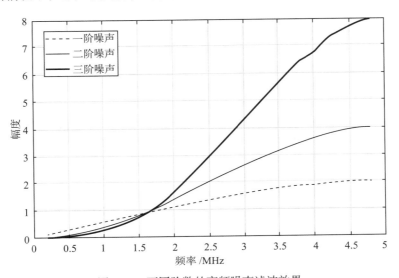

图 9-17　不同阶数的高频噪声滤波效果

为了提高噪声滤波的阶数，同时还要保证输入信号能在电路中无损传播，简单的 ΣΔ 结构就演化为多种复杂的级联结构。

9.4.2 Mash1-1-1 结构

Mash1-1-1 结构是由三个 ΣΔ 结构以及一些附属结构组成的，其原理为

$$y = [x + (1 - z^{-1})e_1] +$$
$$[(-e_1) + (1 - z^{-1})e_2](1 - z^{-1}) +$$
$$[(-e_2) + (1 - z^{-1})e_3](1 - z^{-1})^2$$
$$= x + (1 - z^{-1})^3 e_3 \qquad (9\text{-}8)$$

式中，x 为输入；y 为 Mash1-1-1 结构的输出。3 个方括号中是完全相同的 ΣΔ 结构，它们的区别仅在于输入的信号不同。第一级 ΣΔ 输入信号为 x，第二级输入信号为第一级的噪声 e_1 取反，第三级输入信号为第二级的噪声 e_2 取反。方括号以外的乘性因子为附属结构。三级 ΣΔ 结构及其附属结构相加，将得到输入信号 x 与三阶高通滤波后的第三级噪声 e_3。

一般会将信号先打一拍再送入 ΣΔ 中，因此 $-e_1$ 和 $-e_2$ 一般不直接送入 ΣΔ，而是要经过一级 D 触发器，于是式（9-8）就变为

$$y = [x + (1 - z^{-1})e_1]z^{-2} +$$
$$[(-z^{-1}e_1) + (1 - z^{-1})e_2](1 - z^{-1})z^{-1} +$$
$$[(-z^{-1}e_2) + (1 - z^{-1})e_3](1 - z^{-1})^2$$
$$= z^{-2}x + (1 - z^{-1})^3 e_3 \qquad (9\text{-}9)$$

式（9-9）与式（9-8）的区别，除了在输入的噪声处打一拍外，为了三路信号不会因为增加打拍而失去同步性，在前两路也要补充相应的打拍。在最终合并后的结果中，x 延迟两拍后才输出给 y。

式（9-9）所表示的结构如图 9-18 所示。图中，输入的浮点数为 x，输出的量化后信号为 y。3 个点画线框标出了 3 个 ΣΔ 结构的位置，它们都与图 9-16 相同。第二级输入的信号 a 即为式（9-9）中的 $-z^{-1}e_1$，第三级输入的信号 b 即为式（9-9）中的 $-z^{-1}e_2$。最后将三路信号相加并输出。

从图 9-18 的结构可以预估 y 的取值范围。假设量化器的输出为 0 和 1 的序列，则第一路输出为 0、1，第二路输出为 -1、0、1，第三路输出为 -2 ～ 2 范围内的整数。将三路相加，则 y 的取值范围是 -3 ～ 4 范围内的整数，可以用 4 位二进制数表示，其中包含符号位。

假设量化器的输出为 -1 和 1 的序列，则第一路输出为 -1、1，第二路输出为 -2、0、2，第三路输出为 -4 ～ 4 范围内的偶数。将三路相加，则 y 的取值范围是 -7 ～ 7 中的奇数，也可以用 4 位二进制数表示，其中包含符号位。

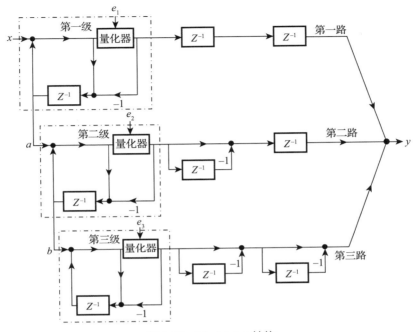

图 9-18 Mash1-1-1 结构

9.4.3 Mash2-1-1 结构

Mash1-1-1 是三级结构，为了进一步改善噪声形状和噪声能量分布，还可以采用四级甚至更高级的结构。比如，将 Mash1-1-1 再扩展一级，变为 Mash1-1-1-1 即四级结构。本节介绍一种新结构，即 Mash2-1-1，如图 9-19 所示，它是四级结构，但在结构上只有三个量化器，且只有三路信号，其中第一路是一个两级的 ΣΔ 电路。第一路点画线框中是两个 ΣΔ 结构级联，只在末端用量化器做判断。第二路和第三路的点画线框中是经典的如图 9-9 所示的 ΣΔ 结构。

使用梅森公式可以分析出第一路中点画线框内两阶 ΣΔ 电路的系统函数，从而得到信号 w_1，具体为

$$w_1 = z^{-1}x + (1-z^{-1})^2 e_1 \tag{9-10}$$

式中，x 为输入的浮点信号。由于只进行了一次量化，因而只引入了一个量化噪声 e_1。

第二路输入的信号 a 的值为 $-e_1$。它经过第三级 ΣΔ 后得到信号 w_2，具体为

$$w_2 = -z^{-1}e_1 + (1-z^{-1})e_2 \tag{9-11}$$

第三路输入的信号 b 的值为 $-e_2$。它经过第四级 ΣΔ 后得到信号 w_3，具体为

$$w_3 = -z^{-1}e_2 + (1-z^{-1})e_3 \tag{9-12}$$

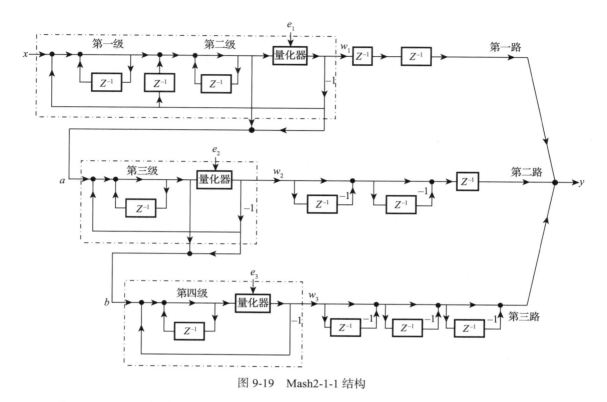

图 9-19 Mash2-1-1 结构

将 w_1、w_2、w_3 分别经过各自的附属电路，再结合得到输出信号 y，具体为

$$
\begin{aligned}
y &= [z^{-1}x + (1-z^{-1})^2 e_1]z^{-2} + \\
&\quad [(-z^{-1}e_1) + (1-z^{-1})e_2]z^{-1}(1-z^{-1})^2 + \\
&\quad [(-z^{-1}e_2) + (1-z^{-1})e_3](1-z^{-1})^3 \\
&= z^{-3}x + (1-z^{-1})^4 e_3
\end{aligned}
\tag{9-13}
$$

对比三级 $\Sigma\Delta$ 结构的式（9-9）和四级 $\Sigma\Delta$ 结构的式（9-13），可以发现，每增加一级，对原始浮点信号 x 的延迟就增加一拍，同时对噪声的高通滤波也增加一阶。

Mash2-1-1 虽然与 Mash1-1-1-1 同为四级 $\Sigma\Delta$ 结构，最终的输出也相同，但两者的资源消耗不同。Mash2-1-1 只需要 3 个量化器和 13 个 D 触发器，而 Mash1-1-1-1 需要 4 个量化器和 16 个 D 触发器。所以，Mash2-1-1 比 Mash1-1-1-1 更加节省面积。在设计中，为了进一步节省面积，可以使用合并同类项的办法。比如，图 9-19 的第二路和第三路，在附属结构中都包含 $(1-z^{-1})^2$，那就将第二路和第三路先结合，再经过 $(1-z^{-1})^2$ 结构。这样的合并在模拟设计中可以节省面积，但在数字设计中可能无法达到节省面积的效果，因为结合后的信号位宽更宽，再经过 $(1-z^{-1})^2$ 时，每个 z^{-1} 所实际代表的 D 触发器更多，加法器的位宽也更大。在具体设计中需要根据位宽来调整结构。

分析图 9-19 中输出信号 y 的取值范围（假设量化为 –1 和 1），可以发现，第一路输出为 –1、1，第二路输出为 –4 ～ 4 范围内的偶数，第三路输出为 –8 ～ 8 范围内的偶数。三路结合后取值范围是 –13 ～ 13 中的奇数，可以用 5 位二进制数表示，其中包含符号位。

可见，ΣΔ 的级数越多，越需要更多的位宽来表示输出信号，该信号传递到抽取滤波器后，还要为此扩展更多的位宽，占用更多的硬件资源，因此设计 ΣΔ 时，级数并非越多越好，还要顾及成本。在确定了 ADC 的位宽以及输入信号的带宽后，通过仿真来明确 ΣΔ 的采样率和级数。正如图 9-17 所展示的那样，采样率决定了频谱分析的可视范围，而级数决定了可视范围内，通带边缘处可能存在的噪声强度，若该强度的噪声混入信号中，ADC 的位宽和精度仍然能满足要求，则这个采样率和级数的组合便是可以接受的。在实际设计中，较少出现超过四级 ΣΔ 结构的情况，较常见的多为三级或四级结构。

9.4.4　ΣΔ 结构的算法建模

使用 MATLAB 的 Simulink 组件可以十分方便地进行电路搭建和仿真。图 9-20 为用 Simulink 搭建的 Mash2-1-1 电路。可以看出，它由 3 条链路组成，图中结构与图 9-19 对应。图中 $\frac{1}{z}$ 的方块代表 D 触发器。链路后面的判决器起的作用是当链路信号大于或等于 0 时输出 1，小于 0 时输出 –1。图中最左边的信号源有直流输入和正弦波输入两种选项。直流和正弦波的幅值都可以设定。图中共有 4 个信号输出口，可供仿真者观察信号的处理情况。其中，sig_source 显示原始输入信号，sigma_delta_value1、sigma_delta_value2 和 sigma_delta_value3 分别显示了 2 ～ 4 级 ΣΔ 级联的噪声整形效果。

一些建模完全基于 Simulink 的图形界面，输入参数时需要打开每个模块的图形界面，显示波形也在 Simulink 中。这种建模方法不方便修改参数、绘制图形，也不方便与其他算法进行联合仿真。将 Simulink 与 MATLAB 代码结合将解决上述问题。

如果需要在命令行中改变 Simulink 中某个组件的参数，可以将该参数变量名填写到组件的设置界面里。图 9-21 中展示了一个正弦信号发生器的界面，算法中希望改变它的幅度、频率和采样率（已在图中用箭头标出），因此在填写时直接填写变量名，而不是具体数值。

将 Simulink 的原理图保存起来，这里命名为 sigma_delta_analog.slx。若要用 MATLAB 代码方式调用它，可以使用以下代码。其中，quanti 表示各级量化器的输出，这里设定为 1，表示量化器输出是 ±1，也可以设定为其他值，但表示的意义与设定为 1 没有区别，只是输出数值大了数倍，浪费了输出位宽，因而这里固定写 1。source_select 是信号源选择，设为 0 时表示输入正弦波，设为 1 时表示输入直流信号。dc_value 表示直流信号的幅度，即以一个常数输入到 ΣΔ 模块中。fs 是整个模块从输入到 ΣΔ 内部共用的采样率，ts 是采样间隔。amp 是正弦波输入时的幅度，ff 是正弦波的频率，fft_point 用来决定仿真时间，它本身是指用户希望在分析频谱时用多少点的傅里叶变换进行分析，确定了该参数，就知道了采样点数，以采样点数乘以 ts 即为整个仿真需要耗费的时间，也就是 sim_time。用 sim 函数

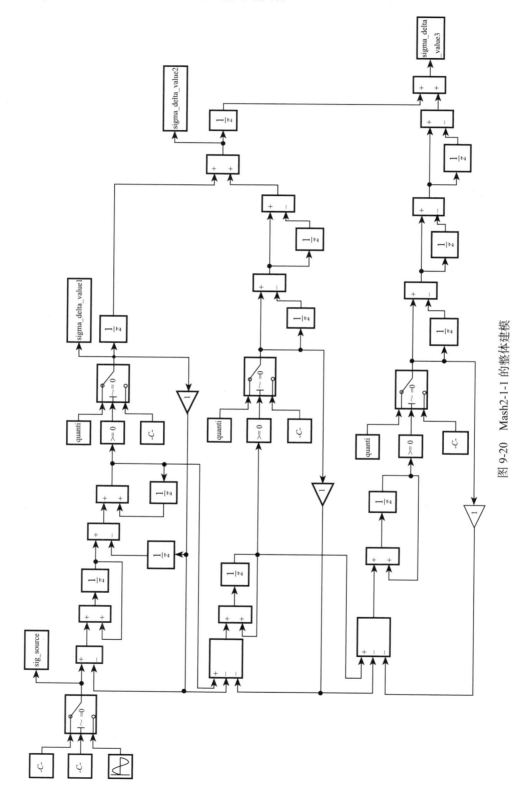

图 9-20　Mash2-1-1 的整体建模

可以调用 Simulink 原理图文件 sigma_delta_analog，后面跟的参数指明了仿真时间。sigma_delta_value3 代表 Mash2-1-1 结构的总输出，将其画出。另外，这里还希望对比两级、三级、四级 ΣΔ 在噪声整形方面的不同，因此分别对 sigma_delta_value1、sigma_delta_value2 和 sigma_delta_value3 进行了频谱分析，并将三者的频谱绘制在一张图上。分析频谱可以用前面介绍的 FFT，也可以用本节代码中的 pwelch 函数。pwelch 函数基于 Welch 方法，它是一种带重叠的分割加窗频谱分析法，更容易检测出幅度小且时间短的信号，因此这种方法广泛应用于各类频谱分析仪中。在 pwelch 函数中输入要分析的信号时，需要对信号进行功率归一化，后面跟了 5 个参数，分别是加窗类型、窗长、FFT 点数、采样率以及测量输出选项。这里加窗类型为空，表示使用默认的汉明窗，窗长为空表示使用默认的 50% 窗长，FFT 点数来自 fft_point 设定，采样率来自 fs 设定，最后的 'power' 表示输出功率谱，而非功率密度谱。

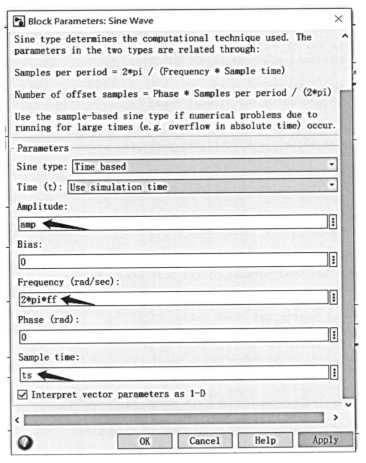

图 9-21　将参数设在 Simulink 组件的设置界面里

```
% 设置
quanti = 1;
source_select = 1;

dc_value = 2^-31;

fs = 1024e3;
ts = 1/fs;
amp = 2^-29;
ff = 0.1e3;
fft_point = 2^16;
sim_tim = fft_point * ts;

% 调用 Simulink 原理图进行仿真
sim('sigma_delta_analog',sim_tim);

% 绘制 sigma_delta_value3 波形
figure(1);stem(sigma_delta_value3);grid on;

% 求 sigma_delta_value1 的平均功率的二次方根
mean_amp1 = sqrt(mean(sigma_delta_value1.^2));

% 求 sigma_delta_value1 的功率归一化值
value1_norm = sigma_delta_value1/mean_amp1;

% 分析 value1_norm 的功率谱
[a1,b1] = pwelch(value1_norm,[],[],fft_point,fs,'power');

% 求 sigma_delta_value2 的平均功率的二次方根
mean_amp2 = sqrt(mean(sigma_delta_value2.^2));

% 求 sigma_delta_value2 的功率归一化值
value2_norm = sigma_delta_value2/mean_amp2;

% 分析 value2_norm 的功率谱
[a2,b2] = pwelch(value2_norm,[],[],fft_point,fs,'power');

% 求 sigma_delta_value3 的平均功率的二次方根
mean_amp3 = sqrt(mean(sigma_delta_value3.^2));

% 求 sigma_delta_value3 的功率归一化值
value3_norm = sigma_delta_value3/mean_amp3;

% 分析 value3_norm 的功率谱
[a3,b3] = pwelch(value3_norm,[],[],fft_point,fs,'power');

% 在一张图片中绘出 value1_norm 等 3 个归一化噪声整形结果的功率谱
figure(2);plot(b1,pow2db(a1));grid on;hold on;
plot(b2,pow2db(a2),'r');plot(b3,pow2db(a3),'k');hold off;
```

将 0.1 kHz 信号输入到该 ΣΔ 级联结构中，得到的量化输出结果 sigma_delta_value3 如

图 9-22 所示，与理论分析一样，其输出值是 –13 ～ 13 范围内的奇数。

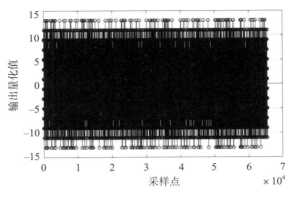

图 9-22 Mash2-1-1 的量化输出结果

图 9-23 展示了不同 ΣΔ 级数在噪声频谱整形方面的差异。由于采样率为 1024 kHz，这里的可视范围为 0 ～ 512 kHz。图中 3 条曲线中，上升最慢的是 value1_norm 所代表的两级 ΣΔ，中间的是 value2_norm 所代表的三级 ΣΔ，低频噪声最低且噪声上升最快的是 value3_norm 所代表的四级 ΣΔ。三者在接近直流位置处都有一个大的脉冲功率，这就是输入的 0.1 kHz 本身的功率。

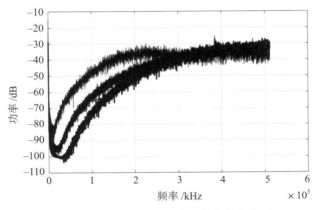

图 9-23 不同 ΣΔ 级数的噪声频谱整形能力对比

需要强调的是，图 9-20 中 3 条链路的反馈倍数均设置为 1，如图 9-24 中的箭头标注处。它不一定是 1，也可以填其他倍数。当填入 n 时，意味着输出的 –1 和 1 信号，被放大为 $-n$ 和 n 后再反馈回输入端。填写的倍数取决于输入信号的基准，即基准电压 V_{ref}。若 V_{ref} 为 1，则反馈 ±1 即可。此时，输入的幅度多数为小数，其运行规律已在表 9-3 中有所体现。若 V_{ref} 超过 1，而只反馈 ±1，则 ΣΔ 的量化输出将无法表示该值。为此，需要调整反馈增益，使之与 V_{ref} 一致。在本节仿真中，V_{ref} 设定为 1，因此，反馈也没有增益。

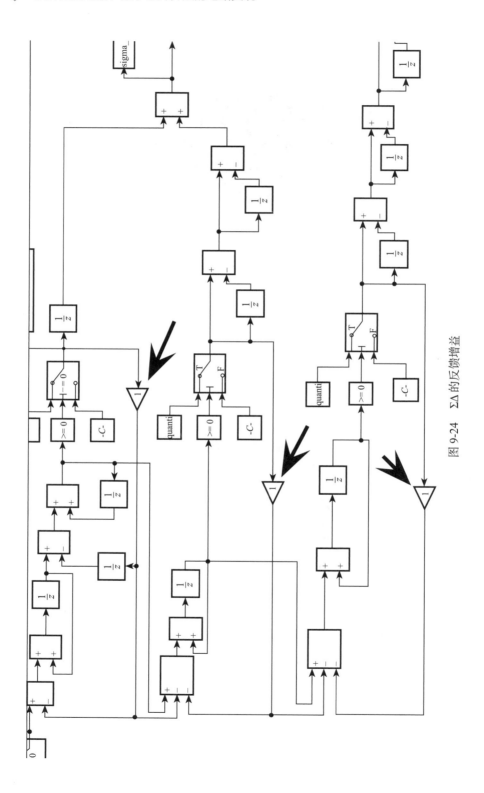

图 9-24 ΣΔ 的反馈增益

若 V_{ref} 是 n，反馈增益保持 1 而改变量化输出，反馈也能变为 $\pm n$，这样做是否可行？前文已讲过，改变量化输出，不仅会改变反馈值，还会改变电路后续的传播和输出，而后续电路均以量化 ± 1 为前提。改变量化值，它们的面积会倍增，比如 ± 1 只需 2 位表示，而变为 ± 3 后需要 3 位才能表示。成本增加了，那收益呢？量化增加并不会改变量化的准确性。比如，每级量化为 ± 1，Mash2-1-1 总输出是 $-13 \sim 13$ 范围内的奇数。改为每级量化为 ± 3，Mash2-1-1 总输出是 $-39 \sim 39$ 范围内间隔为 6 的数，表示的数值并没有更精确。因此，遇到 ADC 的 V_{ref} 不是 1 的问题，须修改反馈增益，而不是量化值。

另外，请注意物理量的单位。在仿真中，可设定 V_{ref} 为 1，但实际上即使是 1 也是有单位的，是 1 V 还是 1 kV，其含义不同。而量化后的 ± 1 只是单纯的数值，没有单位。因此这里反馈值写 1，只是仿真中的设定。实际设计中，量化后的值一定要经过模拟电路转化为带有物理单位的量，才能与输入信号进行加减运算。

9.5　抽取滤波器概述

级联 ΣΔ 结构将噪声大多集中在高频处，要想还原最初的浮点信号，就必须设计低通滤波器，将这些高频噪声滤除。同时，由于 ΣΔ ADC 位宽大、精度高，要求带内噪声要小，所以输入信号的带宽也不会很宽，只有这样才能保证小的噪声和高的精度。

根据奈奎斯特采样定理，ADC 最终输出的时钟频率只需要大于或等于信号自身频率的两倍即可。所以，来自级联 ΣΔ 结构的高频采样率应该逐渐降低到 ADC 最终输出的时钟频率上。若不降频率，并不会影响 ADC 的性能，但要想达到相同的滤波效果，必然要付出更大的面积成本，而这些成本是非必要的，因此通用的做法仍然是降低频率。

要想做到滤波并降低频率，一般有两种方式：一种是设计一个原频率上的滤波器，在滤波后，再进行降采样；另一种是直接设计抽取滤波器，一边滤波，一边降采样。

先滤波再降采样是一种通用做法，在很多芯片当中就是这样做的，比如图 9-25 所示的 WiFi 芯片内部处理过程。通信带宽最大为 160 MHz，ADC 的采样率一般是它的两倍，即 320 MHz。ADC 采样信号后，先滤波（滤波器正频率带宽设为 80 MHz，正负带宽合计 160 MHz），然后降采样两倍，得到 160 MHz 采样的信号。若实际协商带宽就是 160 MHz，则该信号将直接被使用。若实际协商带宽小于 160 MHz，则将该带宽分为左右两个 80 MHz，协议中已规定了其中有一个为主信道，另一个为副信道。将这两个 80 MHz 分别搬移到以零频点为中心的位置，然后仍然是先滤波（滤波器正频率带宽设为 40 MHz，正负带宽合计 80 MHz），再降采样两倍。得到 80 MHz 采样的信号。以此类推，对 80 MHz 信号进一步滤波降采样，可得到主副两个 40 MHz 信号，再进一步滤波降采样，可得到主副两个 20 MHz 信号。纵观整个 WiFi 信号频谱处理流程，共经历了 4 次滤波加降采样的过程。所谓两倍降采样就是每两个采样点，只取其中一个，丢弃另一个。

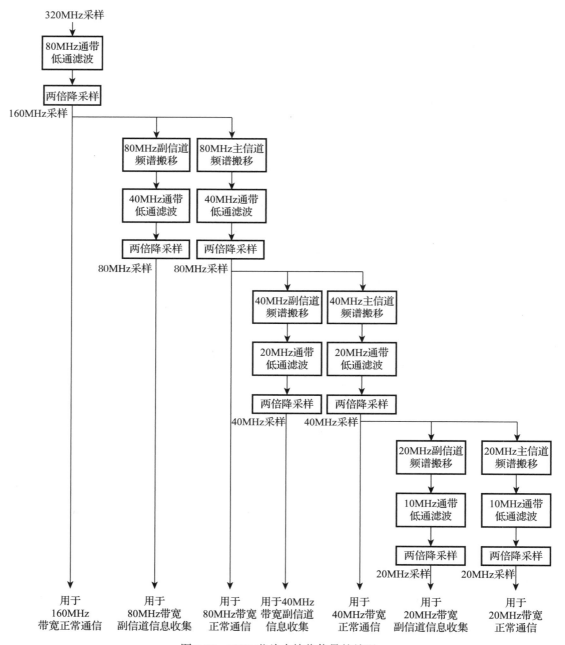

图 9-25　WiFi 芯片中接收信号的处理

为什么不能先降采样再滤波呢？

降采样在时域上会产生阶梯效果，如图 9-26 所示，虚线为原始信号，粗实线为降采样后的信号。

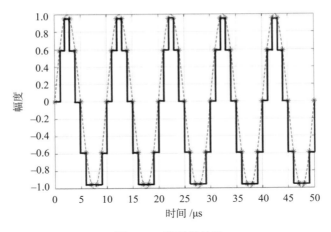

图 9-26 降采样效果

时域上的阶梯效果在频域上表现为频谱的复制。图 9-27 给出了一个原始采样率为 $2f_s$ 的信号降采样两倍后的频谱效果，降采样后采样频率为 f_s。若单纯分析降采样后的信号频谱，可视范围只有 $-\dfrac{f_s}{2} \sim \dfrac{f_s}{2}$，可视范围以外的频谱不可见。但若仍以原始采样率 $2f_s$ 来分析降采样后的信号（降采样后再通过插 0 方式恢复原始采样率），则会看到图中所示的频谱响应情况，即原来的负频带内信号被复制到 f_s 频点左侧，而原来的正频带内信号被复制到 $-f_s$ 频点右侧。这体现了降采样后的频谱复制效果。连续信号采样变为离散信号，或原本的离散信号通过降采样变为更加松散的离散信号，都存在这样的频谱复制效果。若降采样后使用线性插值或多次样条插值，就可以在一定程度上恢复降采样前的信号形状，在频谱上的复制效果会减弱，其频谱更像是降采样前的频谱，但由于无法完全还原丢失的采样点，所以在 $\pm f_s$ 上仍然会存在一定的能量。

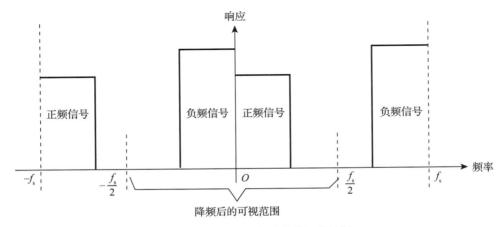

图 9-27 降采样两倍造成的频谱复制

降采样会复制频谱，继而也会造成频谱混叠。图 9-27 中的频谱边界清晰，原始带宽限制在 $\pm\dfrac{f_s}{2}$ 范围内，其他部分频响都是 0，因此即使复制了频谱也看不到混叠。但实际信号更像图 9-28 所示的情况（只画了正频域部分）。在 $\dfrac{f_s}{2}$ 存在一部分频响，在 $\dfrac{f_s}{2}$ 外还存在一部分频响。一旦频谱复制，被复制的频谱就会混叠到 $\dfrac{f_s}{2}$ 范围内。图中用实线描绘了原始频谱，虚线是被复制的频谱（复制自负频域，实数信号下正负频域一致）。虚线的一部分也会混入 $\dfrac{f_s}{2}$ 通带内，造成干扰，这是用滤波器无法滤除的。另一方面，降采样后可视范围缩小到 $0\sim\dfrac{f_s}{2}$，整个频带都是通带，无法设计过渡带和阻带，而如果以 $2f_s$ 为采样率，就可以将 $0\sim\dfrac{f_s}{2}$ 设定为通带，$\dfrac{f_s}{2}\sim f_s$ 设定为过渡带和阻带。综合上述两个原因可以推知，信号必须先滤波再降采样。

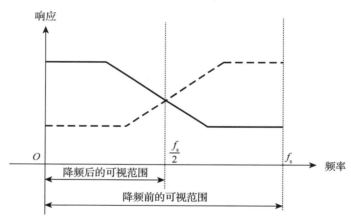

图 9-28　复制频谱造成的频谱混叠

图 9-27 和图 9-28 绘制的都是两倍降采样的情况。在大多数芯片应用中，若要实现多倍降采样，一般都是以数个滤波与两倍降采样级联实现，如图 9-25 所示，从最初的 320 MHz 采样率降到 20 MHz 采样率，共进行了 4 次级联。

但是，如果需要更多的降频倍数（或称抽取倍数），上述多次滤波和两倍采样级联的方式面积就很大，滤波器很多。比如要降频 512 倍，中间需要经过 9 个滤波加降采样过程，成本较高。因此，需要引入一种既能滤波又能快速降频的方法，这便是 CIC 滤波器。CIC 滤波器可以做到在低通滤波的同时，快速降低采样频率。比如，一次性实现 64 倍降采样，大大提高了降采样效率。它的缺点是没有通带，整个通带都是过渡带，其增益不为 1，也不近似为 1。因此，经过 CIC 滤波后的信号，除直流外其他频率信号都衰减严重，需要对通带进行补偿。

CIC 补偿滤波器被放置在 CIC 滤波器后，用于补偿 CIC 滤波对通带的衰减。由于 CIC 滤波的效果是随着频率的提高，增益迅速滚降，因此补偿策略就是随着频率的提高，增益上升，两种滤波的效果叠加后，就可以做到通带为 1（即 0 dB）。CIC 补偿滤波器的幅频特性是在通带内随频率的增加，增益向上翘起。CIC 滤波器的引入，大大降低了降采样滤波器的面积成本，但 CIC 补偿滤波器仍然是普通的滤波加降采样的设计，所以它的成本并未节省。

接下来可以级联半带滤波器，它在原理上仍然是普通的滤波加两倍降采样，但它的特性更加固定，自由度更少，比如它无法像普通滤波器一样自由设定通带、过渡带和阻带，仅能设置过渡带的长度，因此它的结构更加简单，虽然用普通的滤波加两倍降采样方式也可以实现，但一般会采用更加节省面积的方式来实现。

可见，图 9-6 所示的由 CIC、CIC 补偿、半带组成的滤波器级联方案并不是性能最好的，而是一种兼顾芯片面积成本的折中方案。性能最好的仍然是滤波加降采样级联的方案。因此，要想增强抽取滤波器的性能，可以将 CIC 等滤波器级联方案中的一部分改用普通滤波加降采样的方案。要想降低成本，就可以用 CIC 滤波器多抽取一些倍数，减少 CIC 补偿滤波器和半带滤波器的个数。有了上述解释，就容易理解为什么有的抽取滤波器方案中没有 CIC 补偿，有的抽取滤波器中只有一级半带滤波，而有的抽取滤波器中有两级甚至更多的半带滤波。

若已知抽取目标是实现 n 倍降采样，如何判断 CIC 抽取几倍？是否需要 CIC 补偿？半带滤波器需要几级？要回答这些问题，仍然需要看 ADC 的设计需求、位宽要求和信号带宽要求。带宽要求从降采样的倍数 n 可以判断，即带宽为 $0 \sim \dfrac{f_s}{2n}$，其中 f_s 是 ΣΔ 输出信号的采样频率，而实际通带边界一般定在略小于 $\dfrac{f_s}{2n}$ 的位置。先定义一种抽取滤波结构，然后仿真通带边界上的噪声是否会淹没 ADC 的最低位。一般在设计时，会允许噪声淹没 ADC 的最低位。若噪声太大，淹没了 ADC 的第二位及以上，说明需要减少 CIC 的抽取倍数，增加半带滤波器的级数，或者不改变 CIC 的抽取倍数和半带滤波器的数量，而是缩窄半带滤波器的过渡带，再重复上述仿真，直到噪声水平满足要求为止。

9.6 题设

在介绍抽取滤波器的设计过程之前，先设定要设计的 ADC 需求：

1）ΣΔ 结构选用 Mash2-1-1，它有四阶噪声整形能力，噪声集中度更高。其输出位宽为 5 位，带符号。输出取值范围是 –13 ～ 13 中的奇数，其正负对称的取值范围也说明最终的 ADC 是带符号的。ΣΔ 结构中 D 触发器的时钟频率为 1024 kHz。

2）ADC 的总位宽设定为 18 位，其中包含符号位。该 ADC 参考电压为 1，所以 18 位就可以分解为 1 位符号和 17 位小数精度，无整数。

3）输入信号带宽为 0.8 kHz，即频率在 0 ～ 0.8 kHz 范围内的信号都可以被转换为数字信号。ADC 输出数据的时钟频率设定为 2 kHz，它略高于信号带宽的两倍。

9.7 滤波器的性能指标

根据题设，可以制定出各级滤波器的设计指标。

从 1024 kHz 降采样到 2 kHz，需要降采样 512 倍。若使用两倍逐级降采样方式，需要 9 级滤波器，成本较高。所以这里仍然使用常规做法，用 CIC 滤波器完成主要的降采样和滤波工作。

要实现滤波效果在通带内平滑，就必须使用 CIC 补偿滤波器来补偿 CIC 滤波器本身对带内信号的滚降衰减。

最后适当使用半带滤波器，以较低的成本实现进一步滤波的效果。

综上所述，要实现上述要求，可以有多种方案，这里仅列出其中的 3 种：

1）由 CIC 滤波器抽取 256 倍，由 CIC 补偿滤波器抽取两倍。

2）由 CIC 滤波器抽取 128 倍，由 CIC 补偿滤波器抽取两倍，最后由半带滤波器抽取两倍。

3）由 CIC 滤波器抽取 64 倍，由 CIC 补偿滤波器抽取两倍，再由第一级半带滤波器抽取两倍，最后由第二级半带滤波器抽取两倍。

在滤波过程中，不可避免地会引入噪声和带内信号的纹波。

先说噪声。在 MATLAB 仿真中，若非额外进行算法建模，否则不会存在热噪声等物理噪声影响。MATLAB 仿真中的噪声成分只有通带内残存的量化噪声以及由于降采样而被复制引入的带外噪声（见图 9-28）。若使用理想滤波器，带外无噪声，则 ADC 的有效位宽可以做到无穷大。但实际滤波器无法做到阻带衰减无穷大，这里需要设定滤波器的阻带衰减能力。18 位带符号 ADC 实际的有效位宽是 17 位，根据式（9-2）可推知其量化信噪比约为 104 dB，因此滤波器的阻带衰减应大于该值，这里定为 120 dB。另外，Mash2-1-1 的四级噪声整形，在 1024 kHz 采样条件下，残留在 0 ～ 0.8 kHz 通带内的噪声非常低，若不考虑带外噪声混叠，则带内信噪比可以达到 160 ～ 200 dB，因此这部分噪声可以忽略，实际需要注意的主要是降采样后从带外复制过来的噪声。

再说纹波。首先，纹波的大小并不会影响到 ADC 的有效位宽，因为式（9-1）中 ENOB 的计算只考虑了量化噪声，其他的噪声和畸变均未考虑。其次，滤波器设计中通带不可避免会出现纹波，要想将纹波削减到很低水平，需要大量的抽头，也就是大量的硬件资源。因此，纹波并不会消除，仅可在面积允许的范围内尽量减小。这里将通带纹波水平定为 ±0.02 dB。

在上述 3 种滤波方案中，本章选择第 3 种。它包含的滤波器类型最全，囊括了 3 种常用的抽取滤波器类型。而且，它具有两级半带滤波器，滤波效果更好，更容易达到通带纹波 ±0.02 dB 和阻带衰减 120 dB 的目标。

9.8 CIC 滤波器

9.8.1 滤波器结构

CIC 滤波器可以用较简单的电路结构来实现多倍降采样和低通滤波。在抽取滤波器组中，通常将其放在最接近 ΣΔ 的位置。

CIC 滤波器是积分器和梳状滤波器的结合。积分器就是图 9-7 所示的结构。梳状滤波器就是 $1-z^{-1}$，它是一种高通滤波器，图 9-13 已经体现了其效果。两者结合后的结构如图 9-29 所示。整个结构以降采样为界，上边是级联的积分结构，下边是级联的梳状滤波器结构。

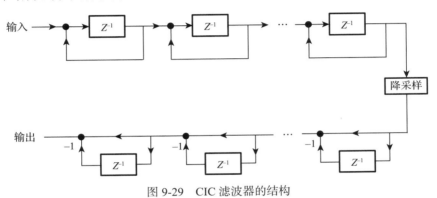

图 9-29 CIC 滤波器的结构

积分器的个数和梳状滤波器的个数相等，该个数称为级数。CIC 滤波器接收的是 ΣΔ 结构的输出信号，它是一个噪声被整形后集中在高频的信号。滤波器的作用是将这些噪声滤除。因此，设计要求是让过渡带足够窄，通带下降速度足够快，以保证噪声在通带内无残留。若通带下降较慢，赶不上噪声上升的速度，就会造成如图 9-30 所示的情况，其中，实线表示滤波器的滤波范围，虚线表示噪声的幅度范围，网格区域为未被滤除的噪声。可见，由于滤波器过渡带长，衰减缓慢，就会造成一部分噪声未被滤除的现象。为了使 CIC 滤波器的下降速度稍快于 ΣΔ 结构的噪声上升速度，将 CIC 滤波器的级数定为 5，比 ΣΔ 结构多一级，图 9-29 中就有了 5 个积分器和 5 个梳状滤波器。

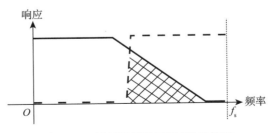

图 9-30 滤波器滚降速度过慢的情况

积分器位置在降频之前，所以其 D 触发器通入的时钟频率较高，梳状滤波器位置在降频之后，所以其 D 触发器通入的时钟频率慢很多。

这里有必要讨论积分器的位宽，因为积分器是一直在运行的，位宽不够会发生溢出，位宽设定过大又会造成资源浪费。该位宽 L 的确定可以总结为字长定理，即

$$L = N\log_2 K + M \tag{9-14}$$

式中，N 为 CIC 滤波器的级数；K 为抽取倍数；M 为 $\Sigma\Delta$ 输出的位宽。

结合题设可以算出，积分器位宽为 35。若要研究输入浮点数与 CIC 滤波输出的定点化关系，则 M 决定了 ADC 转换后的整数（含符号），$N\log_2 K$ 决定 ADC 转换后的小数。在本题设下，就是 1 位符号、4 位整数、30 位小数。这 35 位确定后，链路中所有结构都可以用该值作为输出位宽。

CIC 滤波器的特点是没有通带，衰减从零频点开始，持续滚降，如图 9-31 所示。因此，在它的后面需要级联一个补偿滤波器。

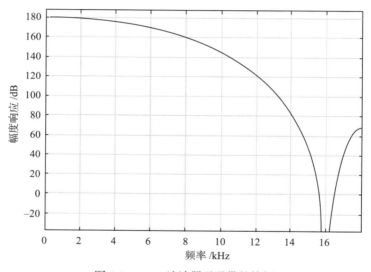

图 9-31　CIC 滤波器无通带的特征

9.8.2　算法建模

可以用 MATLAB 对 CIC 滤波器进行建模和仿真。研究中常使用两种方式：一种是图形界面，另一种是命令函数。

图 9-32 展示了在 Filter Designer 滤波器设计界面中生成 CIC 滤波器的设置方法。图中，A 表示可变速率的滤波器设计，在其中可以设计插值和抽取等滤波器；B 表示设计对象为抽取滤波器；C 表示抽取倍数，这里设置为 64 倍；D 表示输入的采样率，这里设置为 1024 kHz；E 设置抽取滤波器的类型，这里选择 CIC 滤波器；F 表示滤波后信号在输出前需要打多少拍，这里设置为 1 次；G 表示 CIC 的级数，这里设置为 5 级。

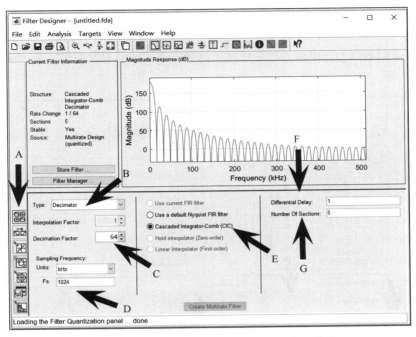

图 9-32　用图形界面生成 CIC 滤波器对象的方法

在 Filter Designer 界面下，既可以生成 MATLAB 仿真对象，又可以生成 Verilog 或 VHDL 等硬件语言，具体方法已在 8.1 节进行了说明，这里不再赘述。值得注意的是，生成的硬件语言中，定点化策略也可以指定。指定方法如图 9-33 所示，其中，A 指向定点化界面切换按钮，B 表示输入的位宽，这里输入来自 ΣΔ 的位宽 5，C 表示正负的范围，须为 2 的幂次方，带符号，由于 ΣΔ 输出时都是整数，因此直接写为 16，若写为 8，则系统会认为存在 1 位小数。D 表示输出位宽和精度的处理，这里选择全精度，即内部使用字长定理算出的 35 位，输出时也是 35 位。

CIC 滤波器结构简单，手工编写也并不困难，因此一般不使用 MATLAB 直接生成。在手写 CIC 滤波器之外，建议在 MATLAB 上也生成一个 CIC 滤波器对象，因为要联合前面的 ΣΔ 和后续的各类滤波器进行仿真，这样才能获得 ADC 的总体性能。这种仿真，如果使用 RTL 和模拟电路进行混合仿真，搭建仿真环境的时间较长，不能快速看到效果，因此在 MATLAB 中建立 ADC 全流程模型是十分必要的。使用命令函数形式建立 CIC 滤波器对象是仿真时常用的方式。

下列代码完成了一个滤波器生成和滤波的过程。该代码承接 9.4.4 节中 ΣΔ 的输出 sigma_delta_value3，以它为滤波器的输入。MATLAB 仿真时要求 CIC 滤波器的输入必须是抽取倍数的整数倍，这里抽取倍数为 64，因此输入应该为 64 的整数倍。为保证这一点，需要对原输入尾部进行补零，comp 是补零的个数。输入须为列向量，因此，当 sigma_delta_

value3 与补充的 0 结合时用的是分号，表示列向量之间的拼接。dsp.CICDecimator 是生成
CIC 滤波器对象的核心语句，其中的 3 个参数，64 为抽取倍数，1 为延迟，5 为 CIC 的级数，
对应图 9-32 中的 F 和 G。滤波过程是将输入信号放在滤波器对象的输入中，从而得到输出
波形 cic_out。

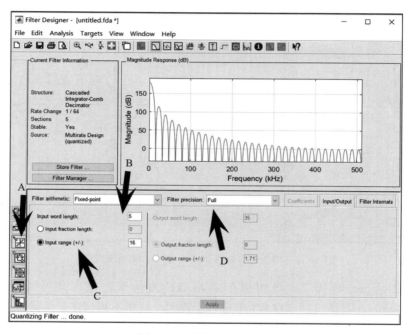

图 9-33　指定定点化策略

```
% 输入数据补充 0 的个数
comp = ceil(length(sigma_delta_value3)/64)*64-length(sigma_delta_value3);

% 构造输入数据，主要目的是补充 0
sigma_delta_value3 = [sigma_delta_value3;zeros(comp,1)];

% 生成 CIC 滤波器对象的核心语句
h_cic =  dsp.CICDecimator(64,1,5);

% 滤波结果输出
cic_out = h_cic(sigma_delta_value3);
```

假设输入一个频率为 0.1 kHz 且幅度为 0.25 的正弦模拟信号，其处理过程中的波形如
图 9-34 所示。Mash2-1-1 ΣΔ 结构是用密集采样的整数来代替振荡的浮点数值。当这些整数
进入 CIC 滤波器后，就将高频部分的噪声滤除了，只保留正弦波的形状，虽然其输出也是
整数，即数字信号，但可以绘制为模拟信号的形状。CIC 滤波输出的峰值约为 2.683×10^8，
由于 CIC 滤波器的结构决定了其小数精度为 30 位，因而可知该峰值的浮点值约为 0.25。

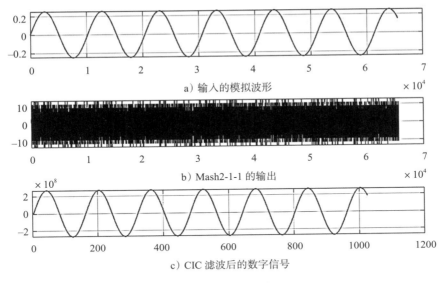

a) 输入的模拟波形

b) Mash2-1-1 的输出

c) CIC 滤波后的数字信号

图 9-34 各阶段的波形

9.8.3 电路实现

根据图 9-29 用手工编写的方式来实现 CIC 滤波器比较容易，本节将重点介绍对应的 Verilog 写法，具体代码详见配套参考代码 cic_filter.v。

首先定义接口部分，这里的输入来自 Mash2-1-1 ΣΔ 结构，位宽为 5 位（含符号），输出根据字长定理计算得到 35 位（含符号），所以接口部分代码如下，dat_in 为输入信号，dat_out 为滤波后结果，两者均声明为 signed 信号。clk_vld_out 是时钟有效信号。由于 CIC 滤波器带有抽取功能，既然执行了抽取，则 dat_out 的输出频率不会像 dat_in 一样每个时钟都发生变化。这里设定的是 64 倍抽取，即每 64 个时钟产生一个时钟有效信号，标志着有新的滤波结果输出。

```
module cic_filter
(
    input                      clk           ,
    input                      rstn          ,
    input        signed [4:0]  dat_in        ,
    output  reg signed [34:0]  dat_out       ,
    output  reg                clk_vld_out
);
```

五级积分级联的代码如下。第一级积分后得到 section_out1，将其输入到第二级积分器，得到 section_out2，再将 section_out2 输入到第三级积分器得到 section_out3。以此类推，最终得到第五级的输出 section_out5。从 section_out1 到 section_out5 的所有寄存器均使用输入时钟 clk 进行驱动，每拍时钟都变化一次。

```
reg      signed  [34:0]  section_out1    ;
reg      signed  [34:0]  section_out2    ;
reg      signed  [34:0]  section_out3    ;
reg      signed  [34:0]  section_out4    ;
reg      signed  [34:0]  section_out5    ;

always @(posedge clk or negedge rstn)
begin
    if (!rstn)
    begin
        section_out1 <= 35'd0;
        section_out2 <= 35'd0;
        section_out3 <= 35'd0;
        section_out4 <= 35'd0;
        section_out5 <= 35'd0;
    end
    else
    begin
        section_out1 <= dat_in      + section_out1;
        section_out2 <= section_out1 + section_out2;
        section_out3 <= section_out2 + section_out3;
        section_out4 <= section_out3 + section_out4;
        section_out5 <= section_out4 + section_out5;
    end
end
```

图 9-29 中的降采样过程如下。要实现 64 倍降采样，需要一个计数器，使得时钟 clk 每经过 64 拍，就输出 1 拍。这里不使用直接将时钟分频的方法，而是产生一个时钟有效信号，用它来代表 64 分频。cur_cnt 从 0 计数到 63 后归 0 并重新计数。phase_1 即为时钟有效信号，每经过 64 个时钟周期，只出现一个 phase_1 脉冲。

```
always @(posedge clk or negedge rstn)
begin
    if (!rstn)
        cur_cnt <= 6'd0;
    else
        cur_cnt <= cur_cnt + 6'd1;
end

assign   phase_1 = (cur_cnt == 6'd1);
```

直接对时钟进行分频，即基于时钟 clk 产生一个 64 分频的时钟 clk2，当对某个信号实施降采样时，使用 clk2 采样该信号，这样就完成了降采样过程。而上面的代码却使用了时钟有效信号，并没有改变时钟本身的频率，这种做法的好处在于逻辑简单，不需要修改时序约束。若要产生新时钟，则需要在时序文件中增加对新时钟的声明，例如以下约束，表示由 clk 派生出 clk2，它是 clk 的 64 分频，它输出的位置在 u_clkctrl/bai_clk2_buf/Z 上。

```
create_generated_clock -name clk2 -master_clock clk \
```

```
-source [get_ports {clk}] \
-divide 64 \
[get_pins {u_clkctrl/bai_clk2_buf/Z}]
```

在效果上，两种方法效果基本相同。综合器会自动识别时钟有效信号。对于时序逻辑中加入时钟有效信号的寄存器，综合器会自动插入时钟门控，效果类似于直接产生一个 64 分频的时钟。这种自动插入时钟门控的优化方法对于位宽大于或等于 4 的信号起作用，而对于位宽小于 4 的信号，工具一般不会插入门控。要实现综合器自动分析并自主插入时钟门控，需要在综合的编译阶段加入 -gate_clock 选项，如下所示：

```
compile_ultra    -gate_clock
```

级联梳状滤波器的代码如下。首先，对积分滤波器的输出信号 section_out5 实施 64 倍抽取，得到 section_out5_r。抽取代码是普通的打拍，但只有当 phase_1 为 1 时才触发，说明每经过 64 拍才采样一次，这就是降采样。接下来，以 section_out5_r 作为输入，开始进行五级梳状滤波。第一级输出 section_out6，它是 section_out5_r 和延迟一拍的信号 section_out5_2r 相减的结果。以此类推，最后一级梳状滤波器的输出是 section_out10。这部分代码中的时序逻辑均在时钟有效信号的限制下运行，因此虽然驱动时钟为 clk，但实际采样频率只是它的 $\frac{1}{64}$。如上文所述，该逻辑会被自动插入时钟门控，实际的寄存器时钟不是 clk，而是门控操控下的 64 分频时钟。插入时钟门控后的效果如图 9-35b 所示，寄存器的时钟输入频率受到限制，但从 Verilog 代码逻辑和风格判断，却显示为图 9-35a 所示，会使人误认为该电路的时钟端仍然输入的是 clk。

```
reg    signed [34:0] section_out5_r ;
reg    signed [34:0] section_out5_2r ;
reg    signed [34:0] section_out6_r ;
reg    signed [34:0] section_out7_r ;
reg    signed [34:0] section_out8_r ;
reg    signed [34:0] section_out9_r ;

wire   signed [34:0] section_out6    ;
wire   signed [34:0] section_out7    ;
wire   signed [34:0] section_out8    ;
wire   signed [34:0] section_out9    ;
wire   signed [34:0] section_out10   ;

always @(posedge clk or negedge rstn)
begin
    if (!rstn)
    begin
        section_out5_r  <= 0;
        section_out5_2r <= 0;
        section_out6_r  <= 0;
        section_out7_r  <= 0;
```

```
            section_out8_r  <= 0;
            section_out9_r  <= 0;
        end
        else if (phase_1)
        begin
            section_out5_r  <= section_out5;
            section_out5_2r <= section_out5_r;
            section_out6_r  <= section_out6;
            section_out7_r  <= section_out7;
            section_out8_r  <= section_out8;
            section_out9_r  <= section_out9;
        end
    end

    assign section_out6  = section_out5_r - section_out5_2r;
    assign section_out7  = section_out6   - section_out6_r ;
    assign section_out8  = section_out7   - section_out7_r ;
    assign section_out9  = section_out8   - section_out8_r ;
    assign section_out10 = section_out9   - section_out9_r ;
```

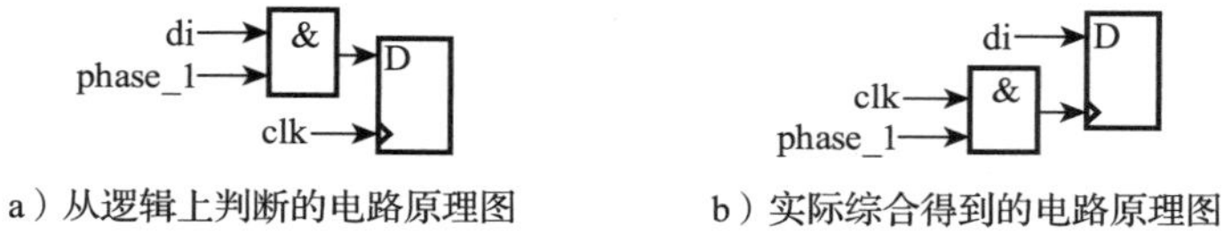

a）从逻辑上判断的电路原理图   b）实际综合得到的电路原理图

图 9-35　逻辑电路与实际综合电路的差异

积分并梳状滤波后得到的信号 section_out10 可以输出，但是如前文所述，一个模块的输出如果是组合逻辑产生的，则通常需要加一级寄存器打拍，以优化它的时序并避免后级电路与它产生组合环。打拍代码如下，得到了 CIC 最终的滤波结果 dat_out，打拍也用的是分频时钟。

```
always @(posedge clk or negedge rstn)
begin
    if (!rstn)
        dat_out <= 0;
    else if (phase_1)
        dat_out <= section_out10;
end
```

时钟有效信号 phase_1 也需要伴随 dat_out 一并输出，以便指示下一级的 CIC 补偿滤波器以何种频率进行滤波。电路输出时，一般会进行相位对齐，即数据合并有效信号，数据的建立和有效信号的上升是同时的。这里的时钟有效信号也可以看作数据的有效信号。按照上述对齐原则，dat_out 比 phase_1 晚一拍，就应该另外产生一个与 dat_out 同步的有效信号，产生方法是将 phase_1 也延迟一拍，如下面的代码，得到 clk_vld_out 并输出。

```
always @(posedge clk or negedge rstn)
```

```
begin
    if (!rstn)
        clk_vld_out <= 1'b0;
    else
        clk_vld_out <= phase_1;
end
```

由于输入和输出都是带符号的，因此代码中的数据信号均使用 signed 声明，并且为了防止溢出，均使用了字长定理算出的最大位宽 35。

9.9 CIC 补偿滤波器

9.9.1 算法建模

CIC 补偿滤波器是为弥补 CIC 滤波器的通带增益损失而增加的。它的设计思路就是 9.5 节提到的先滤波再进行两倍降采样。

在 MATLAB 中提供了专门的 CIC 补偿滤波器生成函数。该滤波器的构建和滤波过程如下。其中，cic_out 来自 CIC 滤波器的输出，但是它必须是 2 的倍数，这样才能输入到两倍抽取的滤波器中，因此需要在 cic_out 基础上补充 comp 个 0，以满足该条件。

```
% 输入数据补充 0 的个数
comp = zeros(ceil(length(cic_out)/2)*2-length(cic_out),1);

% 构造输入数据，主要目的是补充 0
cic_out  = [cic_out; comp];

% 生成抽取滤波器对象 my_decimator
my_decimator = ...
fdesign.decimator(2,'ciccomp',1,5,'fp,fst,ap,ast',2e3,6e3,0.02,60,16e3);

% 以 my_decimator 为核心，生成滤波器对象
h_comp   = design(my_decimator,'SystemObject',true);

% 滤波
comp_out = h_comp(cic_out);

% 滤波后取整
comp_out = round(comp_out);
```

fdesign.decimator 是生成抽取滤波器的函数，可以用它来生成 CIC 补偿滤波器或者半带滤波器等类型的抽取滤波器，这里的 'ciccomp' 指明了设计对象为 CIC 补偿滤波器。

在 fdesign.decimator 的输入变量中，2 表示进行两倍抽取，1 和 5 表示在设计 CIC 滤波器时输入的延迟数和级数，由于 CIC 补偿滤波器是针对 CIC 滤波器进行的补偿措施，因此它也需要掌握 CIC 的设计参数。后面的参数，'fp, fst, ap, ast' 是滤波器的 4 个属性，fp 代表通带截止频率，这里的设置为 2e3（即 2 kHz），fst 代表阻带起始频率，这里的设置为

6e3（即 6 kHz），ap 代表通带的纹波，这里设为 0.02 dB，ast 代表阻带的衰减，这里设为 60 dB。最后的 16e3 代表输入数据 cic_out 的采样率，由于 1024 kHz 经历了 64 倍抽取，因而输入的采样率为 16 kHz。该采样率下的可视频率范围是 0 ～ 8 kHz，若按照半带滤波的思路，通带可以设为 4 kHz，阻带是另外 4 kHz，但题设中规定了通带截止频率为 0.8 kHz，这里将通带设为 2 kHz，本滤波器后级还有两级滤波器，可以进一步压缩通带。在确定性能指标时，总体衰减要求是 120 dB，通过本滤波器先衰减 60 dB，待后续滤波器进一步进行衰减。生成的抽取滤波器对象 my_decimator 还需要用 design 函数进一步封装，得到滤波器对象 h_comp 后才能对 cic_out 进行滤波和抽取，输出结果 comp_out。数据以列向量方式输入，并以列向量方式输出。由于该滤波器设计是浮点算法形式的，这里对输出结果进行了取整。cic_out 已经包含有 30 位小数精度，高于题设要求的 17 位，所以 comp_out 取整时也不会多加精度，而是直接取整。该输出数据的时钟应该是 16 kHz 降频两倍后的频率（即 8 kHz）。

使用 MATLAB 命令 fvtool 可以看到该滤波器的响应，在命令窗口中输入 fvtool(h_comp)，可以得到如图 9-36 所示的幅频响应特性。图中虚线标示出滤波器的设计条件，其中，垂直方向的虚线标示出了通带 2 kHz 和阻带 6 kHz，水平方向的虚线标示出了阻带衰减 60 dB 和通带纹波 0.02 dB。另外，还可以看出 CIC 补偿滤波器的特征，即在通带之后增益不是减小，而是增加，然后再滚降，从而可以补偿 CIC 滤波器的连续滚降特性。两者叠加就可以得到一个相对平坦的通带以及滚降的过渡带。在补偿滤波器的生成函数中输入 CIC 滤波器的特性，比如延迟和级数，也是为了使得补偿滤波器的设计与 CIC 的设计更加契合。生成的 CIC 补偿滤波器也是一个 FIR 滤波器，因此它在通带和过渡带上的相位也是线性的。

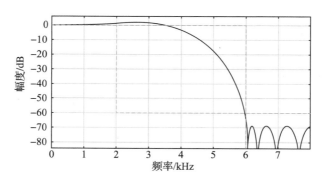

图 9-36　CIC 补偿滤波器的幅频响应

在 CIC 补偿滤波器中，滤波后的抽取环节不一定是两倍，也可以根据实际情况而定，只要最终带宽的两倍小于输出频率即可。比如，这里的通带设为 2 kHz，只要保证输出时钟频率超过 4 kHz 即可。

9.9.2 电路实现

在建模部分生成的滤波器对象 h_comp，可以用来自动生成 Verilog 代码。在 MATLAB 的命令窗口中输入 filterBuilder(h_comp) 就可以调出与图 8-12 相似的界面，用以生成 RTL 代码。但运用第 8 章介绍的设计方法，使用手工方式也可以很方便地编写 CIC 补偿滤波器的 RTL 代码，而且面积可以更加优化。

h_comp 共有 15 个抽头系数，这里将抽头系数的小数精度定点化为 30 位。获得定点化抽头的 MATLAB 代码如下。其中，tmp 获取的是 h_comp 的浮点抽头系数，而 coeff 获取定点化后的值。

```
tmp   = h_comp.Numerator;
coeff = round(tmp*2^30);
```

抽头系数的浮点值和定点值对照见表 9-4。虽然抽头有 15 个，但同第 8 章的例子一样，它们都是偶对称的，所以实际乘法器数量可以减少近 50%。

表 9-4 CIC 补偿滤波器抽头系数浮点值与定点值对照表

序号	浮点值	定点值	序号	浮点值	定点值
0	−0.0060	−6421026	8	0.3319	356375486
1	−0.0010	−1088314	9	−0.0496	−53216433
2	0.0324	34811522	10	−0.1085	−116533699
3	0.0080	8641811	11	0.0080	8641811
4	−0.1085	−116533699	12	0.0324	34811522
5	−0.0496	−53216433	13	−0.0010	−1088314
6	0.3319	356375486	14	−0.0060	−6421026
7	0.5850	628155438			

下面重点介绍 CIC 补偿滤波器的 Verilog 代码（详见配套参考代码 cic_comp_filter.v）。接口声明部分代码如下。clk_vld_in 和 dat_in 都来自 CIC 滤波器的输出。同样，本滤波器输出时也是数据 dat_out 和有效信号 clk_vld_out 同时输出。clk_vld_out 的脉冲频率是 clk_vld_in 的 $\frac{1}{2}$。数据均带有符号，这里使用了 signed 声明。

```
module cic_comp_filter
(
    input                          clk          ,
    input                          rstn         ,
    input                          clk_vld_in   ,
    input          signed [34:0]   dat_in       ,

    output  reg                    clk_vld_out  ,
    output  reg signed  [34:0]     dat_out
);
```

15 个抽头系数意味着该 FIR 滤波器有 14 阶，即 14 级寄存器流水线。下面的代码对 dat_

in 进行了 14 拍存储。为方便维护，打拍输出的信号 dat_r 使用了二维信号声明方式。注意，驱动打拍的时钟频率不是 clk（1024 kHz），而是受到条件门控 clk_vld_in 的约束，实际时钟为 64 kHz。

```
reg      signed  [34:0]    dat_r[13:0]    ;

always @(posedge clk or negedge rstn)
begin
    if (!rstn)
    begin
        dat_r[0]     <= 35'd0;
        dat_r[1]     <= 35'd0;
        dat_r[2]     <= 35'd0;
        dat_r[3]     <= 35'd0;
        dat_r[4]     <= 35'd0;
        dat_r[5]     <= 35'd0;
        dat_r[6]     <= 35'd0;
        dat_r[7]     <= 35'd0;
        dat_r[8]     <= 35'd0;
        dat_r[9]     <= 35'd0;
        dat_r[10]    <= 35'd0;
        dat_r[11]    <= 35'd0;
        dat_r[12]    <= 35'd0;
        dat_r[13]    <= 35'd0;
    end
    else if (clk_vld_in)
    begin
        dat_r[0]     <= dat_in   ;
        dat_r[1]     <= dat_r[0] ;
        dat_r[2]     <= dat_r[1] ;
        dat_r[3]     <= dat_r[2] ;
        dat_r[4]     <= dat_r[3] ;
        dat_r[5]     <= dat_r[4] ;
        dat_r[6]     <= dat_r[5] ;
        dat_r[7]     <= dat_r[6] ;
        dat_r[8]     <= dat_r[7] ;
        dat_r[9]     <= dat_r[8] ;
        dat_r[10]    <= dat_r[9] ;
        dat_r[11]    <= dat_r[10];
        dat_r[12]    <= dat_r[11];
        dat_r[13]    <= dat_r[12];
    end
end
```

滤波过程这里使用组合逻辑。为节省乘法器，将抽头系数相同的数据预先结合，再统一乘以抽头系数。得到 dat2[0] ~ dat2[7] 共 8 个乘法结果，比原本的 15 个乘法器少 7 个。dat2 也是一个二维信号，其位宽设定为 65 位，是由于数据是 35 位，而抽头系数在不考虑符号时是 30 位，因此相乘后是 65 位，之所以不是 66 位是因为除中间的独立抽头外，其他抽头值最大为 0.3319，因此即使两个数据相加，它们乘以抽头后位宽仍然不会扩展。将这些乘法结果按表 9-4 中所示的符号进行加减，就得到了滤波输出 dat3，它虽然也是求和的结果，但输出信号不会溢出，仍保持 65 位输出。最后，削减掉抽头系数附带的 30 位精度，以还原其本身的精度。上述运算均为 signed 运算，因此抽头系数的绝对值最大 30 位，但需要在其高位扩展一个 0，使其变为 31 位，右移时也使用带符号的右移 >>>。

```
wire      signed  [64:0]    dat2[7:0]       ;
wire      signed  [64:0]    dat3            ;
wire      signed  [34:0]    dat4            ;

assign dat2[0] = (dat_in   + dat_r[13]) * signed'(31'd6421026  );
assign dat2[1] = (dat_r[0] + dat_r[12]) * signed'(31'd1088314  );
assign dat2[2] = (dat_r[1] + dat_r[11]) * signed'(31'd34811522 );
assign dat2[3] = (dat_r[2] + dat_r[10]) * signed'(31'd8641811  );
assign dat2[4] = (dat_r[3] + dat_r[9] ) * signed'(31'd116533699);
assign dat2[5] = (dat_r[4] + dat_r[8] ) * signed'(31'd53216433 );
assign dat2[6] = (dat_r[5] + dat_r[7] ) * signed'(31'd356375486);
assign dat2[7] = dat_r[6] * signed'(31'd628155438);

assign dat3 = -dat2[0] -dat2[1] +dat2[2] +dat2[3]
-dat2[4] -dat2[5] +dat2[6] +dat2[7];
assign dat4 = dat3 >>> 30;
```

得到滤波器的输出 dat4 后，需要对其进行两倍下采样。首先准备时钟有效信号，其代码如下。在原本的时钟有效信号 clk_vld_in 的基础上，进一步二分频。这里使用 cnt 的翻转来辅助分频。cnt 与 clk_vld_in 相与，得到分频后的时钟有效信号 clk_vld_out_pre。其原理是：当 cnt 为 1 时，clk_vld_out_pre 和 clk_vld_in 同时发生；当 cnt 为 0 时，虽然 clk_vld_in 发生，但 clk_vld_out_pre 依然保持 0。

```
reg                         cnt              ;
wire                        clk_vld_out_pre;

always @(posedge clk or negedge rstn)
begin
    if (!rstn)
        cnt <= 1'b0;
    else if (clk_vld_in)
        cnt <= ~cnt;
end

assign clk_vld_out_pre = clk_vld_in & cnt;
```

用时钟有效信号 clk_vld_out_pre 将 dat_4 再重采样一次，得到输出数据 dat_out。同样，也对 clk_vld_out_pre 打一拍，得到 clk_vld_out，作为数据有效信号输出，其输出频率为 8 kHz。

```
always @(posedge clk or negedge rstn)
begin
```

```
    if (!rstn)
        dat_out <= 35'd0;
    else if (clk_vld_out_pre)
        dat_out <= dat4;
end

always @(posedge clk or negedge rstn)
begin
    if (!rstn)
        clk_vld_out <= 1'b0;
    else
        clk_vld_out <= clk_vld_out_pre;
end
```

9.10　半带滤波器

9.10.1　算法建模

半带滤波器的原理与普通的 FIR 低通滤波器以及 CIC 补偿滤波器一致，也是先滤波，再降采样。半带滤波器的滤波效果并不强，它只能将一半带宽作为通带，另一半带宽作为阻带，过渡带在通带和阻带之间平均分配。通带纹波也无法选择，且通带和阻带的纹波相等。因此，它缺乏普通 FIR 滤波器设计的灵活性，但恰恰因为这一原因，它的抽头系数在普通 FIR 滤波器基础上又减少了一半，对面积成本敏感的芯片十分友好。在 9.7 节中介绍了抽取滤波造成频率复制和混叠的原理（见图 9-28），半带滤波器的能力也只是抑制一半带宽，对于减少抽取后带外噪声混入带内有一定意义，因此半带滤波器经常被作为抗混叠滤波器使用。

半带滤波器的结构相对固定，灵活性少，留给设计者的可设置项只有过渡带的宽度和阻带的衰减。半带滤波器的幅度谱如图 9-37 所示，它类似图 9-28。假设输入半带滤波器的信号采样率为 $2f_s$，则它的频谱可视范围为 $0 \sim f_s$。对该频段进行半带滤波，即以 $\dfrac{f_s}{2}$ 频点为界，先粗略绘制出通带范围 $0 \sim \dfrac{f_s}{2}$ 以及阻带范围 $\dfrac{f_s}{2} \sim f_s$。然后在 $\dfrac{f_s}{2}$ 频点上找到 0.5 倍

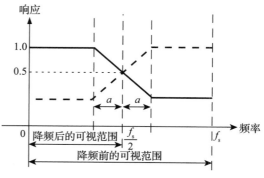

图 9-37　半带滤波器的幅度谱

衰减点，从该点向左开辟一段长度为 a 的区域作为过渡带，向右也开辟长度为 a 的区域作为过渡带，于是就形成了总长为 $2a$ 的过渡带。通带实际范围是 $0 \sim \left(\dfrac{f_s}{2} - a\right)$，阻带实际范围是 $\left(\dfrac{f_s}{2} + a\right) \sim f_s$。幅度衰减 0.5 倍相当于 6 dB，因此 $\dfrac{f_s}{2}$ 频点又被称为 6 dB 衰减点。滤波器

的幅度响应如图中粗实线所示。

滤波完成后，再进行两倍抽取，频谱会被复制，图中粗虚线绘出了被复制的频谱。从降采样后的视角范围 $0 \sim \dfrac{f_s}{2}$ 来看，复制后的频谱有一部分混叠到了可视范围内。由于之前进行了滤波，所以通带 $0 \sim \left(\dfrac{f_s}{2} - a\right)$ 范围内混入的复制成分可以忽略不计，在过渡带上会混入一定的复制频谱。若构造一个频率为 $\dfrac{f_s}{2}$ 的正弦波通入该半带滤波器，则滤波后的幅度将会衰减为原来的一半。

在 MATLAB 中设计半带滤波器，也可以使用与生成 CIC 补偿滤波器一样的方法。先调用 fdesign.decimator 生成抽取滤波器对象，然后用 design 包裹该对象，产生另一个滤波器对象。具体代码如下，其中包含了两个半带滤波器。

```matlab
%% 第一级半带滤波器
% 计算补零个数
comp = zeros(ceil(length(comp_out)/2)*2-length(comp_out),1);

% 输入数据补零
comp_out  = [comp_out; comp];

% 生成抽取滤波器对象 my_hb1
my_hb1 = fdesign.decimator(2,'halfband','tw,ast',0.5,40);

% 以 my_hb1 为核心，生成滤波器对象
h_hb1   = design(my_hb1,'equiripple','SystemObject',true);

% 滤波
hb1_out = h_hb1(comp_out);

% 滤波后取整
hb1_out = round(hb1_out);

%-----------------
%% 第二级半带滤波器
% 计算补零个数
comp = zeros(ceil(length(hb1_out)/2)*2-length(hb1_out),1);

% 输入数据补零
hb1_out  = [hb1_out; comp];

% 生成抽取滤波器对象 my_hb2
my_hb2 = fdesign.decimator(2,'halfband','tw,ast',0.2,120);

% 以 my_hb2 为核心，生成滤波器对象
h_hb2   = design(my_hb2,'equiripple','SystemObject',true);

% 滤波
```

```
hb2_out = h_hb2(hb1_out);

% 滤波后取整
hb2_out = round(hb2_out);
```

由于是两倍抽取，输入的信号都预先经过处理，补充为 2 的整数倍。第一级半带滤波器对象为 my_hb1，它的类型信息体现在参数 'halfband' 上。'tw, ast' 表示半带滤波器可以输入的参数，其中 tw 是过渡带的宽度，ast 是阻带衰减。tw 就是图 9-37 中的 $2a$，即整个过渡带的宽度，它的单位是 π，其设定数值为 0.5（即 0.5π）。以 2π 为原始采样频率，则 0.5π 为 $\frac{1}{4}$ 采样频率。由于输入时钟频率为 8 kHz，因此这里的过渡带长度为 2 kHz。该滤波器的幅频特性如图 9-38 所示。2 kHz 的过渡带是以 2 kHz 频点为中心，两边等宽的。可以推知，通带范围是 0 ～ 1 kHz，过渡带范围是 1 ～ 3 kHz，阻带范围是 3 ～ 4 kHz。阻带衰减为 40dB。参数中的 2 表示两倍抽取。

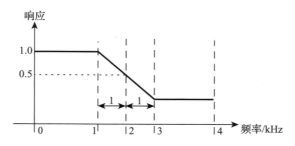

图 9-38　第一级半带滤波器的幅频特性

h_hb1 是以 my_hb1 为核心的滤波器对象，将 CIC 补偿滤波器的输出结果输入到第一级半带滤波器中，得到的输出为 hb1_out，它是抽取的结果，因而其时钟频率为 4 kHz，频谱可视范围是 0 ～ 2kHz。

再将 hb1_out 输入到第二级半带滤波器中。该滤波器的 tw 设定为 0.2，即 0.2π。2π 表示输入时钟频率 4 kHz，因此 0.2π 表示 0.4 kHz，这是过渡带的长度。其幅度谱如图 9-39 所示，通带范围是 0 ～ 0.8 kHz，过渡带范围是 0.8 ～ 1.2 kHz，1kHz 是它的中心频点，阻带范围是 1.2 ～ 2 kHz。将图 9-39 对应到图 9-37 中的变量，则 a 是 0.2 kHz，f_s 是 2 kHz。第二级半带滤波器的衰减设定为 120 dB，因为题设要求最终的阻带衰减要达到 120 dB。最后输出的信号是 hb2_out，它也是整个抽取滤波器的输出。在计算过程中一直保持 30 位精度不变，而题设要求最后保留 17 位精度，去除整数位并保留符号，hb2_out 只有进行了上述步骤才能作为 ADC 最终的数字输出。ADC 输出的采样频

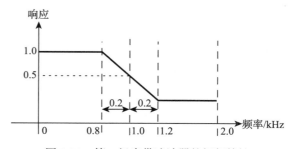

图 9-39　第二级半带滤波器的幅频特性

率为 2 kHz，通带截止频率为 0.8 kHz，满足设计要求。

在 MATLAB 的命令窗口输入 fvtool(h_hb2)，可以得到第二级滤波器的响应和参数，其中幅度谱如图 9-40 所示，其横轴以 πrad/s 为单位。过渡带长为 0.2π，与设置一致。过渡带中心频点为 0.5π，在中心频点上衰减约为 6 dB。降采样后，该 0.5π 频点就变成了 ADC 输出频率的奈奎斯特频点。该图与图 9-39 是完全对应的。

CIC 补偿滤波器可以抽取任意倍数，并不局限于 2 的幂次方倍，但对于半带滤波器，由于其特点限制，一般只抽取 2 倍。

将频率为 1 kHz、幅度为 1 的正弦波通入级联抽取滤波器中，并对比 CIC 滤波器的输出与最后一级半带滤波器的输出，其波形如图 9-41 所示。CIC 滤波输出的幅度为 1.038×10^9，将定点值还原为浮点值得到 0.9667，相对于输入的 1 而言，幅度损失了一些。原因是 CIC

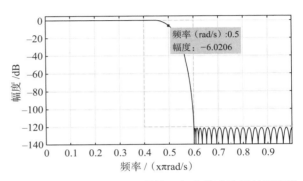

图 9-40 MATLAB 中展示的第二级半带滤波器的幅度谱

滤波器没有通带，因此在 1 kHz 上也有所衰减。当对 CIC 滤波器结果进行补偿后，定点幅度值提高到 1.067×10^9，对应浮点值为 0.9937，说明 CIC 补偿滤波器起到了一定的补偿作用。再经过两级半带滤波器，最后的定点值输出为 5.245×10^8，对应浮点值为 0.4885，约为输入值的一半。观察图 9-39 可知，1 kHz 正是最后一级半带滤波器的 6 dB 衰减点，因此幅度衰减一半是符合设计要求的。

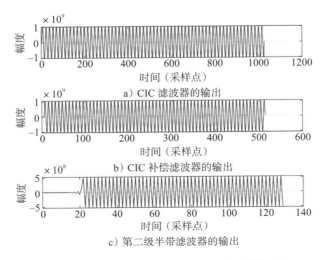

a) CIC 滤波器的输出

b) CIC 补偿滤波器的输出

c) 第二级半带滤波器的输出

图 9-41 输入 1kHz 正弦波后各级滤波器的输出

9.10.2　电路实现

第一级半带滤波器的抽头系数有 7 个，见表 9-5。其中心值为 0.5，两边偶对称。只观察其中一边的抽头，3 个抽头中有一个是 0。这里定义一个有效抽头的概念。所谓有效抽头，就是在一个滤波器的所有抽头中不重复的非零抽头。若两个抽头对称出现，则只选其中一个为有效抽头，设计时乘法器的个数取决于有效抽头数量。第一级半带滤波器的有效抽头数包含中心值和单边的两个非 0 值，共 3 个，由此可知在 FIR 设计中只需要 3 个乘法器。这里将抽头仍定点为 30 位小数精度。

表 9-5　第一级半带滤波器抽头系数浮点值与定点值对照表

序号	浮点值	定点值
0	−0.0506241784254686	−54357298
1	0	0
2	0.295059334702992	316817548
3	0.5	536870912
4	0.295059334702992	316817548
5	0	0
6	−0.0506241784254686	−54357298

第二级半带滤波器的过渡带较窄，衰减要求较高，因而其抽头系数较多，共 75 个。其中心值仍为 0.5，两边偶对称。只观察其中一边的抽头，37 个抽头中有 18 个 0，因此有效抽头数包含中心值和单边的 19 个非 0 值，共 20 个，由此可知在 FIR 设计中只需要 20 个乘法器。而普通 FIR 滤波器，在相同抽头数量情况下，需要 38 个乘法器。因此，半带滤波器相对于普通滤波器面积更小。由于抽头较多，表 9-6 只列出了第二级半带滤波器的有效抽头和它们的序号。

表 9-6　第二级半带滤波器抽头系数浮点值与定点值对照表

序号	浮点值	定点值	序号	浮点值	定点值
0	3.60382450768594e-06	3870	20	0.00586224282049180	6294535
2	−1.51848327522560e-05	−16305	22	−0.00868150071258193	−9321690
4	4.52181444755903e-05	48553	24	0.0125942609615917	13522985
6	−0.000111068534336059	−119259	26	−0.0180467254825508	−19377524
8	0.000240113781317093	257820	28	0.0258368250936280	27742080
10	−0.000472579756461476	−507429	30	−0.0376429658054245	−40418827
12	0.000864389166500545	928131	32	0.0578320618231475	62096704
14	−0.00148992887656371	−1599799	34	−0.102506328916936	−110065333
16	0.00244502088693533	2625321	36	0.317093963524287	340477051
18	−0.00385101985871963	−4135001	37	0.5	536870912

半带滤波器实际的乘法器数量可以用式（9-15）来计算。

$$y = \frac{N+5}{4}$$

（9-15）

式中，y 为乘法器数量；N 为滤波器的抽头总数。而普通滤波器的乘法器数量为 $\frac{N+1}{2}$，因此，使用半带滤波器后，乘法器数量减少了 $\frac{N-3}{4}$ 个。

半带滤波器的 RTL 设计可以使用经典方法，该方法已在本章的 CIC 补偿滤波器以及第 8 章的低通和高通滤波器设计中介绍过。简而言之，就是在确定滤波器阶数 n 的前提下，将输入数据进行 n 拍流水，然后将各级寄存器的输出连同输入信号一起，乘以抽头系数，结合并输出。

由于半带滤波器间隔性地出现零抽头，可以对其结构做进一步优化，不仅能如上文所述减少乘法器的数量，也能减少寄存器的级数。

观察半带滤波器的抽头可以发现一个规律，即每间隔一个就出现一个零抽头，因此为这个零抽头配套的数据寄存器实际上是没有意义的，浪费硬件资源。那么，直接对输入数据进行两倍降采样，将采样的数据乘以非零的抽头系数即可。这种设计思路概括而言就是先降采样再滤波，与前文强调的先滤波再降采样是颠倒的，因此效果必然不佳。

再仔细观察抽头可以发现，每间隔一个数据就出现一个零抽头的规律还有一个例外，就是中间的抽头，它不是 0，而是固定为 0.5。因此，还应该对上述设计补充一个 0.5 抽头相关的数据项，而该项并不存储在两倍降采样后打拍的寄存器中，而是被采样漏掉了。因此，需要再设计一个错位的两倍降采样时钟，刚好和上述的两倍降采样错开，它也进行采样，并且通过寄存器流水线来存储数据。

假设滤波器总的抽头数量是 N 个，其中心抽头的值为 0.5，该中心抽头的前面有 m 个抽头（其中包含零抽头），其后面也有 m 个抽头。则 $N = 2m+1$，N 一定是奇数，另外 m 本身也是奇数。上述二分频后对输入信号进行流水线采样的拍数为 $\frac{N+1}{2}$。剩下的与抽头 0.5 相配合的数据在寄存器流水线的中央，因此使用另一个错位二分频时钟对输入数据进行流水打拍，一共需要 $\frac{m+1}{2}$ 拍（等于 $\frac{N+1}{4}$ 拍），才能将对应的输入数据采样到寄存器中，并且此时，所有需要的数据在同一个时刻汇聚在不同的寄存器中，可以用于进行组合逻辑乘法计算和加法计算，从而得到滤波结果。将两个错位时钟驱动所构造的寄存器数量相加，可以得到总的寄存器级数需求，即 $\frac{3(N+1)}{4}$ 级。而按照经典设计，寄存器级数应为 $N-1$ 级，因而改进后的设计，其对寄存器的需求减少了 $\frac{N-7}{4}$ 级。

图 9-42 展示了第一级半带滤波器的时序图。该滤波器为 6 阶，共 7 个抽头。输入信号名为 dat_in，它向滤波器依次输入数据 $a \sim k$。clk_vld_in 是 dat_in 的时钟有效信号，代表 dat_in 的频率。按上述思路，将 clk_vld_in 分成错位的两路二分频信号，即 clk_vld_out_0 和 clk_vld_out_1。除与中心抽头对应的输入数据外，其他数据均由 clk_vld_out_0 拍出。在 clk_vld_out_0 控制下的寄存器流水数量为 $\frac{N+1}{2}$ 级，其中 $N=7$，因此寄存器的级数为 4 级，对应图中的 dat0_r[0] ~ dat0_r[3]。与中心抽头对应的输入数据在 clk_vld_out_1 信号控制下进行打拍流水，这一过程需要消耗 $\frac{N+1}{4}$ 级（即 2 级）寄存器，对应图中的 dat1_r[0] ~ dat1_r[1]。该图主要关注两拍数据，已用垂直的粗线标明第一拍数据和第二拍数据。

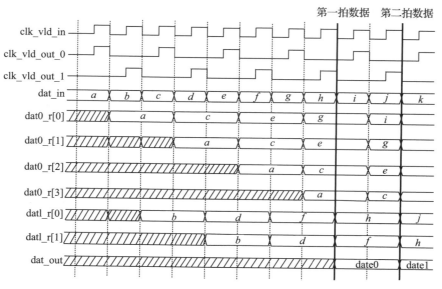

图 9-42　第一级半带滤波器的时序图

对于第一拍数据，原本参与运算的输入数据有 $a \sim g$，共 7 个。但 b 和 f 位置上都对应零抽头，因此存储 b 和 f 没有意义。d 在中间，对应 0.5 抽头。当图中第一拍数据开始采样时，可以发现，dat0_r 寄存器组中同时存有 a、c、e、g，而在 dat1_r[1] 中存储有 d，在第一拍数据采样之前，先将这些数据拉出来，与抽头系数构成组合逻辑，设计上允许在一个 clk_vld_in 时钟内完成这项运算，并在第一拍的 clk_vld_out_1 驱动下被采样输出。同样，对于第二拍数据，原本参与运算的输入数据有 $c \sim i$，共 7 个。但 d 和 h 位置上都对应零抽头，因此存储 d 和 h 没有意义。f 在中间，对应 0.5 抽头。

当图 9-42 中第二拍数据开始采样时，可以发现，dat0_r 寄存器组中同时存有 c、e、g、i，而在 dat1_r[1] 中存储有 f，在第二拍数据采样之前，将这些数据也与抽头系数进行逻辑运算，再被第二拍的 clk_vld_out_1 信号驱动输出。

图 9-42 中存在一个问题，即 $b \sim h$ 的数据流也是 7 个，在正常的滤波过程中会出现它们对应的滤波结果，但在图 9-42 中不会出现由这些数据参与的滤波结果，是否合理？在上文描述第一拍数据和第二拍数据的生成过程时，从 $a \sim g$ 直接跳到了 $c \sim i$，跳过了 $b \sim h$ 的讨论，是否属于遗漏？实际上，这里是有意遗漏的，因为滤波之后还要经过一个两倍抽取的过程，因此无论是否进行了 $b \sim h$ 范围内的数值运算，在抽取之后它都将不被输出，所以在设计结构上直接跳过了 $b \sim h$ 的计算。

第一级半带滤波器的 RTL 请详见配套参考代码 hb1_filter.v。其接口声明如下：

```
module hb1_filter
(
    input                    clk        ,
    input                    rstn       ,
```

```
    input                       clk_vld_in  ,
    input       signed [34:0]   dat_in      ,

    output  reg                 clk_vld_out ,
    output  reg signed [34:0]   dat_out
);
```

以下代码将 clk_vld_in 分为错开的两个二分频有效信号，clk_vld_out_0 和 clk_vld_out_1。

```
reg                         cnt             ;
wire                        clk_vld_out_0   ;
wire                        clk_vld_out_1   ;

always @(posedge clk or negedge rstn)
begin
    if (!rstn)
        cnt <= 1'b0;
    else if (clk_vld_in)
        cnt <= ~cnt;
end


assign clk_vld_out_0 = clk_vld_in & (~cnt);
assign clk_vld_out_1 = clk_vld_in & cnt;
```

dat0_r[0] ～ dat0_r[3] 用于存储在 clk_vld_out_0 驱动下的四级打拍流水，代码如下：

```
reg     signed [34:0]       dat0_r[3:0]     ;

always @(posedge clk or negedge rstn)
begin
    if (!rstn)
    begin
        dat0_r[0]   <= 35'd0;
        dat0_r[1]   <= 35'd0;
        dat0_r[2]   <= 35'd0;
        dat0_r[3]   <= 35'd0;
    end
    else if (clk_vld_out_0)
    begin
        dat0_r[0]   <= dat_in   ;
        dat0_r[1]   <= dat0_r[0]    ;
        dat0_r[2]   <= dat0_r[1]    ;
        dat0_r[3]   <= dat0_r[2]    ;
    end
end
```

dat1_r[0] ～ dat1_r[1] 用于存储在 clk_vld_out_1 驱动下的两级打拍流水，代码如下：

```
reg     signed [34:0]       dat1_r[1:0]     ;

always @(posedge clk or negedge rstn)
```

```
begin
    if (!rstn)
    begin
        dat1_r[0]    <= 35'd0;
        dat1_r[1]    <= 35'd0;
    end
    else if (clk_vld_out_1)
    begin
        dat1_r[0]    <= dat_in      ;
        dat1_r[1]    <= dat1_r[0]    ;
    end
end
```

将 dat0_r[0] ～ dat0_r[3] 以及一个单独的 dat1_r[1] 乘以各自的抽头系数。dat0_r[0] ～ dat0_r[3] 的抽头系数是对称的，所以先把对称项相加，再乘以抽头系数。结合到 dat3 时，要体现出每个抽头符号的不同，在 dat4 中通过右移 30 位消除抽头系数的精度影响，只保留滤波前的精度。对应代码如下：

```
wire     signed  [64:0]    dat2[2:0]        ;
wire     signed  [64:0]    dat3             ;
wire     signed  [34:0]    dat4             ;

assign dat2[0] = (dat0_r[0] + dat0_r[3]) * signed'(31'd54357298 );
assign dat2[1] = (dat0_r[1] + dat0_r[2]) * signed'(31'd316817548);
assign dat2[2] = dat1_r[1] * signed'(31'd536870912);

assign dat3 = -dat2[0] +dat2[1] +dat2[2];
assign dat4 = dat3 >>> 30;
```

最后，如图 9-42 所示，用 clk_vld_out_1 对组合逻辑结果 dat4 进行采样，可以得到最后的滤波结果 dat_out。同时，为了与 dat_out 对齐，clk_vld_out_1 也延迟一拍输出。对应代码如下：

```
always @(posedge clk or negedge rstn)
begin
    if (!rstn)
        dat_out <= 35'd0;
    else if (clk_vld_out_1)
        dat_out <= dat4;
end


always @(posedge clk or negedge rstn)
begin
    if (!rstn)
        clk_vld_out <= 1'b0;
    else
        clk_vld_out <= clk_vld_out_1;
end
```

第二级半带滤波器抽头数量较多，规模较大，但是从上文给出的计算规律也能很方便地判断出 dat0_r 和 dat1_r 的流水级数。dat0_r 的流水级数为 $\frac{N+1}{2}$（即 38），其中 N 为抽头个数（N=75）。dat1_r 的流水级数为 $\frac{N+1}{4}$（即 19）。总共消耗寄存器级数为 57，而经典寄存器设计的寄存器级数为 74，因此用本方法可节省 $\frac{N-7}{4}$（即 17 级）。

第二级半带滤波器的 RTL 请详见配套参考代码 hb2_filter.v。其接口声明与第一级半带滤波器的声明一致。

将 clk_vld_in 分为错开的两个二分频有效信号，clk_vld_out_0 与 clk_vld_out_1，对应的 RTL 也与第一级半带滤波器一致。

dat0_r[0] ～ dat0_r[37] 用于存储在 clk_vld_out_0 驱动下的 38 级打拍流水，这里用 generate 块来表达重复打拍，代码如下：

```
reg      signed  [34:0]       dat0_r[37:0]     ;

always @(posedge clk or negedge rstn)
begin
    if (!rstn)
        dat0_r[0]    <= 35'd0;
    else if (clk_vld_out_0)
        dat0_r[0]    <= dat_in;
end

generate
for (ii=1;ii<=37;ii=ii+1)
always @(posedge clk or negedge rstn)
begin
    if (!rstn)
        dat0_r[ii]   <= 35'd0;
    else if (clk_vld_out_0)
        dat0_r[ii]   <= dat0_r[ii-1];
end
endgenerate
```

dat1_r[0] ～ dat1_r[18] 用于存储在 clk_vld_out_1 驱动下的 19 级打拍流水，同样也用 generate 块来表达重复打拍，代码如下：

```
reg      signed  [34:0]       dat1_r[18:0]      ;

always @(posedge clk or negedge rstn)
begin
    if (!rstn)
        dat1_r[0]    <= 35'd0;
    else if (clk_vld_out_1)
        dat1_r[0]    <= dat_in;
end
```

```
generate
for (ii=1;ii<=18;ii=ii+1)
always @(posedge clk or negedge rstn)
begin
    if (!rstn)
        dat1_r[ii]   <= 35'd0;
    else if (clk_vld_out_1)
        dat1_r[ii]   <= dat1_r[ii-1];
end
endgenerate
```

将 dat0_r[0] ～ dat0_r[37] 以及一个单独的 dat1_r[18] 乘以各自的抽头系数。dat0_r[0] ～ dat0_r[37] 的抽头系数是对称的，所以先把对称项相加，再乘以抽头系数。抽头系数有着不同的符号，在结合到 dat3 时才体现出来。在 dat4 中通过右移 30 位消除抽头系数的精度影响，只保留滤波前的精度。对应代码如下：

```
wire      signed  [64:0]    dat2[19:0]      ;
wire      signed  [64:0]    dat3            ;
wire      signed  [34:0]    dat4            ;

assign dat2[0]  = (dat0_r[0]  + dat0_r[37]) * signed'(31'd3870     );
assign dat2[1]  = (dat0_r[1]  + dat0_r[36]) * signed'(31'd16305    );
assign dat2[2]  = (dat0_r[2]  + dat0_r[35]) * signed'(31'd48553    );
assign dat2[3]  = (dat0_r[3]  + dat0_r[34]) * signed'(31'd119259   );
assign dat2[4]  = (dat0_r[4]  + dat0_r[33]) * signed'(31'd257820   );
assign dat2[5]  = (dat0_r[5]  + dat0_r[32]) * signed'(31'd507429   );
assign dat2[6]  = (dat0_r[6]  + dat0_r[31]) * signed'(31'd928131   );
assign dat2[7]  = (dat0_r[7]  + dat0_r[30]) * signed'(31'd1599799  );
assign dat2[8]  = (dat0_r[8]  + dat0_r[29]) * signed'(31'd2625321  );
assign dat2[9]  = (dat0_r[9]  + dat0_r[28]) * signed'(31'd4135001  );
assign dat2[10] = (dat0_r[10] + dat0_r[27]) * signed'(31'd6294535  );
assign dat2[11] = (dat0_r[11] + dat0_r[26]) * signed'(31'd9321690  );
assign dat2[12] = (dat0_r[12] + dat0_r[25]) * signed'(31'd13522985 );
assign dat2[13] = (dat0_r[13] + dat0_r[24]) * signed'(31'd19377524 );
assign dat2[14] = (dat0_r[14] + dat0_r[23]) * signed'(31'd27742080 );
assign dat2[15] = (dat0_r[15] + dat0_r[22]) * signed'(31'd40418827 );
assign dat2[16] = (dat0_r[16] + dat0_r[21]) * signed'(31'd62096704 );
assign dat2[17] = (dat0_r[17] + dat0_r[20]) * signed'(31'd110065333);
assign dat2[18] = (dat0_r[18] + dat0_r[19]) * signed'(31'd340477051);
assign dat2[19] = dat1_r[18] * signed'(31'd536870912);

assign dat3 = +dat2[0]  -dat2[1] +dat2[2] -dat2[3] +dat2[4]  -dat2[5]
              +dat2[6]  -dat2[7] +dat2[8] -dat2[9] +dat2[10] -dat2[11]
              +dat2[12] -dat2[13]+dat2[14]-dat2[15]+dat2[16] -dat2[17]
              +dat2[18] +dat2[19];
assign dat4 = dat3 >>> 30;
```

最后，用 clk_vld_out_1 对组合逻辑结果 dat4 进行采样，可以得到最后的滤波结果 dat_out。同时，为了与 dat_out 对齐，clk_vld_out_1 也延迟一拍输出。其代码与第一级半带滤波器相同。

9.11 用 CSD 方法进行抽头乘法运算

正则有符号数（Canonic Signed-Digit，CSD）是一种抽头系数处理的方法。它可以在一定程度上减少乘法器的面积。

如 4.2 节所述，普通乘法可以用迭代加法来代替。抽头中每出现一个二进制的 1，就意味着需要一次加法。可见，如果抽头中 1 的数量较多，那么加法的次数也相应增多。

CSD 方法与普通乘法的区别在于它不仅可以使用加法，还能用减法，则当抽头中 1 的数量较多时，可以给抽头补 1，迫使其进位，然后用减法将额外增加的 1 减掉。通过这种办法来减少总的加减次数。

例如，一个抽头系数为 7，用二进制表示为 3'b111。通常的做法是用 7 乘以对应的输入值 a，而 CSD 的做法是将 7 变为 8，用 8 乘以 a，实际上是将 a 左移 3 位，得到 b，再用 b 减 a，得到乘法结果。此过程中没有乘法，也没有复杂运算，只有移位运算和一次加减运算，从而节省了抽头乘法的面积。

CSD 只有在抽头系数中 1 的个数明显多于 0 的个数时才能显现其优势。具体运用时，对有些抽头可以用 CSD 方法，对有些抽头可以使用普通乘法或迭代加法，读者可以灵活把握。

使用 MATLAB 生成滤波器的 RTL 时，也有 CSD 选项，如图 9-43 所示。

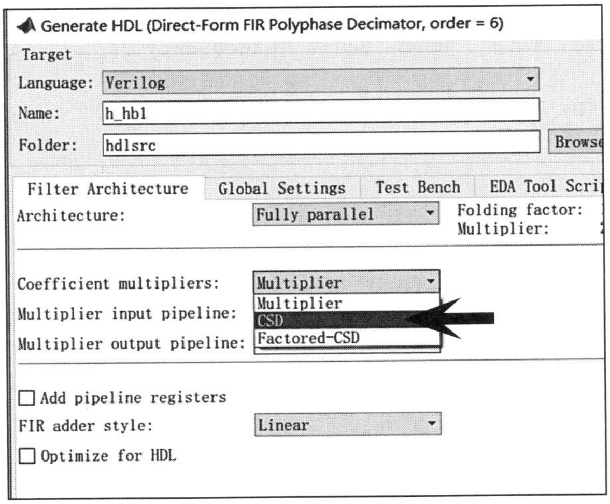

图 9-43 用 MATLAB 生成滤波器 RTL 时的 CSD 选项

9.12 抽取滤波的整体效果

按照前文，在电路实现后总会讲解验证方法和 TB 构建。但由于抽取滤波器是级联的，只有将各级滤波器联合起来仿真才能看到最终的效果。因此，这里将上述 3 类抽取滤波器的验证集中于本节。

由于ΣΔ和抽取滤波器原理超出了普通验证的知识范围，让仿真和验证写出可以与 DUT 对照的参考模型是比较困难的。这种情况下，可以使用导入参考模型数据的验证方法。具体做法是仿真和验证时，不需要编写参考模型，而是直接往 TB 中导入数据作为对照组。抽取滤波器的输入激励也不需要专门构建ΣΔ结构来产生，而是直接导入已有的ΣΔ量化数据。

要用导入数据的方式进行验证，首先需要准备好数据，包括激励数据和作为结果对照组的参考数据。

使用 MATLAB，在级联抽取滤波器建模完成，得到滤波数据之后，将仿真数据导出到文本中，具体代码如下。在这段代码中，各级数据均被导出到扩展名为 .csv 的文本文件中。.csv 文件是常用的保存数据的表格文件类型，在示波器、频谱分析仪中，如果要导出数据，也均可以用这种格式输出。在 MATLAB 中保存为 .csv 只是遵照了这种惯例，实际上保存为 .txt 文件或无扩展名的文件均可。数据以十六进制补码形式保存，在代码中对数据进行了轮询，当数据大于或等于 0 时，保存为原始数据本身，当数据小于 0 时，将负数转换为与数据位宽对应的补码。

```
% 导出 ΣΔ 的输出数据，保存在名为 sigma_delta.csv 的文件中
fp   = fopen('sigma_delta.csv','w');
len = length(sigma_delta_value3);
for cnt = 1:len
    if sigma_delta_value3(cnt) >= 0
        fprintf(fp,'%x\n', sigma_delta_value3(cnt));
    else
        fprintf(fp,'%x\n', 32+sigma_delta_value3(cnt));
    end
end
fclose(fp);

% 导出 CIC 滤波器的输出数据，保存在名为 cic_out.csv 的文件中
fp   = fopen('cic_out.csv','w');
len = length(cic_out);
for cnt = 1:len
    if cic_out(cnt) >= 0
        fprintf(fp,'%x\n', cic_out(cnt));
    else
        fprintf(fp,'%x\n', 2^35+cic_out(cnt));
    end
end
fclose(fp);

% 导出 CIC 补偿滤波器的输出数据，保存在名为 cic_comp_out.csv 的文件中
fp   = fopen('cic_comp_out.csv','w');
len = length(comp_out);
for cnt = 1:len
    if comp_out(cnt) >= 0
        fprintf(fp,'%x\n', comp_out(cnt));
    else
```

```
            fprintf(fp,'%x\n', 2^35+comp_out(cnt));
        end
    end
    fclose(fp);
```

% 导出第一级半带滤波器的输出数据，保存在名为 **hb1_out.csv** 的文件中
```
    fp  = fopen('hb1_out.csv','w');
    len = length(hb1_out);
    for cnt = 1:len
        if hb1_out(cnt) >= 0
            fprintf(fp,'%x\n', hb1_out(cnt));
        else
            fprintf(fp,'%x\n', 2^35+hb1_out(cnt));
        end
    end
    fclose(fp);
```

% 导出第二级半带滤波器的输出数据，保存在名为 **hb2_out.csv** 的文件中
```
    fp  = fopen('hb2_out.csv','w');
    len = length(hb2_out);
    for cnt = 1:len
        if hb2_out(cnt) >= 0
            fprintf(fp,'%x\n', hb2_out(cnt));
        else
            fprintf(fp,'%x\n', 2^35+hb2_out(cnt));
        end
    end
    fclose(fp);
```

获得算法实验数据后，须将其导入到 TB 中。TB 原码详见配套参考代码 decimation_tb.v。其中，导入数据的过程如下。这里仅举了导入 ΣΔ 量化数据的例子，其他数据的导入方法相同。声明一个文件句柄 file，$fopen 为打开文件，"r" 表示打开文件的目的为读取。声明 32 位无符号整数变量 cnt 的目的是记录数据的数量，以便将其最终保存到变量 sigma_delta_len 中。$feof(file) 是探测文件句柄 file 的指针是否已经指向了文件末尾，若没有，则使用 $fscanf 函数将该行数据导入，保存在位宽为 5 的数组变量 sigma_delta_arry 中，同时 cnt 自加。$fscanf 识别数据的格式为 "%x"，即十六进制。持续读，直到文件末尾。然后将文件句柄用 $fclose 函数关闭。这里体现了 System Verilog 的一个显著的特点，即对数组的不定长度声明。由于录入数据长短不一，事先无法估计出 sigma_delta_arry 需要开辟多少空间，就可以使用 sigma_delta_arry[$] 方式来声明，$ 表示长度不定，支持随时扩展，则在使用时不用担心数组会溢出。

```
    logic  signed  [4:0]  sigma_delta_arry[$] ;
    integer              sigma_delta_len    ;
    int                  file               ;
    integer              cnt                ;

    initial
```

```
begin
    file = $fopen("sigma_delta.csv", "r");
    cnt      = 0;
    while (!$feof(file))
    begin
        $fscanf(file, "%x", sigma_delta_arry[cnt]);
        cnt ++;
    end
    $fclose(file);
    sigma_delta_len = cnt;
end
```

sigma_delta_arry 数组是在 initial 块中完成数据录入的，代码中不包含任何时间概念，既没有时钟沿，又没有具体延迟的时间，因此可以认为完成录入的时间是第 0 秒，即仿真的开始。虽然从软件执行角度看，上述代码执行需要消耗一定时间，但在仿真中未标明时间的情况下，应认为是瞬间完成的。将数据全部装入 sigma_delta_arry 数组后，需要将数据按照时间顺序依次释放出来，从而复现与 MATLAB 上相同的波形。因此，这里先产生仿真必要的时钟和复位模块，代码如下。由于题设规定 $\Sigma\Delta$ 的输出时钟为 1024 kHz，因此这里产生的时钟 clk，频率为 1024 kHz。复位信号为 rstn。

```
logic                    clk            ;
logic                    rstn           ;

initial
begin
    clk = 1'b0;
    forever
    begin
        #(1e9/(2.0*1024e3)) clk = ~clk;
    end
end

initial
begin
    rstn = 0;
    #30 rstn = 1;
end
```

以下代码完成了将数组 sigma_delta_arry 中的数据按照每个时钟节拍依次输出的任务，形成了信号 sigma_delta。数组 sigma_delta_arry 不能称为信号，因为信号的特点是有数值，而且有时间，即信号是不同时间上不同数值的集合，而 sigma_delta_arry 只是一个保存数据的存储器，它只有数据，没有时间。sigma_delta 可以称为信号，因为它具备时间和与时间对应的数值。TB 用 sigma_delta 作为抽取滤波器组的激励。

```
logic   signed  [4:0]   sigma_delta             ;

initial
```

```
begin
    sigma_delta = 0;

    @(posedge rstn);
    #100;

    for (cnt=0;cnt<sigma_delta_len;cnt++)
    begin
        @(posedge clk);
        sigma_delta <= sigma_delta_arry[cnt];
    end

    #100;
    $finish;
end
```

将 sigma_delta 输入 CIC 滤波器的 DUT 中，而 CIC 滤波器又会产生输出数据以及对应的分频后的数据有效信号，再通入 CIC 补偿滤波器，如此级联，一直到最后一级半带滤波器，其代码如下：

```
wire    signed  [34:0]  cic_out                 ;
wire                    cic_vld_out             ;
wire    signed  [34:0]  cic_comp_out            ;
wire                    cic_comp_vld_out        ;
wire    signed  [34:0]  hb1_out                 ;
wire                    hb1_vld_out             ;
wire    signed  [34:0]  hb2_out                 ;
wire                    hb2_vld_out             ;

cic_filter      u_cic_filter
(
    .clk            (clk            ),//i
    .rstn           (rstn           ),//i
    .dat_in         (sigma_delta    ),//i[4:0]
    .dat_out        (cic_out        ),//os[34:0]
    .clk_vld_out    (cic_vld_out    ) //o
);

cic_comp_filter     u_cic_comp_filter
(
    .clk            (clk                ),//i
    .rstn           (rstn               ),//i
    .clk_vld_in     (cic_vld_out        ),//i
    .dat_in         (cic_out            ),//is[34:0]
    .dat_out        (cic_comp_out       ),//os[34:0]
    .clk_vld_out    (cic_comp_vld_out   ) //o
);

hb1_filter      u_hb1_filter
(
```

```
    .clk            (clk                ),//i
    .rstn           (rstn               ),//i
    .clk_vld_in     (cic_comp_vld_out   ),//i
    .dat_in         (cic_comp_out       ),//is[34:0]
    .dat_out        (hb1_out            ),//os[34:0]
    .clk_vld_out    (hb1_vld_out        ) //o
);

hb2_filter      u_hb2_filter
(
    .clk            (clk                ),//i
    .rstn           (rstn               ),//i
    .clk_vld_in     (hb1_vld_out        ),//i
    .dat_in         (hb1_out            ),//is[34:0]
    .dat_out        (hb2_out            ),//os[34:0]
    .clk_vld_out    (hb2_vld_out        ) //o
);
```

接下来，将 CIC 滤波器的输出 cic_out、CIC 补偿滤波器的输出 cic_comp_out、第一级半带滤波器的输出 hb1_out 和第二级半带滤波器的输出 hb2_out，与导入的参考数据进行对照，并算出误差。下面的代码给出了 CIC 滤波器与它对应的参考数据之间的对照行为，其中，cic_ref_arry 与上文中的 sigma_delta_arry 一样，也是第 0 秒导入的数组，同样也声明为不定长度。当 cic_vld_out 上升沿到来时，一方面 CIC 滤波器的数据输出，另一方面 cic_ref_arry 的数据被逐个释放出来，形成了参考信号 cic_ref。在 cic_vld_out 的下降沿，就可以将 cic_ref 与 cic_out 进行对照，算出误差 cic_err。其他几级滤波器的处理方式与本例相同，这里不再赘述。

```
logic    signed  [34:0]  cic_ref             ;
real                     cic_err             ;
int                      cic_ref_len         ;
integer                  cnt2                ;


initial
begin
    cic_ref = 0;
    cic_err = 0;

    for (cnt2=0;cnt2<cic_ref_len;cnt2++)
    begin
        @(posedge cic_vld_out);
        cic_ref <= cic_ref_arry[cnt2];
        @(negedge cic_vld_out);
        cic_err <= $abs(real'(cic_ref) - real'(cic_out));
    end
end
```

TB 仿真各级抽取滤波效果如图 9-44 所示。输入仍然是频率 1 kHz，幅度为 1 的正弦波，经过 CIC 滤波器后，输出的值已经呈现出正弦波的形状，其幅度在 1.03e6 左右。经过 CIC 补偿滤波以及两级半带滤波后输出波形仍为正弦波，但幅度减少了 50%。各级滤波器输出正弦波不是同时的，这体现了滤波器本身的延迟。

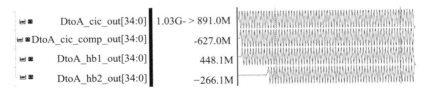

图 9-44　TB 仿真各级抽取滤波效果

　　最后，值得一提的是，本节将导入的静态数据作为 DUT 的激励以及输出的参考，优点在于减轻了验证的学习负担，提高了平台搭建和验证的速度，缺点是无法做到实时激励和实时效果评估。为了弥补这一缺陷，可以使用 MATLAB 与 VCS 联合仿真的方法。在 MATLAB 中生成链接库文件（扩展名为 .o 或 .so），其中包含一些简单函数的调用接口。VCS、Insicive 等仿真工具可以载入该链接库文件，并像 MATLAB 一样调用这些函数。这样就可以产生随机的激励，并可对 DUT 的输出进行对错判断。

锁相环小数倍分频器的电路设计

第 9 章介绍的 ΣΔ 结构，除了可用于 ΣΔ ADC，还可用于锁相环（Phase Locked Loop，PLL）的小数倍分频器。只是在 ΣΔ ADC 中，ΣΔ 结构用模拟电路实现，而在锁相环中用数字电路实现。本章将在介绍锁相环基本结构的基础上，展示如何编写锁相环中小数倍分频部分的 RTL。

10.1　锁相环的基本结构

锁相环是一种频率生成电路，它可以将一个信号的频率提升数倍。在很多场景下，都需要用到锁相环。比如，当电路中已经存在一个较低频率的时钟，还需要产生一个较高频率的时钟时，可以用锁相环；射频芯片需要将基带信号调制到射频信道时，由于射频信道频率较高（常用为 2.4 GHz、5 GHz、6 GHz 等），也需要锁相环来产生高频正弦波。在第一个例子中，锁相环产生的信号放在数字电路中作为时钟使用，在第二个例子中，锁相环产生的信号放在模拟射频通路上供调制解调使用。

锁相环的结构如图 10-1 所示，将一个频率较低的参考信号输入到鉴频鉴相器中，在该器件中，参考信号会与分频后的锁相环输出进行比较，以分辨当前锁相环的输出是否符合预期，控制信号进入电荷泵，再用压控振荡器产生输出信号。锁相环是一个带反馈的环状结构，因此得名。当锁相环频率稳定后，输出就是参考输入的倍数。

对于使用者来说，要调节锁相环的输出频率，在参考频率固定的情况下，只能调节反馈链路上的分频倍数。但是，这个分频倍数只支持整数配置，无法实现带浮点数的分频，这就严重限制了锁相环输出频率的调节步长。很多应用都需要更加精细的调节，比如 WiFi 协议中，以 5MHz 为单位来划分信道，而参考频率往往是几十兆赫兹，无法实现精细的整数倍调节。因此，在图 10-1 的整数倍分频下方又设置了一个 ΣΔ 调制器，用于将输入的浮点数转换为整数，这样既能满足反馈链路分频倍数为整数，又能满足小数倍分频的要求。

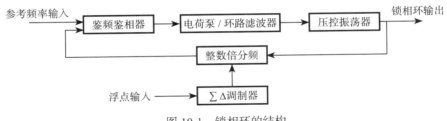

图 10-1　锁相环的结构

为何 ΣΔ 调制器能够将浮点数转换为整数呢？在 9.3 节和 9.4 节已经做了详细分析。概括地说就是通过引入量化噪声，将固定的浮点数变为若干整数的组合，使得这些整数的平均值仍然是这个浮点数。在 ΣΔ ADC 中，模拟输入一个浮点值，经过 ΣΔ 结构，该值被量化为具有一定位宽的整数，代价是其内部混合了很多噪声，它们集中在高频处。同样道理，这里的 ΣΔ 调制器也会产生量化噪声，而且集中在高频处。这些高频量化噪声会随着整数一起进入锁相环链路中，在电荷泵中用模拟电路进行滤波，将这些高频噪声滤除。

表 10-1 比较了 ΣΔ ADC 和 ΣΔ 小数倍分频调制器的不同。可见，两者的数字和模拟关系基本上是反过来的。一方用模拟电路实现，另一方就用数字电路实现。小数倍分频之所以用数字电路实现 ΣΔ，是因为用户是用配置数字电路的方式来控制锁相环频率的。而 ΣΔ ADC 之所以用模拟电路实现，是因为采集到的物理量不受用户的控制，它是客观存在的模拟信号。

表 10-1　两种 ΣΔ 应用的比较

	ΣΔ ADC	ΣΔ 小数倍分频调制器
输入值类型	模拟浮点值	数字浮点值
ΣΔ 结构类型	模拟电路	数字电路
滤波器电路类型	数字抽取滤波器电路	模拟环路滤波器电路

ΣΔ 小数倍分频调制器在应用上相对于 ΣΔ ADC 来说，在静态方面的表现会更突出。用户不会经常变动锁相环的输出频率，该频率稳定后，在一段相对长的时间内，调制器的输入都是一个常数。而 ΣΔ ADC 的输入信号具有一定的带宽要求，相对于维持常数配置的锁相环，ADC 的输入变化更快。

10.2　对 ΣΔ 结构的改进

虽然多个 ΣΔ 进行级联，相当于对噪声进行高阶滤波。但在高频噪声中，仍然可能存在尖峰，对环路滤波器的工作造成影响。这一点，在 ΣΔ ADC 的抽取滤波器中几乎不用考虑，但在 ΣΔ 调制器中却需要重视，因为模拟电路对于脉冲的敏感程度比数字电路要高得多，对信号的质量要求也比数字电路要严格得多。

图 10-2 展示了在 Mash1-1-1 结构中，输入浮点数 0.25 后，输出端呈现出来的功率谱。

可以看到，虽然噪声都集中在高频处，但噪声中某些频点会有脉冲凸起，说明这些频点的噪声大，原因是 0.25 在转化为整数后，仍然会表现出一定的周期性。

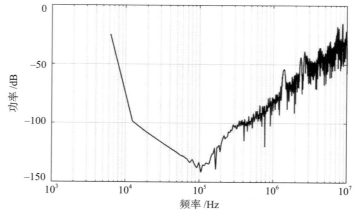

图 10-2　Mash1-1-1 结构下高频噪声中的脉冲

为了尽可能消除这种周期性，进而消除噪声，可以采用加入人为随机噪声的方式。在图 9-18 所示的 Mash1-1-1 基本结构的基础上添加两处白噪声，可以得到如图 10-3 所示的结构。第一级 ΣΔ 一般不增加噪声，对于后面的两级，由于它们的输入原本也是量化噪声，在它们的基础上再添加一定幅度的白噪声，则该结构输出信号的平均值仍然不变，但它可以在一定程度上缓解图 10-2 所示的脉冲作用。

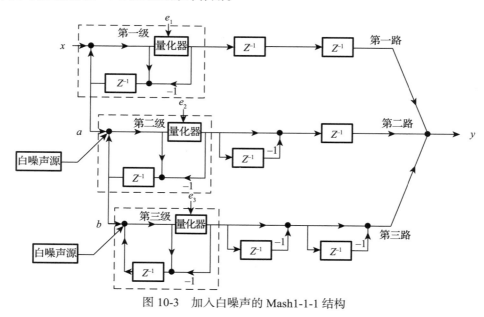

图 10-3　加入白噪声的 Mash1-1-1 结构

加入白噪声的方式存在以下缺点：

1）需要在数字电路中产生伪随机数，这无疑增加了硬件开销。

2）白噪声的功率需要调试后确定，当功率小时，无法解决脉冲的问题，当功率大时，则会影响低频部分的浮点数传输。

为解决白噪声方案的缺陷，在工程上常使用反馈法来代替白噪声。反馈法在每一个单级 $\Sigma\Delta$ 结构上实施，具体方案如图 10-4 所示。图 10-4 是图 9-16 的改版，增加了一条反馈链路，已用粗实线标出。其中，k 表示反馈链路上可配置的增益。

图 9-16 的输出 b 与输入 f 的关系满足式（9-7），在增加了反馈链路后，式（9-7）增加了一个分母，变为

$$\mathrm{ctrl\_out} = \frac{\mathrm{dat\_in} + (1 - z^{-1})c}{1 - kz^{-1}} \tag{10-1}$$

反馈增益 k 一般只需要取数字电路上的 1 位小数精度即可，不需要特别配置，同时 k 取较小的值，也有助于系统稳定，因为如式（10-1）所示的带反馈系统在反馈过强时通常会造成无限响应。

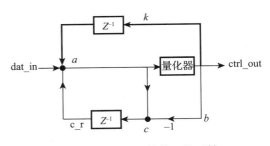

图 10-4　单级 $\Sigma\Delta$ 结构上的反馈

将图 10-4 所示的单级 $\Sigma\Delta$ 结构应用于 Mash1-1-1 中，同样输入浮点数 0.25，观察输出端呈现出来的功率谱，如图 10-5 所示。可以看到，图 10-2 中的高频噪声凸起消失了，噪声相对平滑，说明增加的反馈链路起到了作用。

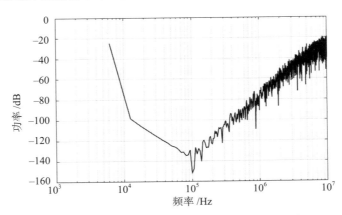

图 10-5　带反馈的 Mash1-1-1 结构下的高频噪声

10.3　电路实现与验证

本节将以 Mash1-1-1 结构为例讲解 $\Sigma\Delta$ 小数倍分频调制器的 RTL 写法。

图 10-1 中的浮点分频在工程实现中需要将用户配置的浮点分频参数拆分为整数和小数

两部分。例如，用户希望的分频数为 60.732，则用户配置 60.732 进入锁相环系统中，通过数字电路，将整数 60 与小数 0.732 进行拆分。拆分后，只将小数部分输入到 Mash1-1-1 中，而将整数 60 暂存在寄存器中。

在 9.4.2 节已经讲过，Mash1-1-1 的最终输出范围是 –7 ～ 7。将暂存的整数 60 与 Mash1-1-1 的输出相加，得到实际的整数分频范围是 53 ～ 67，其平均值是 60.732。

在 9.3 节中提到，当 ΣΔ 结构中的量化器量化数值为 0 和 1 时，只能表示正的浮点数，而量化为 –1 和 1 时，可以表示正负浮点数。若在锁相环配置中只有加法，则只需要量化为 0 和 1。如上例中 60.732 被拆分为 60 与 0.732 相加的形式，则 0.732 输入的 ΣΔ 结构，其量化数值可以是 0 和 1。如果要支持将 60.732 拆分为 61 和 –0.268，然后将 –0.268 输入到 Mash1-1-1 结构中，则 ΣΔ 结构中的量化数值应该为 –1 和 1。

本节将实现支持正负小数输入的 Mash1-1-1 结构，其 ΣΔ 结构带有如图 10-4 所示的反馈链路。浮点数的整数拆分、寄存，以及最后的合并，比较简单，这里不再赘述。

首先实现一个单级 ΣΔ 带反馈电路，主要参考电路为图 10-4，其代码如下（配套参考代码 sdm_single.v）。代码中所用的信号名在图 10-4 中也有标注。

```verilog
module sdm_single
#(
    parameter WIDTH = 17
)
(
    input                          clk          ,
    input                          rstn         ,

    input                          cfg_k_en     ,
    input               [14:0]     cfg_k        ,//15=0+0+15
    input        signed [WIDTH-1:0] dat_in      ,//17=1+1+15

    output  reg signed  [1:0]      ctrl_out     ,//2=1+1+0
    output  reg signed  [16:0]     c_r            //17=1+1+15
);

//------------------------------------------------
wire   signed [17:0]  a      ;//17=1+2+15
reg    signed [16:0]  b      ;//17=1+1+15
wire   signed [16:0]  c      ;//17=1+1+15
reg    signed [15:0]  k      ;//16=1+0+15
reg    signed [15:0]  k_r    ;//16=1+0+15

//------------------------------------------------
always @(*)
begin
    if (ctrl_out == 2'b01)
    begin
        b  = {1'b0, 1'b1, 15'd0};
        k = {1'b0, cfg_k};
```

```
        end
        else //(ctrl_out == 2'b11)
        begin
            b  = {1'b1, 1'b1, 15'd0};
            k  = -cfg_k;
        end
    end

assign c  = a - b ;

always@(posedge clk or negedge rstn)
begin
    if (!rstn)
        k_r <= 16'd0;
    else if (~cfg_k_en)
        k_r <= 16'd0;
    else
        k_r <= k;
end

always @(posedge clk or negedge rstn)
begin
    if (!rstn)
        c_r <= 17'd0;
    else
        c_r <= c;
end

assign a         = dat_in + c_r + k_r;
assign ctrl_out  = (~a[16]) ? 2'b01: 2'b11;

endmodule
```

在接口声明中，cfg_k_en 是反馈使能，用户可以自由选择是否带反馈。cfg_k 是反馈增益，即图 10-4 中的 k。

输入数值 dat_in，小数精度定为 15 位，整数位宽不一定是 1，因为前文设定超过 1 的部分被作为整数单独寄存，只有小于 1 的部分被输入到本模块中。因此，本模块设置了一个参数，即 WIDTH。第一级 ΣΔ 的输入来自于用户输入的浮点数，它包括 1 位符号和 15 位小数，没有整数，因此其位宽是 16 位，可以将 WIDTH 设定为 16。而第二级和第三级 ΣΔ，其输入是图 9-18 中的 e_1 和 e_2，这是两个量化噪声。观察图 10-4 可以发现，输入信号 dat_in 和反馈信号 c 结合后会得到 a，a 再与量化结果相减得到 c。量化器的量化标准是 a 大于或等于 0，则量化为 1，否则量化为 –1。e_1 和 e_2 的数值来自于 c，它可能会超过 1，但不会达到 2，因此 e_1 和 e_2 还应包含 1 位整数，使得总位宽达到 17 位。所以，第二级和第三级 ΣΔ 的 WIDTH 设定为 17。

单级量化输出为 ctrl_out，它是 –1 或 1，所以是 2 位。

c_r 是对量化噪声 c 打拍后的结果，如上文所述，它应该是 17 位。反馈增益 cfg_k 是一个无符号常数配置，由于其数值较小，没有为它准备整数位，只为其开辟了 15 位小数精度。在反馈时，根据量化输出的符号来决定反馈信号的符号。量化输出 ctrl_out，当它为 1 时，其实际数值为 2'b01，当它为 –1 时，其实际数值为 2'b11。当 ctrl_out 为 1 时，反馈信号 k 为正的配置反馈 cfg_k，而当 ctrl_out 为 –1 时，k 为负的 cfg_k。k 的位宽比 cfg_k 多 1 位，原因是增加了符号位。

在图 10-4 中，ctrl_out 和 b 看似是同一个信号，但实际上 ctrl_out 是全整数的，不包含小数，而 b 包含 15 位小数。

图 9-18 中除了单级 ΣΔ 结构外，还有梳状滤波器。下面代码将梳状滤波器也单独作为一个模块（详见配套参考代码 comb.v）。

```verilog
module comb
#(
    parameter WIDTH = 2
)
(
    input                           clk     ,
    input                           rstn    ,
    input  signed   [WIDTH-1:0]     dat_in  ,
    output signed   [WIDTH:0]       dat_out
);

//------------------------
reg signed  [WIDTH-1:0]     dat_in_r    ;

//------------------------
always @(posedge clk or negedge rstn)
begin
    if (!rstn)
        dat_in_r <= {WIDTH{1'b0}};
    else
        dat_in_r <= dat_in;
end

assign dat_out = dat_in - dat_in_r;

endmodule
```

dat_in 是梳状滤波器的输入，dat_out 是输出。dat_in 打拍后为 dat_in_r，它与原本的 dat_in 相减，得到 dat_out。

由于梳状滤波器的输入可能存在不同的位宽，在本代码中位宽也用 WIDTH 来设定，输入位宽为 WIDTH，输出位宽为 WIDTH+1。

准备好单级 ΣΔ 结构和梳状滤波器后，就可以将其按照 Mash1-1-1 的结构连接起来。以下是其具体的连接方式（详见配套参考代码 mash1_1_1.v）。

模块的接口声明如下。其中，cfg_k_en 和 cfg_k 都是用户配置的常数，具体含义已在单级 ΣΔ 结构中进行了说明，这里不再赘述。dat_in 是输入的定点化浮点数，位宽为 16 位，包括 1 位符号和 15 位小数。输出为 4 位（含符号）整数 ctrl_dat，因为 Mash1-1-1 的输出范围是 −7 ∼ 7。

```
module mash1_1_1
(
    input                    clk          ,
    input                    rstn         ,

    input                    cfg_k_en     ,
    input           [14:0]   cfg_k        ,
    input    signed [15:0]   dat_in       ,//16=1+0+15
    output   signed [3:0]    ctrl_dat      //4=1+3+0
);
```

图 9-18 中包含 3 条链路。第一条链路包括一个单级 ΣΔ 结构，以及两级寄存器打拍。其代码如下。这里先例化一个单级 ΣΔ 结构，输入 16 位的 dat_in，因此 WIDTH 也配置为 16。输出控制信号 ctrl_out0_0，第一个 0 表示第一条链路，第二个 0 表示信号为该链路上的第一级，后面还有两级。ctrl_out0_0 的位宽是 2 位，可能出现 −1、0、1。原本量化值只有 ±1，但还要考虑到复位时寄存器的初始态为 0，因此输出值也可能包含 0。将 ctrl_out0_0 再打两拍，得到 ctrl_out0_1 和 ctrl_out0_2，信号名中编号表示级数。ctrl_out0_2 便是第一条链路的输出。输出的量化噪声为 err1。

```
wire    signed [1:0]   ctrl_out0_0 ;
reg     signed [1:0]   ctrl_out0_1 ;
reg     signed [1:0]   ctrl_out0_2 ;
wire    signed [16:0]  err1        ;

sdm_single
#(
    .WIDTH   (16)
)   u_sdm_single_0
(
    .clk        (clk            ),//i
    .rstn       (rstn           ),//i
    .cfg_k_en   (cfg_k_en       ),//i
    .cfg_k      (cfg_k          ),//i[14:0]
    .dat_in     (dat_in         ),//i[15:0]
    .ctrl_out   (ctrl_out0_0    ),//o[1:0]
    .c_r        (err1           ) //o[16:0]
);

always @(posedge clk or negedge rstn)
begin
    if (!rstn)
    begin
```

```
            ctrl_out0_1 <= 2'd0;
            ctrl_out0_2 <= 2'd0;
        end
        else
        begin
            ctrl_out0_1 <= ctrl_out0_0;
            ctrl_out0_2 <= ctrl_out0_1;
        end
    end
```

第二条链路也有三级，分别为单级 $\Sigma\Delta$ 结构、梳状滤波器、寄存器打拍，其代码如下。第一级的量化噪声 err1 作为第二级 $\Sigma\Delta$ 的输入，所以该模块的输入位宽变为 17 位，WIDTH 配置为 17。输出量化值为 ctrl_out1_0，其中，1 表示第二条链路，0 表示第一级。err2 是量化噪声。将 ctrl_out1_0 送入梳状滤波器，输出为 ctrl_out1_1。由于运算导致了位宽扩展，其取值范围是 –2 ～ 2，用 3 位表示。最后，将 ctrl_out1_1 再打一拍，得到第二条链路的第三级输出 ctrl_out1_2。

```
wire    signed  [1:0]   ctrl_out1_0 ;
wire    signed  [2:0]   ctrl_out1_1 ;
reg     signed  [2:0]   ctrl_out1_2 ;
wire    signed  [16:0]  err2        ;

sdm_single
#(
    .WIDTH  (17)
)   u_sdm_single_1
(
    .clk        (clk            ),//i
    .rstn       (rstn           ),//i
    .cfg_k_en   (cfg_k_en       ),//i
    .cfg_k      (cfg_k          ),//i[14:0]
    .dat_in     (err1           ),//i[16:0]
    .ctrl_out   (ctrl_out1_0    ),//o[1:0]
    .c_r        (err2           ) //o[16:0]
);

comb
#(
    .WIDTH  (2)
)   u_comb_1_0
(
    .clk        (clk            ),//i
    .rstn       (rstn           ),//i
    .dat_in     (ctrl_out1_0    ),//is[1:0]
    .dat_out    (ctrl_out1_1    ) //os[2:0]
);

always @(posedge clk or negedge rstn)
begin
```

```
        if (!rstn)
            ctrl_out1_2 <= 3'd0;
        else
            ctrl_out1_2 <= ctrl_out1_1;
    end
```

第三条链路也有三级，分别为单级ΣΔ结构，以及级联的两级梳状滤波器，其代码如下。第二级的量化噪声err2作为第三级ΣΔ的输入，因而位宽WIDTH也设为17位。输出量化值为ctrl_out2_0。由于不存在第四级，这里没有必要输出量化噪声，c_r接口是空接的。在综合时，c_r的相关电路会被优化掉。将ctrl_out2_0通入第一级梳状滤波器，其输入位宽为2位，因此comb的参数WIDTH也设为2。输出ctrl_out2_1为3位，将其通入第二级梳状滤波器，其输入位宽变为3位，因此comb的参数WIDTH设为3。输出的ctrl_out2_2为4位。根据数值分析，ctrl_out2_2的取值范围是 $-4 \sim 4$。

```
wire      signed   [1:0]   ctrl_out2_0 ;
wire      signed   [2:0]   ctrl_out2_1 ;
wire      signed   [3:0]   ctrl_out2_2 ;

sdm_single
#(
    .WIDTH   (17)
)   u_sdm_single_2
(
    .clk        (clk            ),//i
    .rstn       (rstn           ),//i
    .cfg_k_en   (cfg_k_en       ),//i
    .cfg_k      (cfg_k          ),//i[14:0]
    .dat_in     (err2           ),//i[16:0]
    .ctrl_out   (ctrl_out2_0    ),//o[1:0]
    .c_r        (               ) //o[16:0]
);

comb
#(
    .WIDTH   (2)
)   u_comb_2_0
(
    .clk        (clk        ),//i
    .rstn       (rstn       ),//i
    .dat_in     (ctrl_out2_0 ),//is[1:0]
    .dat_out    (ctrl_out2_1 ) //os[2:0]
);

comb
#(
    .WIDTH   (3)
)   u_comb_2_1
(
```

```
.clk        (clk        ),//i
.rstn       (rstn       ),//i
.dat_in     (ctrl_out2_1 ),//is[2:0]
.dat_out    (ctrl_out2_2 ) //os[3:0]
);
```

最后，将 3 条链路的输出结果 ctrl_out0_2、ctrl_out1_2、ctrl_out2_2 进行结合，得到最终的输出 ctrl_dat，其数值范围是 –7 ～ 7，也是 4 位。其代码如下：

```
assign ctrl_dat = ctrl_out0_2 + ctrl_out1_2 + ctrl_out2_2;
```

这里设计一个简单的案例来确认本设计的正确性，具体思路是输入一个浮点常数，并存储一定长度的输出值。将输出值求平均，检查其平均值是否与浮点常数一致。具体 TB 解析如下（请详见配套参考代码 mash1_1_1_tb.v）。

以下代码用于存储 Mash1-1-1 输出的整数，存储深度为 1024。存储器名为 ctrl_dat_fifo。它在每个时钟上升沿存储一个数据。第一级 ctrl_dat_fifo[0] 没有规律，单独写，从第二级开始，数据从前一级直接打拍传递，有规律可循，所以使用 for 循环方式以减少代码行数。

```
reg     signed  [3:0]   ctrl_dat_fifo[1023:0]   ;
integer                 cnt                     ;

always @(posedge clk or negedge rstn)
begin
    if (!rstn)
        ctrl_dat_fifo[0] <= 4'd0;
    else
        ctrl_dat_fifo[0] <= ctrl_dat;
end

always @(posedge clk or negedge rstn)
begin
    if (!rstn)
        for (cnt = 1; cnt < 1024; cnt++)
            ctrl_dat_fifo[cnt] <= 4'd0;
    else
    begin
        for (cnt = 1; cnt < 1024; cnt++)
            ctrl_dat_fifo[cnt] <= ctrl_dat_fifo[cnt-1];
    end
end
```

以下代码是将 1024 个存储数据求和并求平均的过程，为减少手工输入工作量，使用连续的组合逻辑叠加得到 1024 个数据的总和，即 ctrl_dat_mean_tmp[1023]，再将整数转化为 real 型浮点数，求得浮点数形式的平均值。

```
int     ctrl_dat_mean_tmp[1023:0] ;
real    ctrl_dat_mean             ;
genvar  ii                        ;
```

```
assign ctrl_dat_mean_tmp[0] = ctrl_dat_fifo[0];

generate
    for (ii=1; ii<1024; ii=ii+1)
        assign ctrl_dat_mean_tmp[ii] =  ctrl_dat_mean_tmp[ii-1] + ctrl_dat_
            fifo[ii];
endgenerate

assign ctrl_dat_mean = real'(ctrl_dat_mean_tmp[1023])/1024;
```

初始上电时使能反馈链路，并将反馈增益 cfg_k 配置为一个单位精度，即 1。将输入的浮点数进行 15 位精度定点化，得到 dat_in。代码如下：

```
initial
begin
    cfg_k    = 15'd1;
    cfg_k_en = 1'b1;
    dat_in   = int'(0.25*(2**15));

    #0.2e6 $finish;
end
```

当输入浮点数为 0.25 时，其输出平均结果如图 10-6 所示，也接近 0.25。

图 10-6　输入 0.25 后的输出平均值

当输入浮点数为 –0.25 时，其输出平均结果如图 10-7 所示，也接近 –0.25。

图 10-7　输入 –0.25 后的输出平均值

Chapter 11 第 11 章

CRC 校验电路设计

循环冗余校验（Cyclic Redundancy Check，CRC）方法被广泛应用于各类数据传输场景下。为加快校验速度，在芯片中也经常用硬件的方式来实现它。然而，CRC 的原理和工程实现并非完全一致，懂得原理并不能直接编写电路，反之，实现了协议上规定的 CRC 硬件结构，也无法直接地与 CRC 原理进行对应。本章将揭示这种对应关系，并介绍可以普遍适用于各类应用场景和各类协议下的通用 CRC 电路设计方法。

11.1 校验技术概述

CRC 在通信、电源管理、磁盘控制、传感器等各类芯片中都有着广泛的应用。只要有数字非直连传输，就可能出错，于是就产生了校验的需求。

校验有两个目的：一个是判断对错，另一个是纠正错误。判断对错即判断所接收的数字信息的对错，纠正错误即找到错误位置并将其修改为正确值。低成本的校验通常只能判断对错，而高成本的复杂传输中除了需要判断对错的功能，还需要带有纠正错误的功能。判断对错的目标不在于定位到错误的具体位置，而在于判断整个报文错误与否。如果正确，就继续进行下一步运算，如果错误，就丢弃接收到的数据。对于纠正错误来说，首先要判断对错，对于错误的数据，还要找到具体出错的位置，并纠正过来。只有在判断有错且无法纠正的情况下，才会丢弃数据。

单纯判断对错的方法主要有 3 种：奇偶校验位（Parity）、校验和（CheckSum）、CRC。具有纠正错误能力的是信道编码，例如卷积码、LDPC、Turbo 码、极化码等。

无论是单纯判断对错的方法，还是具有纠错能力的方法，都会在传输的数据中增加校验信息。这样传输数据就分成了两部分，一部分是原始数据，另一部分是为了校验和纠错而增加的校验信息。只有在校验信息的帮助下，才能进行错误判断和纠正。大多数方法的校验信息都跟随在原始数据之后，即传输的原始数据保留其原本的值，仅在数据末尾增加一些校验信息。这种方式称为线性分组编码，比如单纯判断对错的 3 种方式，以及信道编码中的 LDPC、极化码等，均属于此类。另一种方法一方面会扩展传输的数据量，另一方面无法保留原始数据本身的值，因而它是非线性的，比如卷积码和 Turbo 码。

线性分组编码，接收端不进行译码，直接删除接收数据中的校验信息，在理想传输情况下，其剩余部分就是发送端发出的原始数据。而非线性编码，没有原始数据和校验信息的区分，必须经过译码才能还原原始数据。

下面主要介绍单纯判断对错的 3 种方法。

奇偶校验位是最为粗糙的校验方式，它只增加 1 位冗余位，该冗余位称为校验位。校验位的计算方式是对报文中所有位（包括校验位本身）进行异或运算，若得到的结果为 0，则说明校验成功。在某些协议中，所有位异或的结果为 1 也被视为校验成功。使用者可以据此来判断校验位是 0 还是 1。例如，传输 8 位数据 8'b00101101，第 9 位是校验位，要求这 9 位数据进行异或运算后，结果为 0。由此可知，要想满足条件，校验位应为 0。传输时，这 9 位为 9'b00101101_0。若在接收端收到的数据，其异或后数值为 1，说明数据传输错误。由于只用 1 位来校验，其判断结果的可信度只有 50%。当数据中出现奇数个错误时，可以被发现，而当数据中出现偶数个错误时，虽然传输错误，但仍然会显示校验正确。奇偶校验位被应用于常见的串口通信，也可以在无线充电的 Qi 协议中找到它的身影。它一般只能作为一种最低层次的字节校验方式。

校验和是另一种单纯判断对错的校验方式。首先，按照线性分组编码的做法，数据的发出端会将数据按一定长度分成若干组，一般是按字节分组，然后按位异或。例如，一串数据 16'b1101_0010_0110_0100，按照字节分组，可分为两组，分别是 8'b1101_0010 和 8'b0110_0100，然后将这两组按位进行异或，可以得到 8'b1011_0110，该结果便是这 16 位数据的校验和。

在数据发出时，可以将校验和直接附着在数据的尾部，如 24'b1101_0010_0110_0100_1011_0110。也可以对每个字节添加校验位，然后整体添加校验和，这样可以进行双重校验，从而增加判断的可信度，如 27'b1101_0010_0_0110_0100_1_1011_0110_1，这里用下画线隔开的单独 1 位是校验位。当前面的 8 位数值中包含偶数个 1 时，校验位为 0，否则，校验位为 1。

校验的可信度包括两种含义：一种是虽然校验通过了，但实际上数据中存在错误；另一种是虽然校验未通过，但实际上数据没有错误。这里的可信度主要指第一种，第二种不会发生。

在串口通信和无线充电的 Qi 协议中，开始传送字节之前，总要先传输一个 0，在字节结束之后，还要附加一个 1。而且，字节是低位先发，高位后发。假设传输中还带有校验和，则同样是发送上述的 16 位数据，对于第一个字节 8'b1101_0010，其实际发送顺序是 0_0100_1011_1_1，对于第二个字节 8'b0110_0100，其实际发送顺序是 0_0010_0110_0_1，对于校验和 8'b1011_0110，其实际发送顺序是 0_0110_1101_0_1。注意，本例中校验位的确定方法与上例相反，当字节中有偶数个 1 时，校验位为 1，当字节中有奇数个 1 时，校验位为 0。字节开始前的 0 和结束后的 1 不参与校验位运算和校验和运算，这两个位本身由于其数值的确定性，也可以用于校验，以确定字节的正确性。

当一次传输中多个位同时发生错误时，校验和也可能检查通过，从而将错误的数据传递到后续的流程中，因此校验和仍然是一种检测可信度较低的校验方式。

CRC 是比校验和更为复杂的校验方式，它的校验可信度比校验和有所提高。根据所增加的校验信息长度的不同，CRC 也可以分为 CRC8、CRC16、CRC32、CRC64 等校验编码方式，后面的编号代表校验信息的长度。在蓝牙中，也有非 2 的幂次方长度的校验信息，如 CRC5。长度越长，其校验的可信度越高。

在前面的例子中，校验和经常配合校验位以及开始 / 结束位一起使用，校验位负责校验字节的正确性，开始 / 结束位也可以用于校验字节的正确性，而校验和负责校验包含多个字节的整个传输数据的正确性。CRC 在应用中，很少配合校验位以及开始 / 结束位一起使用，在数据的发送端，原始数据被直接输入到 CRC 生成器中，计算得到校验信息后，直接附着在原始数据之后发出。

11.2　CRC 校验原理

CRC 的处理秉承线性分组的原则，即将所要发送的原始数据按一定长度分为若干组，每个组单独进行 CRC 校验，校验信息附着于该分组的后面，其形式如图 11-1 所示。对比 CRC 与前文介绍的滤波器可以发现，滤波器的滤波过程是不分组的，数据源源不断地进入滤波器，滤波器源源不断地输出滤波结果，滤波器本身会将信息流延迟一段时间，但对于所有信息来说，延迟的时间都相同。这种数据流的方式就是前文所说的流水线方式。而 CRC 并不是流水方式，输入一个分组后，CRC 器件会跟着输出 CRC 校验信息，因此数据流会被截断。在设计带有 CRC 校验功能的发射器和接收器时，需要根据上述特点，在进行 CRC 校验的同时，缓存后面的数据，以免后续数据丢失。

图 11-1　CRC 分组校验顺序

CRC 校验信息是如何确定的呢？首先需要引入生成多项式的概念。

无论是单纯校验还是信道编码，只要是线性分组码，其编码均需要给出生成多项式。生成多项式是一种表达式，它告诉编码者应该如何凭借原始数据来构造校验信息。例如，一种 CRC8 的生成多项式为

$$G(D) = D^8 + D^2 + D + 1 \tag{11-1}$$

下面介绍如何按照生成多项式来获得 CRC 校验信息。

假设存在一段原始数据，将其按照每 k 位为一段，切分为若干段。k 即 CRC 的分组长度，该长度原则上可以是任意的。假设某一个分组的内容为 S，它包含 k 位二进制数。假设它已经通过计算得到了 CRC 校验信息，用 P 表示，若是 CRC8，则 P 包含 8 位二进制数，这里将其位宽设为 m。P 应该跟随在 S 之后，将 S 与 P 结合后的二进制信息流记为 $[S|P]$，其总长度可以表示为 $n=k+m$。将生成多项式 $G(D)$ 改写为序列，如将式（11-1）改写为 $[100000111]$，这是一个 9 位序列。用 $[S|P]$ 除以 $[100000111]$，其余数应为 0，即

$$[S|P]\%G = 0 \tag{11-2}$$

凡是满足式（11-2）要求的 P，就可以作为 CRC 校验信息被传输出去。在接收端，当收到原始数据 S' 和校验信息 P' 后，也可以用式（11-2）来检验：若结果也为 0，则说明 S' 就是 S，可以继续后续处理；若结果不为 0，则说明 S 在传输过程中受损，S' 与 S 不一致，S' 会被当作错误数据而丢弃。

式（11-2）的求余过程并不是普通意义上的求余，而是二进制求余，普通除法需要相减的时候，在二进制除法中改为异或。例如，输入原始数据 $S =[1101010110111100]$，它对应的 CRC8 校验信息为 $P =[11000110]$，组合后的信息为 $[S|P]=[1101010110111100\_11000110]$，可以用图 11-2 所示的计算过程来验证 $[S|P]$ 可以被序列 $[100000111]$ 整除。

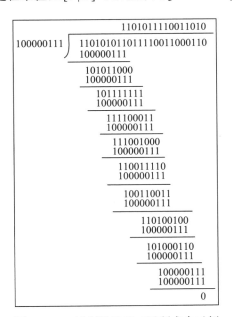

图 11-2　二进制除法和二进制求余示例

由式（11-2）可以推知求校验信息 P 的公式，即

$$P =[S\,2^m]\%G \tag{11-3}$$

式中，m 为 P 的位数。相当于将 P 的位置替换为全零，将 S 左移 m 位，然后对生成多项式 G 求余，就可以得到 P。

这里仍然以上文的例子进行演示，假设输入原始数据 $S=$[1101010110111100]，求对应的 CRC8 校验信息。求解过程如图 11-3 所示，最终的结果为 $P=$[11000110]。该结果已在图 11-2 中得到了验证，符合式（11-2）所规定的校验通过条件。

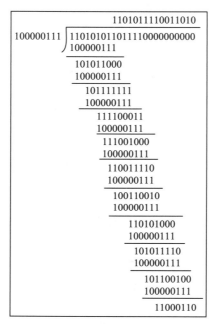

图 11-3　获得 CRC8 校验信息的求余过程

注意　这里在表示数据时，并没有使用 Verilog 的常用形式，如 $S=$16'b1101010110111100，而是使用了 $S=$[1101010110111100]。这样做是为了避免误解，因为传输时，先传高位再传低位，或先传低位再传高位，都有可能，具体根据协议而定。CRC 运算器并不关心数据顺序是高位优先还是低位优先，它的工作只是将进入 CRC 运算器的数据流依次进行运算。而形如 $S=$16'b1101010110111100 的表达方式已经带有高低位的顺序，会使读者误认为高位会被优先传输。形如 $S=$[1101010110111100] 的表达式，只表示数据流的时间顺序，并没有高低位之分。

11.3　常用的生成多项式

如果 CRC 的位数固定，比如 CRC8 位数固定是 8 位，并不意味着生成多项式就是固定的。但是，在众多的生成多项式中，总会有性能的差别。所谓性能好，就是校验可信度高，即在校验通过的前提下，数据中没有错误的概率大。前人已经对常用的 CRC 进行了计算机搜索，得到了可信度最高的生成多项式，这里对其进行归纳，见表 11-1。事实上，电路设计者和算法仿真者一般也不需要选择生成多项式，因为一般各种传输系统都有协议，如 WiFi、蓝牙等。在协议中，生成多项式已经规定好了，对于设计人员来说只需要按照协议规定好的生成多项式设计即可。

表 11-1　常用生成多项式归纳表

CRC 类型	生成多项式
CRC5	$G(D) = D^5 + D^2 + 1$
CRC8	$G(D) = D^8 + D^2 + D + 1$
CRC16	$G(D) = D^{16} + D^{15} + D^2 + 1$
CRC32	$G(D) = D^{32} + D^{26} + D^{23} + D^{22} + D^{16} + D^{12} + D^{11} + D^{10} + D^8 + D^7 + D^5 + D^4 + D^2 + D + 1$

11.4　用 MATLAB 计算 CRC 校验信息

使用 MATLAB 的内建函数，可以方便地计算 CRC 校验信息。一个生成 CRC8 校验信息的例子如下。和滤波器一样，生成 CRC8 校验信息也要先生成一个对象，这里用 crc. generator 命令来生成 CRC 对象。

```
H = crc.generator(...
      'Polynomial', [1 0 0 0 0 0 1 1 1],  ...
      'InitialState',              '0x00',  ...
      'ReflectInput',               false,  ...
      'ReflectRemainder',          false,  ...
      'FinalXOR',                  '0x00'  ...
   );

a = randi([0 1],16,1);
packet = generate(H, a);
```

在 Polynomial 选项中需要填写生成多项式，这里填写 CRC8 的序列，即 [100000111]，也可以写成十六进制形式，但要注意，其十六进制形式不应写为 0x107，而应写为 0x07，最高位的 1 是一定存在的（请参见表 11-1），所以省略不写。

在 InitialState 中填写 8 个 CRC 内部寄存器的初始值，这里均写为 0。

选项 ReflectInput 用于询问输入之前是否需要进行数据顺序的转换，如果输入顺序已经安排好，则不需要转换，这里填写 false，如果需要转换，则可以在此选项中填 true，或者直接改变数字的顺序。比如，原数据顺序是 [1101010110111100]，将其按照字节顺序进行颠倒，变为 [1010101100111101]，再将其输入到 CRC 编码器中，效果与将 ReflectInput 设为 true 是一致的。

选项 ReflectRemainder 用于询问输出的余数（即 CRC 结果）是否需要将顺序颠倒，这里选择不颠倒，算出 CRC 后直接按原有顺序附着于原始数据之后。

当 CRC 产生后，在它输出之前，先与某个向量进行异或操作，然后再输出。选项 FinalXOR 设定的就是这个向量的值。常用的是两种设定：一种是全零，意为 CRC 保持原有数值进行输出；另一种是全 1，意为将 CRC 原值取反后输出。按照 CRC 的原理，应该保持原值，因此这里设定为全零。

InitialState 和 FinalXOR 选项中所填写的值，既可以是十六进制的，又可以是二进制的，但请注意填写的位宽一定要与 CRC 的位宽相同。

输入的数据为 a，它有 16 位长度。CRC 对象 H 要求输入的原始数据必须为列向量，因此产生 a 时直接产生了 16 位二进制随机列向量。最后产生的向量为 packet，它包括原始数据和 CRC 校验信息。读者可以尝试将上面例子中的原始数据用 MATLAB 生成 CRC 校验信息，看与上文计算得到的校验信息是否一致。受篇幅限制，本章中只能举较为简短的例子，而在原理上，原始数据的长度是没有限制的，读者可以尝试使用更长的序列。

生成的 packet 可以用图 11-2 的方式来确定其正确性，也可以用如下代码中的方式。将 packet 再次输入 CRC 编码器对象中，产生一组新的序列，命名为 packet2，它比 packet 又增加了一个 CRC 位宽。无论输入的原始数据长度是多少，如何随机，其末尾的 CRC 位宽内数值应该为全零。

```
packet2 = generate(H, packet);
CRC8 = packet2(end-7:end)
```

11.5　CRC 的电路实现

CRC 的电路实现有很强的规律性，只要掌握了该规律，就可以做到只要给出生成多项式，就能设计出相应的 CRC 编码器电路。本节将以 CRC8 为例，揭示这一设计规律。只要掌握了本节内容，读者就可以轻松驾驭各类 CRC 电路设计任务。

根据 CRC8 的生成多项式设计出来的编码器电路如图 11-4 所示，在 WiFi 等协议中给出的参考设计电路也与此图类似。图 11-4 下方用虚线标注了生成多项式与元器件实体之间的对应关系。

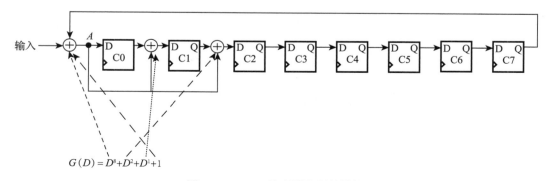

图 11-4　CRC8 编码器的硬件结构

首先，CRC 的位数决定了寄存器的数量，比如 CRC8 决定了需要 8 个寄存器，而 CRC16 决定了需要 16 个寄存器。

然后看寄存器之间的信号传递关系。凡是在生成多项式中出现的指数，都对应一个加法器。如图 11-4 中，D^2 对应寄存器 C1 与 C2 之间的加法器，D^1 对应寄存器 C0 与 C1 之间的加法器。比较特殊的是 D^8 和 1，1 可以视为 D^0。这两个指数对应的是同一个加法器。因为 D^8 应该对应 C7 之后的一个加法器，但是电路中没有 C8，所以反馈到 C0 处。而 D^0 应该对应 C0 前面的一个加法器，刚好就是 C7 与 C0 之间的加法器。从这个意义上说，表 11-1 所示的不同 CRC 的生成多项式，总有最高位和 0 作为指数，这一特征是有电路依据的。

图 11-4 并不能完全概括 CRC 校验信息生成的过程，实际过程总结如下：

1）将 C0 ～ C7 寄存的值初始化为 1。在初始化的过程中，A 点是断开的，不允许任何数据进入寄存器。

2）当有原始数据发来时，A 点闭合。原始数据依次进入，并在 C0 ～ C7 等寄存器中进行流水打拍，直到原始数据分组的最后一位也进入 C0。

3）A 点被固定为 0 输入，输入的一系列 0 将原本存储在 C0 ～ C7 中的 8 个数值依次推出模块之外。数值的出口在 C7 处，所以 C7 的数值被先推出，然后是 C6，最后是 C0，共推出 8 个数值，这便是 CRC8 的值。

4）将推出的这 8 个数值进行取反。

5）在上述 4 步操作完成之后，CRC 校验信息被附着在原始数据之后发出，本模块返回 1）状态，等待下一个分组到来。

综合上述步骤可以看出，CRC 编码的过程实际可分为三个阶段：第一阶段是初始化阶段，对应 1）；第二阶段是原始数据输入阶段，对应 2）；第三阶段是校验信息输出阶段，对应 3 ～ 5）。

根据图 11-4 和上述 5 步的描述，可以编写出对应的 RTL 代码（详见参考代码 crc8.v）。

其接口声明部分如下。除了必要的时钟 clk 和复位 rstn 外，len 表示 CRC8 的分组长度，即原始数据的长度，这里开辟了 10 位长度，即最高支持 1023 位输入。trig 是本模块的触发信号，它与输入的数据流 a 同步，即当 a 发送第一个原始数据的同时，trig 触发。b 是 CRC8 校验信息的输出，vld 是它的有效信号。当 vld 为 1 时，说明 CRC8 正在输出过程中。

```
module crc8
(
    input                   clk         ,
    input                   rstn        ,

    input           [9:0]   len         ,
    input                   trig        ,
    input                   a           ,

    output  reg             b           ,
    output  reg             vld
);
```

在模块内部，首先要根据分组长度求出计数器的计数范围。计数器负责控制整个流程，什么时候原始数据会输入，什么时候原始数据输入完毕，什么时候校验信息输出，都由计数器控制。计数器的最大计数值是输入的分组长度加 8，因为一个完整的带 CRC 的分组是在分组长度的基础上增加 8 位，因此只有计到 cnt_max，这个分组的处理才结束。

```
reg         [10:0]  cnt         ;
wire        [10:0]  cnt_max     ;


assign cnt_max = len + 11'd8;

always @(posedge clk or negedge rstn)
begin
    if (!rstn)
        cnt <= 11'd0;
    else if (trig)
        cnt <= 11'd1;
    else if (cnt == cnt_max)
        cnt <= 11'd0;
    else if ((cnt > 11'd0) & (cnt < cnt_max))
        cnt <= cnt + 11'd1;
end
```

以下代码是最能体现出图 11-4 结构的部分。输入原始数据 a 进入本模块之后，先打一拍，变为 a_in，相当于在图 11-4 的输入端增加了一级寄存器。fb_switch 控制着本模块从原始数据输入阶段到校验信息输出阶段的跳转时机，计数器超过设定的分组长度 len，就说明可以跳转了。信号 fb 对应图 11-4 中 A 点的信号。当模块处于原始数据输入阶段时，A 点的值为 C7 与输入数据之和，在代码中对应 a_r[7] ^ a_in。这里之所以用异或代替求和，是因为对于二进制数据而言，异或即为没有进位的求和，而图中的求和就是没有进位的，可以用异或代替。当模块处于校验信息输出阶段时，A 点是 0，相应的 fb 的值也为 0。a_r[0] ~ a_r[7] 代表 C0 ~ C7 这 8 个寄存器中的寄存值。当计数器恢复 0 时，8 个寄存器的值均被初始化为 1。当计数器不是 0 时，流水线上共有 3 处用到 fb 的值，分别是 a_r[0] 的输入、a_r[1] 的输入以及 a_r[2] 的输入，这与图中 A 点信号输入的 3 个点相吻合。当模块处于校验信息输出阶段时，流水线上的 8 个寄存器并不感知，它们只是像往常一样一边进行打拍流水，一边与 fb 结合。发生变化的是 fb，它变成 0，使得 8 个寄存器被动地变为单纯的流水打拍，寄存器内原有的值被输入的 0 所推出。

```
reg                 a_in        ;
reg         [7:0]   a_r         ;
wire                fb          ;
wire                fb_switch   ;

assign fb_switch = (cnt > len);
assign fb        = (~fb_switch) ? (a_r[7] ^ a_in) : 1'b0;

always @(posedge clk or negedge rstn)
```

```
begin
    if (!rstn)
        a_in <= 1'b0;
    else
        a_in <= a;
end

always @(posedge clk or negedge rstn)
begin
    if (!rstn)
        a_r <= {8{1'b1}};
    else if (cnt == 11'd0)
        a_r <= {8{1'b1}};
    else
    begin
        a_r[0] <= fb;
        a_r[1] <= a_r[00] ^ fb;
        a_r[2] <= a_r[01] ^ fb;
        a_r[3] <= a_r[02];
        a_r[4] <= a_r[03];
        a_r[5] <= a_r[04];
        a_r[6] <= a_r[05];
        a_r[7] <= a_r[06];
    end
end
```

模块的出口放置在 a_r[7] 上，这就决定了输出 CRC 的顺序是 a_r[7] 的值先输出，然后是 a_r[6]，最终到 a_r[0] 输出完成后结束。a_r[7] 在输出时还会取反，最后从接口 b 输出。vld 是 b 对应的有效信号，和 b 一样，都是比 fb_switch 晚一拍输出。

```
always @(posedge clk or negedge rstn)
begin
    if (!rstn)
        b <= 1'b0;
    else if (fb_switch)
        b <= ~a_r[7];
end

always @(posedge clk or negedge rstn)
begin
    if (!rstn)
        vld <= 1'b0;
    else
        vld <= fb_switch;
end
```

为了验证上述设计的正确性，可以构造一个 TB 案例（详见配套参考代码 crc8_tb.v）。其输入为一个分组长度是 40 的数据流，在初始化阶段先将 40 位原始数据暂存于 a_arry 中，代码如下：

```
logic                      a_arry[$]        ;
int                        len              ;

initial
begin
    a_arry[0]   = 1'b1;
    a_arry[1]   = 1'b1;
    a_arry[2]   = 1'b1;
    a_arry[3]   = 1'b1;
    a_arry[4]   = 1'b1;
    a_arry[5]   = 1'b0;
    a_arry[6]   = 1'b0;
    a_arry[7]   = 1'b0;
    a_arry[8]   = 1'b0;
    a_arry[9]   = 1'b0;
    a_arry[10]  = 1'b0;
    a_arry[11]  = 1'b0;
    a_arry[12]  = 1'b0;
    a_arry[13]  = 1'b0;
    a_arry[14]  = 1'b0;
    a_arry[15]  = 1'b0;
    a_arry[16]  = 1'b0;
    a_arry[17]  = 1'b0;
    a_arry[18]  = 1'b0;
    a_arry[19]  = 1'b1;
    a_arry[20]  = 1'b0;
    a_arry[21]  = 1'b0;
    a_arry[22]  = 1'b0;
    a_arry[23]  = 1'b0;
    a_arry[24]  = 1'b0;
    a_arry[25]  = 1'b0;
    a_arry[26]  = 1'b0;
    a_arry[27]  = 1'b0;
    a_arry[28]  = 1'b1;
    a_arry[29]  = 1'b1;
    a_arry[30]  = 1'b1;
    a_arry[31]  = 1'b1;
    a_arry[32]  = 1'b1;
    a_arry[33]  = 1'b1;
    a_arry[34]  = 1'b0;
    a_arry[35]  = 1'b0;
    a_arry[36]  = 1'b1;
    a_arry[37]  = 1'b0;
    a_arry[38]  = 1'b0;
    a_arry[39]  = 1'b0;

    len = 40;
end
```

接下来需要将暂存于 a_arry 中的原始数据逐拍放出。在下面的代码中，等到模块的复位被释放后，就开始播放原始数据。在播放的第一拍，还要同时触发 trig 脉冲信号，以提示本模块可以开始采样了。由于本模块产生的输出有效信号不是脉冲信号，而是要持续 8 个时钟周期，所以它是一个电平信号。这里将探测该信号的下降沿位置（即 vld_fall），并延迟一段时间，再结束仿真。

```
logic                    trig            ;
logic                    a               ;
wire                     vld_fall        ;
reg                      vld_r           ;

initial
begin
    a = 1'b0;
    trig = 1'b0;
    @(posedge rstn);
    #100;

    @(posedge clk);
    a    <= a_arry[0];
    trig <= 1'b1;
    @(posedge clk);
    trig <= 1'b0;
    a    <= a_arry[1];

    for (cnt=2;cnt<len;cnt++)
    begin
        @(posedge clk);
        a <= a_arry[cnt];
    end

    wait(vld_fall);
    #100;
    $finish;
end

always @(posedge clk or negedge rstn)
begin
    if (!rstn)
        vld_r <= 1'b0;
    else
        vld_r <= vld;
end

assign vld_fall = (~vld) & vld_r;
```

DUT 的例化如下。这里的 len 设置为 40，是一个常数，但实际上允许在 trig 的同时输入，不必是一个常数。

```
crc8    u_crc8
```

```
(
    .clk        (clk        ),//i
    .rstn       (rstn       ),//i
    .len        (len        ),//i[9:0]
    .trig       (trig       ),//i
    .a          (a          ),//i
    .b          (b          ),//o
    .vld        (vld        ) //o
);
```

11.6   CRC 电路实现与 CRC 原理

11.5 节的 TB 仿真后得到的 CRC8 校验信息为 P_0 =[11000001] 。将相同的原始数据按照 11.4 节所述的方法输入到 MATLAB 中，计算出的 CRC8 校验消息为 P_1 =[00000111] 。为什么会存在差异呢？

原因是类似图 11-4 形式的 CRC 电路并不是完全基于 CRC 原理而设计的。对原理的改造是为了方便电路实现。

既然原本的 CRC 原理不能用于解释图 11-4 所示的电路，那就需要对原理涉及的底层运算规则进行数学改造，以便使其与电路吻合。只有这样，才能在数学上验证电路输出的结果是否正确，为验证提供一个可靠的参考模型。

按照电路方式改造的数学模型，用 MATLAB 语言表达如下，本例是一个 CRC8 的模型。a 是原始数据序列，为了方便与 TB 进行对照，这里使用了 TB 中的原始数据。

```
% 与 TB 相同的原始数据序列
a = [1 1 1 1 1 0 0 0 0 0 0 0 0 0 0 0 0 0 ...
1 0 0 0 0 0 0 0 1 1 1 1 1 1 0 0 1 0 0 0];

% 前 8 位取反
a_inv = ~a(1:8);

% 将前 8 位取反的数据与后面未取反的数据进行拼合
a_inv = [a_inv, a(9:end)];

% 输入信息由行向量变成列向量
a_inv_2 = a_inv.';

%CRC8 对象
H = crc.generator(...
        'Polynomial', [1 0 0 0 0 0 1 1 1],  ...
        'InitialState',           '0x00',  ...
        'ReflectInput',           false,   ...
        'ReflectRemainder',       false,   ...
        'FinalXOR',               '0xff'   ...
    );

% 生成带有信息位和 CRC8 的整个帧
```

```
packet = generate(H, a_inv_2);

% 截取 CRC8
CRC8 = packet(end-7:end);
CRC8 = (CRC8.');

% 将 CRC8 与原始数据进行拼接，形成完整的包并发出
a2   = [a, CRC8];
```

从本例可以看出，电路操作的 CRC 与原理上的 CRC 存在的区别如下：

1）将原始数据的前 8 位取反。若是计算其他 CRC 长度，也照此例将原始数据的前面一段长度内的数据进行取反。比如，计算 CRC16，就将原始数据的前 16 位取反。

2）取反范围仅限 CRC 校验长度，后面的原始数据不取反。将取反部分和未取反部分进行拼接，得到新的原始数据，本例中是 a_inv。变为列向量后，更名为 a_inv2。

3）此处 CRC 对象与 11.4 节中依据 CRC 原理来生成的对象，其设置方法基本一致，唯一的区别在于 CRC 校验信息输出时需要取反，因此 FinalXOR 选项设置为全 1。

4）输出的 packet，包含改造后的原始数据 a_inv2 和生成的 CRC 校验信息。这里只需要校验信息，不需要改造的原始数据，真正发出的数据还是改造前的原始数据。因此，最终还是将 a 与 CRC8 进行拼接，得到 a2，它会被发送出去。

在 MATLAB 中运行上例，得到的结果为 $P_2 =[11000001]$，与 TB 仿真得到的结果一致。

在 WiFi 协议中，将电路对 CRC 原理的改造过程概括为

$$CRC(D) = [M(D) \oplus I(D)]D^8 \bmod G(D) \tag{11-4}$$

该式虽然是针对 CRC8 而言的，但对于其他校验长度的 CRC，其方式也一样。式中，$M(D)$ 表示原始数据，$I(D)$ 是一个长度与 $M(D)$ 一致的序列，它与原始数据进行异或，$I(D)$ 的前 8 位是 1，后面是 0，这样异或的效果就是 $M(D)$ 的前 8 位被取反，而后面的部分保持不变。乘以 D^8 就意味着将异或后的原始数据左移 8 位，最后按照普通 CRC 原理，将其与生成多项式 $G(D)$ 进行二进制除法，得到的余数为所求 CRC 的值。

目前，不仅是 WiFi 协议中用这种方法实现 CRC，在蓝牙等众多协议中，均采用这种方法。即使不用电路，而用软件实现，也基于同样的方式和原理。这样可以实现 CRC 校验结果在所有平台、所有实现方式下的统一。最初的 CRC 原理已经不再被工程中使用。

注意 虽然在设计 CRC 电路时，寄存器 C0 ~ C8 的初始值都是 1，但在 MATLAB 建模时，寄存器初始值 InitialState 仍然应该设置为 0，否则 MATLAB 结果将与电路结果不一致。

11.7 校准结果的验收

发送端发出一个带 CRC 校验的数据，并且被接收端收到，那么接收端该如何去验证该数据的正确性呢？

式（11-2）以及图 11-2 所示的方法是基于最初的 CRC 原理，该原理被改造后，应该也有对应的验收方法。

在工程中，一般使用两种方式来检验 CRC 的正确性。

1）将收到的数据直接拆分为原始数据部分和校验信息部分，然后按照发送端的做法，将原始数据部分输入到 CRC 编码电路中，再生成一组校验信息。将生成的校验信息与接收到的校验信息进行对比，若一致，说明数据正确。

2）将接收数据包括校验信息在内，整体送入 CRC 编码器中，得到另一组余数。若接收到的数据是正确的，则无论原始数据如何随机，由于它后面 CRC 校验信息在数学上的限制，会使得所求得的余数呈现一个固定的值。

针对第二种方法用 MATLAB 做一个演示，其代码如下。假设 a2 是接收到的全部数据，也像发送端一样，将其开头的 8 位进行取反，其他部分不取反，得到 a2_inv_2。将它送入 CRC 编码器中，得到 packet2。提取 packet2 末尾的 8 位作为余数。这里的 CRC 编码器对象 H2 与发送端的编码器有一处细微差别，就是 FinalXOR 选项设置为全零，而不是发送端设置的全 1。这意味着输出不取反。

```
a2_inv = ~a2(1:8);
a2_inv = [a2_inv, a2(9:end)];
a2_inv_2 = a2_inv';

H2 = crc.generator(...
        'Polynomial', [1 0 0 0 0 0 1 1 1],    ...
        'InitialState',             '0x00',    ...
        'ReflectInput',             false,    ...
        'ReflectRemainder',         false,    ...
        'FinalXOR',                 '0x00'    ...
    );

packet2 = generate(H2, a2_inv_2);
Remainder = packet2(end-7:end);
```

根据 WiFi、蓝牙等协议的规定，使用不同长度的 CRC 时，第二种方法所求得的余数见表 11-2。它是以多项式的形式列出的，实际计算后得到的是一个序列，比如 CRC8，实际得到的是序列是 [11110011]，写成多项式就是 $G(D) = D^7 + D^6 + D^5 + D^4 + D + 1$。

表 11-2 常用 CRC 的余数归纳表

CRC 类型	余数
CRC5	$G(D) = D^3 + D^2$
CRC8	$G(D) = D^7 + D^6 + D^5 + D^4 + D + 1$
CRC16	$G(D) = D^{15} + D^3 + D^2 + 1$
CRC32	$G(D) = D^{31} + D^{30} + D^{26} + D^{25} + D^{24} + D^{18} + D^{15} + D^{14} + D^{12} + D^{11} + D^{10} + D^8 + D^6 + D^5 + D^4 + D^3 + D + 1$

11.8　CRC 的应用

CRC 校验方式在各类型的芯片中都有着广泛的应用，而且它结构固定、标准统一，在芯片中一般都使用数字硬件实现。表 11-3 列出了部分 CRC 校验的应用位置。

表 11-3　部分 CRC 校验的应用位置

协议	CRC 类型	应用位置
WiFi	CRC8	802.11n HT-SIG2 字段，分组长度为 34 位
WiFi	CRC8	802.11ac VHT-SIGA 字段，分组长度为 34 位
WiFi	CRC8	802.11ac VHT-SIGB 字段，在 20MHz 带宽下分组长度为 20 位，在 40MHz 带宽下分组长度为 21 位，在 80MHz 带宽下分组长度为 23 位
WiFi	CRC8	A-MPDU 的 delimiter 字段，分组长度为 16 位
WiFi	CRC32	MPDU 尾部附带的校验信息 FCS，分组长度不定
蓝牙	CRC5	令牌 CRC，分组长度为 11 位
蓝牙	CRC16	数据 CRC，分组长度不定

IEEE754 浮点运算单元的设计

IEEE754 格式的浮点数表示法可以摆脱定点化的束缚,灵活地调整小数点的位置,在某些要求具备高灵活度的应用场景下,用硬件实现 IEEE754 格式的处理和运算是有必要的。本章先介绍 IEEE754 的格式,然后根据格式特征介绍如何对一个精度不定的浮点数进行加减乘除四则运算,最后将整个浮点运算单元视为一个 APB 设备,完善其接口控制逻辑,并将其挂在 APB 上,用基于 C 语言的程序进行驱动,以证明本单元设计的正确性。

12.1 用数字硬件实现 IEEE754 浮点运算的意义

前文所讲的定点化都具有固定的精度和整数位宽。但是,如果设计者无法确定信号的精度和整数位宽,需要在芯片流片后通过实验才能确定,或者芯片需要应对的场景特别复杂,对于不同的应用场景要适配不同的定点化精度,这就需要设计一种灵活的定点化方法。IEEE754 格式就是一种允许灵活配置整数和小数精度的格式,其最重要的特征是具有编译器的支持。只要将 IEEE754 浮点运算单元集成到 SoC 系统中,则在软件驱动方面就可以直接使用浮点类型的数据参与运算,从而将过去由硬件设计人员决定的位宽和精度问题推迟到流片后由软件编程人员来决定,大大提高了系统的灵活性。

读者也许会产生这样的疑问:"SoC 系统中的处理器本身就可以进行浮点运算,为何要用数字硬件来实现呢?"原因在于速度。处理器分为整数型和浮点型。整数型处理器是为处理整数而设计的。一个浮点数运算,首先会被编译为整数运算指令,指令的数量较多,会导致整数型处理器对浮点运算的处理速度缓慢。浮点型处理器本身就对浮点运算进行了优化,因此其对浮点运算的处理速度较快。目前,很多 SoC 集成的都是整数型处理器,为加速其浮点运算，开发一个基于数字硬件的浮点运算单元是有必要的。

另外，除了直接在软件的控制下进行一次性浮点运算任务外，一些较为复杂的结构如 PID 控制，如果在硬件中实现，且其中的参数若要支持浮点数灵活配置，就必须让 IEEE754 的格式能够被硬件解析，并转化为正常的硬件整数运算，而不是仅停留在处理器内部处理。

12.2 IEEE754 的协议格式

IEEE754 单精度浮点数协议格式如图 12-1 所示。输入信号的位宽是 32 位，包含 1 位符号、8 位指数和 23 位有效值。

1 位符号，0 表示正数或 0，1 表示负数。

1	8	23
符号	指数	有效值

图 12-1 IEEE754 单精度浮点数协议格式

假设 8 位指数的数值为 n，则实际表示的指数为 $n' = n - 127$，也就是在数据的绝对值基础上乘以 2^{n-127}。指数的引入给数值提供了宽泛的变化空间。n 的变化范围是 $0 \sim 255$，则实际指数变化范围是 $-127 \sim 128$。IEEE754 带来的数据定点化的灵活性就表现在指数上。为方便在 RTL 代码描述中区分协议格式上的指数 n 和真实的指数 n'，本章将 n 称为报文指数，将 n' 称为实际指数。

有效值体现的是该信号的有效位数。它没有符号因素，体现的是绝对值。它没有浮点调节功能，值的小数点是固定的。它的位宽虽然表面看是 23 位，但实际位宽是 24 位，最高位的 1 是必然存在的，因此在传输中被省略，在数值解析时应在最高位补充 1。有效值的小数点放置在最高位的 1 后面。例如，传输的有效值为 23'b00001111000011110000111，在解析时，应解析为 24'b1_00001111000011110000111，且该值的小数点应被理解为处于最高位的 1 后面的下画线处。在本章的描述中，将 23 位的有效值称为报文有效值，将 24 位有效值称为实际有效值，将有效值所表示的浮点值称为有效浮点值。

因为实际有效值的位宽是 24 位，所以虽然可以通过改变指数使得信号本身的值在一个较大的范围内变化，但其有效位数最多为 24 位。即当指数很大时，虽然信号的数值很大，但超出 24 位实际有效值的部分只能在低位补零。

综上所述，符号位和有效值均是普通定点化所具备的因素，IEEE754 的灵活性主要体现在指数上。

这里举一个实际浮点数用 IEEE754 表示的例子。

假设，软件编程者写了如下的赋值语句，它是一条 C 语言程序，将数值 13.42 赋给浮点变量 a。

```
float  a = 13.42;
```

当变量 a 被编译器编译后，会变成一个符合 IEEE754 标准的 32 位报文，其具体值为 32'b0_10000010_10101101011100001010010。其中，最高位的 0 是符号位，说明它是一个非负数。中间的 8 位（即 8'b10000010）是报文指数，用十进制表示为 130，减 127 等于 3，3 被称为实际指数，意味着有效值乘以 2^3 后才是最终的值。报文有效值为 23'b10101101011100001010010，在其最高位补充 1，变为 24'b1_10101101011100001010010，小数点在下画线处，相当于该有效值乘以 2^{-23}，其值为 1.6775，这便是实际有效值所表示的数，即有效浮点值。将有效浮点值向左移动实际指数位，即 $1.6775 \times 2^3 = 13.42$。13.42 即为该 32 位 IEEE754 格式报文所要表示的数，本章称为实际表示数。

在计算时，可以用实际有效值，也可以用有效浮点值。有时为了计算方便，会跳过有效浮点值，而将实际有效值直接用于计算。假设报文指数为 n，实际有效值为 x，则实际表示数为 $x \times 2^{n-150}$，其中，150 是 127 与 23 之和。比如上例中，将实际有效值用十进制表示为 14071890，报文指数 n 为 130，则实际表示数为 $14071890 \times 2^{130-150} = 13.42$。

用 MATLAB 也可以将浮点数转换为 IEEE754 单精度格式。仍以实际表示数 13.42 为例，使用以下语句就可以获取该值的 IEEE754 单精度格式报文，以二进制形式给出。其中，single 表示单精度，num2hex 表示给出用十六进制表示的 IEEE754 格式，hex2dec 命令是将十六进制转化为十进制，dec2bin 命令又将十进制转化为二进制。

```
dec2bin(hex2dec(num2hex(single(13.42))))
```

除了单精度，IEEE754 还规定了双精度浮点数的表示规则，如图 12-2 所示。其总长是 64 位，报文指数扩展到 11 位，报文有效值扩展到 52 位。虽然双精度的表示范围进一步扩大，但由于它的位宽较宽，且大范围数值会带来

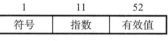

图 12-2 IEEE754 双精度协议格式

更多的硬件开销，因而不适合使用硬件进行解析。另外，一些小型处理器不支持双精度浮点数表示，所以基于双精度设计的硬件浮点运算器，其通用性不强。综合以上因素，本章不讨论双精度浮点数的硬件处理，而只讨论单精度浮点数的硬件化问题。

12.3 IEEE754 表示法中的特例

虽然 IEEE754 有明确的转换规则，依据这些规则似乎可以转换所有数值，但实际上还存在一些特例不遵守上述规则。这些特例的存在给硬件化带来了一定困难，因为它们需要进行特殊处理，而不处理的后果是计算存在偏差甚至完全错误，所以对这些特例进行总结归纳是十分必要的。本节就来对这些特例进行说明。

12.3.1 表示 0 的方法

按照 IEEE754 的一般规则，有效浮点值至少为 1，实际指数至少为 –127，因此实际表示数最小为 2^{-127}，无法表示 0。

所以，为了能表示确切的 0，规定 32 位报文为全零时表示 0，而不是 2^{-127}。

另外，一些编译器如 Keil，对浮点数的处理方式为：关于输入数值的处理，凡是输入值的绝对值小于 2^{-126}，则该值进入硬件后其值将变为全零；关于输出数值的处理，如果硬件寄存器中存储了一个绝对值小于 2^{-126} 的数值，则该值被处理器读取并打印后也将显示为 0。从编译器对输入和输出数值的处理方式来看，不仅 32 位全零可以表示 0，只要指数为 0，符号和有效值为任意数值，都可以表示 0。

在硬件计算时，如果计算结果的绝对值小于 2^{-126}，则不需要将其变为 0，处理器读取后会自动将其当作 0。另一方面，硬件上也不会遇到输入绝对值小于 2^{-126} 的数，因为编译器已经自动将此类数值转换为 0 后才输入硬件中。

读者只需要理解 0 在 IEEE754 中的表示方法即可，在硬件上并不需要特殊处理。在硬件中处理极小数时，只需要保证实际指数的最小值不要小于 −127 即可，换而言之，在硬件中是允许小于 2^{-126} 的数值存在的。

12.3.2　表示无穷大的方法

按照 IEEE754 的一般规则，当报文指数为全 1，且报文有效值为全 1 时，可以得到所能表示的最大值，该值为 $(2^{24}-1) \times 2^{255-150} = 6.8056e^{38}$。但实际上，单精度 IEEE754 无法表示如此大的值。它能表示的最大绝对值为：报文指数 254，且有效值全 1，实际表示数为 $(2^{24}-1) \times 2^{254-150} = 3.4028e^{38}$。可以概括为，凡是大于或等于 2^{128} 的值都无法正常表示。

大于或等于 2^{128} 的数，在 IEEE754 中应该用无穷大来表示。具体表示方式是：报文指数全 1，报文有效值全 0。符号位为 0 表示正的无穷大，为 1 表示负的无穷大。

关于输入数值的处理，当软件编程者输入大于或等于 2^{128} 的数值时，经过编译器的转换，进入硬件中的实际数是无穷大。关于输出数值的处理，当硬件中算出等于 2^{128} 的数值时，会被编译器识别为无穷大，但当硬件算出超过 2^{128} 的数值时，会被编译器误认为是无效数，而不是无穷大，这就造成了计算风险。无效数打印时显示 0，于是编程者可能会看到一个奇怪的现象：一个很大的数加一个很大的数，结果却为 0，其原因便是计算结果超出了 2^{128}，被认为是无效数。因此在硬件运算后，凡是超过 2^{128} 的数值，都应在硬件上将其格式化为无穷大。

一些编译器会将数值范围进一步限制在 2^{31} 以内。若软件编程者输入一个浮点数，其绝对值超过 2^{31}，则进入到硬件中时会被限制在 2^{31} 范围内。如果计算结果的绝对值超出了 2^{31}，不需要硬件限制数值范围，处理器读取后，会自动打印为 2^{31}。对于 2^{31} 的限制，属于编译器行为，硬件设计时可以忽略。硬件上只需要注意计算结果超过 2^{128} 时的特殊处理即可。

12.4　IEEE754 浮点运算单元的结构

基于 IEEE754 的浮点运算单元一般会应用在 SoC 系统中，作为一个设备挂在总线上。图 12-3 展示了它的一种应用方式。图中，运算单元被挂接在 APB 上，当软件需要调用该单元进行浮点运算时，就通过处理器输入两个 IEEE754 格式的浮点数。这两个数通过总线写入运算单元的寄存器 aaa 和 bbb 中，运算后，输出结果存储在寄存器 ccc 中。运算单元可以向处理器拉出一根中断控制线或开辟一个状态寄存器来表示运算是否完成。当处理器获悉运算完成后，它再通过总线将寄存器 ccc 中的值读出来。该值可打印，也可用于处理器后续的计算。

上文所说的软件编译器，并不存在于 SoC 系统中，它是一个计算机软件，它会将 SoC 系统的驱动程序编译为二进制指令，存储在指令存储器中。可作为指令存储器的介质有只读存储器（Read Only Memory，ROM）、静态随机存储器（Static Random Access Memory，SRAM）、Flash 等非易失性存储器（Non-Volatile Memory，NVM）等。处理器从指令存储器中读取指令，也会读取常量和变量的初值。这些常量或初值如果有浮点数，则会按照上文所阐述的规则进行转换并限制其范围。处理器在运算中也会产生浮点数，其格式也是 IEEE754 的，其转换规则和数值范围也遵循上文的说明。

总线上的每一个设备中的每一个可读写寄存器都有其特定的地址。并非程序中所有的浮点数都会被送入 IEEE754 浮点运算单元进行处理，只有当处理器向寄存器 aaa 和 bbb 写入数据并启动运算后，该单元才会开始运算。其他的浮点数处理任务仍然在处理器内部完成。

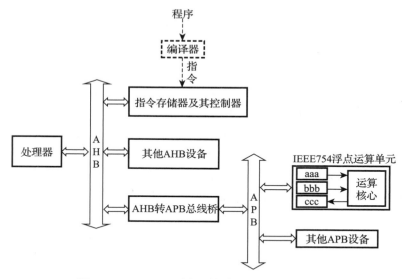

图 12-3　IEEE754 浮点运算单元在系统中的位置

IEEE754 浮点运算单元的内部结构如图 12-4 所示。输入的浮点数 aaa 和 bbb 被解析器解析后，分离为独立的符号、指数和有效值形式。可以控制解析后数据的走向，若要进行加减运算，就送入加减法处理单元，若要进行乘法运算，就送入乘法处理单元，若要进行除法运算，就送入除法处理单元。每种运算单元都会输出运算结果的符号、指数和有效值，以及在运算中是否出错的状态标志。根据所选择的运算，通过 MUX 选出运算结果，再重新拼接成 IEEE754 格式的报文放到接口上供处理器读取。

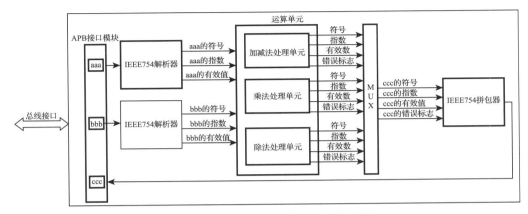

图 12-4 IEEE754 浮点运算单元的内部结构

图 12-4 仅为一种简单的运算结构，更为复杂的结构例如一个状态机，它在第一拍需要用到加法，在第二拍需要用到乘法，在第三拍需要用到除法，这样逐拍进行运算，处理器不需要参与其中的分步运算过程，它只负责将运算所需的 IEEE754 格式报文输入到该模块的寄存器中，并启动这个状态机，当一系列运算结束后，再读出最终的结果。这样的机制就需要在运算单元的外部增加一个状态机控制，输入的寄存器数量也会增加，因为在状态机启动前须将运算过程中所需的全部外部输入都事先准备好。本章仅介绍图 12-4 结构的设计方法，对于更复杂的设计，请读者根据本章知识自行扩展。

12.5 IEEE754 解析器的设计

假设参与运算的数据均已输入 aaa 和 bbb 两个寄存器中，它们是 IEEE754 格式的，就可以用解析器将其拆分为符号、指数和有效值的形式，其代码如下（详见配套参考代码 ieee754_analyzer.v）。

代码中，输入的 IEEE754 格式报文为 ieeeAAA，位宽为 32 位。符号位在报文的第 31 位，报文指数位于报文的第 30 ～第 23 位，报文有效值位于报文的第 22 ～第 0 位。在报文有效值的最高位补充一个 1，将其转换为实际有效值。

```
module ieee754_analyzer
(
    input       [31:0]  ieeeAAA     ,
    output              signAAA     ,
    output      [7:0]   expAAA      ,
    output      [23:0]  absAAA
);
// ---------------------
```

```
assign signAAA  = ieeeAAA[31];
assign expAAA   = ieeeAAA[30:23];
assign absAAA   = {1'b1,ieeeAAA[22:0]};
endmodule
```

报文指数在代码中并没有减 127，而是保留原值。这是为了节省运算，因为在后面的运算中，减 127 的操作还会合并其他加减操作，合并后只运算一次。因此在本模块中，输出的指数为报文指数，而非实际指数。

12.6 加减法处理单元的设计

本节介绍 IEEE754 单精度加减法处理单元的 RTL 设计（详见配套参考代码 ieee754_plus.v）。

本单元的接口部分代码如下。参与运算的 aaa 和 bbb 在本单元外面已经被解析，因此，它们以符号、指数、有效值的形式输入到本单元中，分别以 _aaa 和 _bbb 为扩展名。运算结果扩展名为 _ccc。opCode 用来进行加减控制，为 0 表示加法，为 1 表示减法。err 将显示在运算过程中发生的错误。

```
module ieee754_plus
(
    // 输入数据
    input                   sign_aaa   ,
    input        [7:0]      exp_aaa    ,
    input        [23:0]     abs_aaa    ,

    input                   sign_bbb   ,
    input        [7:0]      exp_bbb    ,
    input        [23:0]     abs_bbb    ,

    // 输出数据
    output  reg             sign_ccc   ,
    output  reg  [7:0]      exp_ccc    ,
    output  reg  [23:0]     abs_ccc    ,

    //ctrl
    input                   opCode     ,
    output  reg             err
);
```

通过以下逻辑可以确定加减法运算后的符号。aaa 和 bbb 的符号求异或，当两者同号时，diff_sign 为 0，异号时，diff_sign 为 1。后面就需要根据具体的加减操作以及 diff_sign 来确定输出结果的符号。具体讨论见表 12-1，其中，所谓的正值也包含数值为 0 的情况。

```
wire                diff_sign  ;
```

```
assign diff_sign = sign_aaa ^ sign_bbb;

always @(*)
begin
    if (opCode ^ diff_sign)
    begin
        if(abs_aaa_2 > abs_bbb_2)
            sign_ccc = sign_aaa;
        else
        begin
            if (~opCode)
                sign_ccc = sign_bbb;
            else
                sign_ccc = ~sign_aaa;
        end
    end

    else
        sign_ccc = sign_aaa;
end
```

表 12-1   加减法结果符号的确定

	加法	减法
aaa 正 bbb 正	正	当 aaa 的绝对值大于 bbb 时，为正 当 aaa 的绝对值小于等于 bbb 时，为负
aaa 负 bbb 负	负	当 aaa 的绝对值大于 bbb 时，为负 当 aaa 的绝对值小于等于 bbb 时，为正
aaa 正 bbb 负	当 aaa 的绝对值大于 bbb 时，为正 当 aaa 的绝对值小于或等于 bbb 时，为负	正
aaa 负 bbb 正	当 aaa 的绝对值大于 bbb 时，为负 当 aaa 的绝对值小于或等于 bbb 时，为正	负

从表 12-1 中可以看出，当做加法且参与运算的 aaa 和 bbb 均为正时，结果为正，与做减法且 aaa 为正 bbb 为负的结果一致。同样，做加法且 aaa 和 bbb 均为负与做减法且 aaa 为负 bbb 为正的结果一致，其结果均为负。这 4 种情况与代码中 opCode 异或 diff_sign 所得结果为 0 的情况相符，其结果的符号与 aaa 的符号相同。

当做减法且 aaa 和 bbb 同号时，若 aaa 的绝对值大于 bbb 的绝对值，则结果的符号跟随 aaa 的符号。否则，结果的符号将是 aaa 的符号取反。当做加法且 aaa 和 bbb 异号时，若 aaa 的绝对值大于 bbb 的绝对值，则结果的符号跟随 aaa 的符号。否则，结果的符号跟随 bbb 的符号。这 4 种情况与代码中 opCode 异或 diff_sign 所得结果为 1 的情况相符，符号处理方式也按照上述说明进行操作。

代码中，abs_aaa_2 和 abs_bbb_2 是 aaa 和 bbb 的有效值，它们是根据 aaa 和 bbb 的实际表示数对输入的实际有效值进行调整的结果。调整后，两个有效值的小数点位置是统一的，可以用来进行比较。为了区分报文有效值、实际有效值以及 abs_aaa_2 和 abs_bbb_2 所表示的小数点对齐后的有效值，这里将 abs_aaa_2 和 abs_bbb_2 命名为 aaa 和 bbb 的绝对值。

　　aaa 和 bbb 的绝对值求解方法如下。求解目的是将两者的小数点对齐，以进行比较。aaa 的指数大于 bbb 的指数时，说明 aaa 的数值大，此时求出 aaa 与 bbb 指数之差 diff_exp_1，以 aaa 的指数作为两数绝对值公共的指数 exp_both，aaa 的有效值 abs_aaa 就可以被当作 aaa 的绝对值 abs_aaa_2，而 bbb 在自己原有的指数下，其值为一个大于或等于 1 且小于 2 的值，现在统一为 aaa 的指数后，bbb 的绝对值需要减小。若 aaa 与 bbb 的指数相差 1，则 bbb 舍弃最后 1 位，在高位处补一个 0，以减小它的绝对值。当 aaa 与 bbb 的指数相差更大时，bbb 舍弃的位数更多，高位补的 0 也更多，直至两者指数相差 24 以上，此时以 aaa 的角度观察 bbb，即用 aaa 的指数来衡量 bbb，可以发现 bbb 的值过小，其原有的实际有效值全部被移出，bbb 只能作为 0 来处理。

　　再讨论相反的情况，即 bbb 的指数大于 aaa 的指数时，说明 bbb 的数值大，此时求出 bbb 与 aaa 的指数之差 diff_exp_1，以 bbb 的指数作为两数绝对值公共的指数 exp_both，bbb 的有效值 abs_bbb 就可以被当作 bbb 的绝对值 abs_bbb_2，而 aaa 的有效值会根据其指数的大小被向右移动，作为绝对值。

　　这里存在一个疑问，如果 aaa 或 bbb 的有效值被移出，意味着它的精度在计算过程中有损失。按照正常的算法逻辑，加减法的精度应尽量避免损失，避免的办法是扩展另一个数的精度，比如将移除 bbb 的有效值的方案变为在 aaa 的低位增加 0，即增加 aaa 的精度，这样就可以避免精度损失。要回答这个问题，还是要回到 IEEE754 的格式上来。格式规定，单精度最多有 24 位实际有效值，这意味着，即使计算中保留了再多的精度，最终还是要还原为 IEEE754 的格式，还原时也只能保留最重要的位，即从最高位的 1 开始算起的 24 位，其他位均会被舍弃。所以在计算时，无须保留多余的位数。

```
reg     [7:0]       diff_exp_1  ;
reg     [7:0]       exp_both    ;
reg     [23:0]      abs_aaa_2   ;
reg     [23:0]      abs_bbb_2   ;

always @(*)
begin
    if(exp_aaa > exp_bbb)
    begin
        diff_exp_1 = exp_aaa - exp_bbb;
        exp_both   = exp_aaa;
        abs_aaa_2  = abs_aaa;

        case(diff_exp_1)
            8'd1 :    abs_bbb_2 = {1'd0 , abs_bbb[23:1 ]};
            8'd2 :    abs_bbb_2 = {2'd0 , abs_bbb[23:2 ]};
            8'd3 :    abs_bbb_2 = {3'd0 , abs_bbb[23:3 ]};
            8'd4 :    abs_bbb_2 = {4'd0 , abs_bbb[23:4 ]};
            8'd5 :    abs_bbb_2 = {5'd0 , abs_bbb[23:5 ]};
```

```verilog
            8'd6 :    abs_bbb_2 = {6'd0 , abs_bbb[23:6 ]};
            8'd7 :    abs_bbb_2 = {7'd0 , abs_bbb[23:7 ]};
            8'd8 :    abs_bbb_2 = {8'd0 , abs_bbb[23:8 ]};
            8'd9 :    abs_bbb_2 = {9'd0 , abs_bbb[23:9 ]};
            8'd10:    abs_bbb_2 = {10'd0, abs_bbb[23:10]};
            8'd11:    abs_bbb_2 = {11'd0, abs_bbb[23:11]};
            8'd12:    abs_bbb_2 = {12'd0, abs_bbb[23:12]};
            8'd13:    abs_bbb_2 = {13'd0, abs_bbb[23:13]};
            8'd14:    abs_bbb_2 = {14'd0, abs_bbb[23:14]};
            8'd15:    abs_bbb_2 = {15'd0, abs_bbb[23:15]};
            8'd16:    abs_bbb_2 = {16'd0, abs_bbb[23:16]};
            8'd17:    abs_bbb_2 = {17'd0, abs_bbb[23:17]};
            8'd18:    abs_bbb_2 = {18'd0, abs_bbb[23:18]};
            8'd19:    abs_bbb_2 = {19'd0, abs_bbb[23:19]};
            8'd20:    abs_bbb_2 = {20'd0, abs_bbb[23:20]};
            8'd21:    abs_bbb_2 = {21'd0, abs_bbb[23:21]};
            8'd22:    abs_bbb_2 = {22'd0, abs_bbb[23:22]};
            8'd23:    abs_bbb_2 = {23'd0, abs_bbb[23:23]};
            default: abs_bbb_2 = 24'd0;
        endcase
    end
else
begin
    diff_exp_1  = exp_bbb - exp_aaa;
    exp_both    = exp_bbb;
    abs_bbb_2   = abs_bbb;

    case(diff_exp_1)
            8'd0 :    abs_aaa_2 = abs_aaa[23:0];
            8'd1 :    abs_aaa_2 = {1'd0 , abs_aaa[23:1 ]};
            8'd2 :    abs_aaa_2 = {2'd0 , abs_aaa[23:2 ]};
            8'd3 :    abs_aaa_2 = {3'd0 , abs_aaa[23:3 ]};
            8'd4 :    abs_aaa_2 = {4'd0 , abs_aaa[23:4 ]};
            8'd5 :    abs_aaa_2 = {5'd0 , abs_aaa[23:5 ]};
            8'd6 :    abs_aaa_2 = {6'd0 , abs_aaa[23:6 ]};
            8'd7 :    abs_aaa_2 = {7'd0 , abs_aaa[23:7 ]};
            8'd8 :    abs_aaa_2 = {8'd0 , abs_aaa[23:8 ]};
            8'd9 :    abs_aaa_2 = {9'd0 , abs_aaa[23:9 ]};
            8'd10:    abs_aaa_2 = {10'd0, abs_aaa[23:10]};
            8'd11:    abs_aaa_2 = {11'd0, abs_aaa[23:11]};
            8'd12:    abs_aaa_2 = {12'd0, abs_aaa[23:12]};
            8'd13:    abs_aaa_2 = {13'd0, abs_aaa[23:13]};
            8'd14:    abs_aaa_2 = {14'd0, abs_aaa[23:14]};
            8'd15:    abs_aaa_2 = {15'd0, abs_aaa[23:15]};
            8'd16:    abs_aaa_2 = {16'd0, abs_aaa[23:16]};
            8'd17:    abs_aaa_2 = {17'd0, abs_aaa[23:17]};
            8'd18:    abs_aaa_2 = {18'd0, abs_aaa[23:18]};
            8'd19:    abs_aaa_2 = {19'd0, abs_aaa[23:19]};
            8'd20:    abs_aaa_2 = {20'd0, abs_aaa[23:20]};
            8'd21:    abs_aaa_2 = {21'd0, abs_aaa[23:21]};
            8'd22:    abs_aaa_2 = {22'd0, abs_aaa[23:22]};
```

```
        8'd23:    abs_aaa_2 = {23'd0, abs_aaa[23:23]};
                  default: abs_aaa_2 = 24'd0;
              endcase
      end
  end
```

下面的代码反映的是将 aaa 和 bbb 的绝对值相加减，得到 ccc 的绝对值的过程。ccc 的绝对值 abs_ccc_2，其小数点的位置与 aaa 和 bbb 的绝对值一致。求解过程仍然可以参考表 12-1 列出的 8 种情况分别讨论。

```
reg      [24:0]      abs_ccc_2   ;

always @(*)
begin
    if (opCode ^ diff_sign)
    begin
        if(abs_aaa_2 > abs_bbb_2)
            abs_ccc_2  = abs_aaa_2 - abs_bbb_2;
        else
            abs_ccc_2  = abs_bbb_2 - abs_aaa_2;
    end
    else
        abs_ccc_2  = abs_aaa_2 + abs_bbb_2;
end
```

当做加法且 aaa 和 bbb 同号时，ccc 的绝对值是 aaa 的绝对值加 bbb 的绝对值。当做减法且 aaa 和 bbb 异号时，ccc 的绝对值仍然是 aaa 的绝对值加 bbb 的绝对值。这便是在 opCode 异或 diff_sign 所得结果为 0 的情况下，将 abs_aaa_2 与 abs_bbb_2 相加得到 abs_ccc_2 的原理。相加可能会造成溢出，因此，abs_ccc_2 扩展为 25 位。

当做加法且 aaa 和 bbb 异号时，或者做减法且 aaa 和 bbb 同号时，ccc 的绝对值是 aaa 与 bbb 的绝对值相减的结果。为了保证 ccc 的绝对值不小于 0，需要用 aaa 和 bbb 中绝对值较大的减较小的。这便是 opCode 异或 diff_sign 所得结果为 1 的情况下，两个绝对值相减得到 abs_ccc_2 的原理。相减并不会扩展位宽，因此这种情况下，abs_ccc_2 仍然为 24 位。

ccc 的绝对值 abs_ccc_2 是否可以直接作为 IEEE754 格式中的实际有效值进行使用呢？答案是不行，因为 abs_ccc_2 是 25 位，而且即使它是 24 位也不行，原因是 IEEE754 中要求实际有效值的第 23 位必须为 1，而 abs_ccc_2 中最高位的 1 不一定在第 23 位处。因此，需要一边调整绝对值，一边调整指数，最终目的是使 abs_ccc_2 的第 23 位为 1，从而使绝对值变为实际有效值。

以下代码即为对输出结果的指数和实际有效值的最终调整。代码中对绝对值 abs_ccc_2 中 1 的位置进行了轮询。

```
reg      [7:0]      exp_ccc_p   ;

always @(*)
```

```
begin
    //------------
    if (abs_ccc_2[24])
    begin
        {err, exp_ccc_p} = exp_both + 8'd1;

        if (err)
        begin
            exp_ccc   = 8'hff;
            abs_ccc   = 24'h800000;
        end
        else
        begin
            exp_ccc   = exp_ccc_p;
            abs_ccc   = abs_ccc_2[24:1];
        end
    end

    //------------
    else if(abs_ccc_2[23])
    begin
        err       = 1'b0;
        exp_ccc_p = exp_both;
        exp_ccc   = exp_ccc_p;
        abs_ccc   = abs_ccc_2[23:0];
    end

    //------------
    else if(abs_ccc_2[22])
    begin
        {err, exp_ccc_p} = exp_both - 8'd1;

        if (err)
        begin
            exp_ccc   = 8'd0;
            abs_ccc   = 24'h800000;
        end
        else
        begin
            exp_ccc   = exp_ccc_p;
            abs_ccc   = {abs_ccc_2[22:0],1'd0};
        end
    end

//------------
...... % 省略重复性语句
    //------------
    else if(abs_ccc_2[0])
    begin
        {err, exp_ccc_p} = exp_both - 8'd23;
```

```
        if (err)
        begin
            exp_ccc  = 8'd0;
            abs_ccc  = 24'h800000;
        end
        else
        begin
            exp_ccc  = exp_ccc_p;
            abs_ccc  = {abs_ccc_2[0],23'd0};
        end
    end

    //------------
    else
    begin
        err      = 1'b0;
        exp_ccc_p = 8'd0;
        exp_ccc   = 8'd0;
        abs_ccc   = 24'h800000;
    end
end
```

先询问第 24 位是否为 1。若是，则尝试用增加指数的方式以使第 24 位上的 1 移动到第 23 位。增加指数体现在对 exp_both 加 1 得到 exp_ccc_p 的语句中，同时也要考虑到溢出的风险，因此设置了 err 来容纳溢出位。当 exp_both 是 255 时，加 1 便会溢出，这里的 err 表示指数溢出。当发生溢出时，按照 12.3.2 节的说明，将其设为无穷大，即指数为 255，报文有效值为全零。若未发生溢出，则只取绝对值的高 24 位作为实际有效位，最低位舍弃。

若第 24 位为 0，就会询问第 23 位是否为 1。若是，说明报文指数就是公共指数 exp_both，绝对值只需舍弃最高位的 0 就可以直接作为实际有效值。

若前两位均为 0，就会询问第 22 位是否为 1。若是，则需要将第 22 位上的 1 左移到第 23 位。扩大绝对值就必须减小指数，因此指数 exp_both 减 1。若公共指数原本为 0，则再减小就会出错，因而也设置了 err 来容纳溢出位。当溢出发生时，硬件会将结果 ccc 归纳为全零。

若持续轮询，直到轮询到绝对值的第 0 位才出现了第一个 1，则要想让该 1 左移到第 23 位，需要将指数减少 23。指数在减法过程中仍有溢出的风险，因此也设置了 err 来容纳溢出位。当溢出发生时，硬件会将结果 ccc 归纳为全零。

若将 ccc 的绝对值中每一位均轮询一遍，都没有一个 1，说明 ccc 的值为全零。此时，无论指数是多少，硬件都会将结果归纳为全零。

代码中将实际有效值设为 24'h800000，以此来表示报文有效值为全零，重新合成 IEEE754 协议报文时会将最高位的 1 舍弃。

需要注意的是，本模块中输入的指数 exp_aaa、exp_bbb，以及操作的指数 exp_both，均为报文指数，而非实际指数。diff_exp_1 由于来自 exp_aaa 与 exp_bbb 的相减，报文指数上的 127 相互抵消，可以反映实际指数的差别。最后的指数 exp_ccc 也不需要加 127，因为其中已经包含有 127 的成分，是报文指数。

上述加减法处理电路完全用组合逻辑搭建，没有使用寄存器以及时钟和复位，因此，在时序满足的情况下，只要输入 aaa 和 bbb，就会很快得到 ccc。在控制逻辑中，没有触发脉冲，输出也没有有效信号。只有在电路内部包含状态机的情况下，才需要触发脉冲以及输出有效信号等控制逻辑。

12.7　乘法处理单元的设计

本节介绍 IEEE754 单精度乘法处理单元的 RTL 设计（详见配套参考代码 ieee754_multi.v）。

其接口与加减法处理单元基本一致，也是输入 aaa 和 bbb，输出结果 ccc，以及运算过程中的错误状态 err，只是没有加和减的可选项 opCode。对于接口，这里不再赘述。

在乘法处理中，最容易处理的是符号 sign_ccc。只需要对 aaa 和 bbb 的符号进行异或，就可以得到 ccc 的符号。即 aaa、bbb 同号则 ccc 为正，aaa、bbb 异号则 ccc 为负。代码如下：

```
assign sign_ccc = sign_aaa ^ sign_bbb;
```

接下来是对指数和有效值的讨论。

数值相乘，其指数部分是相加的。因此，可以直接将 aaa 和 bbb 的指数相加，代码如下：

```
wire    [8:0]   exp_ccc_2       ;
assign exp_ccc_2 = exp_aaa + exp_bbb;
```

注意，exp_aaa 和 exp_bbb 都是报文指数，而非实际指数，它们两者都没有减 127。因此，exp_ccc_2 比实际指数大 254。

aaa 的有效值和 bbb 的有效值可以使用任意类型的乘法器进行相乘。这里使用综合法，即直接相乘。两个 24 位相乘，得到的 abs_ccc_raw 为 48 位，将低 23 位舍弃，可以获得一个 25 位的值，即 abs_ccc_raw_2。

```
wire    [47:0]  abs_ccc_raw     ;
wire    [24:0]  abs_ccc_raw_2   ;

assign abs_ccc_raw = abs_aaa * abs_bbb   ;
assign abs_ccc_raw_2 = abs_ccc_raw[47:23];
```

指数 exp_ccc_2 和有效值 abs_ccc_raw_2 并不能直接输出，因为两者均不符合 IEEE754 的规则。

首先讨论 abs_ccc_raw_2 的精度和数据范围。abs_aaa 和 abs_bbb 都是包含 1 位整数和 23 位小数精度的值，两者相乘得到的 abs_ccc_raw 是一个包括 2 位整数和 46 位小数的值。舍弃 abs_ccc_raw 的低 23 位后得到的 abs_ccc_raw_2 是一个包括 2 位整数和 23 位小数的值，其取值范围是大于等于 1 且小于 4。而有效浮点值的取值范围是大于或等于 1 且小于

2。因此，需要讨论 abs_ccc_raw_2 的值，当它大于或等于 2 时，需要给指数加 1，以便使有效浮点值缩小 2 倍，回到 IEEE754 规定的数值范围内。当它本身满足大于或等于 1 且小于 2 的要求时，指数就不需要变化。

由于 exp_ccc_2 比实际指数大 254，因此实际指数等于 exp_ccc_2 减 254，报文指数等于 exp_ccc_2 减 127。用实际指数来发现超过 IEEE754 数值表示范围的值，而在计算结果输出时将指数转换为报文指数。exp_ccc_2 的范围较大，一些指数数值较小，低于 IEEE754 所能表征的范围，此时应该直接将输出归纳为 0，而另一些指数数值较大，高于 IEEE754 所能表征的范围，此时应该直接将输出归纳为无穷大。即使实际指数范围处于有效范围内，也需要因为 abs_ccc_raw_2 的缩小而对指数进行增加。

综上所述，可以将 exp_ccc_2 的取值范围分为 5 个部分，其数值范围和处理方法见表 12-2。所示。

表 12-2　数值范围和处理方法

exp_ccc_2 的取值范围	实际指数	处理方法
0 ~ 125	−254 ~ −129	实际指数过小，小于 IEEE754 规定的最小指数。所以，凡是这种情况，都将输出的 ccc 归纳为数值 0
126	−128	实际指数过小，小于 IEEE754 规定的最小指数。但是，若 abs_ccc_raw_2 的值大于或等于 2，则可以将实际指数加 1，变为 −127，从而达到 IEEE754 的最小值规定。所以，这种情况下需要讨论 abs_ccc_raw_2。当它小于 2 时，将输出的 c 归纳为数值 0；当它大于或等于 2 时，其实际指数为 −127，实际有效值为 abs_ccc_raw_2 除以 2，即令其舍弃最低位
127 ~ 380	−127 ~ 126	实际指数处于 IEEE754 要求的正常范围内。这种情况下，当 abs_ccc_raw_2 大于或等于 2 时，实际指数加 1，令 abs_ccc_raw_2 舍弃最低位；当 abs_ccc_raw_2 小于 2 时，实际指数保持不变，abs_ccc_raw_2 舍弃其最高位的 0
381	127	实际指数较大，已达到了 IEEE754 规定的极限。这种情况下，若 abs_ccc_raw_2 小于 2，则实际指数尚能保留 127，abs_ccc_raw_2 舍弃其最高位的 0；若 abs_ccc_raw_2 大于或等于 2，则实际指数将变为 128，超出了 IEEE754 规定的上限，则将输出的 ccc 归纳为无穷大
382 ~ 510	128 ~ 256	实际指数过大，超过了 IEEE754 规定的最大指数。所以，凡是这种情况，都将输出的 ccc 归纳为无穷大

根据表 12-2 所写的处理办法，可以写出如下代码，该代码用于将指数 exp_ccc_2 和有效值 abs_ccc_raw_2 转换为符合 IEEE754 规定的报文指数 exp_ccc 和实际有效值 abs_ccc。代码也将 exp_ccc_2 范围分为 5 个部分，内部的处理方式同表 12-2 保持一致。代码中的 err 是强制归零或强制归为无穷大时的提示信号。

```
always @(*)
begin
    //-----------------------
```

```verilog
if (exp_ccc_2 <= 9'd125) // 太小
begin // 输出值直接归纳为 0
    exp_ccc  = 8'h00;
    abs_ccc  = 24'h800000;
    err      = 1'b1;      // 报错
end

//----------------------
else if (exp_ccc_2 == 9'd126) // 临界小值
begin
    if (abs_ccc_raw_2[24])    //abs_ccc_raw_2 的浮点值大于或等于 2
    begin
        exp_ccc  = 8'h00;        // 指数加 1, 即 126-127+1=0
        abs_ccc  = abs_ccc_raw_2[24:1]; // 舍弃最低位
        err      = 1'b0;
    end
    else                      //abs_ccc_raw_2 的浮点值小于 2
    begin                     // 输出值直接归纳为 0
        exp_ccc  = 8'h00;
        abs_ccc  = 24'h800000;
        err      = 1'b1;      // 报错
    end
end

//----------------------
else if (exp_ccc_2 <= 9'd380) // 正常范围
begin
    if (abs_ccc_raw_2[24])    //abs_ccc_raw_2 的浮点值大于或等于 2
    begin
        exp_ccc  = exp_ccc_2 - 9'd126; // 指数需要减 127, 但又加了 1
        abs_ccc  = abs_ccc_raw_2[24:1];// 舍弃最低位
        err      = 1'b0;
    end
    else //abs_ccc_raw_2 的浮点值小于 2
    begin
        exp_ccc  = exp_ccc_2 - 9'd127; // 指数需要减 127
        abs_ccc  = abs_ccc_raw_2[23:0];// 舍弃最高位的 0
        err      = 1'b0;
    end
end

//----------------------
else if (exp_ccc_2 == 9'd381) // 临界大值
begin
    if (abs_ccc_raw_2[24])    //abs_ccc_raw_2 的浮点值大于或等于 2
    begin                     // 输出值直接归纳为无穷大
        exp_ccc  = 8'hff;
        abs_ccc  = 24'h800000;
        err      = 1'b1;      // 报错
    end
    else                      //abs_ccc_raw_2 的浮点值小于 2
```

```
        begin
            exp_ccc   = 8'hfe;        // 指数 381-127=254
            abs_ccc   = abs_ccc_raw_2[23:0]; // 舍弃最高位的 0
            err       = 1'b0;
        end
    end


    //-----------------------
    else                      // 太大
    begin                                 // 输出值直接归纳为无穷大
        exp_ccc   = 8'hff;
        abs_ccc   = 24'h800000;
        err       = 1'b1; // 报错
    end
end
```

和加减法处理单元一样，乘法处理单元也使用了组合逻辑进行实现，没有使用寄存器以及时钟和复位，因此在时序满足的情况下，只要输入 aaa 和 bbb，就会很快输出 ccc。在控制逻辑中，没有触发脉冲，输出也没有有效信号。

12.8 除法处理单元的设计

本节介绍 IEEE754 单精度除法处理单元的 RTL 设计（详见配套参考代码 ieee754_div.v）。其接口部分与乘法处理单元接口一致，这里不再赘述。

商的符号依然同积的符号一样，是两个参与运算的符号求异或的结果。

除法的核心是两个有效值相除的运算。这里为了凸显出 IEEE754 除法的特点，将普通除法的篇幅缩小，代码示例中使用的是综合法，其代码表达如下。由于分子在做除法之前就向左移动了 24 位，因此所得的商 abs_ccc_raw 包含了整数和 24 位小数精度。abs_ccc_raw 总共是 25 位，说明整数部分的位宽为 1。

```
wire            [24:0]  abs_ccc_raw      ;
assign abs_ccc_raw = {abs_aaa, 24'd0}/abs_bbb;
```

为什么整数部分的位宽为 1 呢？因为被除数和除数有明确的数值范围，它们都是大于或等于 1 且小于 2 的数，两者相除后，商的取值范围是大于 0.5 且小于 2，因而整数部分只有 1 位，它可能是 0 也可能是 1。由于最终输出的实际有效值要求是大于或等于 1 且小于 2，这里得到的商 abs_ccc_raw 也必须根据其具体值来进行调整。当其整数为 0 时，要将其变为原来的 2 倍，同时指数减 1。当其整数为 1 时，abs_ccc_raw 就是实际有效值，指数不变。进行上述操作的代码如下。当被除数大于或等于除数时，说明商的整数是 1，abs_ccc_raw 中的整数被保留，小数精度保留 23 位，舍弃最后 1 位。exp_shift_flag 表示是否从指数借位，0 表示不借位。当被除数小于除数时，说明商的整数是 0，abs_ccc_raw 需要乘以 2，因此将其整体左移 1 位，原来的 24 位小数精度变为了 1 位整数和 23 位小数。由于此时商一定大于 0.5，因此移位后的整数必然为 1。exp_shift_flag 为 1 表示需要从指数上借位，指数应减 1。

```
reg              [23:0]  abs_ccc_pre        ;
reg                      exp_shift_flag  ;

always @(*)
begin
    if (abs_aaa >= abs_bbb)
    begin
        abs_ccc_pre      = abs_ccc_raw[24:1];
        exp_shift_flag = 1'b0;
    end
    else
    begin
        abs_ccc_pre      = abs_ccc_raw[23:0];
        exp_shift_flag = 1'b1;
    end
end
```

接下来是关于指数的讨论。积的指数是两个参与运算的指数之和，而商的指数是两个参与运算的指数之差，代码如下。被除数和除数的指数有着共同的范围，都是 0 ～ 255 范围内的数，因此相减后得到的指数 delt_exp，其范围是 –255 ～ 255，是带符号的，因而在声明 delt_exp 时使用了 signed 方式。exp_aaa 和 exp_bbb 都是报文指数，包含偏移量 127，但由于两者进行了相减操作，两个 127 相互抵消，所以 delt_exp 反映的是实际指数，如果要输出报文指数，则还需要在 delt_exp 基础上加 127。

```
wire signed     [8:0]  delt_exp;
assign delt_exp = exp_aaa - exp_bbb;
```

–255 ～ 255 的范围对于实际指数而言过于宽泛，实际指数的范围是 –127 ～ 127。因此，需要对 delt_exp 的值进行讨论，在小于 –127 的情况下，将输出的商归纳为 0，在大于 127 的情况下，将输出的商归纳为无穷大。由于还存在有效值借位的问题，所以在 –127 和 128 这两个边界上还应该讨论借位后最终的指数是否能仍然处在合理范围之内。综合上述要求，对于指数和有效值的最后处理，也同乘法处理单元一样分为 5 个部分，其指数取值范围和处理方法见表 12-3。

表 12-3　指数取值范围和处理方法

delt_exp 所代表的实际指数取值范围	处理方法
–255 ～ –128	指数过小，小于 IEEE754 规定的最小指数。所以，凡是这种情况，都将输出的 ccc 归纳为数值 0
–127	指数较小，已达到了 IEEE754 规定的极限。若有效值不借位，则可以保持指数 –127，从而达到 IEEE754 的最小值规定。若有效值需要借位，则指数会变为 –128，小于 IEEE754 规定的极限，此时将输出的 ccc 归纳为数值 0

（续）

delt_exp 所代表的 实际指数取值范围	处理方法
−126 ～ 127	指数处于 IEEE754 要求的正常范围内。这种情况下，当有效值需要借位时，指数减 1；当有效值不需要借位时，指数保持不变
128	指数过大，超过了 IEEE754 规定的最大指数。但是，若有效值需要借位，则指数可以减 1，变为 127，回到 IEEE754 要求的范围内。若有效值不需要借位，则指数仍然为 128，此时，将输出的 ccc 归纳为无穷大
129 ～ 255	指数过大，超过了 IEEE754 规定的最大指数。所以，凡是这种情况，都将输出的 ccc 归纳为无穷大

按照表 12-3 所示逻辑进行处理的代码如下。在代码的开始还增加了对除数为 0 情况的讨论，强制将输出归纳为无穷大。delt_exp 被声明为 signed 类型，所以在比较时要注意，比较符号的两边都必须是 signed 类型，对参与比较的常数须进行强制转换。代码中的 err 和乘法一样是强制归零或强制归为无穷大时的提示信号。

```
always @(*)
begin
    //----------------------
    if ((abs_bbb == 24'd0) & (exp_bbb == 8'd0)) // 除数为 0
    begin                       // 输出值直接归纳为无穷大
        exp_ccc  = 8'hff;
        abs_ccc  = 24'h800000;
        err      = 1'b1; // 报错
    end
    //----------------------
    else if (delt_exp <= signed'(-9'd128)) // 太小
    begin                       // 输出值直接归纳为 0
        exp_ccc  = 8'h00;
        abs_ccc  = 24'h800000;
        err      = 1'b1; // 报错
    end
    //----------------------
    else if (delt_exp == signed'(-9'd127)) // 临界小值
    begin
        if (exp_shift_flag)             // 有效值需要借位
        begin                           // 输出值直接归纳为 0
            exp_ccc  = 8'h00;
            abs_ccc  = 24'h800000;
            err      = 1'b1; // 报错
        end
        else                            // 有效值不需要借位
        begin
            exp_ccc  = 8'h00;           // 报文指数 = 实际指数 +127=0
            abs_ccc  = abs_ccc_pre;
            err      = 1'b0;
        end
    end
end
```

```
//-----------------------
else if (delt_exp <= signed'(9'd127)) // 正常范围
begin                                  // 报文指数 = 实际指数 + 127 - 借位
    exp_ccc  =  delt_exp
              + signed'(9'd127)
              - signed'({1'b0,exp_shift_flag});
    abs_ccc  = abs_ccc_pre;
    err      = 1'b0;
end
//-----------------------
else if (delt_exp == signed'(9'd128)) // 临界大值
begin
    if (~exp_shift_flag)               // 有效值不需要借位
    begin                              // 输出值直接归纳为无穷大
        exp_ccc  = 8'hff;
        abs_ccc  = 24'h800000;
        err      = 1'b1;               // 报错
    end
    else                               // 有效值需要借位
    begin
        exp_ccc  = 8'hfe;              // 报文指数 = 实际指数 + 127 - 1 = 254
        abs_ccc  = abs_ccc_pre;
        err      = 1'b0;
    end
end
//-----------------------
else                     // 太大
begin                    // 输出值直接归纳为无穷大
    exp_ccc  = 8'hff;
    abs_ccc  = 24'h800000;
    err      = 1'b1; // 报错
end
end
```

与加减法和乘法处理单元一样，除法处理单元也使用了组合逻辑进行实现，没有使用寄存器以及时钟和复位，因此在时序满足的情况下，只要输入 aaa 和 bbb，就会很快输出 ccc。在控制逻辑中，没有触发脉冲，输出也没有有效信号。

12.9　乘除法结构的改进措施

在介绍乘除法处理单元时均使用了综合法，这样做主要是为了减少传统问题的讨论，将 IEEE754 问题的处理凸显出来。在实际电路实现过程中，可以选择一些较为节省面积的方法。

在第 4 章的乘法电路介绍中已经说明，使用综合法比较普遍，而加法迭代的方法虽然面积上占有一定的优势，但计算速度慢，最主要的是面积优势并不明显。使用 CORDIC 方法甚至比综合法的面积更大，不推荐使用。

在第 5 章的除法电路介绍中已经说明了综合法和 CORDIC 方法的选择问题，并且强调了线性迭代法虽然在面积和时间上都没有优势，但在资源复用方面有一定的利用价值。

本章 IEEE754 的实现场景中，加减乘除的运算是互斥的，即在一段时间内只要求选择一种运算，可以不支持加减乘除同时计算。在这样的场景下，除法可以选择线性迭代法，它可以与乘法处理单元共用乘法器资源。在做乘法时，由乘法处理单元控制乘法器；在做除法时，由除法处理单元控制乘法器。所以，线性迭代法中面积的主要部分（即乘法器），与乘法运算单元共同分担，实际除法的实现成本可以大幅减小。至于乘法器方案，在面积允许的情况下推荐使用综合法，若面积紧张，可使用加法迭代的方式。

乘法处理单元中，乘法器的规模是 24 位乘以 24 位，得到一个 48 位的结果。实践证明，若要使该乘法器兼容除法需求，需要将其扩展为 27 位乘以 26 位，得到一个 53 位的结果。乘法器应从乘法处理单元中取出，放置在顶层，供乘法和除法两个处理单元共同调度。调度的结构如图 12-5 所示。图中，乘法器位于乘法处理单元和除法处理单元之外，作为公共资源。除法处理单元使用线性迭代法，它原本需要两个乘法器，为了节省面积，在主迭代状态机之外再增设一个双步乘法轮换状态机，以便用一个乘法器满足两个乘法器的需求，这在 5.2 节已经做了演示。乘法结果输入到两个单元中，由于两者并不同时工作，乘法结果只在正在计算的单元中发挥作用。

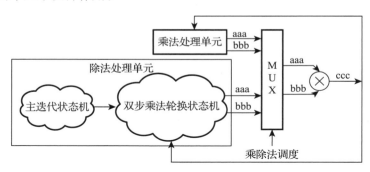

图 12-5　乘法和除法共用乘法器资源调度结构

12.10　APB 接口设计

整个浮点运算单元被设计为一个 APB 设备，因此除了要完成四则运算单元的设计，还要设计一个 APB 接口电路，以便处理器能够配置参与运算的两个参数 aaa 和 bbb，配置运算方式，并且能够读取运算结果和运算过程中产生的错位状态。

本节主要介绍模块的 APB 接口设计（详见配套参考代码 ieee754_csr.v）。

APB 接口代码如下，它主要包括门控时钟 apbclk_gated、复位信号 apbrstn、设备选择信号 apb_sel、内部地址选择 apb_addr、使能信号 apb_en、写命令 apb_wr、写数据 apb_wdat 以及读数据 apb_rdat。需要配置的参数有 opCode，当要进行加法运算时配 2'd0，减法运算配 2'd1，乘法运算配 2'd2，除法运算配 2'd3。还要配置参与运算的两个输入 aaa 和 bbb。运算结果 ccc 以及错误状态信号 err，也需要为它们提供地址，以便处理器读取。

```
module ieee754_csr
(
    //APB
    input                       apbclk_gated    ,
    input                       apbrstn         ,
    input                       apb_sel         ,
    input           [2:0]       apb_addr        ,
    input                       apb_en          ,
    input                       apb_wr          ,
    input           [31:0]      apb_wdat        ,
    output  reg     [31:0]      apb_rdat        ,

    // 配置寄存器
    output  reg     [1:0]       opCode          ,
    output  reg     [31:0]      aaa             ,
    output  reg     [31:0]      bbb             ,

    // 读取状态和运算结果
    input                       err             ,
    input           [31:0]      ccc
);
```

APB 访问分为建立阶段（Setup）和访问阶段（Access）。当选择信号 apb_sel 为 1 且使能信号 apb_en 为 0 时，是建立阶段；当选择信号 apb_sel 为 1 且使能信号 apb_en 也为 1 时，是访问阶段。某些设备的读写速度较慢，它需要将总线拖延数拍，直至读写完成后释放。拖延总是发生在建立阶段，即建立阶段可能不止一个时钟周期，而访问阶段总是一个时钟周期。但是本章所设计的浮点运算单元读写是即时的，不会发生拖延，因此建立阶段和访问阶段都是 1 拍完成。以下代码是读写寄存器的控制信号。wr_en 是写寄存器使能，它被安排在建立阶段发起。rd_en 是读寄存器使能，只要访问的目的不是写，它就将持续包括建立阶段和访问阶段在内的两个时钟周期。

```
assign setupStage       = apb_sel         & (~apb_en);
assign wr_en            = setupStage      & apb_wr;
assign rd_en            = apb_sel         & (~apb_wr);
```

以下代码是写寄存器，即为每个寄存器分配一个地址，当处理器发起对应地址的写时，数据就会进入到相应的寄存器中。操作码 opCode 被分配到地址 0，aaa 和 bbb 分别被分配到地址 1 和地址 2。randpp 是一个用来存储随机数的寄存器，它不是运算器所必需的，但在本模块的验证中有其作用，为它分配的地址是 4。ccc_real 也是用来验证本模块功能的寄存器，为它分配的地址是 5。当写使能信号到来后，处理器配置的数据就会被写入。

```
reg         [31:0]   randpp       ;
reg         [31:0]   ccc_real     ;
```

```
always @(posedge apbclk_gated or negedge apbrstn)
begin
    if (!apbrstn)
    begin
        opCode       <= 2'd0;
        aaa          <= 32'd0;
        bbb          <= 32'd0;
        randpp       <= 32'd0;
        ccc_real     <= 32'd0;
    end
    else if (wr_en)
    begin
        case(apb_addr)
            3'd0: opCode    <= apb_wdat[1:0];
            3'd1: aaa       <= apb_wdat;
            3'd2: bbb       <= apb_wdat;
            3'd4: randpp    <= apb_wdat;
            3'd5: ccc_real  <= apb_wdat;
        endcase
    end
end
```

以下代码能让处理器通过地址从寄存器中读出数据，使用组合逻辑，在本设备被处理器选中期间数据就会传出。代码中，地址 1 和地址 2 仍然是 aaa 和 bbb，地址 4 和地址 5 仍然是 randpp 和 ccc_real，从而保证写地址和读地址的一致性。一般来说，写地址和读地址应该保持一致，方便软件编程者理解并简化其程序。地址 3 在写接口上并没有分配寄存器，在读接口上将运算结果 ccc 放入了该地址。地址 0 中，除了最低两位的 opCode 可以保证读写一致外，错误状态位 err 也被放在了第 31 位，这意味着当处理器读地址 0 时，它可在最后两位找到它配置的 opCode 码字，也可以在第 31 位读到计算时产生的错误信息。

```
always @(*)
begin
    if(rd_en)
    begin
        case(apb_addr)
            3'd0:  apb_rdat = {err, 29'd0, opCode};
            3'd1:  apb_rdat = aaa      ;
            3'd2:  apb_rdat = bbb      ;
            3'd3:  apb_rdat = ccc      ;
            3'd4:  apb_rdat = randpp   ;
            3'd5:  apb_rdat = ccc_real ;
        endcase
    end
    else
        apb_rdat = 32'd0;
end
```

从上述读写代码可以看出，写寄存器都包含了寄存器实体，即 D 触发器。例如 aaa、

bbb、randpp、ccc_real 都对应 32 位 D 触发器，opCode 对应 2 位 D 触发器。而读寄存器并没有相应的寄存器实体，比如要读取 aaa，只是从已经存在的 32 位 D 触发器 aaa 中读取值而已，并没有增加任何存储器，读取计算结果 ccc 时，接口上也没有任何关于 ccc 的寄存器，电路上仅将 ccc 信号线从运算模块中拉出，放在 MUX 上供处理器选择并读取。可以概括为，凡是时序逻辑都对应实体寄存器，凡是组合逻辑都不对应寄存器，哪怕其名称为只读寄存器。

12.11　模块顶层设计

将运算单元和接口准备好后，就可以包顶层，使整个设计成为一个整体。本节主要介绍顶层代码设计（详见配套参考代码 ieee754_top.v）。

对于本模块来说，顶层的接口十分简单，仅仅是 APB 的接口。换而言之，本模块只与软件程序形成交互，与硬件中的其他设备并无联系。

```
module ieee754_top
(
    input                apbclk_gated      ,
    input                apbrstn           ,
    input                apb_sel           ,
    input       [2:0]    apb_addr          ,
    input                apb_en            ,
    input                apb_wr            ,
    input       [31:0]   apb_wdat          ,
    output      [31:0]   apb_rdat
);
```

以下代码是运算结果的选择器。当 opCode 为 2'b00 或 2'b01 时，说明做的是加减法，选择加减法处理单元的结果，具体是加法还是减法依据 opCode[0] 来区分。当 opCode 为 2'b10 时，说明做的是乘法，选择乘法处理单元的结果。当 opCode 为 2'b11 时，说明做的是除法，选择除法处理单元的结果。

```
reg             sign_ccc                  ;
reg     [7:0]   exp_ccc                   ;
reg     [23:0]  abs_ccc                   ;

always @(*)
begin
    if (opCode[1])
    begin
        if (opCode[0])
        begin
            sign_ccc    = sign_ccc_div ;
            exp_ccc     = exp_ccc_div  ;
            abs_ccc     = abs_ccc_div  ;
```

```
            err          = err_div        ;
        end
        else
        begin
            sign_ccc     = sign_ccc_multi;
            exp_ccc      = exp_ccc_multi ;
            abs_ccc      = abs_ccc_multi ;
            err          = err_multi      ;
        end
    end
    else
    begin
        sign_ccc     = sign_ccc_plus ;
        exp_ccc      = exp_ccc_plus  ;
        abs_ccc      = abs_ccc_plus  ;
        err          = err_plus       ;
    end
end
```

选择后的结果仍然是符号、报文指数、实际有效值等，它们彼此分开的，需要重新拼接为 IEEE754 格式的报文。拼接代码如下，其中实际有效值被舍弃了最高位的 1，变为了 23 位参与组包。在组包时，仍会检查报文指数 exp_ccc 的值，若达到了 255，则需要将整个数归纳为无穷大，即将报文有效值设为全零。

```
reg     [31:0]  ccc;

always @(*)
begin
    if (exp_ccc == 8'hff)
        ccc = {sign_ccc, exp_ccc, 23'd0};
    else
        ccc = {sign_ccc, exp_ccc, abs_ccc[22:0]};
end
```

本模块中，加减乘除都会产生 err 信号，它表示运算时出现了异常。该异常可以概括为由于报文指数溢出而引起的输出结果强制归零或归为无穷大的现象。

12.12 浮点运算单元的软件验证和性能对比

既然浮点运算单元是挂接在总线上的，就可以用软件的方式来验证它的正确性。验证方法是写程序，将两个浮点数输入浮点运算单元中，同时将它们放在处理器中进行相同的运算，最后比较浮点运算单元的运算结果与处理器的运算结果。

要想用软件进行验证，TB 中例化的 DUT 就不能只有待验证的模块本身，还要包括整个 SoC 系统，包含处理器、总线、存储器等必要的运行设备，以及串口等必要的输入、输出设备。

处理器运算的结果并不能直接在波形中看到，因此在模块的 APB 接口中设置了一个可读写的寄存器 ccc_real，用来存储处理器的运算结果。处理器运算完成后，由程序将其结果装入 ccc_real 中。

验证时，希望产生多次自动随机激励，以便增加验证的覆盖率。在本验证中没有带操作系统，因此随机数不能由操作系统提供。可以选择用程序产生一个伪随机白噪声，也可以用 TB 直接产生随机激励，通过寄存器回传给软件，作为一个随机信号源供软件使用。本节采用 TB 产生随机数的验证方式，已在模块的 APB 接口中设置了一个可读写的寄存器 randpp 作为随机数的传输通道。在 TB 中，产生随机数的语句如下，符号 signa、报文指数 expa、报文有效值 finea 三者分别产生，work_clk 为工作时钟。每个时钟周期产生一个随机数。符号 signa 用模 2 方式产生，即产生 0 和 1 两种数据，报文指数 expa 用模 10 加 127 方式产生，即实际指数为 0 ~ 9 中的任意数，可根据验证需要修改范围。报文有效值 finea 用模 2^{23}，即在 23 位内进行随机产生。路径 tb.u_mcu_top.u_ieee754_top.u_csr.randpp 指向浮点运算单元中的寄存器 randpp，其中，tb 即为验证用的 TB 模块名，u_mcu_top 是 TB 中 SoC 系统的例化名，u_ieee754_top 是浮点运算单元在 SoC 系统中的例化名，u_csr 是 APB 接口模块在浮点运算单元中的例化名，randpp 是寄存器名。SV 语法支持像本例一样依据路径直接索引到寄存器并赋值的方式。在 TB 中使用随机数的方法和配置方法详见 4.2 节验证部分。

```
logic           signa               ;
logic   [7:0]   expa                ;
logic   [22:0]  finea               ;

initial
begin
    tb.u_mcu_top.u_ieee754_top.u_csr.randpp = 0;

    forever
    begin
        @(posedge work_clk);
        signa = {$random(seed)}%2;
        expa  = {$random(seed)}%10+127;
        finea = {$random(seed)}%8388608;

        tb.u_mcu_top.u_ieee754_top.u_csr.randpp = {signa, expa, finea};
    end
end
```

要想在软件中使用本设备，需要进行一些准备。首先，需要在软件程序中为本设备构造一个结构体，一个基于 C 语言的结构体声明如下。ctrl 就是 APB 接口中地址 0 的控制和读取内容，包括最低 2 位的 opCode 和最高位的只读信息 err。aaa 和 bbb 是运算的输入值，分别在地址 1 和地址 2 中。ccc 是运算结果，在地址 3 中可读。randpp 是随机数，由 TB 通过地址 4 传给软件，当软件需要随机数时，可从地址 4 中读取并使用。ccc_real 是处理器内部计算得到的参考信号，软件计算得到结果后，将其装入地址 5，则可以在波形中同时看到浮点运算单元的运算结果和处理器的运算结果，从而方便对照。__IO 表示程序可读写，__I 表示程序只能读，无法写入。比如地址 3 中的 ccc，是运算结果，程序只能读取，不能篡改，因此是只读的，倘若程序对地址 3 发起写操作，编译时就会报错。地址 0 的 ctrl 中包含可读写的 opCode 和只读的 err，但类型是 __IO，即允许写，这是否意味着浮点运算单元产生的 err 会被篡改呢？答案是不会。因为从 APB 接口设计看，err 只有读通道，没有被篡改的通道，即使对地址 0 发起了写操作，所写的数据也会被丢弃，不会进入 err 中。所以，__IO、__I 以及 __O 等声明，仅用于辅助程序的编译和检查，对于硬件来说并无意义，即使地址 3 的 ccc 也声明为 __IO，对它发起写也不会篡改它的值。需要注意的是，aaa、bbb、ccc 等均声明为 float 浮点类型，当程序对其赋值一个浮点数时，它会以 IEEE754 的格式传入硬件中，这正是浮点运算单元所要支持的特征。

```
typedef struct
{
    __IO    uint32_t  ctrl     ;   //0
    __IO    float     aaa      ;   //1
    __IO    float     bbb      ;   //2
    __I     float     ccc      ;   //3
    __IO    float     randpp ;     //4
    __IO    float     ccc_real;    //5
} IEEE754_TypeDef;
```

在声明了名为 IEEE754_TypeDef 的结构体后，还需要在软件中将其作为一种类型。如下例中，地址 0x40004800 就是浮点运算单元在 SoC 系统中的基地址，将该地址转换为 (IEEE754_TypeDef *) 类型，这是一种指针类型，表示以 0x40004800 为起始地址的一块区域是 IEEE754_TypeDef 类型的结构体。该地址被更名为 IEEE754。从此，在 C 语言的操作中，就可以用 IEEE754 来指代本设备。

```
#define IEEE754    ((IEEE754_TypeDef *) 0x40004800)
```

经过上面的两步声明，就可以在 C 语言中用浮点运算单元进行运算，具体写法如下。

```
int main (void)
{
    uint32_t   cnt;
    float      ccc;
    float      ccc_real;

    IEEE754->ctrl = 0;
    for (cnt=0;cnt<1000;cnt++)
    {
        IEEE754->aaa = IEEE754->randpp;
        IEEE754->bbb = IEEE754->randpp;
        ccc_real = IEEE754->aaa + IEEE754->bbb;
        IEEE754->ccc_real = ccc_real;
```

```
        }
    }
```

先声明操作类型，即将 IEEE754->ctrl 赋值为 0，主要关注其最低两位都为 0（其他位可忽略），表示进行加法。

后面的程序进行了 1000 次随机运算。IEEE754->randpp 表示 IEEE754_TypeDef 结构体中的 randpp 寄存器，其具体地址是基地址加偏移量，基地址是 0x40004800，由于 randpp 处于地址 4，每个地址有 32 位数据，即 4 个字节，地址是按字节数量计算的，因此偏移地址是 16（即 0x10）。所以，IEEE754->randpp 的具体地址便是 0x0x40004810。在程序中声明 IEEE754_TypeDef 结构体就是为了避免上述繁杂的计算，直接写为 IEEE754->randpp，编译器会自动算出地址，并对该地址进行读写。

randpp 存储了 TB 中产生的随机数，这里将随机数赋值给 aaa，又把随机数赋值给 bbb。在总线上，对 randpp 进行的是读操作，而对 aaa 和 bbb 进行的是写操作。注意，aaa 和 bbb 的值虽然都出自 randpp，但其值不同，因为 randpp 每个时钟周期更新一次，而 APB 的读写速度最快是两个时钟周期读写一次。

由于浮点运算单元是组合逻辑运算，没有触发开关，因此只要 aaa 和 bbb 配置进去，运算就已经开始。后面的程序将 aaa 和 bbb 的值相加，产生 ccc_real，这是由处理器内部算出的，它可以作为验证模块计算准确性的参考组。

上述 C 程序被编译器编译后会变为一系列指令。将这些指令保存为文本文件，在 TB 中读入这些指令，并将其放入指令存储器中，供处理器在运行时逐条读取，程序就可以在 TB 中运行起来。运行完成后，将浮点运算单元的运行结果 ccc 与参考组 ccc_real 的波形进行对照，如图 12-6 所示。图中，opCode 为 0，说明进行的是加法操作。aaa 的数值比 bbb 的数值提前，是因为 C 程序在执行时有先后顺序。aaa 先被赋值，然后是 bbb。当 aaa 和 bbb 都稳定后，ccc 的结果才能作为浮点运算单元的输出。对于相同的结果，ccc_real 比 ccc 出现得更慢，一方面是因为处理器运算本来就在 bbb 赋值之后，另一方面处理器本身也需要运算时间。从图中可以看出，ccc_real 的数值在 ccc 上也都能找到，例如 −2.91741e2、1.20415e2 等，说明浮点运算单元的运算与处理器运算结果一致。

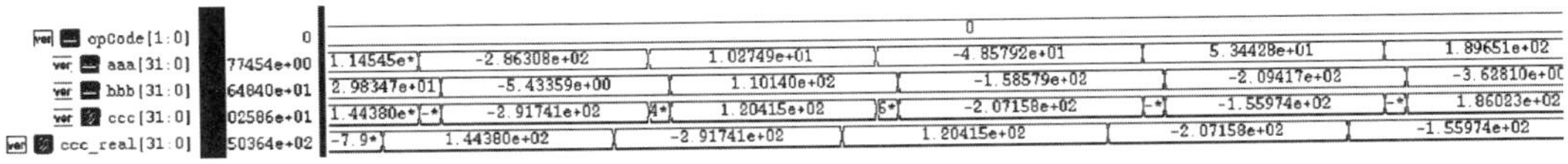

图 12-6　IEEE754 浮点运算单元的验证

在 VCS 中，如果要将一个 IEEE754 格式的整数显示为实际表示数，可以在信号上单击右键调出菜单，单击其中的 Radix，在下拉菜单中单击 IEEE-754 Floating Point，如图 12-7 所示。也可以在菜单栏中单击 Waveform，在下拉菜单中单击 Signal Value Radix，最后选择 IEEE-754 Floating Point。

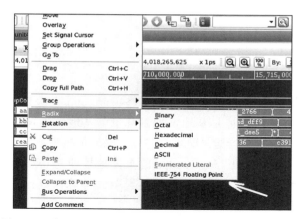

图 12-7　将 IEEE754 格式的整数显示为实际表示的浮点数

　　上述验证加法的方式也可以用于验证减法、乘法和除法的正确性。例如，下面的 C 程序可用来验证除法。其 ctrl 设为 3，表示进行除法运算。参考组是 ccc_real，可以在波形上对照浮点运算单元输出结果与 ccc_real 是否一致。

```
int main (void)
{
    uint32_t    cnt;
    float       ccc;
    float       ccc_real;

    IEEE754->ctrl = 3;
    for (cnt=0;cnt<1000;cnt++)
    {
        IEEE754->aaa = IEEE754->randpp;
        IEEE754->bbb = IEEE754->randpp;
        ccc_real = IEEE754->aaa / IEEE754->bbb;
        IEEE754->ccc_real = ccc_real;
    }

}
```

推荐阅读

集成电路敏捷设计

[美] 迈克尔·萨林 (Mikael Sahrling) 著 译者: 雷鑑铭 刘冬生 汪少卿
ISBN: 978-7-111-69918-7 定价: 99.00元

读者可以学习本书中循序渐进的方法,从基本的规则开始,使用估计分析技术并利用简化的建模方法来分析和解决集成电路设计中的复杂问题。

本书基于丰富的案例展示了整个集成电路设计的实际应用,涵盖从简单电路理论到电磁效应,从高频电路设计到数据转换器和锁相环等系统。电感和电容等基本概念彼此关联,也与现代芯片内的其他射频现象相关,不需要仿真器即可加深理解。

推荐阅读

集成电路测试指南

作者：加速科技应用工程团队 ISBN：978-7-111-68392-6 定价：99.00元

将集成电路测试原理与工程实践紧密结合，测试方法和测试设备紧密结合。

内容涵盖数字、模拟、混合信号芯片等主要类型的集成电路测试。

Verilog HDL与FPGA数字系统设计（第2版）

作者：罗杰 ISBN：978-7-111-57575-7 定价：99.00元

本书根据EDA课程教学要求，以提高数字系统设计能力为目标，将数字逻辑设计和Verilog HDL有机地结合在一起，重点介绍在数字设计过程中如何使用Verilog HDL。

FPGA Verilog开发实战指南：基于Intel Cyclone IV（基础篇）

作者：刘火良 杨森 张硕 ISBN：978-7-111-67416-0 定价：199.00元

以Verilog HDL语言为基础，详细讲解FPGA逻辑开发实战。理论与实战相结合，并辅以特色波形图，真正实现以硬件思维进行FPGA逻辑开发。结合野火征途系列FPGA开发板，并提供完整源代码，极具可操作性。

FPGA Verilog开发实战指南：基于Intel Cyclone IV（进阶篇）

作者：刘火良 杨森 张硕 ISBN：978-7-111-67410-8 定价：169.00元

以Verilog HDL语言为基础，循序渐进详解FPGA逻辑开发实战。理论与实战案例结合，学习如何以硬件思维进行FPGA逻辑开发，并结合野火征途系列FPGA开发板和完整代码，极具可操作性。